国家出版基金项目
NATIONAL PUBLICATION FOUNDATION

《中国灾害志》编纂委员会　编

断代卷主编　高建国　夏明方

中国灾害志·断代卷

隋唐五代卷

本卷主编　/　么振华

U0284491

中国社会出版社

国家一级出版社·全国百佳图书出版单位

《中国灾害志》编纂委员会

《中国灾害志·断代卷》编纂委员会

前　言

中国社会出版社本套丛书的责任编辑嘱我为此书写前言，我想采用问答方式来完成这一任务。

一是为什么要编纂出版灾害志？

不少学术论文回顾过去发生的自然灾害，往往以"新中国成立以来"或"建国以来"作开场白。我国有五千年历史，持续灾害记录有三千年。为什么不利用更早一些时间的自然灾害作研究呢？几千年的灾情弃之不用，实在可惜。

我国灾害文字记录最早在约公元前822年，离现在已有2840年。新中国成立至今已经69年，如果69年是1的话，2840年为41。不读史，不用史，只知道有1，不知道还有40。

2017年12月13日，习近平总书记在出席南京大屠杀死难者国家公祭仪式时强调："要擦清历史的镜子，走好未来的路。"以历史为镜子，擦清了，才能看清。寻找灾害史的"根"，寻叶找枝，由枝到干，再从干到根。"根"在，灾害史这棵大树才立得住。

为什么会不利用灾害史呢？我认为，可能与灾害史的科普工作没有做好有关。2004年我创办中国灾害防御协会灾害史专业委员会，每年召开一次学术研讨会，参加的专家有全国各相关大学、研究所的灾害史教授、博士、硕士，整理中国灾害史资料，研究中国灾害史的规律，做出很好的成果。但是由于在科研考核上没有将科普作为必考成绩，因此对灾害史科普工作还不够重视。

自1949年起，我国采用现代科学标准的自然资料。但历史灾害记录大多用文言文，对于灾情的表达与当代不同，其中的地名也多与当代不一样，又缺乏灾情分布图，难以掌握灾情全貌。所用这些，对理科毕业的灾害研究者都是很大的障碍。因此，在话语系统上存在着不小差距。

近 70 年来，我国科学家对灾害史资料关注最多的是地震学、气象学、水利学，也取得了很好的成绩。《中国历史地震图集》反映历史上大地震分布情况；《中国近五百年旱涝分布图集》反映气象要素的历史变迁；《中国历史大洪水调查资料汇编》《中国大洪水》集中展现了历史时期各场次重大水灾的情景。这些专著在出版之初有着明显的服务于工农业生产的目的，出版后发现可以为当代灾害学研究服务，极大开拓了灾害研究的时空。

灾害志的编纂，是简要地、重点地、采用通俗语言来总结、反映中华民族的灾害史和防灾、抗灾、救灾史，目的在于利用历史资料，重演灾害发生场景，揭示中华民族与灾害斗争的智慧，促进人类更好地与自然相处。今日尤其要注意，历史上的诸多巨灾，在当代尚未出现，叙述这些巨灾，对于今天更有警示作用。

二是何为灾？

邓拓说："灾荒者，乃以人与人社会关系之失调为基调，而引起人对于自然条件控制之失败所招致之物质生活上之损害与破坏也。"（邓拓：《中国救荒史》，北京出版社，1988 年，序言。）其实，灾的定义还有很多种说法。

我的理解是："灾害是人类没有认识的自然界对人类的危害。"此处特别强调"没有认识"，是因为不知道便无从应对。2003 年举世瞩目的 SARS（"非典"）传入中国，一时间到处空巷，大街上没有汽车行驶，行人也很少，上下班、上下学的人也都是行色匆匆。政府采取了两条措施，一是从南方出差回来的人，先自我"禁闭"一周或十天；二是车站、商店对每人强行测量体温，凡是超过 38 摄氏度者，都属于"危险人物"，需要"特别关照"。过了半年，风头过去了，据统计全中国因 SARS 死亡的也就 300 多人，不能算是特别严重的灾害。为什么对SARS 如此恐惧？就是因为"没有认识"。此事件已过去 15 年了，若再发生 SARS，就没有那么害怕了。日本每年发生数百次有感地震，每次地震来临时，没有见到慌张的场面，因为人们习以为常了。中国沿海地区每当热带气旋光临时，也是应对有序，对正常的生产生活造成的影响不太大。

三是灾害统计有数无量吗？

数和量是一体的，不可分开。但史书记载往往只有数，缺少量，如中国自古经常饱受天灾、旱灾、水灾、瘟疫袭扰。邓拓说过："中国历史上水、旱、蝗、雹、风、疫、地震、霜、雪等灾害，自商汤十八年（前1766年）至纪元后年止，计3703年间，共达5258次，平均约每6个月强便有灾荒一次。"（邓拓：《中国救荒史》，北京出版社，1988年，38页。）陈达在《人口问题》中统计，自汉初到1936年的2142年间，水灾年份达1031年，旱灾年份达1060年。这些统计，继承了《史记》及其他正史《五行志》的传统。

这种方法简单、明确，但实用性不强。世上历来是"人以群分，物以类聚"，古代记录灾害也是有等级划分的，有"旱"，也有"大旱"；有"水"，也有"大水"；有"饥"，也有"大饥"；有"疫"，也有"大疫"；有"震"，也有"大震"。一个"大"字，已将灾害划分得清清楚楚。后人使用时，恰把这个"大"字忽略了，将"灾""大灾"归于一类，作一起处理，只有"数"，没有"量"了。李约瑟作统计时，已注意到了这个"大"字。据其统计，在过去的2100多年间，中国共有1600多次大水灾和1300多次大旱灾。

不分高下强弱，没有顾及到灾害的千差万别。同样一场旱灾，可以推翻一个朝代，或后果仅是粮食减产；一次地震死亡万人，一次仅是地震而已，两者是无法等同处理的。按照实际效果前者一次，后者即使发生百次，综合的后果可能还不如前者。将这两个性质完全不同的灾害加在一次，计算发生次数，是没有意义的。

由此说明灾害统计并非有数无量，有数有量的才有用。正是量化了史料，中国科学家得到了三千年长的《中国地震目录》、五百年长的《中国近五百年旱涝分布图集》、上千年长的《中国历史大洪水调查资料汇编》《中国大洪水》等重量级专著，使得历史大灾、巨灾更好地得以展示。

四是历史上无时不灾吗？

中国历史上灾害之严重，常引用邓拓所言，即："我国自有文献记载以来的四千余年间，几乎无年不灾，也几乎无年不荒"（邓拓：《中国救荒史》，北京出版社，1988年，第7页），来说明。

既然中国自然环境连续四千年都这样的差，怎么理解历史上的盛世？汉朝的文景盛世（公元前179年—公元前141年）、汉武盛世（公元前141年—公元前87年），唐朝的贞观之治（627—649年）、唐玄宗的开元盛世（713—741年），北宋的仁宗盛治（1022—1063年），明初的三大盛世时期分别是：朱元璋时期的洪武之治（1368—1398年）、永乐帝时期的永乐盛世（1398—1424年）、明仁宗和明宣宗时期的仁宣之治（1424—1435年），此外还有清代的康乾盛世（1681—1796年）等。对于文景盛世，司马迁在《史记·平准书》中记载说："非遇水旱之灾，民则人给家足，都鄙廪庾皆满，而府库余货财。京师之钱累巨万，贯朽而不可校；太仓之粟，陈陈相因，充溢露积于外，至腐败不可食。"可见，文景时期政治清明、经济发展，人民生活安定，确实称得上是太平盛世，也可算为古代的"美丽中国"。

从微观上看，古代官吏做了好事，善良的百姓，为了永远记得他们，往往将官吏主持的工程以官吏姓氏相称。

唐会昌四年（844年），刺史韦庸治理水患，凿河道10里，筑堤堰引水造湖灌田。民称其湖为会昌湖，堤为韦公堤（据温州博物馆）。北宋天圣二年（1024年），范仲淹主持修建了从启东县吕四镇至阜宁市长达290公里的捍海堰，俗称范公堤。南宋淳祐元年（1241年），县令家坤翁于落马桥筑堤，人称"家公堤"（诸暨县地方志编纂委员会. 诸暨县志·大事记. 杭州：浙江人民出版社. 1993.5）。清康熙初年（约1662年），永宁府同知往北胜州，李成才率众疏通程海南部河口，民间颂为"李公河"（云南省永胜县志编纂委员会. 永胜县志·大事记. 昆明：云南人民出版社. 1989.11）。清康熙二十八年（1689年），北胜知州申奇獣捐银兴修程海闸（即今程海南岸河口街东部），民间颂曰"申公闸"（云南省永胜县志编纂委员会. 永胜县志·大事记. 昆明：云南人民出版社. 1989.11）。清乾隆二十四年（1759年），秦州知州费廷珍规划修成城南防河大堤，人称"费公堤"；光绪初年知州陶模重修，州人又名之为"陶公堤"（天水市地方志编纂委员会. 天水市志（上卷）·大事记. 北京：方志出版社，2004）。清嘉庆十年（1805年），云南路南知州会礼倡修西河，疏通水道，城西北田地免除水患，后人感其惠，将西河改称"会公河"以示怀念（昆明市路南彝族自治县志编纂委员会. 路南彝族自治县志·大事记. 昆明：云南民族出版社. 1996.14）。清咸丰五年（1855年），云南路南知州冯祖绳倡修城东巴江河堤300丈（即东山河堤）防巴江水溢，后人称之为"冯公堤"（昆明市路南彝族自治县志编纂委员会. 路南彝族自治县志·大事记. 昆明：云南民族出版社. 1996.14）。

在农业是"决定性的生产部门"的中国封建社会，仓储被视为"天下之大命"。粮食仓储关系国计民生，对治国安邦起到很大作用。由于粮食是一种特殊商品，保障人民生活，满足国民经济发展的需要，是重要的战略物资，历来受到政府的高度重视。通过广设仓窖储存粮食以"备岁不足"，提高了自然灾害防范与救助能力。我国自古就有重视仓储的传统。曾参所作《礼记》指出，"国无九年之蓄，曰不足；无六年之蓄，曰急；无三年之蓄，曰国非其国也。"史载，县官重视仓储，政声大起，皆称"清官""善人"。宋康定元年（1040年），包拯由扬州天长县调任为端州知州。任期三年，在县城建丰济仓（粮仓），开井利民，筑渠引水，功绩卓著（高要县地方志编纂委员会. 高要县志·大事记. 广州：广东人民出版社. 1996）。倪之字司城，清雍正七年（1729年）贡生，调任赣州龙南知县，后补上杭知县。在任期间，建社仓，兴书院，济灾民，人称之"清官"。刘岩字春山，清乾隆间国子监生。他乐善好施，乾隆五十年（1785年）大荒，他开仓出谷，救济饥民，人称"善人"（枞阳县地方志编纂委员会. 枞阳县志·十九　人物·第二十六章　人物. 合肥：黄山书社. 1998）。中国人口众多，季风气候导致粮食减产，形成大灾、巨灾之际，皆中央政府"库储一空如洗"、省"库储万分竭撅，又无闲款可筹"的同时，民间亦"仓谷亦无一粒之存"。此问题新中国成立后依然存在。1972年12月10日，中共中央在转发国务院11月24日《关于粮食问题的报告》时，传达了毛泽东主席"深挖洞，广积粮，不称霸"的指示。

联合国救灾署规定，死亡100人以上的灾害为大灾。史料中死亡人数定量资料少，定性资料多，有的只写死亡"无算"。何为"无算"？死亡二三十人为有算，死亡四五十可辩清数十人，但死亡上百人，数不清了，记为"无算"。"无数"亦同理。案例：明嘉靖二十年（1541年）夏六月夜，自东北降至东关草店，山水聚涌涨溢，民舍冲塌，溺死者不可胜计（嘉靖《归州志》卷四灾异）。这是定性资料。但也可找到同条定量资料：嘉靖二十年（1541年）六月初十日，天宇明霁，至夜云气四塞，猛风拔木，雨雹如澍，须臾水集数丈，漂流民居一百余家，死者三百余人，一家无子遗者有之（嘉靖《归州全志》卷上灾异）。这是"不可胜计"有几百人的佐证。

我经过30余年灾害史资料的收集整理，发现中国历史上灾害程度最为密集、灾情最严重的阶段，是自清光绪三年（1877年），经过民国时期，到1976年止，刚好是一个世纪。称之为"世纪灾荒"时期。"世纪灾荒"期间，发生的大灾数量是近三千年的40.4%，几乎是无年不灾，无年不荒，一阵接一阵，一波连一波，灾情密度之高，程度之频，巨灾之烈，死人之多，是中国历史上其他时间从没有发生过的，也是世界上极为罕见的时期。同样的严重程度，时间长度仅有邓拓先生统计的1/40。

五是何为减灾？

现在称减灾，是减轻自然灾害危害的简称。其内容是灾前预防预测，灾时紧急救援，灾后恢复重建。这是近42年来的减灾内容。其实新中国的减灾史，要分前28年（1949—1976年）和后42年（1977—2018年），前28年的减灾史与后42年是不同的。

经过大数据统计，基于省（自治区、直辖市）单位在一年时间内死亡万人、十万人、百万人、千万人的等级进行划分，其中酷暑、寒冷造成死亡的一般在万人上下，风暴潮最多不超过十万人，地震、洪水最多不超过百万人，饥荒以及瘟疫最多不超过千万人。

这些灾种有两个特色：

第一，饥荒和瘟疫人文因素参与较多，更容易将其控制好。地震、洪水、台风、风暴潮、酷暑、寒冷自然因素参与较多，人为难以控制。

第二，从成灾角度看，造成这个结果是由灾种决定的。地震在 10^{-3} 日完成，地质灾害在 10^{-1} 日完成，风暴潮在 10^{-1} 日完成，洪涝在 10^0

日完成，严寒、酷暑在 10^1 日完成，瘟疫在 10^2 日完成，饥荒在 10^3 日完成，人们应对饥荒、瘟疫灾害，可以有充分时间进行干预。这就是要害所在。

新中国，人民政府和广大人民群众针对重大灾害采用了四大法宝：

法宝之一："一定要把淮河修好""一定要根治海河"。

法宝之二：以防为主，防抗救相结合。

法宝之三："不饿死一个人。"

法宝之四：早发现，早诊断，早隔离，早治疗。

经过了 28 年艰苦卓绝的奋斗，成千上万死亡的悲剧一去不复返了。1977 年以后，中国进入了少死人时期（2008 年为特例），为改革开放提供了最好的发展时机。

高建国

2018 年 12 月 14 日

凡 例

一、《中国灾害志·断代卷》包括《总论》暨《先秦卷》《秦汉魏晋南北朝卷》《隋唐五代卷》《宋元卷》《明代卷》《清代卷》《民国卷》以及《当代卷》8个分卷，系以中华人民共和国当代疆域范围为参考，按历史顺序，依志书体例，分阶段叙述先秦以降（截至 2018 年）中国历代灾害状况以及相应的救灾、防灾技术、制度与实践等方面的演变历程，从整体上全面、系统地呈现五千年中华文明史上，中华民族与自然灾害进行长期不懈之艰苦斗争的伟大业绩。

二、除《总论》之外，《中国灾害志·断代卷》各分卷主体内容按"概述""大事记""灾情""救灾""防灾"等编依次排列，另置与救灾、防灾有关的"人物"和"文献"或"书目"，作为附录。其中：

1.概述。列于各编之前，用简练的语言，对各分卷所涉历史时期自然灾害的总体面貌、主要特点、时空分布规律，以及历朝重大救灾、防灾的技术、制度、活动及其沿革、变动进行总结性述评，突出时代特色及其历史地位。

2.大事记。着重记述对国计民生有较大影响的重大灾害，比较重要的救灾防灾事件、制度、组织机构、工程、著述以及具有创新意义的技术、理念等，一事一条，按时间排列，所叙内容和各编章内容交叉而不重复，要言不烦。同一事件跨年度发生，按同一条记入始发年。同一年代的不同事件，分别列条，条前加"△"符号。

3.灾情编。主要记录历代发生的旱灾、水灾、蝗灾、疫灾、震灾、风灾、雹灾、雪灾等各类自然灾害，以及非人为原因导致的火灾，不涉及兵灾、"匪祸"和生产事故等，但出于人为因素却以自然灾害的形式造成危害的事件，如 1938 年黄河花园口决堤，则一并列入。各灾种依所在朝代，按时间顺序记述，主要涉及时间、地点、范围、程度、伤亡人数、经济损失、社会影响等。

4. 救灾编。分官赈、民赈二章（部分断代卷分卷因内容较多，将二者分立为编）。官赈主要记述包括中央政权、地方政权在内的官方救灾的程序、法规、制度、章程、组织、机构以及重要事例，突出各时代的特点、典型事例。民赈记述官方之外的，以士绅、宗族、宗教或其他民间力量为主体的救灾活动；国际性救灾，无论是对其他政权灾害的救援，还是接受其他政权援助，可根据实际情况记入官赈或民赈。

5. 防灾编。主要包括与防灾救灾直接相关的仓储、农事、水利以及区域规划或城市建设等内容，重点记述各防灾机构、制度、措施、技术、工程及其效用等，勾勒各时期的变化与发展。尤其是民国、中华人民共和国各卷，因时制宜，突出科技、教育的发展对防灾救灾所起的作用。

6. 人物。作为附录之一，选择历代对救灾、防灾和灾害研究有重要作用的代表性人物，除姓名（别名、字、号）、生卒时间、籍贯以及主要经历之外，重点介绍其与防灾救灾有关的事迹、思想、工程、技术及其影响。属少数民族者，注明民族；外国人则注明国籍、外文姓名，如李提摩太（Timothy Richard，英，1845—1919）。

7. 文献或书目。作为附录之二，着重介绍历代比较重要的有关灾情、救灾、防灾的代表性文献（如荒政书），以及对当时及后世有重大影响的救灾法规、章程等，概括其内容，说明其影响，按时间顺序排列。

三、作为一部全面、系统、完整、准确地反映中国历史时期自然灾害总体灾情及防灾救灾的综合性志书，《中国灾害志·断代卷》的撰写始终以尽可能广泛地占有现有史料作为基础工作，其文献采集范围，既包括《二十五史》《资治通鉴》等正史，也包括历代编纂的荒政书、水利文献以及相关的官书、文集等，同时注重发掘和使用自古迄今极为丰富的地方志资料，尤其是中华人民共和国成立以来各地新编的省志、市志、县志和水利志，并重视搜集笔记、书信、碑刻、墓志、通讯报道、口述资料、遗址遗物资料等民间资料。除文字材料之外，也注意搜集具有珍贵历史价值的图片资料，包括地图、示意图、照片，以及记述灾害和救灾的图画等。为保证历史记载的准确性，对所选资料努力核实考证，去伪存真，去粗取精，特别是涉及重大史实、重要数据、重要人物，均已认真鉴别，力求避免失误。凡有争议的文献，根据各类文献本身及国内外学术界的现有研究，采用具共识性的内容，并做注说明不同意见。所有采用的文献，在撰写阶段一律按规范注明出处；出版时则根据志书体例要求，作为参考文献，置于各分卷卷末。

四、《中国灾害志·断代卷》的行文，总体上按照《〈中国灾害志〉行文规范》（中国灾害志编纂委员会2012年5月）执行。

1.使用规范的现代语体文，以第三人称角度记述。除少量特别重要的内容须引用原文外，一般把文言文译为白话文，并在不损害文献原意的基础上，用朴实、严谨、简洁、流畅的语言予以概述。同时改变原资料不符合志体的文字特点，注意与议论文、教科书、总结报告、文学作品、新闻报道等文体相区别。有关专门术语作出解释说明。对于文言文中的通假字，因摘自史书，直接引用时保留原貌，否则改之。

2.时间记述。本志各断代卷在记述相关内容时，其先秦至清代各卷，先写历史纪年或王朝纪年，后加括号标注公元纪年，如康熙十八年（1679年）。所载事项涉及同一时期不同政权的不同历史纪年时，以事项所在地的历史纪年为主。各年事项所涉月日等具体时间，则以历史资料为准，一律不做更改。农历记述年月用汉字，如洪武二年三月，公历记述年月用数字，如1930年8月。《民国卷》《当代卷》一律用公历纪年、纪月、纪日。

3.地点记述。各卷古地名，首次出现时，须括注今地名，如"晋阳（今山西太原）"。现代地名中，省字省略，县名为二字时省略县字，县字为一字时保留县字。如"山西平遥""河北磁县"。

4.表格使用。表随文出，内容准确，不与正文简单重复或自相矛盾。表格分为统计表、一览表，前者含有数据、运算，后者为文字表。其要素为：标题，表序号，表芯。标题包括时间、内容及性质，如："清代水灾伤亡人数统计表"。表序号分为两部分：如表2-7，第一个数据为编的序号，第二个数据为本编的表大排行的序号。表序号位于表格左上肩。一律不写为"附表"。表芯为三线表（顶线、分栏线、底线），为开敞式。统计表的数据均注明单位，使用文献记载所用原单位，如"亩""市斤"等单位。

目　录

第一编

概　述

　　隋唐五代时期处于中国古代社会的中间阶段，各类自然灾害的记载较为丰富。竺可桢曾指出历史上灾荒记录有四个限制：交通不便导致偏僻处灾害记录不详，京都附近记录特详，灾荒报告常因帝王之好憎而有所增减，不同时代及区域大小不一，也影响到灾害数量的记载。隋唐时期灾害记录的情况也符合这一特点。隋代大业时期设立司隶台，设刺史14人巡察地方，职责之一即巡察地方郡县是否如实上报自然灾害，有无无灾妄蠲免者。唐代建立史馆修史制度，报灾制度也更加完善，户部及州县负责上报每年田稼丰歉及水旱虫霜风雹地震及其赈贷存恤等情况，报史馆，修入国史。五代多袭唐制，灾蠲制度亦然。因此，隋唐五代时期的主要灾荒史料在史书中多有保留，我们可以借之掌握此时期自然灾害的大致情况。

一、隋唐五代的灾情

　　隋朝历时38年，发生自然灾害的年份为23年，发生自然灾害38年次41次。包括水灾11年次，旱灾9年次，地震山崩6年次，疾疫5年次，风灾3年次，火灾2年次，蝗灾1年次，雨土（即沙尘暴）1年次，共发生饥荒7次，其中，水旱灾害引发饥荒5次。水灾、旱灾是隋代的主要灾害，两灾数量占隋代自然灾害总数的54%。同时，隋文帝时期自然灾害的发生频率要高于炀帝时期。史载隋代灾害以北方地区为主，并集中于关陇地区和河南地区，显示出这两个地区的灾害影响较大，在隋代备受重视。

　　唐代历时290年，累计发生自然灾害至少848年次。其中，旱灾170年次、水灾173年次、虫蝗48年次、地震80年次、疾疫42年次、火灾62年次、风灾65年次、沙尘19年次、霜灾27年次、雹灾44年次、雪灾36年次、鼠患8年次、虎患7年次、牛疫10年次、兔患1年次、雾灾17年次、寒冻24年次、雷震15年次，年均发生自然灾害2.92次。唐代发生百余次饥荒，其中因自然灾害而引发饥荒47年次。唐代处于温暖湿润时期，学界公认此时期灾害相对较少，从现有对自然灾害的统计来看，这一结论基本成立。

五代十国时期，发生自然灾害 137 年次。其中，水灾 34 年次，旱灾 26 年次，虫灾 14 年次，地震山崩 14 年次，火灾 13 年次，风灾 9 年次，疫灾 6 年次，雪灾 8 年次，雹灾 5 年次，大雾 3 年次，寒冻 2 年次，霜灾 1 年次，沙尘 1 年次，震电 1 年次。水灾、旱灾、虫灾、地震是五代十国时期的主要灾害，四灾数量占这一时期自然灾害总数的 64.2%。。此时期，自然灾害引发饥荒至少 2 年次。因政权更替频繁，加之统治者对自然灾害的救治力不从心，自然灾害发生的数量较多，有的造成严重影响。

二、隋唐五代的防灾

隋代虽然历史较短，但自然灾害严重，在前期政治清明的情况下，没有发生社会动荡，这一时期的防灾举措中，水利工程的兴修起到很大的作用，另一重要措施是设立嘉仓、回洛仓、洛口仓、兴洛仓、子罗仓等仓廪储粮备荒，特别是创建义仓以备饥荒，是一个创新性的举措，并为后代所继承。

由于自然灾害给唐代社会带来严重的影响与破坏，唐代中央与地方都对自然灾害十分关注和重视。中央各部门和机构中，尚书省的工部及下辖的水部、刑部、户部及下辖的仓部，还有司农寺太仓署、太府寺常平署、都水监河渠署，都与灾害的防救有关。朝廷经常派遣中央官员前往地方进行救灾。这些使臣以三省和御史台官员为主，其中以尚书省官员最多；其次是东宫官员和具有卫府官员身份的高级宦官。地方上除州县长官及仓曹长官与灾害赈济有关之外，一些地方还会设立水令和水法。唐代已经初步建立了一整套比较系统、完整的救灾基本操作程序。减免租税是实物赈济之外的另一重要的救灾内容，在唐代，包括报灾、检灾、损免等内容在内的因灾蠲免程序，已被纳入唐律，受法律保护。

唐代的灾前预防备荒措施主要包括仓储建设、水利兴修与农事防灾活动，并注意到城市防灾与绿化环保方面的工作。隋唐五代时期极为重视仓储建设，隋唐两代在地方和朝廷设立了正仓、太仓、义仓等许多大型粮仓，特别是专门用作赈灾的义仓建立后，国家荒年赈贷制度化，对地方灾害救济起到很大作用；五代时期诸政权也经常开仓赈灾。在仓储建设的同时，对粮仓的管理亦非常重要，这牵涉到救灾阶段朝廷与地方之间的权限矛盾、仓粮的存储及其盗用和挪用诸问题。仓储制度在运行中最常见的流弊是掌举官吏勾结，冒用、盗用、挪借仓粮，隋唐两代对挪用与盗用义仓粮的官员均加以惩处。同时，出于赈灾效果的考虑，唐朝廷在开仓赈济过程中，还更多地强调主持官员的"清强"，先赈贷贫下户，并强调不得妄给富户。为避免仓粮的大量耗费，唐代对仓粮的存储时限进行了规定，唐晚期仓粮定期以新换旧成为惯例。唐代吸收和借鉴了隋代仓储防灾备灾的经验教训，在一定限度内给予地方官员灵活处置之权，赈灾效果明显增强。水利水法方面，隋唐五代时期建立了全国性与地方性的水法，修建了不少抗洪抢险方面的水利工程，包括建立斗门、开道改道、引水分流、防水抗洪等若干类别。农事防灾方面，为预先对灾害进行防备，隋唐五代时期采取占卜和预测的方式；为防旱和抗涝，兴修了七类水利工程，包括引水灌溉、建立斗门、修堤筑防、浚渠疏导、决河泄潦、蓄水及提水工程；在农地保护、农业生产经验、耕作方式、排管机器、屯田生产积粮备荒方面，也积累了一些宝贵的经验。农地改造主要是改造盐碱地为水浇地，收效显著。城市防灾建设与环保绿化方面，唐代政府重视植树造林、保护森林，并兼及城市的行道树，在应对旱灾与抵御风沙灾害方面起到了不小的作用。僧人着意于造林绿化以保护山林和环境，同时起到了抗旱防沙的效果。唐五代利用改变建筑材料及拓宽街道、种树掘井的办法以减少火灾及疫情的发生，重视以环保绿化之法抵御旱灾和沙尘，效果可观。隋唐五代在防灾方面做了不少工作，以义仓与常平仓等其他仓储的建设、漕运改革、水利工程的兴建、盐碱地的改造等方面的工作较为突出。除此之外，理财专家刘晏能够预为灾荒之备，可以依靠粮食价格和雨雪等天气情况进行灵活备灾，预先赈济百姓，使灾害不发展成灾荒，但这仅为例外之个案，在刘晏被陷害致死后便无以为继。

五代十国政权在防灾方面较为重视兴修水利工程，特别是后唐和后周，当时修建的防水抗旱工程包括筑补堤防、开道改道、开河分流、设立斗门、修筑捍海塘、引水溉田、浚渠疏导等多种类型。同时，周世宗非常重视防治火灾和疫情，为解决汴京道路狭窄，易发火灾、疾疫等问题，拓宽道路，许两边人家种树掘井、修盖凉棚。

三、隋唐五代的救灾

面对自然灾害，隋朝中央和郡县官府首先将天命与人事相联系，常举行旱雩和霖雨禜祭城门等活动，皇帝素服、避正殿、减膳撤乐，并进行录囚理冤、减免徭役、赈恤孤贫、掩埋尸体、进贤退佞，尽量"尽人力"以减少天灾的损失。隋文帝还积极利用佛教参与救灾，包括令高僧祈雨、讲经说法等，在很大程度上起到了慰藉民心的作用。灾害发生后，隋朝采取多种务实性方法救济灾民，包括兴修水利工程、赈贷粮食、移民就粟、遣使赈灾、减免赋税、延医疗疾、严惩救灾不力及饥荒时期利用粮食谋取暴利的官员，等等。

唐朝官方救灾基本可以分为两个系统：禳灾祈祷、政治弭灾系统与务实性赈灾系统。隋唐五代时期流行灾害天谴论，自省过失、申理冤狱、厉行节俭、罢免官员、下诏求直言极谏、出宫人等是经常采取的政治弭灾举措。这些措施作为国家救灾的重要形式，在不同程度上有利于改善政治，创造良好的社会救灾环境。水旱等自然灾害发生后，唐人首先想到的是向山川海渎、祖宗及诸神祈福禳灾。官方祭祀禳灾还包括大雩、以龙祈雨、开闭坊市门禳灾、禜城门止雨、徙市断屠及占卜各种自然灾害的吉凶等方面。官方赈灾主要可分为施粮赈救、恢复生产、安辑养恤等三大类措施，涵盖内容丰富。施粮赈救措施包括赈贷、调粟与跨境就食，灾后恢复生产措施包括减免赋役、赈贷粮种、给赐耕牛与劝课百姓，安辑养恤举措包括施粥、疗疫、赎子、埋骨、修屋等。此时期还有市场救灾、以工代赈、睦邻救灾等救灾措施。诸项赈灾措施在一定程度上促进了经济发展和社会稳定，朝廷弭灾中的直言极谏也有利于上层统治者反省和改良政治。民间社会中，已经发展成熟的佛教势力也发挥自身优势，通过施药治病、施粮救饥等慈善行动，帮助饥民渡过难关。灾区百姓也在政府救助下进行生产自救，食用平时不食或少食之物及在乡里大族的施舍帮助下，度过饥荒的困难时期。民间的祈祷禳灾也或多或少地抚慰了灾民的痛苦心灵。虽然灾荒带来的物质匮乏会极大地困扰灾民的生活，但灾民的精神状况对其的影响同样不容忽视。一个重要例证是贞观初年连遭灾害，普通百姓仅能勉强维持生活，但却因唐太宗抚恤有道、君臣上下团结，百姓未尝抱怨。由于组织救灾得力，贞观四年（630年）终于迎来了"天下大稔"的治世，流散者咸归乡里，每斗米三四钱。与之形成鲜明对比的是，贞观五、六年（631—632年），粮食丰稔，但百姓却因朝廷失去仁爱之心而"咸有怨言"。因此，在古代社会，上层统治者体恤百姓可以在很大程度上起到凝聚人心的作用，而这对激发灾民战胜灾荒的信心，能够起到十分重要的作用。

五代十国时期的救灾延续了以往唐代救灾的一些基本做法，但作为晚唐与北宋之间的过渡时期，也具有其自身独有的一些个性特点。这也验证了五代十国时期是一个重建秩序的过渡时期的特点，绝不能以乱世二字简括言之。五代十国时期诸政权对灾害的救治也不乏可取之处。在灭蝗方面，五代总体上比唐代进步，除祭拜驱蝗、捕蝗易粟、焚瘗灭蝗和食蝗外，还创造性地采用张幡鸣鼓驱蝗、有意识地利用生物灭蝗等方式。但此时期在赈济水旱等其他灾害时，比以往更频繁地实施禳灾之法，并运用了圣水祷雨、开塔祈雨等求雨方式，较多地利用佛教禳灾，皇帝宰臣至寺观祷雨也极为频繁，这使此时期实质性救灾所占比例小于唐代。同时，五代十国在政治弭灾方面，主要采取了疏理系囚、大赦及下诏直言等方式，但比唐代更多地运用了大赦的方式。这或许与五代政权短促，面临国内国外的问题较多，没有更多精力进行更为有效救灾有关。五代十国诸政权中，后唐、后周对灾害较为重视，后汉则因历时较短，救灾方面乏善可陈。

四、隋唐五代防灾救灾的特点

隋唐五代时期防灾救灾的情况，可以反映中国古代社会中期的时代变迁与制度沿革。隋代前后期防灾、救灾效果差别较大，由于前期政治环境较好，重视救灾工作，救灾多富有成效，大大减轻了灾害的影响；后期尤其是大业末期总体上救灾不力，炀帝劳师远征，政令不行，饥荒不断，最终盗贼蜂起，内外危机叠加，隋朝无可避免地走向灭亡之途。文帝、炀帝时期的防灾救灾制度一脉相承，后期救灾效果大不如前，不在于炀帝比文帝的执政能力弱，而是因为文帝重视民生与吏治问题，注重对自然灾害的防救工作，而炀帝则热衷于国家政绩工程和效率，以实现其帝国梦想，自然灾害并不是隋代灭亡的基本原因与根源所在。

唐代疆域广阔，各种自然灾害此起彼伏，朝廷对自然灾害的防救非常重视，这使自然灾害没有波及唐朝的整体稳定。唐代防灾救灾的特点有如下五大方面：第一，在借鉴前代防灾救灾经验和教训的基础上，唐代建立了一套包括地方报灾、御史检灾、朝廷下令损免等内容在内的比较系统完整的因灾蠲免制度，并将其纳入唐律，用国家法律来加以保障。第二，唐代派遣使臣代表皇帝和朝廷到地方灾区进行宣抚，协助和监督救灾，他们具有全权处理之权，可以先处理而后闻奏，避免和缩短了报灾和决策的时间，并及时发现救灾中的各种问题，大大提高了救灾工作的有效性。第三，唐代国家救灾内容较全面，包括施粮救助、生产恢复和安辑养恤三个阶段。唐代十分注重加强粮食储备，唐朝廷和地方储粮备荒，当时以义仓为专门的救荒储备。义仓的设立虽然是继承自隋代，但在唐代得到了更为广泛长久的实施。第四，唐代赈灾主要依靠朝廷的力量，民间人士和佛教势力等在基层也起了相当作用，是政府救灾的有效和必要的补充。在广大乡村，分散的民间救灾发挥的作用更为直接和及时，较好地弥补了国家救助的弊病。这也是中国传统救灾的特点，即以政府救灾为主，以民间救灾为必要的补充。政府对民间救灾进行必要的引导。虽不排除纯粹的个人自愿助赈，但政府会通过一些方式介入民间救灾，如对宗族互助进行倡导、设法迫使富民赈贷饥民、对佛教寺院的悲田养病坊设使专知，有些官员还积极运用市场救灾等。隋唐民间灾害防救，与之前汉代和魏晋南北朝及之后近现代社会中，社会力量在赈灾中所起的作用相对增长不同，而是有所不足，可能是由于唐朝统一昌盛，粮储丰富，比以往重视也便于从事救灾工作的缘故。第五，唐代救灾中的弭禳部分仍是救灾的一个重要部分，无论朝廷官员和普通百姓，都视其为救灾中不可或缺的重要内容和组成部分。虽然禳灾与当时的社会文化与风俗有关，但它的大量存在，在很大程度上也说明了唐人因对灾害认识的局限性，而将禳灾祈福作为防灾抗灾的主要手段和精神安慰。

五代十国时期的灾害救治具有四个特点。第一，五代十国时期，国际救灾较多。一些政权的执政者目光深远，对邻国灾民伸以援手，这一方面是实行仁政爱民思想的体现，也有助于其扩大影响。此时期国家或政权间的灾害救援包括：后周对契丹、南唐、吴越灾民的救济，吴越和北宋对南唐的救济，后汉对契丹的救济等。第二，宗教徒更多地参与到救灾中，特别是僧尼，也有道教徒。除五代时期诸政权常于佛寺和道观因旱祈雨或因水祈晴、唐庄宗延请五台山僧人诚惠至京师洛阳祈雨、唐末帝开广化寺三藏塔祈雨等之外，还有命僧道置消灾道场禳震、召尼诵佛书禳灾。第三，此时期，赈济饥民的官员中出现了较多的反面人物。如：天成年间（926—930年），后唐沧州节度使张虔钊亢旱民饥时发廪赈灾民，而秋后倍斗征敛。后晋在天下旱、蝗，民饿死者岁十数万时，君臣穷极奢侈，以相夸尚。诸镇争为聚敛，赵在礼更是诸侯王之最。闽主王璘在地震时，不仅不自责，反而借口避位修道。第四，与隋唐代相比，灾害发生后，此时期大臣失职与匿灾似较少受到惩罚，史载官员救灾失职有三例，而且是体现在官职较低的官员身上，其中一例还是主要因为得罪皇帝宠臣才被严惩。这与此时期政权更迭频繁，历时较短，对灾害关注度不高有关。

第二编

大事记

第一章　隋朝时期

开皇二年（582 年）

△三月，都官尚书兼领太仆元晖开河渠，引杜阳水于三畤原（陕西武功），陇西郡公李询督其役，溉舄卤之地数千顷，民赖其利。

开皇四年（584 年）

△京师（陕西西安）频旱。九月，以关内饥，隋文帝驾幸洛阳。

开皇五年（585 年）

△五月，工部尚书、襄阳县公长孙平上书奏建义仓，民间每秋家出粟麦一石以下，贫富差等，储之闾巷，以备水旱凶年。若时或不熟，当社有饥馑者，即以此谷赈给。此后，诸州粮储委积。

开皇十四年（594 年）

△八月，关中大旱，人饥。隋文帝幸洛阳，因令百姓就食。从官并准见口赈给，不以官位为限。是时仓库盈溢，竟不许赈给，乃令百姓逐粮。隋文帝不惜百姓而惜仓库，比至末年，计天下储积，得供五六十年。

开皇十六年（596 年）

△正月，隋文帝诏秦（治甘肃天水）、迭（治甘肃迭部县）、成（治甘肃西河）、康（治甘肃成县）等 20 余州社仓，并于当县安置。二月，又诏社仓，准上中下三等税，上户不过一石，中户不过七斗，下户不过四斗。

开皇十六年至开皇二十年（596—600 年）

△怀州刺史卢贲开利民渠，决沁水东注，派入温县（河南温县），境内名曰温润渠，以溉舄卤，民赖其利。

开皇十八年（598 年）

△起辽东之役，以汉王杨谅为行军元帅，率众至辽水，遇疾疫而还，死者十八九。

△河南杞（河南杞县）、宋（河南商丘）、陈（河南淮阳）、亳（安徽亳州）、曹（山东曹县）、戴（山东成武）、颍（安徽阜阳）等八州大

水，所在沉溺。隋文帝遣使，将水工，巡行川源，相视高下，发随近丁以疏导之。困乏者，开仓赈给，前后用谷 500 余石。遭水之处，租调皆免。自是频有年。

开皇二十年（600 年）

△十一月戊子，天下地震，民舍多坏，秦（甘肃天水）、陇（陕西陇县）压死者 1000 余人。

△京师（陕西西安）大风雪，发屋拔树。

开皇时期（581—600 年）

△蒲州（治山西河东）刺史杨尚希（？—590）引瀵水，立堤防，开稻田数千顷，民赖其利。

△兖州（山东兖州）城东沂、泗二水合而南流，泛滥大泽中，兖州刺史薛胄积石堰之，使决令西注，陂泽尽为良田。又通转运，利尽淮海，百姓赖之，号为薛公丰兖渠。

△芍陂旧有五门堰，芜秽不修。寿州（治安徽寿县）总管府长史赵轨劝课人吏，更开 36 门，灌田 5000 余顷，人赖其利。

大业七年（611 年）

△秋，山东、河南大水，漂没三四十郡，民相卖为奴婢，重以辽东覆败，死者数十万。因属疫疾，山东尤甚，所在皆以征敛供帐军旅所资为务，百姓虽困，而弗之恤。

第二章 唐朝时期

武德七年（624 年）

△四月，同州治中云得臣于韩城县（陕西韩城市二里城古村）开渠，自龙门引黄河，溉田 6000 余顷。

贞观二年（628 年）

△三月，关内旱饥，民多卖子以接衣食；己巳，遣御史大夫杜淹巡

检关内，唐太宗诏出金宝赎饥民鬻子者还之。庚午，诏以旱蝗责躬，大赦。

△六月，京畿（陕西西安）旱，蝗食稼。七月三日，唐太宗命尚书左丞戴胄、给事中杜正伦等，于掖庭宫西门出宫人，前后所出 3000 余人。

贞观十一年（637 年）

△七月癸未，大雨，谷水溢，入洛阳宫，深四尺，坏左掖门，毁宫寺 19 所；洛水漂 600 余家，溺死者 6000 余人。唐太宗引咎，诏以灾命百官上封事，极言得失。庚子，赐遭水旱之家帛 15 疋，半毁者 8 疋。壬寅，废明德宫及飞山宫之玄圃院，分给河南、洛阳遭水户赐帛有差。

△九月丁亥，黄河泛滥，溢坏陕州河北县（山西平陆）及太原仓，毁河阳（河南孟县）中潭，幸白司马阪以观之，赐濒河遭水家粟帛有差。

贞观十八年（644 年）

△扬州大都督府长史李袭誉引渠，于扬州江都县（江苏扬州）东修雷塘，又筑勾城塘，溉田 800 顷。

永徽元年（650 年）

△绛州曲沃县（山西曲沃）有新绛渠，曲沃县令崔翳引古堆水，溉田 100 余顷。

永徽四年（653 年）

△光州刺史裴大觉于光山县（河南光山）西南修雨施陂，积水以溉田百余顷。

永徽五年（654 年）

△闰五月丁丑夜，大雨，山水涨溢，漂溺麟游县（陕西麟游）居人及当番卫士，死者 3000 余人。麟游县山水冲万年宫玄武门，宿卫士皆散走。时高宗幸万年宫，右领军郎将薛仁贵登门桃大呼，以警宫内。高宗遽出乘高，俄而水入寝殿。

△六月，恒州（治河北正定）大雨六日，滹沱河水泛溢，损 5300 家。丙寅，河北诸州大水，诏工部侍郎王俨较行（通"校行"），赈贷乏绝，虑囚徒。

永徽年间（650—655 年）

△检校幽州都督裴行方引泸沟水，开稻田数千顷，百姓赖以丰给。

△颍州刺史柳宝积于汝阴县（安徽阜阳）修椒陂塘，引润水溉田200顷。

永徽二年至显庆元年（651—656年）

△沂州（山东临沂）界内有先前废陂，蓄积污潦，妨害农稼。沂州刺史徐德下令疏决，修复数十陂，开田1100顷。

显庆元年（656年）

△七月己卯，宣州泾县（安徽泾县）山水暴涨，高四丈余，漂荡村落，溺杀2000余人。制赐死者物各五段，庐舍损坏者，量为营造，并赈给之。

△八月，京师（陕西西安）霖雨，更九旬乃止。

△九月庚辰，括州（浙江丽水）暴风，海溢，坏安固（浙江瑞安）、永嘉（浙江温州）二县，损4000余家。

总章二年（669年）

△六月，括州（浙江丽水）大风雨，海水泛溢永嘉、安固二县城郭，漂百姓宅6843区，溺杀9070人、牛500头，损田苗4150顷。遣使修葺宅宇，溺死者，各赐物五段。

△冀州（河北深州）大水，水平地深一丈，坏屋14390区，害田4496顷，遣使赈给。

咸亨元年（670年）

△天下40余州旱及霜虫，百姓饥乏，关中尤甚。唐高宗诏雍（陕西西安）、同（陕西大荔）、华（治陕西华县）、蒲（治山西永济）、绛（山西新绛）等五州百姓乏绝者，听于兴（陕西略阳）、凤（陕西凤县）、梁（陕西汉中）等州逐粮，仍转江南租米以赈给之。闰九月癸卯，武皇后以旱请避位，不许。

永淳元年（682年）

△五月，自丙午东都（河南洛阳）连日澍雨，乙卯，洛水溢，坏天津及中桥、立德弘教景行诸坊，溺居民千余家。

△六月，关中初雨，麦苗涝损，后旱，京兆（陕西西安）、岐（治陕西凤翔）、陇（治陕西陇县）螟蝗食苗并尽，加以民多疫疠，死者枕藉于路，唐高宗诏所在官司埋瘗。

仪凤元年至调露年间（676—680 年）

△肃州城（甘肃酒泉）荒毁，肃州刺史王方翼出私财造水碾硙，税其利以养饥馁，宅侧起舍 10 余行令以居饥馁。属蝗俭，诸州贫人流离，多有死于道路者，而肃州全活者甚众，州人称颂，为其立碑。

开耀年间（681—682 年）

△王方翼迁夏州（陕西靖边北白城子）都督，属牛疫，无以营农，王方翼造人耕之法，施关键，使人推之，百姓赖焉。

证圣元年（695 年）

△正月十六日夜，明堂火，延及天堂，洛城光照如昼，至曙并为灰烬。则天欲避正殿、撤乐，天御端门观酺，引建章故事，令薛怀义重造明堂以厌胜之。二十一日，以明堂灾告庙，手诏责躬，令内外文武九品以上各上封事，极言正谏。

大历五年（770 年）

△郎州刺史韦夏卿治武陵县（湖南常德）槎陂，溉田千余顷，至大历十三年（778 年）以堰坏废。

神龙元年（705 年）

△四月，雍州同官县（陕西铜川）大雨雹，鸟兽死。又大水漂流居人四五百家，遣员外郎一人巡行赈给。

△六月，河南河北 17 州大水，漂流居人，害苗稼，遣中郎一人巡行赈给。

△七月，洛水暴涨，坏人庐舍 2000 余家，溺死者数百人，令御史存问赈恤，官为瘗埋。八月戊申，以水灾，令文武官九品以上直言极谏。河南洛阳百姓被水兼损者给复一年。

长安年间（701—704 年）

△青州北海（山东潍坊）县令窦琰于故营丘城东北穿渠，引白浪水曲折 30 里以溉田，号窦公渠。

开元二年（714 年）

△正月戊寅，唐玄宗敕：以三辅近地，豳陇之间水旱，令兵部员外郎李怀让、主爵员外郎慕容珣分道即驰驿往岐（陕西凤翔）、华（陕西华县）、同（陕西大荔）、豳（陕西彬县）、陇（陕西陇县）等州赈恤，灼

然乏绝者，速以当处义仓量事赈给，如不足，兼以正仓及永丰仓米充。

△六月，大风拔树发屋，长安（陕西西安）街中树连根出者十七八。终南山竹开花结子，绵亘山谷，大小如麦。其岁大饥，其竹并枯死。岭南亦然，人取而食之。

△并州文水（山西文水）县令戴谦开凿甘泉渠、荡沙渠、灵长渠、千亩渠，引文谷水，溉田数千顷。

开元三年（715年）

△六月，山东诸州大蝗，飞则蔽景，下则食苗稼，声如风雨，民或于田旁焚香膜拜设祭而不敢杀，紫微令姚崇奏请差御史下诸道，促官吏遣人驱扑焚瘗。该岁，田收有获，人不甚饥，所司结奏捕蝗虫凡100余万石。

△七月，河南、河北蝗。十月乙丑，诏令礼部尚书郑惟忠持节河南，宣抚百姓，工部尚书刘知柔持节河北道安抚百姓，其被蝗水之州，量事赈贷。

开元四年（716年）

△夏，山东、河南、河北蝗虫大起，食苗草树叶，连根并尽。紫微令姚崇请夜设火，坎其旁，且焚且瘗。五月，姚崇奏请差御史下诸道，促官吏遣人驱扑焚瘗，采得一石者，与一石粟；一斗，粟亦如之，掘坑埋却。汴州（河南开封）行焚瘗之法，获蝗14万石。甲辰，敕委使者详察州县捕蝗勤惰者，各以名闻。是时，山东诸州蝗虫，在处生子，陂泽卤田尤甚。县官或随处掘阱埋瘗，放火焚灭，杀百万余石，余皆高飞凑海，蔽天掩野，会潮水至，尽漂死，蝗虫积成堆岸及为鸦鸢、白鸥、练鹊所食，种类遂绝。

开元七年（719年）

△同州刺史姜师度引洛堰河，于朝邑（陕西大荔县东）、河西（陕西合阳县东南）二县界修古通灵陂，择地引雒水及堰黄河灌之，以种稻田2000余顷，内置屯十余所，收获万计。

开元八年（720年）

△六月二十一日夜，暴雨，东都（河南洛阳）谷洛瀍三水溢，入西上阳宫，宫人死者十七八。新安（河南新安）、渑池（河南渑池）、河

南（河南洛阳）、寿安（河南宜阳）、巩县（河南巩义）等庐舍荡尽，共961户，溺死者815人。许（河南许州）、卫（河南卫辉）等州掌闲番兵溺者1148人。

△京城（陕西西安）兴道坊一夜陷为池，一坊五百余家俱失。遣使赈恤及助修屋宇，其行客溺死者，委本贯存恤其家。

开元十二年（724年）

△六月，唐玄宗以山东旱，命选台阁名臣以补刺史；以黄门侍郎王丘、中书侍郎长安崔沔、礼部侍郎知制诰韩休等五人出为山东诸州刺史。

△七月，河东、河北旱，命中书舍人寇泚宣慰河东道，给事中李昇期宣慰河北道百姓，唐玄宗亲祷于内坛场，三日曝立。

开元十三年（725年）

△秋，济州（山东荏平）大水，河堤坏决，为害滋甚。济州刺史裴耀卿俯临决河，躬自护作。以浃辰之役，兴百倍之利，澹灾革弊，人赖之。

开元十八年（730年）

△六月，东都（河南洛阳）瀍、洛泛涨，坏天津、永济二桥及提象门外仗舍，损居人庐舍1000余家。闰六月己丑，玄宗令右骁卫大将军范安及、韩朝宗就瀍、洛水源疏决，置门以节水势。

开元二十一年（733年）

△秋，关中久雨害稼，京师（陕西西安）饥，诏出太仓粟200万石赈给。唐玄宗将幸东都，召京兆尹裴耀卿问救人之术，耀卿请罢陕陆运，而置仓河口，转运江南漕粮。置仓三门东西，以避三门之水险。凡三岁，漕700万石，省陆运佣钱30万缗。

开元二十二年（734年）

△秦州都督府，本治上邽（甘肃天水），以地震徙治成纪敬亲川（甘肃秦安西北），天宝元年（742年）还治上邽。

开元二十五年（737年）

△瀛州（河北河间）刺史卢晖于河间县（河北河间）西南开长丰渠，自束城、平舒引滹沱东入淇通漕，溉田500余顷。

△唐朝制定水部式残卷，规定十分详尽，具有可行性，使诸渠用水

有法可依。

开元年间（713—741 年）

△和州乌江（安徽和县乌江镇）县丞韦尹于县东南开韦游沟，引江至郭 15 里，溉田 500 顷。

△蔡州新息（河南息县）县令薛务增浚县西北 50 里隋故玉梁渠，溉田 3000 余顷。

开元二十七年（739 年）

△朗州武陵县（湖南常德）西北 27 里有北塔堰，朗州刺史李璀增修，接古专陂，由黄土堰注白马湖，分入城隍及故永泰渠，溉田 1000 余顷。

天宝十载（751 年）

△正月，大风，陕州（河南陕县）运船失火，烧 215 只，损米 100 万石，舟人死者 600 人，又烧商人船 100 只。

△八月六日，京城（陕西西安）武库灾，烧 28 间 19 架，兵器 47 万件。

天宝十三载（754 年）

△自八月至十月，京师（陕西西安）霖雨 60 余日，庐舍垣墙颓毁殆尽，物价暴贵，人多乏食，令出太仓米 100 万石，开 10 场贱粜以济贫民。八月丁亥，以久雨，左相陈希烈罢知政事。

△九月，遣闭坊市北门，盖井，禁妇人入街市，祭玄冥大社，禜明德门。杨国忠以灾沴归咎于京兆尹李岘，贬岘长沙太守。扶风太守房琯言所部水灾，国忠使御史推之。是岁，天下无敢言灾者。

△济州（山东茌平）为河所陷没，废济州，原济州阳谷县（山东阳谷）、东阿县（山东东阿）、平阴县（山东平阴），割属郓州，废卢县（山东茌平西南）。

上元元年（760 年）

△闰四月，大雾，自四月雨至此月末不止。米价翔贵，人相食，饿死者委骸于路。京师（陕西西安）旱歉，米斗值数千，死者甚多。

广德二年（764 年）

△礼部侍郎贾至以时艰岁歉，举人赴省者，奏请两都试举人。此举

自贾至始。

大历二年（767年）

△三月，内出水车样，唐代宗令京兆府（陕西西安）造水车，散给沿郑白渠百姓，以溉水田。

大历十二年（777年）

△升州句容（江苏句容）县令王昕复置先县令杨延嘉因梁故堤所置绛岩湖，梁故堤已废弃百年，湖修成后，周百里为塘，立二斗门以节旱暵，开田万顷。

大历时期（766—779年）

△怀州（河南沁阳）刺史杨承仙浚决古沟，引丹水溉田，污莱之田变为沃野，衣食河内数千万口。流人襁负，不召自至。

△淮南西道黜陟使李承奏于楚州山阳县（江苏淮安）置常丰堰，以御海潮，溉屯田瘠卤，收常十倍他岁。

唐代宗在位期间（762—779年）

△刘晏以御史大夫，领东都、河南、江淮转运、租庸、盐铁、常平使，以转运为己任，以官船漕，而吏主驿事，罢无名之敛，正盐官法，以裨用度。岁致40万斛，此后关中虽水旱，物不翔贵。其救灾能时其缓急而先后之，通计天下经费，谨察州县灾害，蠲除振救，不使流离死亡。每州县荒歉有端，民未及困，而奏报已行。又以常平法，丰则贵取，饥则贱与，率诸州米尝储300万斛。

兴元元年（784年）

△四月，自春大旱，麦枯死，禾无苗，关中有蝗，百姓捕之，蒸曝，扬去足翅而食之。秋，大旱，关辅大蝗，田稼食尽，百姓饥，又捕蝗为食。时京师（陕西西安）寇盗之后，天下蝗旱，谷价翔贵，选人不能赴调，命吏部侍郎刘滋至洪州调补，以便江、岭之人，时称举职。太仓粮竭，泾源兵变中被拥立为帝的朱泚督吏索观寺余米万斛，鞭扑流离，士寝饥。冬，大旱，关中米斗千钱，仓廪耗竭。

贞元元年（785年）

△正月戊戌，大风雪，寒。去秋螟蝗，冬旱，至是雪，寒甚，民饥冻死者踣于路。

△二月，河南、河北饥，米斗千钱。

△四月，江陵（湖北荆州）度支院失火，烧租赋钱谷100余万。时关东大饥，赋调不入，由是国用益窘。

△蝗，东自海，西尽河、陇（河西、陇右），群飞蔽天，旬日不息，所至草木叶及畜毛靡有孑遗，饿殍枕道，关中饥民蒸蝗虫而食之。七月，关中蝗食草木都尽，旱甚，灞水将竭，井多无水。

△十一月，以岁凶谷贵，衣冠窘乏，诏文武常参官共赐钱700万贯。

贞元二年（786年）

△五月，自癸巳大雨至丙申日，饥民俟夏麦将登，又此霖澍，人心甚恐，米斗复千钱。己亥，百僚请上复常膳；是时民久饥困，食新麦过多，死者甚众。

△六月辛酉，大风雨，京师（陕西西安）通衢水深数尺，溺死者甚众。

△东都（河南洛阳）、河南、荆南、淮南江河泛溢，坏人庐舍。

贞元四年（788年）

△正月庚戌朔，质明，京畿（陕西西安）殿阶及栏槛30余间，无故自坏，甲士死者10余人。大赦，刺史予一子官，增户垦田者加阶，县令递减，九品以上官言事。

△正月，金州（陕西安康）、房州（湖北房县）地震尤甚，江溢山裂，屋宇多坏，人皆露处。

△二月、三月、五月、八月，京师（陕西西安）又震。是岁京师地震二十。

贞元五年（789年）

△泉州刺史赵昌于晋江县（福建泉州）东置常稳塘，溉田300余顷，后赵昌任尚书，百姓将该塘更名为尚书塘。

贞元六年（790年）

△李景略为丰州（内蒙古乌拉前旗）刺史、天德军西受降城都防御使，穷塞苦寒，土地瘠卤，边户劳悴。景略节用约己，凿咸应、永清二渠，溉田数百顷，公私受益。

贞元七年（791年）

△八月，夏州（陕西靖边北白城子）奏开延化渠，引乌水入库狄泽，溉田200顷。

贞元八年（792年）

△六月，淮水溢，平地七尺，没泗州城（江苏泗阳）。泗州刺史张伾，聚邑老以访故，搴薪樏石以御之，历数旬而水定。又一时而复流，郊境之内，尺椽片尾，荡稀无所有。左庶子姚齐梧受命吊赈，修府署，建城池，唐德宗诏有司计功而偿缗，立廛市，造井屋。张伾申劝科程，以赏以贷，逾年而城邑复常。

△秋，河南、河北、山南、江淮自江淮及荆（湖北荆沙）、襄（湖北襄樊）、陈（河南淮阳）、宋（河南商丘）至河朔州40余州大水，害稼，漂溺死者20000余人，漂没城郭庐舍。八月乙丑，分命中书舍人奚陟、左庶子姚齐梧、秘书少监雷咸、京兆少尹韦武宣抚赈贷，死者赐物，官为埋瘗，疏辨冤狱，严惩贪官暴吏。

贞元十三年（797年）

△湖州刺史于頔命疏凿岁久堰废之长城县（浙江长兴雉城镇）方山之西湖，修复堤闼，溉田3000顷，岁获粳稻蒲鱼之利，人赖以济。

贞元十四年（798年）

△春夏旱，谷贵，人多流亡。吏趣常赋，至县令为民殴辱。畿内百姓，累经守京兆尹韩皋陈诉粟麦枯槁，韩皋以府中仓库虚竭，忧迫惶惑，不敢实奏。值唐安公主之女出适右庶子李愬，内官中使于愬家往来，百姓遮道投状，事方上闻。韩皋被贬抚州司马。

贞元二十年（804年）

△春夏旱，关中大歉，京兆尹李实方务聚敛进奉，以固恩顾，百姓所诉，一不介意。百姓因租税皆不免，人穷无告，撤屋瓦木，卖麦苗以供赋敛。优人成辅端因戏作语讽帝，为秦民艰苦之状，以贱工诽谤国政被杀。监察御史韩愈上疏《御史台上论天旱人饥状》，坐贬阳山令。

贞元年间（785—805年）

△度支欲斫取两京（陕西西安、河南洛阳）道中槐树造车，更栽小树。先符牒渭南县尉张造，造批其牒表示反对，认为两京道中槐树其来

已久，东西列植，南北成行，可资行者、荫学徒。取之造车虽有一时之利，却为拔本塞源之举。百代之规须存。付司具状牒上度支使，砍树之议遂罢。

元和二年（807年）

△洪州（江西南昌）据章江，霖必江溢。洪州观察使韦丹"派湖入江，节以斗门，以走暴涨"，筑5尺宽、12里长的大堤。次年，江汉堤平。凿600陂塘，灌田1万顷。

元和四年（809年）

△正月，南方旱饥。庚寅，以灾旱，命左司郎中郑敬使淮南宣歙，吏部郎中崔芄使浙西浙东，司封郎中孟简使山南东道荆南，京兆少尹裴武使江西鄂岳等道宣抚。三月，唐宪宗以久旱，下诏有所蠲贷，振除灾沴。

△闰三月三日，以旱降京师（陕西西安）死罪非杀人者，蠲租税，出宫人，禁刺史境内榷率、诸道旨条外进献、岭南黔中福建掠良民为奴婢者，省飞龙厩马。

元和三至五年（808—810年）

△淮南节度使李吉甫筑富人、固本二塘，溉田近万顷。

元和七年（812年）

△大臣累言吴越去岁水旱。五月，御史推覆，至自江淮，乃言不至为灾，人非甚困。唐宪宗问宰臣以原因，李绛答以浙西东及淮南奏水旱状，并言说法差异的原因在于意惧朝廷罪责。唐宪宗命速蠲其赋。

元和八年（813年）

△五月，陈州（河南淮阳）、许州（河南许州）大雨，大隗山摧，水流出，坏庐舍，溺死者1000余人。六月，许州刺史充陈许节度使刘昌裔以视政不时，涌水出他界，过其地，防穿不补，被召还京师。唐宪宗赐陈、许二州皋绫绢布葛十万端定，以助军资宴赏。

△六月，以京师（陕西西安）时积雨，延英门不开15日。庚寅，京师大风雨，毁屋扬瓦，人多压死。水积城南，深处丈余，入明德门，犹渐车辐。辛卯，渭水暴涨，毁三渭桥，南北绝济者一月。时所在霖雨，百源皆发，川渎不由故道。辛丑，以水害诚阴盈，命出宫人200车，许人得娶以为妻。

△七月，丰州都督府西受降城（内蒙古乌拉特中旗西南）为河所毁，李吉甫请徙其徒于天德故城（大同川西旧城），以受降城骑士隶天德军。

△秋，水大至滑，河南瓠子堤溢，浸滑州（河南滑县）羊马城之半，居民震骇。次年春，滑州刺史、郑滑节度观察等使薛平、魏博节度使田弘正征役万人开卫州黎阳界（河南浚县）古黄河道，南北长14里，东西阔60步，深一丈七尺，决旧河水势，其壖田凡700顷，皆归属河南，滑人遂无水患。

元和七年至八年（812—813年）

△孟简任常州刺史期间，武进县（江苏武进）西孟渎久淤阏，加以治导，溉田4000余顷。

元和十二年（817年）

△六月乙酉，京师（陕西西安）大雨水，市中水深三尺，毁民居2000余家。

△六月，河南、河北大水，洺（河北永年）、邢（河北邢台）尤甚，平地二丈；河中（山西永济）、江陵（湖北荆州）、幽（北京）、泽（山西晋城）、潞（山西长治）、晋（山西临汾）、隰（山西隰县）、苏（江苏苏州）、台（浙江临海）、越（浙江绍兴）州水，害稼。九月辛卯，制诸道应遭水州府，河南、河东、幽州等州人户，以当处义仓斛斗赈给。诸道遭水州府，收瘗漂溺死者，修葺摧倒屋宇。

元和年间（806—820年）

△泗州（江苏盱眙）开元寺僧明远与郡守苏遇等谋划，于沙湖西隙地，创置避水僧坊，种植松、杉、楠、桱1万根。僧、民无垫溺之患。

△衢州龙丘县（浙江龙游）境内的簿里溪，每岁山水暴涨，凑于县郛，漂泛居人。守衢州（浙江衢州）刺史徐放建石堤，开水道，功省事成。

△李听任灵武节度使，部有光禄渠，久廞废，李听始复屯田以省转饷，即引渠溉塞下地千顷，后赖其饶。

△王仲舒徙任苏州（江苏苏州），堤松江为路，以瓦为屋，绝火灾，赋调尝与民为期，不扰自办。

元和十五年（820 年）

△三月戊辰夜，京畿兴平（陕西兴平市）、醴泉（陕西礼泉）等县大风，雨雹，伤麦。六月，京兆府上言二县灾情到达朝廷，请免其租入，从之。

长庆元年（821 年）

△朗州刺史李翱因故汉樊陂，于武陵县（湖南常德）东北89里开考功堰，溉田1100顷。

长庆二年（822 年）

△朗州刺史温造于武陵县（湖南常德）奏开后乡渠97里，溉田2000顷。郡人名其渠为右史渠。

长庆四年（824 年）

△七月，唐穆宗诏开灵州回乐县（宁夏灵武）特进渠，溉田600顷。

△白居易为解决旱甚则钱塘湖水不充，无法灌溉钱塘至盐官界夹官河田的问题，制定防止湖水泛滥、利用湖水溉田之法，修筑湖堤，加高数尺，增多湖水储蓄。湖水若仍不足，更决临平湖，添注官河，可有余。若水暴涨，即于笕南缺岸处泄之；又不减，兼于石函南笕泄之，使濒湖千余顷田无凶年。

长庆年间（821—824 年）

△苏州海盐县（浙江海盐）令李谔开古泾301条，以御水旱。

宝历元年（825 年）

△河阳节度使崔弘礼治河内（河南沁阳）秦渠，溉田千顷，其中开辟荒田300顷，岁收8万斛。

△南方旱歉，人相食，淮南节度使王播浚七里港以便漕运。时扬州城（江苏扬州）内官河水浅，遇旱即滞漕船，输不及期，王播领盐铁转运使，奏自城南阊门西七里港开河向东，屈曲取禅智寺桥通旧官河，所开长19里，开凿稍深，舟航易济，漕运不阻，后政赖之。

宝历二年（826 年）

△上虞（浙江上虞丰惠镇）县令金尧恭于县西北置任屿湖，溉田200顷，又于县北置黎湖。

宝历年间（825—827年）

△杭州余杭（浙江余杭市余杭镇）县令归珧于县北开北湖，溉田千余顷。

大和初（827年）

△岁旱河涸，掊沙而进，米多耗，抵死甚众，不待覆奏。咸阳县令韩辽请疏县西已堙废的秦汉故漕兴成堰，其东达永丰仓，自咸阳抵潼关300里，可以罢车挽之劳。堰成，罢挽车之牛以供农耕，关中赖其利。

大和二年（828年）

△十一月甲辰巳时，禁中昭德寺火，延至宣政殿东垣及门下省，宫人死者数百人。至午未间，北风起，火势益甚，至暮稍息。宰臣、两省、京兆尹、中尉、枢密，皆环立于日华门外，令神策兵士救之。御史中丞温造不到，与两巡使崔蠡、姚合等，各罚一月俸。

△福州闽（福建福州）县令李茸于县东筑海堤。此前每年六月潮水咸卤，禾苗多死，堤成，潴溪水殖稻，其地300户皆良田。

大和三年（829年）

△忠武军（治许州，管许、陈、蔡三州）连年水旱饥荒，许州刺史、忠武节度使高瑀相地势所宜，召集州民，绕郭立堤塘180里，蓄泄既均，人无饥年。

大和五年（831年）

△六月甲午，东川奏玄武江溢高二丈，坏梓州（四川三台）罗城人庐舍。七月，剑南东、西两川水，遣户部郎中李践方充两川安抚使宣抚赈给。

△夏，京兆府同官（陕西铜川）、奉先（陕西蒲城）、渭南县（陕西渭南）风电暴雨害田稼。十月丁卯，请蠲免其租，文宗诏可。

△淮南、浙江东西道、荆襄、鄂岳、剑南东川并水，害稼，请蠲秋租。

△河阳节度使温造奏浚怀州（治所：河南沁阳）古渠枋口堰，役四万工，溉灌济源（河南济源）、河内（河南沁阳）、温县（河南温县）、武德（河南温县武德镇）、武陟（河南武陟）五县，百姓田5000余顷。

大和六年（832年）

△河东、河南、关辅旱。六月，唐文宗以久旱，诏求致雨之方。

△时属蝗旱，粟价暴踊，豪门闭籴，以邀善价。检校吏部尚书、河中尹、河中晋绛节度使王起严诫储蓄之家，定价计口出粟于市以济民，隐者致之于法，由是民获济焉。

△明州刺史于季友于鄮县（浙江宁波）西南筑仲夏堰，溉田数千顷。

大和七年（833 年）

△七月，京师（陕西西安）旱，命左仆射李程、御史大夫郑覃、吏部尚书令狐楚等疏理京城诸司系囚。甲寅，以旱徙市。闰七月朔，诏以旱避正殿，减膳，撤乐，减厩粟、百司厨馔，出宫女千人，纵五坊鹰犬，停内外修造事非急务者。

△福州长乐（福建长乐）县令李茸筑海堤，立 10 斗门以御潮，旱则潴水，雨则泄水，遂成良田。

大和八年（834 年）

△八月丙申，以岁旱，罢诸色选举。是岁，先旱后水，京师（陕西西安）谷价腾踊；彗星为变，举选皆停，人情杂然流议。

开成二年（837 年）

△六月，魏博（治魏州，即河北大名，辖魏、贝、博、相、澶、卫六州）、昭义（治潞州，今山西长治，领泽、潞、沁等州）、淄青（治青州、郓州）、沧州（河北沧县）、兖海（治山东兖州，领沂、海、兖、密四州）、河南蝗害稼。

△夏，旱，扬州运河竭。

△七月乙亥，以京师（陕西西安）久旱徙市，闭坊门。乙酉，以蝗旱，诏诸司疏决系囚，令右仆射兼门下侍郎平章事郑覃亲往疏理，分命宰臣祈雨于太庙、太社、白帝坛。己丑，遣侍御史崔虞、孙范各往诸道巡覆蝗虫，并加宣慰。

△七月，从京兆尹崔珙之请，诏以时旱，浐水入禁中者，十分量减九分，赐贫民溉田。

△江、汉水田，前政挠法，塘堰缺壤。襄州（湖北襄樊）刺史、山南东道节度使王起命从事李业行属郡，检视补缮，特为水法，使民无凶年。并修凿淇堰灌田，一境获利。

开成三年（838 年）

△正月癸未，以旱下诏放逋租及宽刑狱。二月，唐文宗以旱出宫人刘好奴等 500 余人，送两街寺观，任归亲戚。

开成四年（839 年）

△六月，天下旱，蝗食田，祷祈无效，文宗忧形于色，对宰臣表示：若三日内不雨，当退归南内。宰臣呜咽流涕不已。

开成五年（840 年）

△青州（山东青州）以来诸处，近三四年有蝗虫灾，吃劫谷稻。缘人饥贫，多有贼人，杀夺不少。从登州文登县（山东文登市）至青州，三四年来蝗虫灾起，吃却五谷，官私饥穷。登州界专吃橡子为饭。

△六月，以旱避正殿，理囚，河北、河南、淮南、浙东、福建蝗疫州除其徭。

会昌元年（841 年）

△七月，江南大水，汉水坏襄（湖北襄樊）、均（湖北丹江口）等州民居甚众。唐武宗遣襄州刺史、山南东道节度使卢钧前往巡视，募民治堤，免费提供每日三餐，因故堤旧址加广加高，广倍之，高再倍之。在襄阳（湖北襄樊市襄阳城）筑堤 6000 步，以障汉暴。

大中九年（855 年）

△夏，淮南饥，海陵（江苏泰州）、高邮（江苏高邮）民于官河中漉得异米，号"圣米"，取陂泽茭蒲实皆尽。七月，淮南饥，民多流亡，节度使杜悰荒于游宴，狱囚积数百千人，罢兼太子太傅，分司东都。以旱遣使巡抚淮南，减上供馈运，蠲逋租，发粟赈民。

大中十年（856 年）

△春，徐商移镇襄州（湖北襄樊）。汉南数郡，夏季常患江水为灾，邑居危垫。之前筑土环郡，大为之防，收效甚微。徐商到任后，加高沙堤，拥扼散流之地。豁其穴口，不使增修，合入蜀江，潴成云梦。此后汉江不再为患。

大中十二年（858 年）

△大水泛徐（江苏徐州）、兖（山东兖州）、青（山东青州）、郓（山东东平），而沧州（河北沧县）地势积卑，义武节度使杜中立自按

行，引御水入之毛河，东注海，州无水灾。

大中年间（847—859 年）

△李播自尚书比部郎中出为钱塘（浙江杭州），以三笺干宰相，指出钱塘江水的危害，朝廷下诏与钱 2000 万，筑长堤，以为数千年计。

咸通四年（863 年）

△因滑州（河南滑县）频年水潦，河流泛溢坏西北堤，滑州刺史萧仿奏移河四里，两月毕功，徙其流远去，树堤自固，人得以安。

乾符元年（874 年）

△十二月，自唐懿宗以来，奢侈日甚，用兵不息，赋敛愈急。关东连年水、旱，州县不以实闻，上下相蒙，百姓流殍，无所控诉。相聚为盗，所在蜂起。

光启元年至大顺年间（885—891 年）

△汴军四集，徐（江苏徐州）、泗（江苏泗阳）三郡，民无耕稼，频岁水灾，人丧十六七。

天复二年（902 年）

△十一月，汴军围鄜州（陕西富县）城。冬，大雪，城中食尽，冻馁死者不可胜计；或卧未死，肉已为人所剐。市中卖人肉斤值钱百，犬肉值五百。李茂贞储偫亦竭，以犬彘供唐昭宗御膳。

第三章　五代十国时期

天宝三年（910 年）

△八月，为抵御海涛的冲击，吴越武肃王钱镠命强弩五百以射涛头，修筑捍海塘。既而潮头遂趋西陵，于是命运巨石，盛以竹笼，植巨材捍之，城基始定。又以同法建候潮、通江等城门，又置龙山、浙江两闸以遏江潮入河。

乾化二年（912 年）

△二月，司天监占以夏秋必多霖潦。癸丑，梁太祖敕令所在郡县告谕百姓，备淫雨之患。

永平五年（915 年）

△十一月己未夜，蜀宫大火，焚其官室。自得成都以来，宝货贮于百尺楼，悉为煨烬。诸军都指挥使兼中书令宗侃等率卫兵欲入救火，蜀主闭门不内，恐有乘救火为变者。庚申旦，火犹未熄，蜀主出义兴门见群臣，以安众心，命有司聚太庙神主，分巡都城。

同光二年（924 年）

△七月甲辰，以曹（山东曹县）濮（山东鄄城）连年河患，唐庄宗遣右监门卫上将军娄继英督汴滑兵士修酸枣县堤。寻而复坏，次年正月，青州符习承命左役徒修尧堤，三月壬寅，修尧堤水口毕。

同光三年（925 年）

△四月，旱，租庸使奏以时雨久愆，请下诸道州府，依法祈祷。从之。辛巳，以旱甚，诏河南府（河南洛阳）徙市，造五方龙，集巫祷祭。唐庄宗自邺都（河北大名）迎五台僧诚惠至洛阳祈雨。祷祝数旬，略无征应，诚惠惧而遁去。洛阳自春夏大旱，六月壬申，始雨。

△自七月三日大雨，至九月十八日后方晴，昼夜阴晦，未尝澄霁，江河漂溢，堤防坏决，天下皆诉水灾。秋，大水。该年，两河大水，户口流亡者十四五，京师（河南洛阳）赋调不充，鬻子去妻，老弱采拾于野，京师六军之士，往往殍踣，军士妻子皆采稆以食。唐庄宗以朱书御札诏百僚上封事。

△八月，邺都大水，御河泛溢。癸未，河南县令罗贯长流崖州（海南海口），寻委河南府（河南洛阳）决痛杖一顿，处死，坐部内桥道不修故也。丁未，邺都副留守张宪虑漂溺城池，已于石灰窑口（河北大名北）开故河道，以分水势。

△十月二十五日夜，徐州（江苏徐州）、邺都（河北大名）、博（山东聊城）、泗（江苏盱眙）、宿（安徽宿州）地大震。自是居人或有亡去他郡者，人人恐悚，皆不自安。

△十二月己卯，以腊辰狩于白沙，皇后、皇子、宫人毕从。庚辰，

次伊阙（河南洛阳南龙门山）。癸未，还宫。大雪苦寒，吏士有冻踣于路者。伊（河南梁县）、汝（河南汝州）之民，饥乏尤甚，金枪卫兵万骑，所至责民供给，既不能给，因坏其什器，撤其庐舍而焚之，甚于剽劫。县吏畏恐，亡窜山谷。

同光四年（926年）

△正月，镇州（河北正定）上言，部民冻死者7260人。平棘（河北赵县）等四县部民，饿死者2050人。

△正月，诸州上言，准宣为去年十月地震，集僧道起消灾道场。

天成二年（927年）

△正月，租庸使奏邺都15000差夫，于卫州（河南卫辉）界修河堤，又于宋州（河南商丘）创斗门。

长兴元年（930年）

△滑州节度使张敬询以河水连年溢堤，乃自酸枣县（河南延津）界至濮州（山东鄄城），广堤防一丈五尺，东西200里。

长兴三年、天显七年（932年）

△四月己巳，郓州（山东东平）上言，黄河水溢岸，阔30里，东流。

△五月丁亥，申州（河南信阳）大水，平地深七尺。

△五月戊申，襄州（湖北襄樊）上言，汉水入城，坏民庐舍，又坏均州（湖北丹江口）郭郭，水深三丈，居民登山避水，仍画图以进。

△六月丁巳，卫州（河南卫辉）奏，河水坏堤，东北流入御河。诏以霖雨积旬，久未晴霁，释放京城（河南洛阳）诸司系囚。

△七月，秦（甘肃天水）、凤（陕西凤县东北凤州镇）、兖（山东兖州）、宋（河南商丘）、亳（安徽亳州）、颍（安徽阜阳）、邓（河南邓州）大水，漂邑屋，损苗稼。诏诸州府遭水人户各支借麦种及等第赈贷。

△八月壬戌，捕鹅于沿柳湖，风雨暴至，舟覆，溺死者60余人，命存恤其家。

长兴四年（933年）

△二月辛酉，濮州（山东鄄城）进重修堤图，备载沿河地理名。

△五月庚辰，闽（福建）地震，闽主王璘避位修道，命其子福王继鹏权总万机。七月戊子，王璘复位。特以厌地震之异，避位65日。

清泰元年（934年）

△六月，京师（河南洛阳）大旱，热甚，暍死者100余人。

△七月，河中（山西永济）言取去秋草七千，围堙塞堤堰。

△秋、冬旱，民多流亡，同（陕西大荔）、华（陕西华县）、蒲（山西永济）、绛（山西新绛）尤甚。

明德二年（935年）

△七月，阆州（四川阆中）暴雨，雹如鸡子，鸟雀皆死，暴风漂船上民屋。

清泰三年（936年）

△授赵在礼宋州节度使，加检校太尉，同平章事。在宋州（河南商丘）日，值天下飞蝗为害，在礼使比户张幡帜，鸣鼙鼓，蝗皆越境而去，人亦服其智。

天福二年（937年）

△九月，据前汴州阳武县主簿左墀进策，请于黄河夹岸防秋水暴涨差上户充堤长，一年一替，委本县令十日一巡，如怯弱处不早处治，旋令修补，致临时渝决，有害秋苗。既失王租，俱为堕事，堤长、刺史、县令勒停。晋高祖敕：修葺河岸，深护田农，每岁差堤长检巡，深为济要，逐旬遣县令看行，稍恐烦劳，堤长可差，县令宜止。

天福四年（939年）

△七月乙巳，闽北宫（位于福建福州）火，焚宫殿殆尽。夏，术者言闽主王昶宫中当有灾，昶徙南宫避灾。会北宫中火，求贼不获；王昶命重遇将内外营兵扫除余烬，日役万人，士卒甚苦之。又疑控鹤都将连重遇知纵火之谋，欲诛之，王昶以火事语内学士陈郯素，郯素私告重遇。重遇惧，夜率卫士纵火焚南宫，王昶挟爱姬、子弟及黄门卫士斩关而出，宿于野次。连重遇迎延羲，立之。

△十二月朔，百官以大雪不入阁。大雪害民，五旬未止，京城（河南开封）祠庙，悉令祈祷，并令出薪炭米粟给军士贫民等。

天福五年（940年）

△十一月癸未，以大水，移德州长河县（山东德州东）。

△吴越国姑苏（江苏苏州）、吴兴（浙江湖州）、嘉禾（浙江嘉兴）

三郡大水。

天福六年（941年）

△七月，杭州大火，吴越府署火，宫室府库几尽。吴越王钱元瓘惊惧，发狂疾，唐人争劝唐主乘弊取之，唐主遣使唁之，且赒其乏。

△九月辛酉，河决于滑州（河南滑县），一概东流，乡村户民携老幼登丘冢，为水所隔，饿死者甚众。诏所在发舟楫以救之。兖州（山东兖州）、濮州（山东鄄城）界皆为水所漂溺。十月，兖州又奏，河水东流，阔70里，水势南流入杏河及扬州河。十月朔，命鸿胪少卿魏玭、将作少监郭廷让、右领军卫将军安潜、右骁卫将军田峻于滑、濮、澶（河南濮阳东）、郓（山东东平）四州，检河水所害稼，并抚问遭水百姓。

天福七年（942年）

△三月己未，宋州节度安彦威奏，到滑州（河南滑县）修河堤，时以瓠子河涨溢，命安彦威率丁夫塞之。安彦威督诸道军民自豕韦之北，筑堰数十里，出私钱募民治堤，民无散者，竟止其害，郓曹濮（治郓州，即山东东平）赖之，以功加邠国公，诏于河决之地建碑立庙。

△四月，山东、河南、关西诸郡蝗害稼。五月，州郡十八奏旱蝗。六月，河南、河北、关西并奏蝗害稼。七月庚子，制放天下有虫蝗处租税。八月，河中、河东、河西、徐、晋、商、汝等州蝗。

天福八年（943年）

△春夏旱，秋冬水，蝗大起，东自海壖，西距陇坻，南蹄江、淮，北抵幽蓟，原野、山谷、城郭、庐舍皆满，竹木叶俱尽。四月，河南、河北、关西诸州旱蝗，分命使臣捕之。诏州县长吏捕蝗。华州节度使杨彦询、雍州节度使赵莹命百姓捕蝗一斗，以禄粟一斗偿之。

△五月己亥，飞蝗自北翳天而南。泰宁军节度使安审信捕蝗于中都（山东汶上）。甲辰，以旱、蝗大赦囚徒。

△六月庚申，开封府（河南开封）奏，飞蝗大下，遍满山野，草苗木叶食之皆尽，人多饿死。庚戌，以螟蝗为害，诏侍卫马步军都指挥使李守贞往皋门祭告，仍遣诸司使梁进超等七人分往开封府界捕之。癸亥，供奉官七人率奉国军捕蝗于京畿（河南开封）。

△六月，陕州（河南陕县）奏，蝗飞入界，伤食五稼及竹木之叶，

逃户凡 8100。六月,诸州郡大蝗,所至草木皆尽。遣供奉官卫延韬诣嵩山投龙祈雨。七月甲辰,供奉官李汉超率奉国军捕蝗于京畿(河南开封)。八月丁未朔,募民捕蝗,易以粟。辛亥,分命朝臣 13 人分检诸州旱苗。泾(甘肃泾川)、青、磁、邺都共奏逃户凡 5890。诸县令佐以天灾民饿,使者督责括民谷严急,携牌印纳者五。

开运元年(944 年)

△六月,黄河、洛河泛溢,坏堤堰,郑州原武(河南原阳)、荥泽县(河南郑州西北古荥镇北五里)界河决。丙辰,滑州(河南滑县)河决,浸汴(河南开封)、曹(山东曹县)、单(山东单县南)、濮(山东鄄城)、郓(山东东平)五州之境,环梁山合于汶。晋出帝石重贵诏大发数道丁夫塞之。

△七月,都下(河南开封)震死者数百人,明德门内震落石龙之首。

开运三年(946 年)

△七月,大雨,水,河决杨刘(山东东阿杨柳乡)、朝城(山东莘县西南朝城镇)、武德(河南温县东北武德镇),西入莘县(山东莘县),广 40 里,自朝城北流。辛亥,宋州谷熟县(河南虞城谷熟镇)河水雨水一概东流,漂没秋稼。自夏初至是,河南、河北诸州郡饿死者数万人,群盗蜂起,剽略县镇,霖雨不止,川泽泛涨,损害秋稼。

△八月,秦州(甘肃天水)雨,两旬不止,邺都(河北大名)雨水一丈,洛京(河南开封)、郑州(河南荥阳)、贝州(河北清河)大水,邺都、夏津(山东夏津)、临清(河北临西)两县,饿死民凡 3300。盗入临濮(山东鄄城县西南临濮集)、费县(山东费县)。

△九月,河决澶(河南濮阳东)、滑(河南滑县)、怀州(河南沁阳)。河南、河北、关西诸州奏,大水霖雨不止,沟河泛滥,水入城郭及损害秋稼。

△秋,天下大水,霖雨 60 余日,饥殍盈路,居民拆木以供爨,剉荐席以秣马牛。

△河北用兵,天下旱蝗,民饿死者百万计,沂(山东临沂)、密(山东诸城)、兖(山东兖州)、郓(山东东平)寇盗群起,所在屯聚,剽劫县邑,吏不能禁。诸镇争为聚敛。

开运四年（947年）

△正月丁亥朔，耶律德光入京师（河南开封），晋出帝与太后肩舆至郊外，德光不见，馆于封禅寺，遣其将崔延勋以兵守之。是时，雨雪寒冻，皆苦饥。自幽州（北京）行10余日，过平州（河北卢龙），出榆关（河北山海关），行砂碛中。饥不得食，遣宫女、从官，采木实、野蔬而食。

乾祐元年（948年）

△五月，青州（山东青州）蝗。七月，青、郓（山东东平）、兖（山东兖州）、齐（山东济南）、濮（山东鄄城）、沂（山东临沂）、密（山东诸城）、邢（河北邢台）、曹（山东曹县）皆言蝝生。开封府奏，阳武（河南原阳）、雍丘（河南杞县）、襄邑（河南睢县）等县蝗，开封尹侯益遣人以酒肴致祭，寻为鸜鹆食之皆尽。丙辰，以鸜鹆有吞蝗之异，后汉高祖敕禁罗弋。

乾祐二年（949年）

△六月己卯，滑（河南滑县）、濮（山东鄄城）、澶（河南濮阳东）、曹（山东曹县）、兖（山东兖州）、淄（山东淄博）、青（山东青州）、齐（山东济南）、宿（安徽宿州）、怀（河南沁阳）、相（河南安阳）、卫（河南卫辉）、博（山东聊城）、陈（河南淮阳）等州奏蝗。开封府、滑、漕等州蝗甚，遣使捕之。七月，兖州奏，捕蝗四万斛。淄、青大蝗，侍中刘铢下令捕蝗，略无遗漏，田苗无害。

乾祐三年（950年）

△闰五月癸巳，京师（河南开封）西北风暴雨，至戴娄门外，坏营舍瓦木，吹郑门门扉起十余步落，拔大树数十，震死者六七人，平地水深尺余，池隍皆溢。

△七月庚午，河阳（河南孟县）奏，河涨三丈五尺。乙亥，沧州（河北沧县）奏，积雨约一丈二尺。安州（湖北安陆）奏，沟河泛溢，州城内水深七尺。

广政十五年、广顺二年（952年）

△六月，大雨雹，灌口（四川都江堰）奏岷江大涨，锁塞龙处铁柱频撼。丁酉，蜀大水入成都，坏延秋门。漂没千余家，溺死5000余人，

冲毁太庙四室及司天监。戊戌，大赦境内，赈水灾之家，孟昶命宰相范仁恕祷青羊观，又遣使往灌州（四川都江堰），下诏罪己。

△十月，契丹瀛（河北河间）、莫（河北任丘）、幽州（北京）大水，流民入塞散居河北者数十万口，契丹州县亦不之禁。诏所在赈给存处之，中国民先为所掠，得归者十之五六。

△十二月丙戌，河决郑（河南荥阳）、滑（河南滑县），周太祖遣使行视修塞。

保大十一年（953 年）

△六月至七月，不雨，井泉竭涸，淮流可涉，旱蝗，民饥，流入北境者相继。

广顺三年（953 年）

△六月，河南、河北诸州大水，霖雨不止，川陂涨溢。襄州（湖北襄樊）汉水溢入城，深一丈五尺，仓库漂尽，居民皆乘筏登树，溺者甚众。

△七月，唐大旱，井泉涸，淮水可涉，饥民渡淮而北者相继，濠（安徽凤阳）、寿（安徽寿县）发兵御之，民与兵斗而北来。周太祖听籴米过淮。唐人遂筑仓，多籴以供军。八月己未，诏唐民以人畜负米者听之，以舟车运载者勿予。

△八月丁卯，河决河阴（河南郑州），京师（河南开封）霖雨不止。所在州郡奏，霖雨连绵，漂没田稼，损坏城郭庐舍。河阴新堤坏三百步，遣中使于赞往相度修治。内衣库使齐藏珍奉命滑州（河南滑县）界巡护河堤，不于役所部辖，私至近县止宿，及报堤防危急，安寝不动，致水横流。丙辰，齐藏珍除名，配流沙门岛（山东长岛县大黑山岛）。

△八月，淄州（山东淄博）临河镇淄水决，邹平（山东邹平东北）、长山（山东邹平长山镇）4000 人堙塞。

△九月，东自青（山东青州）、徐（江苏徐州），南至安（湖北安陆）、复（湖北天门），西至丹（陕西宜川）、慈（河北磁县），北至贝（河北清河）、镇（河北正定），皆大水。

显德元年（954 年）

△郓州（山东东平）界河决，数州之地，洪流为患。十一月戊戌，诏宰臣李谷往郓齐管内监筑河堤。次年三月壬午，李谷治河堤回见。

显德三年（956 年）

△六月癸亥，周世宗诏：辇毂之下，人物喧阗，阎巷隘陋，雨雪则有泥泞之患，风旱则多火烛之忧，每遇炎蒸，易生疾疹。京城（河南开封）内街道阔 50 步者，许两边人户，各于 5 步内取便种树掘井，修盖凉棚。

显德五年（958 年）

△四月辛酉夜，钱唐（浙江杭州）城南火，延及内城，官府庐舍几尽。壬戌旦，火将及镇国仓，吴越王弘俶久疾，自强出救火，众心稍安。周世宗命中使赍诏抚问。

显德六年（959 年）

△六月，郑州奏，河决原武（河南原阳），诏宣徽南院使吴延祚发近县丁夫 2 万人塞之。

第二编

灾情

隋唐五代时期（581—961年），自然灾害的发生较为频繁，合计发生各类自然灾害1008年次，年均灾害2.65年次。隋代（581—618年）发生水、旱、地震、疫灾等各类自然灾害23年次，饥馑7次，由水旱等自然灾害引发饥荒5次。隋文帝时期（581—604年）有14年发生自然灾害或饥荒；炀帝时期（605—618年）有9年发生自然灾害或饥荒。隋代发生次数最多的三类灾害依次为：水灾11年次13次，旱灾7年次9次，地震、山崩6年次7次。隋代灾害记录以北方为主，并集中于关陇地区和河南地区，明确记载南方受灾仅两次。隋代自然灾害影响广泛，粮价高涨，灾民饥馑流亡，相卖为奴婢，灾民死于灾害后的饥荒，饿殍满野，僵尸满道，等等。其中，较大的灾害有开皇十四年（594年）大旱，开皇二十年（600年）地震，大业三年（607年）、大业七年（611年）水灾。水旱灾害在隋代最为常见，影响也大，旱灾、水灾引发饥荒4次和1次，有两次旱饥文帝均移驾洛阳。水旱灾害还引发了次生灾害，大业八年（612年）大旱就引发了疾疫。开皇十八年（598年）、开皇二十年（600年）、大业三年（607年），灾害并发，影响尤为严重。开皇十八年（598年）辽东之役时，霖潦促发疾疫，严重的疾疫成为辽东之役无功而返的主要原因。开皇二十年（600年）十一月戊子，京师（陕西西安）地震与风雪灾害并发，大风发屋拔树，民舍多坏，秦（甘肃天水）、陇（陕西陇县）压死者千余人。大业三年（607年），山东、河南水灾疾疫并发，尤以山东为甚。加之以辽东之役战败，这次水灾死者达数十万，谷价踊贵，东北边尤甚，斗米值数百钱，贫弱百姓自卖为奴婢以求生，有的则相聚为盗贼。

唐代（618—907年）290年间发生旱灾、水灾、虫灾、疫灾、地震、风灾、雹灾、火灾、冻灾、沙尘、霜灾、雪灾、鼠患、虎患、牛疫、大雾、雷震及兔患等各类自然灾害848年次1110次。唐代发生次数最多的三类灾害依次为水灾、旱灾和地震，分别发生了173年次299次、170年次224次、80年次95次。其次是风灾和火灾（含人为火灾），分别发生了75年次81次、65年次81次。以安史之乱为界，唐前期（618—755年）发生自然灾害371年次460次，唐后期（756—907年）发生自然灾害477年次650次，唐后期灾害发生次数远多于前期。唐代年均自然灾害 2.92 年次，唐前期 138 年年均 3.33 次，唐后期 152 年年均 4.28 次，后期自然灾害的发生频率显著高于前期，多出 0.95 次。就自然灾害的发生地域来讲，以贞观十道的划分，灾害发生次数最多者为关内道和河南道，京师长安和东都洛阳的灾害尤为统治者所重视，记载灾害次数较多；除此，河东道地震次数仅次于关内道，河南道、河北道与关内道发生虫灾次数相同，疫灾发生地域则以河南道、江南道发生年次最多。唐代政治重心和经济重心所在地区是统治者重点关注之地，关内道、河南道记载灾害自然较多而趋详，唐前期的河北道、唐后期的江南道及淮南道的自然灾害也比较受重视，但不同地区仍可表现出在灾害发生次数和种类上的差异。唐代因自然灾害而引发的饥荒 47 年次计 54 次。唐代自然灾害对灾民及灾区农业、国家政治生活、军事战争等均产生重要影响，有时引发饥荒。以安史之乱为界，唐前期 371 年次自然灾害，引发饥馑 19 年次；唐后期 477 年次自然灾害引发饥馑 28 年次。自然灾害引发灾民弃子离妻、家庭离散，因饥而死，甚至人相食，对饥民造成极大的心理创伤。

五代十国时期（907—961 年）发生水灾、旱灾、虫灾、疫灾、地震、风灾、火灾、雪灾、雹灾、大雾、冻灾、霜灾、雷震、沙尘等各类自然灾害 137 年次。此时期发生次数较多的自然灾害依次为水灾、旱灾、虫灾、地震和火灾。五代诸政权发生自然灾害 109 年次，十国诸政权 30 年次。其中，五代中，以后唐、后晋发生灾害年次最多，十国中则以吴越、后蜀发生灾害年次最多。北方自然灾害远较南方为多。五代十国由于处于乱世，官府对灾害的救济常有心无力，救灾方式以祈祷禳灾为主，宗教徒亦较多地参与其中，故灾害的影响非常严重，特别是水灾和火灾。但此时期不同政权的睦邻救灾较多，一些政权能够对邻国灾民伸以援手。五代十国时期，自然灾害引发饥荒至少 2 年次，平均发生自然灾害 2.49 年次。

第一章 隋代灾情

隋朝有 23 年发生 41 次自然灾害，包括水灾 11 年次 13 次，旱灾 7 年次 9 次，地震、山崩 6 年次 7 次，疾疫 5 年次 5 次，风灾 3 年次 3 次，火灾 2 年次 2 次，蝗灾 1 年次 1 次，雨土（即沙尘暴）1 年次 1 次，水旱灾害引发饥荒 5 次。隋代自然灾害的总体情况，见本章后的表 3-1：隋代前后期自然灾害发生年次统计表。在隋文帝统治的 24 年中，有 14 年发生自然灾害或饥荒；在隋炀帝统治的 14 年中，有 9 年发生自然灾害或饥荒。隋文帝时期自然灾害的发生频率高于炀帝时期。隋代灾害以水灾、旱灾为主，占自然灾害总数的 54%。这与学界对隋唐属于温暖期的研究结论相符合，气候温暖自然水旱灾害较多，而且一般是水灾多于旱灾。隋代灾害记录以北方为主，并集中于关陇地区和河南地区，明确记载南方受灾仅两次：一次是开皇六年（586 年）山南七州水灾，一次仁寿三年（603 年）梁州（陕西汉中）山崩，说明了关陇和河南地区在隋代备受重视。

一、旱灾

隋代共有 9 年发生旱灾，主要在关中地区，共发生 9 次，隋文帝时期 7 次，隋炀帝时期 2 次。其中，以开皇十四年（594 年）八月关中大旱、大业四年（608 年）燕（北京）代（山西代县）边郡旱灾的影响最为严重，前者导致隋文帝率官员和百姓就食洛阳，后者则与筑长城同时，导致百姓失业，道殣相望。

开皇三年（583 年）

△四月，京师（陕西西安）旱，文帝亲祀雨师于国城西南。又大雩。

开皇四年（584 年）

△关内雍（陕西西安）、同（陕西大荔）、华（陕西华县）、岐（陕

西凤翔）、宜（陕西富平）五州旱，田稼不熟。

开皇六年（586 年）

△八月，关内（潼关以西王畿附近地区）七州旱，免其赋税。文帝敕请 200 僧于正殿祈雨，累日无应，后躬事京师延兴寺释昙延祈雨。

开皇十四年（594 年）

△八月，关中（陕西关中盆地）大旱，人饥，民食豆屑杂糠，百姓逐粮。文帝幸洛阳，因令百姓就食。从官并准见口赈给，不以官位为限。

大业四年（608 年）

燕（北京）、代（山西代县）缘边诸郡旱。时发卒百余万筑长城，炀帝亲巡塞表，百姓失业，道殣相望。

大业八年（612 年）

△大旱，疫，人多死，山东尤甚。

大业十三年（617 年）

△天下大旱。

二、水灾

隋代共发生水灾 11 年次，其中，开皇六年（586 年）、大业三年（607 年）各发生两次水灾，则隋代水灾次数总计 13 次。其中，隋文帝时期 7 年次 8 次，隋炀帝时期 4 年次 5 次。隋代水灾的发生地区主要集中于河南地区，其次是河北地区。其中，以大业三年（607 年）影响最为严重，山东、河南漂没三四十郡，人多流散，民相卖为奴婢。

开皇四年（584 年）

△正月壬午，齐州（山东济南）水。

开皇五年（585 年）

△八月甲辰，河南诸州水，遣民部尚书苏威赈给。

开皇年间（581—600 年）

△瀛州（河北河间）秋霖大水，属县多漂没，民皆上高树，依大冢。刺史郭衍先开仓赈恤，后始闻奏。

开皇六年（586 年）

△二月乙酉，山南荆（河南邓州）、淅（河南西峡）七州水。

△七月辛亥，河南诸州水。

开皇十八年（598 年）

△七月，河南杞（河南杞县）、宋（河南商丘）、陈（河南淮阳）、亳（安徽亳州）、曹（山东曹县）、戴（山东成武）、颍（安徽阜阳）等八州水，免其课役。

仁寿二年（602 年）

△九月壬辰，河南、北诸州大水。

仁寿三年（603 年）

△十二月癸酉，河南诸州水。

大业三年（607 年）

△河南诸州大水，漂没 30 余郡。

△官内（位于陕西西安）造一堂新成，中夜，天大雨，堂崩，压杀数十人。

大业五年（609 年）

△炀帝率将士出西平道讨吐谷浑，还大斗拔谷（凉州山丹），会大霖雨，士卒冻馁死者十六七。

大业七年（611 年）

△秋，大水，山东、河南漂没 30 余郡，人多流散，民相卖为奴婢，而炀帝不恤，亲驾临辽。贝州漳南县（山东成武）孙安祖，家为水所漂，妻子馁死。时募人讨高丽，安祖选在行中，辞贫，被县令怒笞之。安祖刺县令，亡逃窦建德，入高鸡泊为盗。

义宁元年（617 年）

△河南、山东大水，饿殍满野，炀帝诏开黎阳仓赈之，时政教已紊，仓司不时赈给，死者日数万人。

三、疾疫

隋代共发生疫灾 5 年次 5 次。其中，隋文帝时期 2 次，隋炀帝时期

3 次。隋代疾疫的发生地区主要集中于山东、河南、河北地区，是由水旱灾害引发的次生灾害。因疾疫具有传染性，染病者死亡率极高，以致汉王杨谅出兵辽东、朝请大夫张镇州击流求（台湾岛）皆失败而回。而作为次生灾害的疾疫，因救治不及时，染疫者多死，以大业七年、大业八年（611—612 年）影响最为严重。山东、河南大水，漂没 40 余郡，重以辽东覆败，死者数十万。因属疫疾，山东尤甚，所在皆以征敛供帐军旅所资为务，百姓虽困，而弗之恤。

开皇九年（589 年）

△辛公义除岷州（甘肃岷县）刺史。公义分遣官人巡检部内，以床舆来疾病者，安置厅事。暑月疫时，病人或至数百，厅廊悉满。打破了当地一人有疾，即合家避之的旧俗。

开皇十八年（598 年）

△起辽东之役，以汉王杨谅为行军元帅，率众至辽水。军出柳城西临渝关（河北山海关），值水潦，馈运不济，军中乏食，复遇疾疫，死者十八九，不利而还。

大业四年（608 年）

△使朝请大夫张镇州击流求（台湾岛），俘虏数万。士卒深入，蒙犯瘴疠，馁疾而死者十八九。

大业七年（611 年）

△山东、河南大水，漂没 40 余郡，重以辽东覆败，死者数十万。因属疫疾，山东尤甚，所在皆以征敛供帐军旅所资为务，百姓虽困，而弗之恤。

大业八年（612 年）

△大旱，疫，人多死，山东尤甚。

四、地震山崩

隋代共发生地震山崩 6 年次，其中，仁寿二年（602 年）发生两次地震，隋代地震次数计 7 次。其中，隋文帝时期 4 年次 5 次，隋炀帝时期 2 年次 2 次。隋代地震山崩的记录主要发生于关陇地区，另有两次发生于河东。其中，以开皇二十年（600 年）十一月京师、秦（甘肃天水）、陇（陕西陇县）二州的地震影响最为严重，民舍多坏，压死 1000 余人。

开皇十四年（594 年）

△五月辛酉，京师（陕西西安）地震。

开皇二十年（600 年）

△十一月戊子，京都（陕西西安）大风，发屋拔树，民舍多坏，秦（甘肃天水）、陇（陕西陇县）压死者千余人。地大震，鼓皆应。净刹寺钟三鸣，佛殿门锁自开，铜像自出户外。该日，晋王杨广被立为皇太子，请降章服，宫官不称臣。

仁寿二年（602 年）

△四月庚戌，岐（陕西凤翔）、雍（陕西西安）二州地震。

△九月，陇西（甘肃陇西）地震。

仁寿三年（603 年）

△梁州（陕西汉中）就谷山崩。

仁寿年间（601—604 年）

△文帝往全国分送舍利建塔，其中在蒲州（山西永济）栖岩寺立塔时，地震山吼，如钟鼓声；放光五道，二百里皆见。

大业七年（611 年）

△十月乙卯，河东郡河北县砥柱山（山西平陆）崩，壅河，逆流数十里。

五、其他灾害

隋代除水灾、旱灾、疫灾、地震之外，还有其他一些灾害，大部分发生于隋文帝统治时期。这包括风灾 3 次，火灾 2 次，雨土、蝗灾各 1 次，均发生于北方地区，以关中为主，其次是山东、河东地区。

（一）风灾

开皇二十年（600 年）

△十一月，京都（陕西西安）大风，发屋拔树，秦（甘肃天水）、

陇（陕西陇县）压死者千余人。

仁寿元年（601年）

△五月壬辰，骤雨震雷，大风拔木，宜君（陕西铜川）湫水移于始平（陕西兴平）。

仁寿二年（602年）

△西河（山西临汾）有胡人，乘骡在道，忽为回风所飘，并一车上千余尺，乃坠，皆碎。

（二）火灾

开皇十四年（594年）

△隋文帝将祠泰山（山东泰安北），令使者致石像神祠之所，未至数里，野火欻起，烧像碎如小块。

大业十二年（616年）

△四月丁巳，显阳门（位于陕西西安）灾。

（三）其他

开皇二年（582年）

△二月庚子，京师（陕西西安）雨土。

开皇十六年（596年）

△六月，并州（山西太原）大蝗。

六、饥馑

隋代有7年发生饥荒，其中，隋文帝在位时期2次，隋炀帝在位时期5次，后期明显多于前期。史载隋代饥荒主要发生于关中和河南地区，其次是河北和山西地区。开皇四年（584年）关内旱灾，引发当年秋饥荒。大业年间（605—618年）全国普遍饥荒，与水旱灾害和这一时期大规模工程不断及攻打高丽的战争有很大关系，当时灾民无以为生，剥草皮吃树叶、煮土，乃至后来演变至人食人。

开皇四年（584年）

△九月，关中（陕西关中盆地）饥，文帝往洛阳（河南洛阳），次年三月还长安。

开皇年间（581—600年）

△赵郡平棘（河北赵县）大饥，多有死者。

大业九年（613年）

△炀帝征高丽还，诏军将鱼俱罗讨伐会稽诸郡叛乱。于时百姓思乱，从盗如市，败而复聚。鱼俱罗诸子并在京（陕西西安）、洛（河南洛阳），见天下渐乱，恐道路隔绝。因东都（河南洛阳）饥馑，谷食踊贵，俱罗遣家仆将船米至东都粜之，益市财货，潜迎诸子。朝廷知之，恐其有异志，发使案验。大理司直梁敬真希炀帝旨，奏俱罗师徒败绩。鱼俱罗被斩于东都市，家口籍没。

大业七年至十二年（611—616年）

△百姓废业，屯集城堡，无以自给。初皆剥树皮以食之，渐及于叶，皮叶皆尽，乃煮土或捣藁末而食之。其后人乃相食。

大业八年至大业十年（612—614年）

△兴辽东之役，齐郡（山东济南）百姓失业，又属岁饥，谷米踊贵。

大业十年（614年）

△释灵润被召入鸿胪，教授朝鲜三韩，并在本寺翻新经，隐潜于蓝田（陕西蓝田）化感寺15年。时天步饥馁，道俗同沾化感一寺，延宾侣磨谷为饭菽麦等均，昼夜策弘道为任，四方归者云屯。

大业晚期（613—618年）

△天下大乱，百姓饥馁，道路隔绝，马邑（山西朔州）太守王仁恭颇改旧节，受纳货贿，又不敢辄开廪，赈恤百姓。其麾下校尉刘武周开仓赈给，郡内皆从之，自称天子，署置百官，转攻傍郡。

表 3-1　隋代前后期自然灾害发生年次统计表

阶段 ＼ 灾次 ＼ 灾种	水灾	旱灾	地震山崩	疾疫	火灾	蝗灾	大风	雨土	饥馑
文帝时期	7	6	5	2	1	1	3	1	2
炀帝时期	4	3	1	3	1	0	0	0	5
合计	11	9	6	5	2	1	3	1	7

　　文献出处:《隋书》《资治通鉴》《新唐书》《旧唐书》《通志二十略》《佛祖统纪》《大业杂记》《陈书》《续高僧传》。

　　注:本表中所列灾害次数的统计单位为年,即当年发生某种灾害 1 次,记 1 次。不同种类灾害的发生年次分别计算。

第二章　唐代灾情

　　唐代发生旱灾、水灾、虫灾、疫灾、地震、风灾、雹灾、火灾、冻灾、沙尘、霜灾、雪灾、鼠患、虎患、牛疫、大雾、雷震等诸种自然灾害合计 847 年次。其中,水灾和旱灾发生年次最多,分别为 173 和 170 年次,其次是地震、风灾和火灾,发别发生 80 年次、65 年次和 62 年次。唐代自然灾害的总体情况,见本章后的表 3-2:唐代前后期自然灾害发生年次统计表。以安史之乱为界,唐前期 370 年次,唐后期 477 年次,唐后期灾害发生次数远多于前期,除了少数种类的自然灾害唐后期比前期的发生年次减少之外,大部分均比前期发生年次增多。就自然灾害的发生地域来讲,依贞观十道的地域划分方法,风灾、火灾、雹灾发生地域均以关内道、河南道发生年次最多;水灾发生地域以河南道、关内道发生年次最多;地震发生地域以关内道、河东道发生年次最多;虫灾发生地域以关内、河南、河北三道发生年次并列首位,河东、江南二道发生年次并列第二;疫灾发生地域以河南道、江南道发生年次最多。唐代自然灾害对灾民及灾区农业、国家政治生活、军事战争等均产生重要影响,这表现为粮价高涨、盗贼抢劫、灾民流离;科举考试也因灾害而或改变选举地点与方式，延期选举，或停止该年的选举考试，宰辅大臣的仕途也受到影响，朝廷也得以借灾害之机打击政敌；自然灾害对战争双方的力量对比和最终决战也有很大影响，特别是水灾，有时还因水溢毁坏军事重镇而兴起迁城之议。唐代因自然灾害而引发的饥荒 47 年次计 54 次，占唐代饥荒总年次的三分之一有余，饥荒导致灾民弃子离妻、家庭离散，因饥而死，甚至人相食，对饥民造成极大的心理创伤。

一、旱灾

唐代发生旱灾 170 年次 224 次，以安史之乱为界，前期 80 年次 104 次，后期 90 年次 120 次。依贞观十道的划分，关内道旱灾的记载次数最多，有 97 年次（前期 50 年次，后期 47 年次），遥遥领先于其余诸道；二为河南道 34 年次（前期、后期各 17 年次）、江南道 29 年次（前期 7 年次，后期 22 次）、淮南道 27 年次（前期 7 年次，后期 20 次）；三为河北道 19 年次（前期 11 年次，后期 8 年次），河东道 14 年次（前期 8 年次，后期 6 年次）、山南道 14 年次（前期、后期各 7 年次）；旱灾次数记载较少者为剑南道 7 年次（前期 5 年次，后期 2 次）；旱灾次数记载最少者为岭南道 1 年次（前期 1 年次，后期 0 年次），而陇右道没有旱灾记录。唐代地震发生地域除了陇右道之外，其余九道均有分布，唐后期江南道和淮南道发生旱灾的次数均较前期猛增，而唐后期河北道旱灾次数则比前期明显减少。这是唐代前、后期经济重心转移，朝廷关注区域发生变化的缘故。

唐代旱灾的影响是缓慢而渐进式的，它使农作物收成受损，粮价上涨，严重旱情还会引发疫灾，甚至火灾。旱灾流行，有的地方官吏与豪强还趁火打劫，趁机发不义之财，百姓因而流离失所，灾民感染时疫，死者众多，甚至亲人相食，社会秩序混乱。旱饥之年可考者至少 21 年次。饥民有的沦为奴婢，有的田宅被占、流离逃亡，甚至卖子逐妻。旱灾成为求生性食人的导因。

武德三年（620 年）

△京师（陕西西安）自夏不雨，至于八月。

武德四年（621 年）

△三月，高祖以旱故，亲录囚徒，俄而澍雨。京师（陕西西安）自春不雨，至于七月。

武德六年（623 年）

△蜀川亢旱不收，疫死者众。

武德七年（624 年）

△秋，关中、河东诸州旱，高祖遣使赈给。

贞观元年（627 年）

△夏，山东诸州大旱，所在赈恤，无出今年租赋。

△关内六州及蒲（山西永济）、虞（山西运城）、陕（河南陕县）、鼎（河南灵宝）等亢旱，禾稼不登，粮储既少，令分房就食。

贞观二年（628 年）

△三月，关内（潼关以西王畿附近）旱饥，民多卖子以接衣食。己巳，太宗遣御史大夫杜淹巡检，出御府金宝赎之，归其父母。庚午，以旱蝗责躬，大赦。以旱，命尚书左丞戴胄、给事中杜正伦等，于掖庭宫西门简出宫人，前后所出 3000 余人。六月，京畿（陕西西安）旱，蝗食稼。

贞观三年（629 年）

△六月，从去冬至今，京师（陕西西安）旱，无雨。太宗诏释李两门岳渎诸庙，爱及淫祀，普令雩祭。戊寅，以旱，太宗亲录囚徒。遣开府仪同三司长孙无忌、左仆射房玄龄、工部尚书段纶、刑部尚书韩仲良祈雨于名山大川，中书舍人杜正伦等往关内诸州慰抚。壬午，令文武官各上封事。

△秋，六辅之地及绵（四川绵阳）、始（四川剑阁）、利（四川广元）三州旱，遣使赈恤。

贞观九年（635 年）

△秋，关东（潼关以东地区）、剑南之地 24 州旱，分遣使赈恤。

贞观十二年（638 年）

△吴（江苏泰州）、楚（江苏淮安）、巴（重庆）、蜀州（四川茂县）26 州旱。

△冬，京师（陕西西安）不雨，至于明年五月。

贞观十三年（639年）

△京师（陕西西安）自去冬不雨至五月。甲寅，太宗避正殿，令五品以上上封事，减膳罢役，分使赈恤，申理冤屈，乃雨。司空长孙无忌以旱逊位，不许。自是澍雨应时，岁大稔。

贞观十六年（642年）

△六月，京师（陕西西安）亢旱积久，埃尘涨天。

贞观十七年（643年）

△自去秋不雨，涉兹春夏，积旱三时，野无青草。三月甲子，以旱遣使覆囚决狱。六月癸巳，以旱不视朝。甲午，以旱避正殿，减膳，太宗诏京官五品以上言事。

△七月，汝南（河南汝南）诸州旱，开仓赈给。

贞观十九年（645年）

△夏旱失火，延烧50余里，20余寺并丹阳（安徽当涂）南牛头山佛窟寺七藏经画，并同煨烬。

贞观二十一年（647年）

△十月，绛（山西新绛）、陕（河南陕县）二州旱，诏令赈贷。

△十一月，夔州（四川奉节）旱，太宗诏赈恤。

△十二月，蒲州（山西永济）旱，赈恤之。

贞观二十二年（648年）

秋，开（四川开县）、万（四川万县）等州旱。

永徽元年（650年）

△自夏至七月，京师（陕西西安）不雨，高宗亲录京城囚徒。京畿雍（陕西西安）、同（陕西大荔）、绛（山西新绛）等10州旱。

永徽二年（651年）

△郢州刺史田仁会因旱自曝祈祷，郢州（湖北钟祥）竟获甘泽，其年大熟。

永徽三年（652年）

△自去年九月不雨，至于正月。高宗诏避正殿，御东廊以听政，令尚食减膳；降天下死罪及流罪递减一等，徒以下咸宥之。丙寅，太尉、赵国公长孙无忌以旱上疏辞职，高宗不许。

永徽四年（653年）

△自三月不雨，四月壬寅，以旱，避正殿，减膳，高宗亲录系囚，遣使分省天下冤狱，诏文武官极言得失。五月，尚书左仆射张行成抗表请致仕。

△夏、秋，旱，光（河南光山）、婺（浙江金华）、滁（安徽滁州）、颍（安徽阜阳）等州尤甚。

显庆五年（660年）

△春，河北22州旱。

麟德元年（664年）

△五月丙寅，以久旱，高宗遣使命祷名山大川，避正殿，御帐殿，丹霄门外听政，凡三日而澍雨。

乾封二年（667年）

△去冬至于正月丁丑无雨雪，高宗避正殿，减膳，亲录囚徒。七月己卯，高宗以旱避正殿，减膳，遣使虑囚。

总章元年（668年）

△京师（陕西西安）及山东、江淮大旱，饥。

总章二年（669年）

△二月，高宗以旱亲虑京城囚徒，其天下见禁囚，委当州长官虑之，仍令所司分祷名山大川。

△七月，剑南益（四川成都）、泸（四川泸州）、巂（四川西昌）、茂（四川茂县）、陵（四川仁寿）、邛（四川邛崃）、雅（四川雅安）、绵（四川绵阳）、翼（四川茂县西北较场乡）、维（四川理县）、始（四川剑阁）、简（四川简阳）、资（四川资中）、荣（四川荣县）、隆（四川阆中）、果（四川南充）、梓（四川三台）、普（四川安岳）、遂（四川遂宁）等19州大旱，百姓乏绝，总367690户，遣司珍大夫路励行存问赈贷，许其往荆（湖北荆沙）襄（湖北襄樊）等州就谷。

咸亨元年（670年）

△三月甲戌，以旱，大赦天下，改总章三年为咸亨元年。以岁旱谷贵，高宗诏司成、弘文、崇贤馆及书、算、律、医、胡、书等诸色学生，别敕修撰写经书，官典及书手等官供食料者，宜并权停，其有职任

者，各还本司，自余放归，本贯秋熟以后，更听进止。

△七月，雍（陕西西安）、华（陕西华县）、蒲（山西永济）、同（陕西大荔）四州旱，遣使虑囚，减中御诸厩马。八月，关中旱，饥。庚戌，以谷贵禁酒。丙寅，以久旱，避正殿，尚食减膳。以天下40余州旱及霜虫，百姓饥乏，关中尤甚，诏雍、同、华、蒲、绛（山西新绛）等五州百姓乏绝者，听于兴（陕西略阳）、凤（陕西凤县东北凤州镇）、梁（陕西汉中）等州逐粮，仍转江南租米以赈给之。闰九月癸卯，皇后以旱请避位，不许。

咸亨二年（671年）

△京师（陕西西安）大旱，关中（陕西关中盆地）饥乏，廊下兵士有食榆皮蓬实为粮者，太子李弘令家令等各给米使足。六月癸巳，以时旱，亲虑囚徒，多所原宥，仍令沛王李贤虑诸司囚，周王李显虑洛州及两县囚。

上元二年（675年）

△四月，久旱，高宗避正殿，减膳，撤乐，兼令百官极言得失，令礼部尚书杨思敬往中岳以申祈祷。

△武陟（河南武陟）频岁旱歉，县令殷子良不肯开仓赈恤贫馁，县尉员半千趁殷子良谒州不在，发仓粟给百姓。

仪凤二年（677年）

△四月，河南、河北旱，高宗遣使赈给。

仪凤三年（678年）

四月丁亥，高宗以旱，避正殿，亲录囚徒，悉原之。戊申，大赦，改明年为通乾元年。

永隆元年（680年）

△长安（陕西西安）获女魃，长尺有二寸，其状怪异。秋，长安不雨，至于明年正月。

永隆二年（681年）

△关中（陕西关中盆地）旱，霜，大饥。

永淳元年（682年）

△春，关内（潼关以西王畿附近地区）旱，日色如赭。六月，关中

（陕西关中盆地）初雨，麦苗涝损，后旱，京兆（陕西西安）、岐（陕西凤翔）、陇（陕西陇县）螟蝗食苗并尽，加以民多疫疠，死者枕藉于路，诏所在官司埋瘗。京师人相食，寇盗纵横。

永淳二年（683年）

△夏，河南、河北旱。

△关中旱俭，三辅荒馑，人被荐饥。河西赤地，陇北无草，父兄转徙，妻子流离。

垂拱元年（685年）

△夏，东都（河南洛阳）大旱。五月壬戌，以旱虑囚。

垂拱三年（687年）

△二月，武后以旱避正殿，减膳。四月，以旱虑囚，命京官九品以上言事。

武太后时期（684—689年）

△汴州（河南开封）大旱，梁府仓曹参军韩思复自做主开仓赈民，州不能诎。

长寿元年（692年）

△江淮旱，饥，禁天下屠杀及捕鱼虾。民不得采鱼虾，饿死者甚众。

万岁登封元年（696年）

四月，以天下大旱，武则天命文武官九品以上极言时政得失。

神功元年（697年）

黄（湖北新洲）、隋（湖北随州）等州旱。

久视元年（700年）

△夏，关内（潼关以西王畿附近地区）、河东（山西）旱。

神龙元年（705年）

△夏，大旱，谷价腾踊，中宗召问太府卿纪处讷所以救人者。

神龙二年（706年）

△正月，中宗以旱亲录囚徒，多所原宥，遣使祭五岳四渎并诸州名山大川能兴云雨者。五月，中宗以旱避正殿，尚食减膳。

△十二月，京师（陕西西安）亢旱。冬，不雨，至于明年五月，京师、山东、河北、河南旱，饥。

神龙三年（707 年）

△正月，中宗以旱亲录囚徒。二月，遣武攸暨、武三思诣乾陵祈雨。五月，中宗以旱避正殿，减膳。

△春，河北、河南大旱。夏，山东、河北 20 余州大旱，饥馑疾疫死者 2000 余人，命户部侍郎樊悦巡抚赈给。

景龙三年（709 年）

△六月，中宗以旱，避正殿，减膳，亲录囚徒。

△六月，扬州（江苏扬州）炎亢，漕沟竭涸，杜舟楫往来。

△十月，关中（陕西关中盆地）旱及水，命大理少卿侯令德等分道抚问赈给。

景龙四年（710 年）

△五月，京师（陕西西安）大旱。睿宗敕菩提流志于崇福寺结坛祈雨。

景云二年（711 年）

夏，京师（陕西西安）旱甚，为金仙、玉真二公主入道造道观，力役不止。

△八月，河南、淮南诸州上言水旱为灾，睿宗出十道使巡抚，仍令所在赈恤。

延和元年（712 年）

△春，京师（陕西西安）旱。七月丙戌，以炎旱，命减膳，囚徒并决断，勿使冤滞，土木之功并停。

开元元年（713 年）

△三辅近地，幽陇之间，水旱饥乏。三月甲戌，玄宗以旱，亲往龙首池祈祷。

开元二年（714 年）

△关中自去秋至于正月不雨，大旱，人多饥乏，玄宗遣使赈给。制求直谏昌言弘益政理者。名山大川，并令祈祭。二月己酉，以旱，亲录囚徒。

△终南山（陕西秦岭山脉）竹有华，实如麦，岭南亦然，竹并枯死，该年大饥，民采食之。

开元三年（715 年）

△五月，以旱录京师（陕西西安）囚。玄宗避正殿，减膳。

开元四年（716年）

△二月，关中旱，玄宗遣使祈雨于骊山，应时澍雨。

开元五年（717年）

△河南河北去年不熟，今春亢旱，全无麦苗。

开元六年（718年）

△七月，玄宗以亢旱，不御正殿，于小殿视事。八月，以旱虑囚。

△豫（河南汝南）、亳（安徽亳州）两州旱损，停百官赐射之礼。

开元七年（719年）

△洛阳自正月不雨迄于五月，岳渎灵祠，祷之无应。玄宗诏金刚智结坛祈请。

△七月，玄宗制以亢阳日久，亲录囚徒，多所原免。闰七月，玄宗以旱避正殿，撤乐，减膳。

开元八年（720年）

△三月，免水旱州逋负，给复四镇行人家一年。

△京师（陕西西安）天旱有魃，优人作魃状戏于玄宗前。

开元十年（722年）

△四月十四日，侍中源乾曜、中书令张嘉贞、兵部尚书张说祈雨于赤帝。七月，旱，玄宗遣使诏善无畏请雨。

△怀州（河南沁阳）旱损，次年正月，命有司量加赈给。

开元十二年（724年）

△六月，以山东旱，选台阁名臣五人出为山东诸州刺史，以抚贫民。七月，河东、河北旱，玄宗命中书舍人寇泚宣慰河东道，给事中李升期宣慰赈给河北道百姓，玄宗亲祷于宫中内坛场，设坛席，曝立三日。

△九月，蒲（山西永济）、同（陕西大荔）等州旱。

开元十四年（726年）

△六月，以久旱，玄宗分命六卿祭山川。以旱、暴风雨，命中外群官上封事，指言时政得失，无有所隐。

△六月，河北道及太原、泽（山西晋城）、潞（山西长治）等州皆雨祭地岳。

△秋，诸道州十五旱。

开元十六年（728 年）

△十月，东都（河南洛阳）、河南宋（河南商丘）、亳（安徽亳州）、许（河南许州）、仙（河南叶县）、徐（江苏徐州）、郓（山东东平）、濮（山东鄄城）、兖（山东兖州）奏旱损田，令右监门卫大将军黎敬仁往彼巡问。

开元十九年（731 年）

△五月，京师（陕西西安）旱。壬申，玄宗亲祷兴庆池。七月，关辅（陕西关中）大旱，京师阙雨尤甚，玄宗命大臣遍祷山泽，并于龙池新创一殿，令少府监冯绍正于四壁各画一龙以祈雨。

开元二十年（732 年）

△江南淮南旱，遣使赈贷。

开元二十一年（733 年）

△四月丁巳，以久旱，玄宗命太子少保陆象先、户部尚书杜暹等七人往诸道宣慰赈给，及令黜陟官吏，疏决囚徒。

开元二十四年（736 年）

△夏大热，道路有暍死者。以久旱，玄宗命河南尹李适之祭岳渎祈雨。

开元二十九年（741 年）

△岳州（湖南岳阳）荒旱，人多莩馁，刺史欧阳琟转以禄奉职田并率官吏食饿者千余人，凡月余，多所全活。

天宝元年（742 年）

△金华山（位于浙江金华）天大旱。

天宝五载（746 年）

△京师（陕西西安）久不雨，不空三藏立坛作法，大雨遍洽。

天宝六载（747 年）

△自五月不雨至秋七月，七月乙酉，以旱，玄宗命宰相、台寺、府县录系囚，死罪决杖配流，徒以下特免。庚寅始雨。

天宝九载（750 年）

△三月辛亥，关中（陕西关中盆地）久旱，制停封西岳。五月庚寅，以旱，录囚徒。

天宝十二载（753 年）

△水旱相继，关中大饥。

天宝十四载（755 年）

△三月，玄宗诏：以时雨未降，令太子太师陈希烈祭玄冥，光禄卿李憕祭风伯，国子祭酒李麟祭雨师。又诏：京城（陕西西安）时雨未降，令吏部侍郎蒋烈祭天皇地祇，给事中王维等分祭于五星坛。

乾元元年（758 年）

△二月，旱，于曲江池投龙祈雨。五月己亥，亢旱，阴阳人李奉先自大明宫出金龙及纸钱，太常音乐迎之，送于曲江池投龙祈雨，宰相及礼官并于池所行祭礼毕，奉先投龙于池。

△华州（陕西华县）自十月不雨，至于明年春。

乾元二年（759 年）

△三月丁亥，以旱降死罪，流以下原之；流民还者给复三年。癸亥，以久旱徙东西二市，祭风伯雨师，修雩祀坛，为泥人土龙及望祭名山大川祈雨。四月，以久旱徙市，雩祈雨。

上元元年（760 年）

△以岁旱，肃宗罢中、小祀。京师（陕西西安）旱，米斗值数千，死者甚多。李皋度俸不足养，亟请外官，不允，乃故抵微法，贬温州长史。

上元二年（761 年）

△大旱，三吴（吴郡、吴兴、丹阳，即江苏苏州、湖州、润州）饥甚，人相食。

宝应元年（762 年）

△自七月不雨，至八月癸丑方雨。

△十月，浙江水旱，百姓重困，州县勿辄科率，民疫死不能葬者为瘗之。

广德元年（763 年）

△十月，关辅（陕西关中）大旱。

永泰元年（765 年）

△春大旱，京师（陕西西安）米贵，斛至万钱。四月己巳，乃雨。

△七月，以久旱，米斗 1400 文，他谷食亦是。代宗遣近臣分录大理、京兆囚徒。

永泰二年（766 年）

△自三月至于六月，关内（潼关以西王畿附近）累月亢旱不雨，代宗诏大臣裴冕等十余人，分祭川渎以祈雨。

大历二年（767 年）

△五月，镇州（河北正定）旱。

永泰元年至大历三年（765—768 年）

△常州（江苏常州）岁仍旱，编人死徙踵路。

大历三年（768 年）

△闰六月，虔州（江西赣州）旱。

大历四年（769 年）

△夏，乘乱兵之后，怀州（河南沁阳）大旱，人失耕稼。怀州刺史马燧勤于教化，止横调，瘗暴胔，止繁苛。秋，稆生于境。

大历六年（771 年）

△三月，河北旱，米斗千钱。

△春旱，米斛至万钱。八月，夏旱，己未始雨。

大历七年（772 年）

△五月乙未，代宗以旱大赦，减膳，撤乐，大赦天下，释放见禁囚徒。

△十一月乙亥，淮南旱，免租、庸三之二。时张延赏任扬州刺史、淮南节度观察等使，值旱歉，人有亡去他境者。

大历九年（774 年）

△六月，京师（陕西西安）旱，京兆尹黎干于朱雀门街造土龙祈雨，悉召城中巫觋，舞于龙所，自与巫觋更舞，观者骇笑，弥月不雨。代宗命撤土龙，罢祈雨，减膳节用，以听天命。俄而，澍雨丰霈，朝野相贺。

大历十二年（777 年）

△春夏旱，至秋八月雨。六月，以旱降京师（陕西西安）死罪，流以下原之。八月，以京畿水旱，分命御史巡苗。

建中三年（782 年）

△关辅（陕西关中）自五月不雨，七月甲辰始雨。岁旱，朝廷议括商旅缗钱，人心甚摇。凤翔（陕西凤翔）留镇幽州兵，多离散入南山为盗，后朝廷罢括商人令。

兴元元年（784 年）

△四月，关中（陕西关中盆地）自春大旱，麦枯死，禾无苗，百姓捕食蝗虫。

△秋，京师（陕西西安）寇盗之后，天下蝗旱，谷价翔贵，选人不能赴调，吏部侍郎刘滋，往洪州（江西南昌）知选事，以便江、岭之人。冬，大旱，关中（陕西关中盆地）米斗千钱，仓廪耗竭。

贞元元年（785 年）

△春，旱，无麦苗，至于八月，旱甚，灞浐将竭，井皆无水。五月癸卯，命朝臣右庶子裴谞、殿中少监马锡、鸿胪少卿韦俛分祷终南、秦岭诸山以祈雨。七月，关中蝗食草木都尽，旱甚，灞水将竭，井多无水。有司计度支钱谷，才可支七旬。八月，德宗以旱避正殿，减膳。以岁旱，九月，贤良方正直言极谏科策问阴阳裖沴。

贞元二年（786 年）

△河北蝗旱，米斗 1500 文。复大兵之后，民无蓄积，饿殍相枕。义武军节度、易定沧等州观察等使、同平章事张孝忠所食豆䜺而已，其下皆甘粗粝。

△十一月，右丞元琇判度支，以关辅（陕西关中）旱俭，请运江淮租米西给京师。

贞元六年（790 年）

△三月，以旱故，德宗遣使分祷山川，春，京畿（陕西西安）、关辅（陕西关中）、河南大无麦苗。四月，以旱下诏，免减京兆府诸县田税。

△夏，淮南、浙东西、福建等道旱，井泉多涸，人暍且疫，疫死者众。

贞元七年（791 年）

△扬（江苏扬州）、楚（江苏淮安）、滁（安徽滁州）、寿（安徽寿县）、澧（湖南澧县）等州旱。

贞元十一年（795 年）

△春，时久旱，人情忧悃。四月，旱。五月庚午，以旱故，德宗令礼部尚书董晋巡覆百司禁囚。

贞元十二年（796 年）

△夏秋不雨，德宗使中谒者祷于终南山（陕西秦岭山脉）。十月壬

戌，诏以京畿（陕西西安）旱，放租税。

贞元十三年（797年）

△三月，河南府（河南洛阳）上言当府旱损，请借含嘉仓粟5万石赈贷百姓。

△自春以来，时雨未降，四月，以京师（陕西西安）久旱，令百司速决囚徒，壬戌，德宗幸兴庆宫龙堂祈雨。

贞元十四年（798年）

△春夏大旱，京畿（陕西西安）粟麦枯槁，谷贵，人多流亡。吏趣常赋，至县令为民殴辱。京兆尹韩皋不如实上报灾情，德宗将其贬为抚州司马，员外置同正员，驰驿发遣；召其祖母吴皇后之弟、才思敏锐且谦虚畏慎的右金吾卫大将军吴凑代其任京兆尹。六月乙巳，以旱俭，出太仓粟赈贷。以京师旱，德宗诏择监察御史段平仲与考功员外郎陈归开仓赈恤。但因德宗察察，欲折服臣下，段平仲对事谬称名，被斥去，作废七年。

贞元十五年（799年）

△二月，以久旱岁饥，出太仓粟18万石，于诸县贱粜。三月，以久旱令李巘、郑云逵于炭谷秦岭祈雨。四月，以久旱，令阴阳术士陈混尝、吕广顺及摩尼师祈雨。

贞元十六年（800年）

△岁旱人饥，朝廷议赈禁卫六军，为中书吏漏言。事未行，为中书吏所泄，中书侍郎、平章事郑余庆贬郴州司马。

贞元十八年（802年）

△夏，蔡（河南汝南）、申（河南信阳）、光（河南光山）旱。七月庚辰，蔡、申、光三州春水夏旱，赐帛5万段，米10万石，盐3000石。

贞元十九年（803年）

△自正月不雨，至七月甲戌乃雨，德宗分命公卿望祈于岳镇海渎名山大川。七月戊午，以关辅（陕西关中）饥，罢吏部选、礼部贡举，远近惊惶，人士失业。

贞元二十年（804年）

△春夏旱，关中大歉，京兆尹李实为政猛暴，租税皆不免，人穷无告，至撤屋瓦木，卖麦苗以供赋敛。次年，李实违诏征畿内逋租，百姓大困。

永贞元年（805年）

△九月，申光蔡（治蔡州，即河南汝南）、陈许两道亢旱，敕申光蔡赈米 10 万石，陈许 5 万石。令刑部员外郎薛舟充宣慰使，专往存问。秋，江浙、淮南、荆南（湖北荆沙）、湖南、鄂岳（治鄂州，即湖北武昌）、陈许（治许州，即河南许昌）等 26 州，旱。

△十月，润（江苏镇江）、池（安徽贵池）、扬（江苏扬州）、楚（江苏淮安）、湖（浙江湖州）、杭（浙江杭州）、睦（浙江建德）、江（江西九江）等州旱。十一月辛巳，宣（安徽宣州）、抚（江西临川）、和（安徽和县）、郴（湖南郴州）、郢（湖北钟祥）、袁（江西宜春）、衢（浙江衢州）七州旱。鄂（湖北武汉）、岳（湖南岳阳）、婺（浙江金华）、衡（湖南衡阳）等州旱。

元和元年（806年）

△五月，陈（河南淮阳）、许（河南许州）、蔡（河南汝南）等州旱。

△古武陵封壤所至，湘（湖南长沙）、岳（湖南岳阳）、辰（湖南沅陵）、澧（安徽澧县）等地大旱。

元和二年（807年）

△沅南（湖南常德）不雨，自季春至六月，毛泽将尽。

元和三年（808年）

△淮南、江南、江西、湖南、广南、山南东西皆旱。江南旱，衢州（浙江衢州）人食人。七月，宣歙（治宣州，即安徽宣州）旱饥，谷价日增，宣歙观察使卢坦不抑谷价。

元和四年（809年）

△正月，南方旱饥。以灾旱，命左司郎中郑敬使淮南宣歙，吏部郎中崔芃使浙西浙东，司封郎中孟简使山南东道荆南，京兆少尹裴武使江西鄂岳等道宣抚。三月，以久旱，宪宗下诏蠲贷，振除江淮旱损。

△秋，淮南、浙西、江西、江东旱。十一月，淮南杨（江苏扬州）、楚（江苏淮安）、滁（安徽滁州）三州，浙西润（江苏镇江）、苏（江苏苏州）、常（江苏常州）三州歉旱尤甚，米价殊高。

元和六年（811年）

△浙西东及淮南水旱，稻麦不登，至有百姓逐食，多去乡井。次年

五月，奏状至朝廷，宪宗命速蠲其赋。

△畿内（陕西西安）百姓秋稼旱损，农收不登。闰十二月，宪宗敕全放青苗钱。

元和七年（812 年）

△三月，以旱，宪宗敕诸司疏决系囚。

△夏，扬（江苏扬州）、润（江苏镇江）等州旱。

元和八年（813 年）

△二月，宪宗以久旱，亲祈雨于禁中。

△夏，同（陕西大荔）、华（陕西华县）二州旱。

△十一月，京畿（陕西西安）水、旱、霜，损田 38000 顷。

元和九年（814 年）

△旱，谷贵，出太仓粟 70 万石，开六场籴以惠饥民。以旱，免京畿（陕西西安）夏税 13 万石、青苗钱 5 万贯。

元和十一年（816 年）

△四月，徐（江苏徐州）宿（安徽宿州）二州水旱，赐粟 8 万石。

长庆二年（822 年）

△闰十月，江淮诸州旱损多，米价踊贵，取常平义仓斛斗，据时估减半价出籴，以惠贫民。江州（江西九江）旱灾，田损十九。因江、淮旱，水浅，转运司钱帛委积不能漕，州将王国清指漕货激众谋乱。

长庆三年（823 年）

△三月癸亥，淮南、浙东西、江西、宣歙（治宣州，即安徽宣州）旱，穆宗遣使宣抚，理系囚，察官吏。

△沔州（湖北汉阳）旱歉，百姓艰食，不堪征敛而流亡。沔州刺史何抚减租发廪，飞章上闻。免其征徭，削去烦冗，逋逃来复，乡闾以安。

△春及冬至明年二月，杭州（浙江杭州）大旱，野火蔓延，欲烧天目山千顷院。因雷雨骤作，火灭。

△秋，洪州（江西南昌）旱，螟蝗害稼 8 万顷。

宝历元年（825 年）

△秋，荆南（湖北荆沙）、淮南、浙西、江西、湖南及宣（安徽宣州）、襄（湖北襄樊）、鄂（湖北武汉）、潭（湖南长沙）等州旱灾伤稼。

宝历二年（826年）

△六月，代宗以旱，命京城（陕西西安）司疏理系囚。

△杨元卿任左仆射、河阳三城节度使（河南孟州）、怀州（河南沁阳）刺史，所部兵旱交织，凋零衰败，元卿薄敛节用，保聚离散，稻粱泄卤，人心悦服，旷俗斯阜。

大和元年（827年）

△夏，京畿（陕西西安）、河中（山西永济）、同（陕西大荔）州旱。六月甲寅，以旱放系囚。岁旱河涸，掊沙而进，米多耗，抵死甚众，不待覆奏。秋，旱，罢选举。郊畿（陕西西安）亢旱，自夏讫冬，停来年南郊。

大和三年（829年）

△八月，以京畿（陕西西安）、奉先（陕西蒲城）等九县旱，损田，免今岁租。十一月，京兆上言：奉先、富平（陕西富平）、美原（陕西富平美原镇）、云阳（陕西泾阳北云阳镇）、华原（陕西耀县）、三原（陕西三原）、同官（陕西铜川）、渭南（陕西渭南）等八县旱雹，损田稼2340顷，有诏蠲免。

△连岁旱俭，天平军（治郓州，即山东东平）人至相食，天平军节度观察等使令狐楚均富赡贫，而无流亡者。

大和四年（830年）

△五月丁丑，文宗以旱命京城诸司疏理系囚。

大和五年（831年）

△正月，太原旱，赈粟10万石。夏，河东旱且甚，巫师命巫属祷于郡东南百余里百丈泓。

大和六年（832年）

△河东、河南、关辅（陕西关中）亢旱，秋稼不登。

△并州（山西太原）旱俭，太原尹、北都留守、河东节度等使令狐楚练其风俗，因人所利而利之，虽属岁旱，人无转徙。

△河中节度观察等使王起，遇岁旱，令定价计口出粟以济民。

大和七年（833年）

△七月己酉，以旱，文宗委左仆射李程及御史大夫郑覃同就尚书

省，疏理京城（陕西西安）诸司囚徒。壬子，以旱命吏部尚书令狐楚、御史大夫郑覃同疏决囚徒。甲寅，以旱徙市。闰七月朔，文宗以旱避正殿，减膳，撤乐，出宫女千人，纵五坊鹰犬，停内外修造事非急务者。

大和八年（834 年）

△夏，江淮及陕（河南陕县）、同（陕西大荔）、华（陕西华县）等州旱。六月甲午，以旱，诏京城（陕西西安）诸司疏决系囚。七月，诏曲江雩土龙。八月丙申，以岁旱，罢诸色选举，人情杂然流议。

△九月，陕州（河南陕县）、江西旱，无稼。河南府（河南洛阳）、邓州（河南邓州）、同州（陕西大荔）、扬州（江苏扬州）并奏旱虫伤损秋稼。

大和九年（835 年）

△秋，京兆（陕西西安）、河南、河中（治山西永济）、陕（河南陕县）、华（陕西华县）、同（陕西大荔）等州旱。

△十月，京兆、河南两畿（陕西西安、河南洛阳）旱。

△阆州（四川阆中）大旱，刺史高元裕祷祈山川祠庙。

开成元年（836 年）

△十月己酉，扬州江都（江苏扬州）七县水旱，损田。次年三月壬申，文宗诏：扬州（江苏扬州）、楚州（江苏淮安）、浙西管内诸郡，去年稍旱，人遭其灾，委本道观察使蠲减两税。

开成二年（837 年）

△河南、河北旱，蝗害稼。独不入汴（河南开封）、宋（河南商丘）之境。十月，河南府（河南洛阳）上言：今秋诸县旱损，并雹降伤稼，请蠲赋税。

△夏，旱，扬州（江苏扬州）运河竭。

△四月，以旱避正殿。七月乙亥，以京师（陕西西安）久旱徙市，闭坊市南门。乙酉，以蝗旱，诏诸司疏决系囚。以京畿旱，文宗诏浐水入禁中者，十分量减九分，赐贫民溉田。

开成三年（838 年）

△正月，文宗以旱下诏放逋租及宽刑狱。二月，以旱出宫人刘好奴等 500 余人，送两街寺观，任归亲戚。

△十月，河南府（河南洛阳）上言，今秋诸县旱损，并雹降伤稼。

开成四年（839年）

△六月，天下旱，蝗食田。以久旱，文宗分命群臣祠祷，每忧动于色。

△六月，襄阳（湖北襄樊市襄阳城）山竹结实，其米可食。

△夏，旱，浙东尤甚。

开成五年（840年）

△四月三日，尚书、监军诸神庙乞雨。六月，武宗以旱避正殿，理囚。

会昌五年（845年）

△成德（治恒州，即河北正定）、魏博（治魏州，即河北大名）春旱，饥，独易定之境（治定州，即河北定州）无害。

会昌六年（846年）

△二月癸酉，以旱降死罪以下，免今岁夏税。春不雨，冬又不雨，至明年二月。

会昌年间（841—846年）

△晋阳（山西太原）邑境亢阳，自春徂夏，数百里田，皆耗斁。晋阳令狄惟谦请女巫郭天师祈雨。

大中元年（847年）

△二月癸未，宣宗以旱避正殿，减膳，理京师囚，罢太常教坊习乐，损百官食，出宫女五百人，放五坊鹰犬，停飞龙马粟。以春旱，诏中书侍郎、同平章事卢商与御史中丞封敖于尚书省疏理京城系囚。

大中六年（852年）

△夏，淮南旱饥，民多流亡，道路藉藉，海陵（江苏泰州）、高邮（江苏高邮）两县百姓，于官河中漉漕渠遗米煮食自给，呼为"圣米"，取陂泽茭蒲实皆尽。

大中九年（855年）

△七月，宣宗以旱遣使巡抚淮南，减上供馈运，蠲逋租，发粟赈民。

咸通二年（861年）

△六月，巴陵（湖南岳阳）时雨不降，巴陵县令李密思躬祷于境内洞庭山。

△秋，淮南、河南不雨，至于明年六月。

咸通三年（862年）

△夏，淮南、河南蝗旱，民饥。

咸通六年（865年）

△六月，京师（陕西西安）大旱。秋末，吏部郎中李伉敬祈于五龙神。

咸通八年（867年）

△七月，怀州（河南沁阳）民诉旱，刺史刘仁规揭榜禁之，民怒，相与作乱，逐仁规。

咸通九年（868年）

△江、淮蝗食稼，大旱。

△十一月，庞勋等破鱼台（山东鱼台）等近10县。宋州（河南商丘）东有磨山，民逃匿其上，勋遣其将张玄稔围之。会旱，山泉竭，数万口皆渴死。

咸通十年（869年）

△六月，以蝗旱理囚，其京城（陕西西安）未降雨间，令坊市权断屠宰。

△陕（河南陕县）民诉旱于陕虢观察使崔荛，崔荛不恤人之疾苦，杖之，民作乱，逐之。

咸通十一年（870年）

△夏，旱。六月，大赦，京城（陕西西安）久旱，未降雨间，权断屠宰。

咸通十四年（873年）

△关东（潼关以东地区）旱灾，自虢（河南灵宝）至海，麦才半收，秋稼几无，冬菜至少，贫者碎蓬实为面，蓄槐叶为齑。或更衰羸，亦难采拾。所在皆饥，无所依投，坐守乡闾，待尽沟壑。十二月癸卯，大赦，免水旱州县租赋，罢贡鹰鹘。

乾符三年（876年）

二月丙子，以旱，降死罪以下。三月，葬暴骸。

五月，浙东西旱，免一岁税。

广明元年（880 年）

△春、夏，京师（陕西西安）大旱。三月辛未，僖宗以旱避正殿，减膳。

中和元年（881 年）

△七月，蜀州青城县（四川都江堰）县境亢旱，苗谷将焦燋。

中和四年（884 年）

△江南大旱，饥，人相食。

光启二年（886 年）

△五月，荆南（湖北荆沙）、襄阳（湖北襄樊市襄阳城）仍岁蝗旱，米斗 3 万，人多相食。

光化三年（900 年）

△冬，京师（陕西西安）旱，至于次年春。

天复四年（904 年）

△自陇（陕西陇县）而西，殆于襄梁（陕西汉中）之境，数千里内亢阳，民多流散，自冬经春，饥民啖食草木，至有骨肉相食者甚多。该年忽山中竹无巨细，皆放花结子，饥民采之，舂米而食。数州之民，皆挈累入山，就食之。溪山之内居人如市，人力及者，竞置囤廪而贮之。

△蜀城（四川成都）大旱，使俾守宰躬往灵迹求雨。

△八月，洛城（河南洛阳）旱，米斗值钱六百，朱全忠军有掠籴者，都人怨，朱全忠自河中来朝，执左、右龙武统军朱友恭、氏叔琮斩之。

天祐二年（905 年）

△四月，京师（陕西西安）时阳久亢，哀帝不御正殿，减常膳。

二、水灾

唐代发生水灾 173 年次 298 次，以安史之乱为界，前期 81 年次 124 次，后期 92 年次 174 次。依贞观十道的划分，河南道水灾的记载次数最多，有 90 年次（前期 49 年次，后期 41 年次）；二为关内道 53 年次（前期 24 年次、后期 29 年次）、河北道 50 年次（前期 32 年次，后期 18 年次）、江南道 47 年次（前期 18 年次，后期 25 次）；三为淮南道 20 年次（前期 6 年次，后期 14 年次）、山南道 19 年次（前期 7 年次，后期 12 年次）、河东道 13 年次（前期 4 年次，后期 9 年次）、剑南道 9 年次（前期 3 年次，后期 6 年次）；岭南道 2 年次（前期、后期各 1 年次），陇右道则没有水灾记录。除陇右道之外，水灾于其余诸道均有分布，唐后期江南道、淮南道、山南道、河东道发生水灾的次数均较前期有较大增加，而唐后期河南道水灾次数则比前期有较大减少。这应当是唐代前、后期经济重心转移，朝廷关注区域发生变化的缘故。

唐代水灾的季节性明显，以秋季水灾最重，夏季次之，其中依次以七月、六月、八月水灾次数最多，后果也最重。唐代北方发生水灾远较南方为多，北方水灾发生年次记录是南方两倍有余。这与唐代黄河流域较为发达，中下游地区河患较多有很大关系。水灾的影响包括：漂毁官寺民居，溺死人畜；冲毁路桥仓城，覆没坊邑；溺损田苗禾稼，使农业减产或无收，导致饥疫；造成重大意外事故，危害国家。唐代水灾引起田稼受损的面积有确切记载的总计 225551 顷。田稼受损导致粮食奇缺，进而谷价上涨，并诱发饥荒。大水灾淹没摧毁城池，损坏城郭和庐舍。大水毁坏桥梁，阻滞道路，严重影响了运输与百姓的日常交通生活，交通受阻对饥荒的形成也造成一定影响。唐代因水灾溺死人数史书有明确记载者，至少 27 万人。仅六至九月份水灾，至少漂没唐人居舍 20.21 万家，漂溺死者至少 2.81 万人，这还不含记载不明确和漏载者。由于山水汹涌，甚至皇帝、大臣也不免身处险境。

武德六年（623 年）

△秋，关中（陕西关中盆地）久雨。

贞观二年（628 年）

△天下诸州并遭霜涝，邓州（河南邓州）独免，储仓充羡，蒲（山西永济）、虞（山西运城）等州民，尽入其境逐食。

贞观三年（629 年）

△秋，贝（河北清河）、谯（安徽濉溪）、郓（山东东平）、泗（江苏泗阳）、沂（山东临沂）、徐（江苏徐州）、濠（安徽凤阳）、苏（江苏苏州）、陇（陕西陇县）等九州水，遣使赈恤。

贞观四年（630年）

△秋，许（河南许州）、戴（山东成武）、集（四川南江）三州水。

贞观五年（631年）

△七月以来，霖潦过度，河南河北厥田潦下，唐太宗罢修复洛阳宫。

贞观六年（632年）

△河南、河北数州大水，停封禅泰山。

贞观七年（633年）

△六月甲子，滹沱决于洋州（陕西西乡），坏人庐舍，遣谏议大夫孙伏伽赈恤。秋，山东、河南之地30余州水，遣使赈恤。

贞观八年（634年）

△七月，陇右山摧，大蛇见，山东、河南、江淮大水。唐太宗遣使者分道赈恤饥馁，申理狱讼，多所原宥。

贞观九年（635年）

△三月壬午，唐太宗诏以山东之地，频年不稔，水雨为灾，饥馑相属，大赦天下，令所在官司赈恤鳏寡穷独不能自存者。

贞观十年（636年）

△关东（陕西潼关以东地区）及淮海之地28州水，遣使赈恤。

贞观十一年（637年）

△七月癸未，大雨，谷水溢，入洛阳宫，深四尺，坏左掖门，毁宫寺19所；洛水漂600余家，溺死者6000余人。二十日，太宗诏废明德宫及飞山宫之玄圃院，分给河南、洛阳遭水户。

△九月丁亥，黄河泛滥，溢坏陕州河北县（山西平陆）及太原仓，毁河阳（河南孟县）中潭，太宗幸白司马阪以观之，赐遭水之家粟帛有差。

贞观十六年（642年）

△秋，徐（江苏徐州）、戴（山东成武）二州大水。

贞观十八年（644年）

△九月，谷（河南宜阳）、襄（湖北襄樊）、豫（河南汝南）、荆（湖北荆沙）、徐（江苏徐州）、梓（四川三台）、忠（重庆忠县）、绵（四川绵阳）、宋（河南商丘）、亳（安徽亳州）10州言大水，并以义仓赈给。

△秋，易州（河北易县）水害稼，次年正月，开义仓赈给。

贞观十九年（645年）

△秋，沁（山西沁源）、易（河北易县）二州水，害稼。次年正月，沁州言去岁水伤稼，诏令赈给。

贞观二十一年（647年）

△七月，易州（河北易县）水，诏令赈给。八月，河北冀（河北深州）、易（河北易县）、幽（北京）、瀛（河北河间）、邢（河北邢台）、赵州（河北赵县），河南豫州（河南汝南），江南常州（江苏常州）等八州大水，遣屯田员外韩赡等分行所损各家赈恤。壬戌，以河北大水，停封禅。

△七月，泉州（福建福州）海溢，驩州（越南义静省）水。

贞观二十二年（648年）

△夏，泸（四川泸州）、越（浙江绍兴）、徐（江苏徐州）、交（越南河内市）、渝（四川重庆）等州水，赈贷种粮。

永徽元年（650年）

△六月，新丰（陕西临潼）、渭南（陕西渭南）大雨，零口（陕西临潼东北零口镇）山水暴出，漂庐舍溺死者90余人，诏给死者绢布三疋，给棺瘗埋，乏绝者给资。

△六月，宣（安徽宣州）、歙（安徽歙县）、饶（江西波阳）、常（江苏常州）等州暴雨，漂杀400余人，诏为瘗埋，给贷。

△秋，齐（山东济南）、定（河北定州）等16州水。

永徽二年（651年）

△秋，汴（河南开封）、定（河北定州）、濮（山东鄄城）、亳（安徽亳州）等州水。

永徽四年（653年）

△杭（浙江杭州）、夔（四川奉节）、果（四川南充）、忠（重庆忠县）等州水，并加贷赈。

永徽五年（654年）

△闰五月丁丑夜，大雨，山水涨溢，漂溺麟游县（陕西麟游县）居人及当番卫士，死者3000余人。麟游县山水冲万年宫玄武门，宿卫士皆散走。时高宗幸万年宫，经右领军郎将薛仁贵登门桄大呼，高宗遽出乘高，俄而水入寝殿。

△六月癸丑，蒲州汾阴县（山西万荣）暴雨，漂溺居人，浸坏庐舍。

△六月丙寅，河北诸州大水。恒州（河北正定）大雨，自二日至七日。滹沱河水泛溢，损 5300 家。高宗诏工部侍郎王俨往河北检行赈贷遭水诸州，并虑囚徒。

永徽六年（655 年）

△六月辛丑，商州（陕西商州）山水，漂坏居人庐舍，遣使存问。

△八月，京城（陕西西安）大雨，道路不通，米价暴贵，出仓粟粜之，京师东西二市置常平仓。

△九月乙酉，洛州（河南洛阳）大水，毁天津桥。

△秋，冀（河北深州）、沂（山东临沂）、密（山东诸城）、兖（山东兖州）、滑（河南滑县）、汴（河南开封）、郑（河南荥阳）、婺（浙江金华）等州雨水害稼，诏令赈贷。

△十月，齐州（山东济南）黄河溢。

显庆元年（656 年）

△七月己卯，宣州泾县（安徽泾县）山水暴涨，高四丈余，漂荡村落，溺杀 2000 余人。制赐死者物各五段，庐舍损坏者，量为营造，并赈给之。

△八月，霖雨，更九旬乃止。

△九月庚辰，括州（浙江丽水）暴风，海溢，坏安固（浙江瑞安）、永嘉（浙江温州）二县，损 4000 余家。

显庆四年（659 年）

△七月，连州（广东连州）山水暴涨，漂没 700 余家，诏乡人为造宅宇，赈给之。

龙朔元年（661 年）

△六月，洛阳大雨，震电霹雳光禄寺太官掌膳封元则，于宣仁门外大街中杀之，折其项裂，血流洒地。观者盈衢，莫不惊愕。

麟德二年（665 年）

△六月，鄜州（陕西富县）大水，坏城邑及居人庐舍。

总章二年（669 年）

△六月，括州（浙江丽水）大风雨，海水泛溢永嘉（浙江温州）、

安固（浙江瑞安）二县城郭，漂百姓宅 6843 区，溺杀 9070 人、牛 500 头，损田苗 4150 顷。高宗遣使修葺宅宇，溺死者，各赐物五段。

△七月癸巳，冀州（河北深州）大都督府奏，自六月十三日夜降雨，至二十日水深五尺，其夜暴水深一丈以上，坏屋 14390 区，害田 4496 顷，遣使赈给。

咸亨元年（670 年）

△五月十四日，连日澍雨，山水溢，溺死 5000 余人。

咸亨二年（671 年）

△八月，徐州（江苏徐州）山水漂 100 余家。

咸亨四年（673 年）

△七月辛巳，婺州（浙江金华）暴雨山水泛涨，溺死者 5000 人，漂损居宅 600 家，唐高宗诏令赈给。

上元三年（676 年）

△八月，青州（山东青州）大风，海水泛溢，漂损居人庐宅 5000 余家；齐（山东济南）、淄（山东淄博）等七州大水。高宗遣使赈贷贫乏，溺者赐物埋殡之，舍宅坏者，助其营造。诏停此中尚梨园等作坊，减少府监杂匠，放还本邑，罢两京及九成宫土木工作，虑囚。

仪凤三年（678 年）

△五月壬戌，如麟游县（陕西麟游县）九成宫。大雨霖，兵卫有冻死者。

永隆元年（680 年）

△九月，河南、河北诸州大水，溺死者甚众。高宗诏遣使分往存问，其漂溺死者各给棺槽，其家赐物 7 段，屋宇破坏者，劝课乡闾助其修葺，食乏绝者给贷之。

永隆二年（681 年）

△八月丁卯，河南、河北大水，坏民居 10 万余家，高宗诏百姓乏绝者任往江淮以南就食，遣使分道赈给，屋宇坏倒者给复一年，溺死者各赠物三段。

永淳元年（682 年）

△五月，自丙午东都（河南洛阳）连日澍雨，乙卯，洛水溢，坏天

津及中桥、立德弘教景行诸坊，溺居民 1000 余家。

△六月，京师（陕西西安）大雨，平地水深四尺以上，麦一束只得一二升，米斗 220 文，布一端只得 100 文。国中大饥，西京米斗三百以下。

△秋，山东大水，民饥。

永淳二年（683 年）

△八月己巳，河水溢，坏河阳城（河南孟县），水面高于城内五尺，北至盐坎，居人庐舍漂没皆尽，南北并坏。恒州（河北正定）滹沱河及山水暴溢，害稼。十一月，诏以河南河北尚有十余州旱涝，停来年正月封中岳。

文明元年（684 年）

△七月，温州（浙江温州）大水，流 4000 余家。

△八月，括州（浙江丽水）溪水暴涨，溺死百余人，大水流 2000 余家。

如意元年（692 年）

△四月，洛水溢，坏永昌桥（位于河南洛阳），漂居民 400 余家。

△七月，大雨，洛水泛溢，漂流居人 5000 余家，遣使巡问赈贷。

△八月甲戌，河溢，坏河阳县（河南孟县）。

长寿二年（693 年）

△五月，棣州（山东惠民）河溢，坏民居 2000 余家。该年，河南 11 州水。

万岁通天元年（696 年）

△八月，徐州（江苏徐州）大水，害稼。

神功元年（697 年）

△三月，括州（浙江丽水）水，坏民居 700 余家。

△河南 19 州水。

圣历二年（699 年）

△七月丙辰，神都（河南洛阳）大雨，洛水溢，坏天津桥。

△秋，黄河溢怀州（河南沁阳），漂济源县（河南济源）百姓庐舍 1000 余家。

圣历三年（700 年）

△三月辛亥，鸿州（陕西临潼）水，漂 1000 余家，溺死 400 余人。

△十月，洛州（河南洛阳）水。

长安三年（703 年）

△六月，宁州（甘肃宁县）雨，山水暴涨，漂流 2000 余家，溺死者 1000 余人，流尸东下。

长安四年（704 年）

△八月，瀛州（河北河间）水，坏民居数千家。

△九月后，霖雨并雪，凡阴 150 余日，至次年正月五日方晴霁。

神龙元年（705 年）

△四月，雍州同官县（陕西铜川）大雨，漂民居 500 余家，唐中宗遣员外郎一人巡行赈给。

△六月，河北 17 州大水，漂流居人，害苗稼，遣中郎一人巡行赈给。七月，洛水暴涨，坏人庐舍 2000 余家，溺死者数百人，令御史存问赈恤，官为瘗埋。八月戊申，以水灾，唐中宗令文武官九品以上直言极谏。河南洛阳百姓被水兼损者给复一年。

△大水漂溺京城（陕西西安）数百家，商州（河南商洛）水入城门，襄阳（湖北襄樊）水至树杪。

神龙二年（706 年）

△四月，洛水泛滥，坏天津桥（位于河南洛阳），漂流居人庐舍，溺死者数千人。

△六月，唐中宗遣使赈贷河北遭水之家。八月，魏州（河北大名）水。

△十二月，以河北诸州遭水人多阻饥，令侍中苏瑰存抚赈给。

景龙二年（708 年）

△七月，荆州（湖北荆沙）水，唐中宗制令赈恤。

△东都（河南洛阳）霖雨百余日，闭坊市北门，道路泥泞。

景龙三年（709 年）

△七月，澧水溢，害稼。

△九月，密州（山东诸城）水，坏民居数百家。

景云二年（711 年）

△八月，河南、淮南诸州上言水旱为灾，出十道使巡抚，令所在赈恤。

△十月甲辰，睿宗以政教多阙，水旱为灾，府库益竭，僚吏日滋，

罢韦安石、郭元振、窦怀贞、李日知、张说政事。

景云年间（710—711 年）

△西京（陕西西安）霖雨 60 余日。胡僧宝严，自云有术法，能止雨。设坛场，诵经咒。其时禁屠宰，宝严用羊 20 口、马两匹以祭。祈请经 50 余日，其雨更盛。于是斩逐胡僧，其雨遂止。

先天二年（713 年）

△六月，以久霖雨，告乾陵及太庙，玄宗减膳，避正殿。

开元二年（714 年）

△五月壬子，以京师（陕西西安）久雨，玄宗命有司禜京城门。

开元三年（715 年）

△河南、河北水。十一月乙丑，玄宗诏礼部尚书郑惟忠持节河南宣抚百姓，工部尚书刘知柔持节河北道安抚百姓，量事赈贷被蝗水之州。

开元四年（716 年）

△六月，郴州（湖南郴州）马岭山大雨，山水暴涨，漂破 500 余家，失 300 余人。

△七月丁酉，洛水溢，沉舟数百艘。

开元五年（717 年）

△六月十四日，巩县（河南巩义）暴雨连日，山水泛涨，坏郭邑庐舍 700 余家，死者 72 人；汜水同日漂坏近河百姓 200 余户。十六日，瀍水溢，溺死者千余人；河南水，害稼。七月，玄宗引畿县令见于别殿，言及巩县（河南巩义）、密县（河南新密）、汜水（河南荥阳）等山水冲突庐舍，溺者百姓事。

开元六年（718 年）

△六月甲申，瀍水暴涨，河南大水，坏人庐舍，溺杀 1000 余人。河口堰破，棣州（山东惠民）百姓一概没尽。九月乙未，遣工部尚书刘知柔持节往河南道存问，应免租庸及赈恤量事处分，兼察人民冤苦、官吏善恶。宋（河南商丘）、亳（安徽亳州）、陈（河南淮阳）、许（河南许州）之间，遭涝尤甚，赈恤加倍。

开元八年（720 年）

△六月二十一日夜，东都（河南洛阳）暴雨，谷、洛、瀍三水溢，

入西上阳宫，宫人死者十七八。畿内诸县新安（河南新安）、渑池（河南渑池）、河南（河南洛阳）、寿安（河南宜阳）、巩县（河南巩义）等田稼庐舍荡尽，共 961 户，溺死者 815 人。许（河南许州）、卫（河南卫辉）等州掌闲番兵溺者 1148 人。山水暴至，援契丹所寇的营州（辽宁朝阳）关中卒野营谷水上，2 万余人皆溺死，溺死者漂入苑中如积。

△六月，京城（陕西西安）兴道坊一夜陷为池，一坊 500 余家俱失。玄宗遣使赈恤及助修屋宇，其行客溺死者，委本贯存恤其家。

△邓州（河南邓州）三鸦口大水塞谷，暴雷雨，漂溺数百家。

开元十年（722 年）

△五月，东都（河南洛阳）大雨，伊、汝等水泛涨，毁都城南龙门天竺、奉先寺，坏罗郭东南角，平地深六尺，入漕河，水次屋舍树木荡尽；河南许（河南许州）、仙（河南叶县）、豫（河南汝南）、陈（河南淮阳）、汝（河南汝州）、唐（河南泌阳）、邓（河南邓州）等州大水，害稼，漂没民居数千家，溺死者甚众，遣户部尚书陆象先存抚赈给，并借人力助营宅屋。

△六月丁巳，河决博（山东聊城）、棣（山东惠民）二州。博州黄河堤坏，湍悍洋溢，不可禁止。诏博州刺史李畬、冀州刺史裴子余、赵州刺史柳儒，乘传分理，并命按察使萧嵩总其事。

开元十二年（724 年）

△六月，豫州（河南汝南）大水。

△八月，兖州（山东兖州）大水。

开元十三年（725 年）

△秋，济州（山东茌平）大水，河堤坏决，为害滋甚。

开元十四年（726 年）

△七月十四日，瀍水暴涨，流入洛漕，漂没诸州租船数百艘，溺死者甚众，漂失杨（江苏扬州）、寿（安徽寿县）、光（河南光山）、和（安徽和县）、庐（安徽合肥）、杭（浙江杭州）、瀛（河北河间）、棣（山东惠民）租米 172896 石，并钱绢杂物等；因开斗门决堰，引水南入洛，漕水燥竭，以搜漉官物，十收四五。

△七月，怀（河南沁阳）、卫（河南卫辉）、郑（河南荥阳）、滑

（河南滑县）、汴（河南开封）、濮（山东鄄城）、许（河南许州）等州澍雨，河及支川皆溢，人皆巢舟以居，死者千计，资产苗稼无孑遗。沧州（河北沧县）大风，海运船没者十一二，失平卢军粮 5000 余石，舟人皆死。润州（江苏镇江）大风从东北，海涛奔上，没瓜步洲，损居人。

△八月丙午，河决魏州（河北大名）。

△九月，50 州言水，河南河北尤甚，同（陕西大荔）、福（福建福州）、苏（江苏苏州）、常（江苏常州）四州漂坏庐舍，命御史中丞兼户部侍郎宇文融往河南河北道遭水州宣抚，助修葺屋宇。

开元十五年（727 年）

△五月，晋州（山西临汾）大水，漂损居人庐舍。

△七月戊寅，冀州（河北深州）、幽州（北京）、莫州（河北任丘）大水，河水泛溢漂损居人室宇及稼穑，并以仓粮赈给。邓州（河南邓州）大水，溺死数千人。

△七月庚寅，鄜州（陕西富县）洛水泛涨，平地丈余，损居人庐舍，溺死者不知其数。辛卯，又坏同州（陕西大荔）郭邑及市，毁冯翊县（陕西大荔）廨宇，漂民居 2000 余家，溺死者甚众。

△八月八日，渑池县（河南渑池）夜有暴雨，涧水、谷水涨合，毁郭邑 100 余家及普门佛寺。秋，天下 63 州大水，害稼及居人庐舍，河北尤甚。

开元十六年（728 年）

△九月，关中（陕西关中盆地）久雨，害稼。丙午，以久雨降囚罪，死罪从流，徒以下原之。

开元十七年（729 年）

△八月丙寅，越州（浙江绍兴）大水，坏州县城，漂坏廨宇及居人庐舍。

开元十八年（730 年）

△二月丙寅，大雨，雷震左飞龙厩（位于陕西西安），灾。

△六月乙丑，东都瀍水暴涨，漂损扬（江苏扬州）、楚（江苏淮安）、淄（山东淄博）、德（山东陵县）等州租船。壬午，东都（河南洛阳）洛水泛涨，坏天津、永济二桥及漕渠斗门，漂损提象门外助铺及仗

舍，又损居人庐舍 1000 余家。

开元十九年（731 年）

△秋，河南水，害稼。十二月，浚苑中洛水，六旬而罢。

开元二十年（732 年）

△九月戊辰，河南道宋（河南商丘）、滑（河南滑县）、兖（山东兖州）、郓（山东东平）等州大水，伤禾稼，特放今年地税。

开元二十一年（733 年）

△秋，关中（陕西关中盆地）久雨害稼，京师（陕西西安）饥，诏出太仓粟 200 万石赈给。玄宗将幸东都，召京兆尹裴耀卿问救人之术，因耀卿所请，置河阴仓、柏崖仓、集津仓、盐仓，漕运江、淮粮食至太原仓，自太原仓浮渭以实关中。

开元二十二年（734 年）

△秋，关辅（陕西关中）、河南 10 余州水，害稼。

开元二十三年（735 年）

△八月戊子，制委本道使赈给江淮以南遭水处。

开元二十七年（739 年）

△三月，澧（安徽澧县）、袁（江西宜春）、江（江西九江）等州水。

开元二十八年（740 年）

△十月，河北 13 州水，敕本道采访使赈给。

开元二十九年（741 年）

△七月，伊、洛及支川皆溢，损居人庐舍，秋稼无遗，毁东都（河南洛阳）天津桥及东西漕、上阳宫仗舍，洛、渭之间，庐舍坏，溺死千余人。

△秋，河北博（山东聊城）、洺（河北永年）等 24 州雨水害稼，命御史中丞张倚往东都及河北赈恤。

天宝元年（742 年）

△六月庚寅，武功（陕西武功）山水暴涨，坏人庐舍，溺死数百人。

天宝四载（745 年）

△秋，河南、睢阳（河南商丘）、淮阳（河南泌阳）、谯（安徽濉溪）等八郡大水。

天宝十载（751 年）

△八月，广陵（江苏扬州）大风驾海潮，沉江口船数千艘。

△秋，霖雨积旬，墙屋多坏，西京（陕西西安）尤甚。

天宝十二载（753 年）

△八月，京师（陕西西安）连雨 20 余日，米踊贵，令出太仓米 10 万石，减价粜与贫人。令中书门下就京兆、大理疏决囚徒。

天宝十三载（754 年）

△秋，自八月至十月，霖雨 60 余日，京师（陕西西安）庐舍垣墉颓毁殆尽，损秋稼，物价暴贵，人多乏食，令出太仓米 100 万石，开十场贱粜以济贫民。九月，遣闭坊市北门，盖井，禁妇人入街市，祭玄冥大社，禜明德门。

△九月，东都（河南洛阳）瀍、洛溢，坏 19 坊。

△济州（山东茌平）为河所陷没，以阳谷（山东阳谷）、平阴（山东平阴）、东阿（山东东阿）三县属郓州，废卢县（山东茌平西南）。

至德二年（757 年）

△三月癸亥，大雨，至甲戌乃止。唐肃宗令恤狱缓刑，诏三司条件疏理处分。

乾元三年（760 年）

△自四月初大雾大雨，至闰四月末方止。史思明再陷东都，米价踊贵，斗至 800 文，人相食，殍尸蔽地。

上元二年（761 年）

△秋，京师（陕西西安）自七月霖雨，八月尽方止。京城宫寺庐舍多坏，街市沟渠中漉得小鱼。

宝应元年（762 年）

△十月，代宗诏：浙江东西，去岁旱损，今秋已来，复遭水困，百姓重困，州县勿辄科率，民疫死不能葬者为瘗之。

广德二年（764 年）

△五月，东都（河南洛阳）大雨，洛水溢，漂 20 余坊；河南诸州水。

△九月，自七月大雨未止，京城（陕西西安）米斗值 1000 文。

永泰元年（765 年）

△九月，自丙午至甲寅大雨，平地水数尺，沟河涨溢。时吐蕃寇京畿（陕西西安），以水，自溃而去。

永泰二年（766 年）

△夏，洛阳自五月大雨，洛水泛溢，水坏 20 余坊及寺观廨舍。河南数十州大水。

大历二年（767 年）

△八月辛卯，潭（湖南长沙）、衡（湖南衡阳）水灾，命给事中贺若察使于湖南宣慰，赈给蠲免遭损不能自存百姓。

△秋，湖南及河东、河南、淮南、浙江东西、福建等道 55 州奏水灾。

大历四年（769 年）

△自夏四月连雨至八月，京城（陕西西安）米斗 800 文。官出太仓米 2 万石贱粜以救饥人。闭坊市北门，台高五尺，上置五方坛，置土台及黄幡以祈晴，秋末雨方止。

大历五年（770 年）

△夏，复大雨，京城（陕西西安）饥，出太仓米减价以救人。

大历六年（771 年）

△自八月连雨至九月，害秋稼。

大历七年（772 年）

△二月庚午，江州（江西九江）江溢。

大历十年（775 年）

△七月己未夜，杭州大风，海水翻潮，漂荡州郭 5000 余家，船 1000 余只，全家陷溺者 100 余户，死者 400 余人；苏（江苏苏州）、湖（浙江湖州）、越（浙江绍兴）等州亦然。

大历十一年（776 年）

△七月戊子夜，京师（陕西西安）暴澍雨，平地水深盈尺，沟渠涨溢，坏坊民 1200 家。八月二十七日，敕以霖雨久滞，令长生殿道场沙门觉超止雨，雨止。

大历十二年（777 年）

△八月乙巳，以京畿（陕西西安）久雨，宥常参百僚，不许御史点

班。十月，京兆尹黎干奏水损田 31000 顷，渭南损田 3000 顷。

△秋霖，河中府（山西永济）池盐多败，味苦恶，户部侍郎判度支韩滉安言池生瑞盐，唐代宗赐号宝应灵庆池。

△秋，宋（河南商丘）、亳（安徽亳州）、陈（河南淮阳）、滑（河南滑县）等州大雨水，害稼，河南尤甚，平地深五尺，河决，漂溺田稼。

大历十三年（778 年）

△易州（河北易县）淫雨，害于粢盛，人多道殣，邑无遗堵，刺史张孝忠缉捕亡、恤鳏寡，躬问疾苦，忧人阻饥，贫人得以自给。

建中元年（780 年）

△河中人尧山令樊泽应贤良方正能直言极谏科，次于潼关（陕西），因雨淖而"困不能前"。幸因同舍逆旅的熊执易辍己所乘马，倾囊相济，自罢所举，才及时参加科考，当年得上第，被擢为左补阙。五年后，贞元元年（785 年），熊执易亦博通坟典达于教化科及第。

△冬，黄河、滹沱、易水溢。幽（北京）、镇（河北正定）、魏（河北大名）、博（山东聊城）大雨，易水、滹沱横流，自山而下，转石折树，水高丈余，苗稼荡尽。

贞元二年（786 年）

△五月，自癸巳大雨至丙申，饥民俟夏麦将登，又此霖澍，人心甚恐，米斗复千钱。己亥，百僚请唐德宗复常膳；是时民久饥困，食新麦过多，死者甚众。

△六月辛酉，大风雨，京师（陕西西安）通衢水深数尺。溺死者甚众，吏部侍郎崔纵自崇义里西门为水漂浮行数十步，街铺卒救之获免。

△东都（河南洛阳）、河南、荆南（湖北荆沙）、淮南江河泛溢，坏人庐舍。

贞元三年（787 年）

△闰五月，东都（河南洛阳）、河南、江陵（湖北荆州）大水，坏人庐舍，汴州（河南开封）尤甚，扬州（江苏扬州）江水泛涨，漂民庐舍。

贞元四年（788 年）

△八月连雨，灞水暴溢，溺杀渡者 100 余人。

贞元八年（792 年）

△六月，淮水溢，平地七尺，没泗州城（江苏泗阳）。

△秋，大雨，河南、河北、山南、江淮，自江淮及荆（湖北荆沙）、襄（湖北襄樊）、陈（河南淮阳）、宋（河南商丘）至于河朔州 40 余州大水，害稼，漂溺死者 2 万余人，漂没城郭庐舍。幽州（北京）平地水深二丈；郑（河南荥阳）、涿（河北涿州）、蓟（天津蓟县）、檀（北京密云）、平（河北卢龙）等州，平地水深一丈五尺；徐（江苏徐州）平地水深一丈二尺，郭邑庐里屋宇田稼皆尽，百姓皆登丘冢山原以避之，及移居邻郡。

贞元十年（794 年）

△春霖雨，罕有晴日，至闰四月，间止不过一二日。

△六月辛未晦，有水鸟集于左藏库（位于陕西西安），当夜暴雨，大风折木。

贞元十一年（795 年）

△复州竟陵（湖北天门）等三县，遭朗蜀二水泛涨，没溺损 1665 户，田 410 顷。

△十月，朗（湖南常德）、蜀（四川崇州）二州江溢。

贞元十二年（796 年）

△四月，福（福建福州）、建（福建建瓯）二州大水。

△六月，岚州（山西岚县）暴雨，水深二丈余，损屋宇田苗。

贞元十三年（797 年）

△七月，淮水溢于亳州（安徽亳州）。

贞元十五年（799 年）

△七月，郑（河南荥阳）、滑（河南滑县）大水。

贞元十八年（802 年）

△七月，蔡（河南汝南）、申（河南信阳）、光（河南光山）三州言春大水、夏大旱，庚辰，赐三州帛 5 万段，米 10 万石，盐 3000 石。

永贞元年（805 年）

△夏，朗州（湖南常德）之熊、武五溪溢，水决于沅，突旧防，毁民家几盈千室，生人禽畜，随流逝止。

△秋，武陵（湖南常德）、龙阳（湖南汉寿）二县江水溢，漂万余家。

△八月乙巳，之前京城（陕西西安）连月霖雨，宪宗即位之日乃晴霁。

△十一月，京畿长安（陕西西安）等九县山水泛涨，害田苗。以久雨，京师盐贵，出库盐 1 万石以惠饥民。

元和元年（806 年）

△夏，荆南（湖北荆沙）及寿（安徽寿县）、幽（北京）、徐（江苏徐州）等州大水，损田苗。

元和二年（807 年）

△六月，蔡州（河南汝南）大水，平地深七八尺。

元和三年（808 年）

△秋，京师（陕西西安）自八月壬申雨，至九月戊子暂霁，翌日复降。

元和四年（809 年）

△七月，渭南（陕西渭南）暴水，坏庐舍 213 户，秋田 16 顷，溺死 600 人，命京兆府发义仓赈给。

元和六年（811 年）

△浙西东及淮南水旱，稻麦不登，至有百姓逐食，多去乡井。

△七月，鄜（陕西富县）、坊（陕西黄陵）、黔中（四川彭水）水。大水坏黔中城郭，黔州刺史、黔州观察使窦群发溪洞蛮复筑其城。

△十月戊寅，以畿内（陕西西安）水潦，诸处道路不通，唐宪宗诏遭水旱处，据元诉状除破，不得检覆。

元和七年（812 年）

△正月癸酉，丰州振武（内蒙古和林格尔）界黄河溢，毁东受降城（内蒙古托克托）。

△五月，饶（江西波阳）、抚（江西临川）、虔（江西赣州）、吉（江西吉水）、信（江西上饶）五州山水暴涨，没毁庐舍，虔州（江西赣州）尤甚，深处四丈余。

元和八年（813 年）

△五月，陈州（河南淮阳）、许州（河南许州）大雨，大隗山摧，水流出，坏庐舍，溺死者 1000 余人。许州刺史、陈许节度使刘昌裔以水败军府去职，被召还京师。

△六月，以时积雨，延英门不开者 15 日。庚寅，京师（陕西西安）大风雨，毁屋扬瓦，人多压死。水积城南，深处丈余，入明德门，犹渐车辐。辛卯，渭水暴涨，毁三渭桥，南北绝济一月。时所在霖雨，百源皆发，川渎不由故道。辛丑，以水害诚阴盈，命出宫人 200 车，许人得娶以为妻。

△六月，沧州（河北沧县）水潦，浸盐山（河北黄骅）等四县。

△七月，丰州受降城（内蒙古乌拉特中旗）为河所毁。辛酉，振武节度使李光进请修西受降城，兼理河防。李吉甫请徙其徒于天德故城（大同川西旧城），宪宗以受降城骑士隶天德军。

△秋，水大至滑（河南滑县），河南瓠子堤溢，浸羊马城之半，居民震骇。次年春，滑州刺史、郑滑节度观察等使薛平、魏博节度使田弘正征役万人，于卫州黎阳（河南浚县）界开古黄河道，决旧河水势。

△十一月，京畿（陕西西安）水、旱、霜，损田 38000 顷。

元和九年（814 年）

△秋，淮南及岳（湖南岳阳）、安（湖北安陆）、宣（安徽宣州）、江（江西九江）、抚（江西临川）、袁（江西宜春）等州大水，害稼。

元和十一年（816 年）

△四月丁巳，以徐（江苏徐州）宿（安徽宿州）二州水旱，赐粟 8 万石。

△五月，京畿（陕西西安）大雨水，害田 4 万顷，昭应（陕西西安临潼区）尤甚，漂溺居人。

△五月，衢州（浙江衢州）山水害稼，深三丈，毁州郭，溺死 100 余人，损田千余顷。

△五月，饶州浮梁（江西浮梁）、乐平（江西乐平）二县暴雨，水，百姓溺死者 170 人，失 4700 户，阙两税钱 35000 贯。

△六月，密州（山东诸城）大风雨，海溢，毁城郭；润（江苏镇江）、常（江苏常州）、湖（浙江湖州）、陈（河南淮阳）、许（河南许州）五州及衢州（浙江衢州）及京畿（陕西西安）水，害稼，五州各损田万顷。

△八月甲午，渭水溢，毁中桥。

△八月戊申，容州（江西容县）奏飓风海水毁州城。

元和十二年（817年）

△六月乙酉，京师（陕西西安）大雨，水，含元殿一柱倾，市中水深三尺，毁民居2000余家。

△六月，河南、河北大水，洺（河北永年）、邢（河北邢台）尤甚，平地二丈；河中（山西永济）、江陵（湖北荆州）、幽（北京）、泽（山西晋城）、潞（山西长治）、晋（山西临汾）、隰（山西隰县）、苏（江苏苏州）、台（浙江临海）、越（浙江绍兴）州水，害稼。九月辛卯，制：诸道遭水州府，河南、泽、潞、河东、幽州、江陵府等管内及郑（河南荥阳）、滑（河南滑县）、沧（河北沧县）、景（河北皋城）、易（河北易县）、定（河北定州）、陈（河南淮阳）、许（河南许州）、晋（山西临汾）、隰、苏、襄（湖北襄樊）、复（湖北天门）、台、越、唐（河南泌阳）、随（湖北随州）、邓（河南邓州）等州人户，令本州各以当处义仓斛斗赈给。

元和十三年（818年）

△六月辛未，淮水溢，坏人庐舍。夏，泗水大灾，淮溢坏城，邑民人逃水西岗，夜多掠夺，更相惊恐号呼。

△十二月，奉先（陕西蒲城）等11县，水害麦田。

元和十四年（819年）

△二月，以镇（河北正定）、冀（河北深州）水灾，赐王承宗绫绢万匹。

元和十五年（820年）

△六月癸酉至丁亥，宋（河南商丘）、沧（河北沧县）、景（河北皋城）等州大雨，庐舍漂没殆尽。九月，沧景大雨，败田300顷，坏屋舍290间。宋州奏雨水败田稼6000顷，免其今年租入。

△九月十一日至十四日，大雨兼雪，街衢禁苑（陕西西安）树无风而摧折、连根而拔者十五六。令闭坊市北门以禳之。

△秋，洪（江西南昌）、吉（江西吉水）、信（江西上饶）、沧（河北沧县）等州水。

长庆二年（822 年）

△七月，好畤县（陕西乾县）山水，漂溺居人 300 家。河南陈（河南淮阳）、许（河南许州）、蔡（河南汝南）等州水。陈、许二州百姓庐舍，漂溺复多，赈粟五万石。

△八月，浙东处州（浙江丽水）大水，平地深八尺，坏城邑、桑田大半，溺居民。

长庆四年（824 年）

△夏，浙西苏（江苏苏州）、湖（浙江湖州）二州大雨，水坏太湖堤，入州郭，漂民庐舍。

△七月己酉，睦州清溪（四川内江）等六县大雨，山谷发洪水泛溢，漂城郭庐舍。寿州（安徽寿县）霍山山水暴出。乙丑，郓（山东东平）、曹（山东曹县）、濮（山东鄄城）暴雨水溢，坏城郭庐舍，田稼略尽。襄（湖北襄樊）、均（湖北丹江口）、复（湖北天门）、郢（湖北钟祥）等四州汉江溢，漂民庐舍。

△八月，陈（河南淮阳）、许（河南许州）、蔡（河南汝南）、郓（山东东平）、曹（山东曹县）、濮（山东鄄城）等州水害稼。

△十一月，苏（江苏苏州）、常（江苏常州）、湖（浙江湖州）、岳（湖南岳阳）、吉（江西吉水）、潭（湖南长沙）、郴（湖南郴州）等七州水伤稼。

长庆年间（821—824 年）

△涪水数坏民庐舍，东川节度使冯宿修利防墉。

宝历元年（825 年）

△七月乙酉，鄜（陕西富县）坊（陕西黄陵）暴水，坏庐舍。秋，兖（山东兖州）、海（江苏连云港海州镇）、华（陕西华县）三州及京畿奉天（陕西乾县）等六县水，害稼，奉天水坏庐舍。

大和元年（827 年）

△六月，以霖潦，文宗诏：京城见禁囚徒，虑有冤滞，令御史台府县及诸司各量轻重疏决，三日内闻奏。

大和二年（828 年）

△夏，京畿（陕西西安）及陈（河南淮阳）、滑（河南滑县）二州

水，害稼；河阳（河南孟县）水，平地五尺；河决，坏棣州城（山东惠民）；越州（浙江绍兴）大风，海溢；河南郓（山东东平）、曹（山东曹县）、濮（山东鄄城）、淄（山东淄博）、青（山东青州）、齐（山东济南）、德（山东陵县）、兖（山东兖州）、海（江苏连云港海州镇）等州并大水。

△八月壬戌，京畿奉先（陕西蒲城）等17县水。

大和三年（829年）

△四月，同官县（陕西铜川）暴水，漂没300余家。

△六月二十一日，许州（河南许州）水。

△七月，宋（河南商丘）、亳（安徽亳州）、徐（江苏徐州）等州大水，害稼。

大和四年（830年）

△夏，郓（山东东平）、曹（山东曹县）、濮（山东鄄城）雨，坏城郭田庐向尽。苏（江苏苏州）、湖（浙江湖州）二州水，坏六堤，水入郡郭，溺庐井。许州（河南许州）自五月大雨，水深八尺，坏郡郭民居大半。

△八月丙辰，鄜州（陕西富县）水，溺居民300余家。

△九月戊寅，舒州上言，太湖（安徽太湖）、宿松（安徽宿松）、望江（安徽望江）等三县，从四月以后，江水泛涨，没百姓产业共计682户并尽，人皆就高避水，几贫无食，溺民户680，诏以本道义仓赈贷。己丑，淮南天长（安徽天长）等七县水，害稼。十一月，淮南大水及虫霜，并伤稼。

△十二月，京畿、河南、江南、荆襄、鄂岳、湖南等道大水，害稼，诏本道节度观察使，出官米赈给，蠲免其田稼官租。

大和五年（831年）

△六月九日，涪州（四川涪陵）江水大涨，突入壁垒，溃里中庐舍，兴教仓周数里，室屋尽溺。历数日，水势始平。

△六月戊寅，以霖雨涉旬，诏疏理诸司系囚。

△六月辛卯，苏（江苏苏州）、杭（浙江杭州）、湖（浙江湖州）三州雨水害稼。

△六月甲午，剑南东、西两川水，东川（四川成都西南至云南昭通地区）奏：玄武江水涨二丈，梓州（四川三台）罗城漂人庐舍。

△十月丁卯，京兆府同官（陕西铜川）、奉先（陕西蒲城）、渭南县（陕西渭南）今夏风电暴雨害田稼，请蠲免其租，可之。

△淮南、浙东、浙西、荆襄、鄂岳、剑南东川并水，害稼，请蠲秋租。

大和六年（832年）

△自六月九日至十一日，徐州（江苏徐州）大雨，坏民舍900家。

大和七年（833年）

△秋，扬（江苏扬州）、楚（江苏淮安）、舒（安徽潜山）、庐（安徽合肥）、寿（安徽寿县）、滁（安徽滁州）、和（安徽和县）七州水，损田4万余顷。浙西及宣州（安徽宣州）大水。

△十月癸未，扬州江都（江苏扬州）等七县水，害稼。辛酉，润（江苏镇江）、常（江苏常州）、苏（江苏苏州）、湖（浙江湖州）四州水，害稼。

大和八年（834年）

△七月戊午，奉先（陕西蒲城）、美原（陕西富平美原镇）、栎阳（陕西西安临潼区栎阳镇）等县雨，损夏麦。

△秋，蕲州（湖北蕲春）湖水溢。九月，淮南、两浙、黔中（四川彭水）水为灾，民户流亡。

△十一月，襄州（湖北襄樊）水，损田。壬子，滁州奏清流（安徽滁州）等三县四月雨至六月，诸山发洪水，漂溺13800户。

开成元年（836年）

△六月，凤翔麟游县（陕西麟游县）暴风雨，漂害九成宫正殿及滋善寺佛舍，坏百姓屋300间，死者百余人，牛马不知其数。

△七月，镇州（河北正定）滹沱河溢，害稼。

△十月己酉，扬州江都（江苏扬州）七县水旱，损田。

开成二年（837年）

△八月，山南东道诸州大水，田稼漂尽。丁酉，诏：大河而南，幅员千里，楚泽之北，连亘数州，以水潦暴至，堤防溃溢，坏庐舍，损田苗，令给事中卢宏宣、郎中崔瑨宣慰。

开成三年（838年）

△夏，河决，浸郑（河南荥阳）、滑（河南滑县）外城；陈（河南淮阳）、许（河南许州）、鄜（陕西富县）、坊（陕西黄陵）、鄂（湖北武汉）、曹（山东曹县）、濮（山东鄄城）、襄（湖北襄樊）、魏（河北大名）、博（山东聊城）等州大水；江、汉涨溢，坏房（湖北房县）、均（湖北丹江口）、荆（湖北荆沙）、襄等州民居及田产殆尽；苏（江苏苏州）、湖（浙江湖州）、处（浙江丽水）等州水溢入城，处州平地八尺。

△十一月廿四日，自去年十月来，霖雨数度，相公（李德裕）贴七个寺，各令七僧念经祈晴，七日为期，乃竟天晴。

开成四年（839年）

△七月，西川（四川成都西南至云南昭通地区）、沧景（即横海军，治河北沧县）、淄青（治青州、郓州）大雨，水，害稼及民庐舍，德州（山东陵县）尤甚，平地水深八尺。丙午，沧景节度使刘约奏请义仓粟赈遭水百姓。

开成五年（840年）

△七月，镇州（河北正定）及江南水。

△八月廿六日至九月十日，京师（陕西西安）霖雨不霁。

△戎州（四川宜宾）水涨，浮木塞江，刺史赵士宗召水军接木，约获百余段。

会昌元年（841年）

△七月，江南大水，汉水坏襄（湖北襄樊）、均（湖北丹江口）、郢（湖北钟祥）等州民居甚众。襄州刺史牛僧孺坐灾异策免，降授太子少师。

△七月，戎州（四川宜宾）暴水忽至，水高百丈，水头漂2000余人。州基地有陷深十丈处，大石如三间屋者，堆积于州基，水黑而腥，至晚方落。

会昌三年（843年）

△九月丁未，以雨霖，理囚，免京兆府秋税。

大中元年（847年）

△京师（陕西西安）淫雨涉月，将害稼盛。分命祷告，百无一应。

大中四年（850 年）

△四月壬申，以雨霖，诏京师（陕西西安）、关辅理囚，蠲度支、盐铁、户部逋负。

大中十二年（858 年）

△八月，河南北、淮南大水，魏（河北大名）、博（山东聊城）、幽（北京）、镇（河北正定）、兖（山东兖州）、郓（山东东平）、滑（河南滑县）、汴（河南开封）、宋（河南商丘）、舒（安徽潜山）、寿（安徽寿县）、和（安徽和县）、润（江苏镇江）等州水，害稼；徐（江苏徐州）、泗（江苏泗阳）等州水深五丈，漂没数万家。大水泛徐（江苏徐州）、兖（山东兖州）、青（山东青州）、郓（山东东平），而沧（河北沧县）地积卑，义武节度使杜中立自按行，引御水入之毛河，东注海。

咸通元年（860 年）

△夏，颍州（安徽阜阳）大雨，沈丘（安徽临泉）、汝阴（安徽阜阳）、颍上（安徽颍上）等县平地水深一丈，田稼、屋宇淹没皆尽，蠲租赋。

咸通四年（863 年）

△闰六月，东都（河南洛阳）暴水，自龙门毁定鼎、长夏等门，漂溺居人。洛中大水，暴雨水自龙门（河南洛阳南伊阙）川北下，苑囿庐舍，靡不淹没。十余年尚未完葺。七月，东都、许（河南许州）、汝（河南汝州）、徐（江苏徐州）、泗（江苏泗阳）等州大水，伤稼。

△九月，孝义（山西孝义）山水深三丈，破武牢关金城门氾水桥。

咸通六年（865 年）

△六月，东都（河南洛阳）大水，漂坏 12 坊，溺死者甚众。

咸通七年（866 年）

△夏，江淮大水。

△秋，河南大水，害稼。

咸通九年（868 年）

△六月，京师（陕西西安）久雨，禜明德门。

咸通十四年（873 年）

△八月，关东（潼关以东地区）、河南大水。

乾符初年（874 年）

△大水，山东饥。昭宗在凤翔（陕西凤翔），为梁兵所围，城中人相食，父食其子，而天子食粥，六宫及宗室多饿死。

乾符三年（876 年）

△关东（潼关以东地区）大水。

乾符五年（878 年）

△秋，大霖雨，汾、浍及河溢流害稼。

中和四年（884 年）

△五月，癸亥，大梁（河南开封）大雨，平地三尺，黄巢营为水所漂，且闻李克用至，大骇，其党分溃，杀伤溺死殆半。

光启至大顺年间（885—891 年）

△汴军四集，徐（江苏徐州）、泗（江苏盱眙）三郡，民无耕稼，频岁水灾，人丧十六七。

大顺二年（891 年）

△河阳（河南孟县）河溢，无舟楫，韩建兵败，坏人庐舍，为木罂数百，方获渡，人多覆溺。

△五月，大水，黄池（河南封丘）诸营皆没，孙儒军还扬州。

△河北大雨，平地水深数尺。

景福元年（892 年）

△二月，朱全忠连年攻时溥，徐（江苏徐州）、泗（江苏盱眙）、濠（安徽凤阳）三州民不得耕获，复值水灾，人死者十六七。

乾宁三年（896 年）

△四月辛酉，河圮于滑州（河南滑县），朱全忠决其堤，因为二河，夹滑城而东，散漫千余里，为害滋甚。

光化三年（900 年）

△九月，浙江溢，坏民居甚众。

天复元年（901 年）

△四月，霖雨积旬，晋阳城（山西太原古城营村）多颓坏，李克用随加完补。汴军屯聚既众，刍粮不给，复多痢疟，师人多死，朱全忠乃召兵还。

天复二年（902 年）

△六月，会宿州（安徽宿州）久雨，朱全忠军重载不能进，士有饥色。九月乙巳，以久雨，士卒病。

天祐三年（906 年）

△九月，积阴霖雨不止，诏以久雨，恐妨农事，遣工部侍郎孔绩綮定鼎门。

△陈州（河南淮阳）大水，民饥。

三、虫灾

唐代发生虫灾 48 年次 59 次，以安史之乱为界，唐前期 18 年次 21 次，唐后期 30 年次 38 次。唐后期虫灾次数远多于前期。唐代虫灾以蝗灾为主，计 43 年次，也有少数蚼蚄、螟虫等虫害的记载，包括螟虫 6 年次 6 次、蚼蚄 5 年次 8 次，还有 1 年次黑虫记录。蝗灾的发生区域非常广泛，遍布大江南北。依贞观十道的划分方法，唐代诸道虫灾发生次数以关内、河南、河北三道最多，均为 19 次，其次是河东道、江南道各 7 次、山南道 6 次，虫灾发生次数最少者为淮南道 4 次，陇右道 3 次，岭南、剑南二道各 1 次。虫灾尤其以北方为严重，整体上呈现出明显的北多南少的特征。蝗虫繁殖力极强，蝗灾群发时，遮天蔽日，声如风雨，对农作物形成灭绝性的影响，以致粮价飞涨，从而引发饥荒。蝗灾与旱灾关系密切，对唐代农业、社会生活、政治、军事等方面均有影响。其中，危害最严重的两次为开元三年、开元四年（715—716 年）河北河南蝗灾、开成年间（836—840 年）河南、河北、河东的大范围蝗灾，前一次导致了宰相姚崇倡导的灭蝗运动和官员对于灭蝗方法的激烈纷争，后一次引发了大范围的饥荒和道路抢劫的普遍。

武德六年（623 年）

△夏州（陕西靖边北白城子）蝗。

贞观元年（627 年）

△宜州土门县（陕西富平美原镇）蝗飞晚夏，霜陨早秋，邻县荐伤，合境无人。

贞观二年（628年）

△三月庚午，太宗以旱蝗责躬，大赦。六月十六日，京畿（陕西西安）、终南（陕西周至终南镇）等数县旱，蝗食稼。太宗在苑中掇蝗，吞之。是岁，蝗不为灾。

贞观三年（629年）

△五月，徐州（江苏徐州）蝗。

△秋，德（山东陵县）、戴（山东成武）、廓（青海化隆）等州蝗，遣使赈恤。

贞观四年（630年）

△秋，观（河北阜城）、兖（山东兖州）、辽（山西左权）等州蝗。

贞观二十一年（647年）

△秋，渠州（四川渠县）、泉州（福建泉州）、建州（福建建瓯）蝗。十二月，赈恤渠州蝗。次年正月，太宗诏建州去秋蝗，以义仓赈贷；二月，建州去秋蝗，以义仓赈贷。

△八月，莱州（山东莱州）螟，发仓以赈贫乏。

贞观二十二年（648年）

△通州（四川达川）秋蝗损稼，赈贷种食。

永徽元年（650年）

△夔（四川奉节）、雍（陕西西安）、绛（山西新绛）、同（陕西大荔）等九州旱蝗。次年正月戊戌，高宗诏：遭虫水处有贫乏者，得以正、义仓赈贷。雍、同二州，各遣郎中一人充使存问。

仪凤年间（676—679年）

△河西（黄河以西地区，即河西走廊与湟水流域）蝗，诸州贫人因蝗俭死于道路。蝗独不至肃州（甘肃酒泉）境，他郡民或馁死，皆走肃州刺史王方翼治下，全活者甚众。

永淳元年（682年）

△三月，京畿（陕西西安）蝗，无麦苗。

△六月，关中（陕西关中盆地）初雨，麦苗涝损，后旱，京兆、雍（陕西西安）、岐（陕西凤翔）、陇（陕西陇县）螟蝗食苗并尽，加以民多疫疠，死者枕藉于路，诏所在官司埋瘗。京师（陕西西安）人相食，

寇盗纵横。

长寿二年（693 年）

△台（浙江临海）、建（福建建瓯）等州蝗。

大足元年（701 年）

△河北蝗虫为灾，烝人不粒，宰相杨再思不能开仓赈给，百姓流离，饿死者 2 万余人。

开元三年（715 年）

△六月，山东诸州大蝗，飞则蔽景，下则食苗稼，声如风雨，民或于田旁焚香膜拜设祭而不敢杀。紫微令姚崇奏请差御史下诸道，促官吏遣人驱扑焚瘗，以救秋稼。所司结奏捕蝗虫百余万石，田收有获，人不甚饥。七月，河南、河北蝗。十月乙丑，玄宗令礼部尚书郑惟忠、工部尚书刘知柔分别持节至河南道、河北道宣抚赈贷被蝗水百姓。

开元四年（716 年）

△夏，山东、河南、河北蝗虫大起，蚀稼，声如风雨，食苗草树叶，连根并尽。民祭且拜，坐视食苗不敢捕。紫微令姚崇请夜设火，坎其旁，加以焚瘗。敕差使与州县相知驱逐，采得一石者，与一石粟；一斗，粟亦如之，掘坑埋却。五月，山东螟蝗害稼，姚崇遣使分道遣御史捕瘗。五月末，山东诸州蝗虫，在处生子，陂泽卤田尤甚。县官或随处掘阱埋瘗，放火焚灭，杀百万余石，余皆高飞凑海，蔽天掩野，会潮水至，尽漂死焉，蝗虫积成堆岸及为鸦鸢、白鸥、练鹊所食，种类遂绝。汴州（河南开封）刺史倪若水卒行焚瘗之法，获蝗 14 万石，投之汴河，流者不可胜数。由是连岁蝗灾，不至大饥。

开元二十三年（735 年）

△八月，幽州长史张守珪奏榆关（河北山海关）内有蚄蝗虫食田稼，蔓延入平州（河北卢龙）界。因有群雀来食此虫，一日食尽，平州稼穑不伤。

开元二十五年（737 年）

△贝州（河北清河）蝗食禾，有大白鸟数千，小白鸟数万，尽食其虫，禾稼不伤。

开元二十六年（738 年）

△榆关（河北山海关）好蚄虫害稼，群雀来食，数日而尽。

天宝三载（744 年）

△七月，平卢节度使安禄山部内生紫方（即好蚄）虫食禾苗，有群鸟食其虫，其鸟赤头而青色。

△青州（山东青州）紫虫食田，有鸟食之。

△贵州（广西贵港）紫虫食苗，时有赤鸟群飞，自东北来食之。

广德元年（763 年）

△秋，好蚄虫害稼，关中（陕西关中盆地）尤甚，米斗千钱。

广德二年（764 年）

△秋，蝗食田殆尽，关辅（陕西关中）尤甚，米斗千钱。

大历年间（766—779 年）

△兖部诸郡（山东兖州）虫蝗为灾，而独不入东平之境。

兴元元年（784 年）

△秋，蟓蝗自山而东际于海，晦天蔽野，草木叶皆尽，河北诸州米斗值钱九百，饿死者压道路。关辅（陕西关中）大蝗，田稼食尽，百姓饥，捕蝗为食，蒸曝，飏去足翅而食之。时京师寇盗之后，天下蝗旱，谷价翔贵，关中米斗千钱，仓廪耗竭，选人不能赴调，命吏部侍郎刘滋往洪州（江西南昌）知选事，职司江南典选，以便江岭之人。

△闰十月乙亥，德宗诏幽（即卢龙镇，治幽州，即北京）、易定（治定州，即河北定州，辖易州、定州）、魏博（治魏州，即河北大名，领魏、博、贝、相、澶、卫等州）等八节度，蟓蝗为害，百姓饥馑，每节度赐米 5 万石，河阳（河南孟县）、东畿（河南洛阳）各赐 3 万石，所司搬运，于楚州（江苏淮安）分付。

贞元元年（785 年）

△五月，蝗，东自海，西尽河、陇（河西、陇右），群飞蔽天，旬日不息，所至草木叶及畜毛靡有子遗，饿殍枕道，关中饥民蒸蝗虫而食之。

△七月，关中（陕西关中盆地）蝗食草木都尽，旱甚，灞水将竭，井多无水。有司计度支钱谷，才可支七旬。

贞元二年（786 年）

△正月丙申，以连岁蝗旱，荡无农牧，谷价腾踊，人情震惊，乡闾不居，骨肉相弃，流离殡毙。诏减尚食御膳，官内人等粮米供给、飞龙厩马并减，停京兆尹应科征诸色名目。五月，应百僚表请，复御膳。

△河北蝗旱，米斗 1500 文。复大兵之后，民无蓄积，饿殍相枕。义武军节度、易定沧等州观察等使、同平章事张孝忠与其下同粗淡，日膳裁豆韲而已。

贞元四年（788 年）

△时蝗为灾，人阻艰弊。井税之外，请纳金 300 万，粟 10 秉，以供军用。

贞元二十一年（805 年）

△七月丙戌，关东（潼关以东地区）蝗食田稼。秋，陈州（河南淮阳）蝗。

元和元年（806 年）

△夏，镇（河北正定）、冀（河北深州）等州蝗，害稼。

长庆三年（823 年）

△秋，洪州（江西南昌）旱，螟蝗害稼 8 万顷。

长庆四年（824 年）

△绛州（山西新绛）蚄虫害稼。

大和元年（827 年）

△秋，河东（治太原府）、同（陕西大荔）、虢（河南灵宝）等州蚄虫害稼。

大和六年（832 年）

△河中（山西永济）蝗旱，粟价暴踊，豪门闭籴，以邀善价。河中晋绛节度使王起严诫储蓄之家，出粟于市，隐者致之于法，由是民获济焉。

开成元年（836 年）

△夏，镇州（河北正定）、河中（山西永济）蝗，害稼。

开成二年（837 年）

△河南、河北旱，蝗害稼。六月，魏博（治魏州，即河北大名，辖魏、贝、博、相、澶、卫六州）、昭义（治潞州，即山西长治，领泽、

潞、沁等州）、淄青（治青州、郓州）、沧州（河北沧县）、兖海（治山东兖州，领沂、海、兖、密四州）、河南蝗害稼。郓州（山东东平）奏蝗得雨自死。七月乙酉，以蝗旱，诏诸司疏决系囚。己丑，遣侍御史崔虞、孙范各往诸道巡覆蝗虫，并加宣慰。河南蝗灾，河南尹孙简令坑焚，以除蝗患，竟致丰稔。

开成三年（838 年）

△秋，河南、河北镇（河北正定）定（河北定州）等州蝗，草木叶皆尽。八月，魏博六州（治魏州，即河北大名，辖魏、博、贝、相、澶、卫六州），蝗食秋苗并尽。

开成四年（839 年）

△五月，天平（治郓州，即山东东平，管郓、齐、曹、棣四州）、魏博（治魏州，即河北大名，辖魏、博、贝、相、澶、卫六州）、易定（治定州，即河北定州，辖易州、定州）等管内蝗食秋稼。六月，天下旱，蝗食田，祷祈无效，文宗忧形于色，对宰臣表示：若三日内不雨，当退归南内。宰臣呜咽流涕不已。八月，镇（河北正定）、定（河北定州）、冀（河北深州）等四州，田稼既尽，野草树叶细枝亦尽。十二月，郑（河南荥阳）、滑（河南滑县）两州蝗，兖海（治山东兖州，领沂、海、兖、密四州，今山东泰安、临沂地区，江苏连云港及以北地区）、中都（山东汶上）等县并蝗。河南、河北蝗，害稼都尽。

△河南府（河南洛阳）界黑虫食苗。

开成五年（840 年）

△夏，幽（北京）、魏（河北大名）、博（山东聊城）、郓（山东东平）、曹（山东曹县）、濮（山东鄄城）、沧（河北沧县）、齐（山东济南）、德（山东陵县）、淄（山东淄博）、青（山东青州）、兖（山东兖州）、海（江苏连云港海州镇）、河阳（河南孟县）、淮南、虢（河南灵宝）、陈（河南淮阳）、许（河南许州）、汝（河南汝州）等州螟蝗害稼。

△四月，郓州（山东东平）兖海（治山东兖州，领沂、海、兖、密四州，今山东泰安、临沂地区，江苏连云港及以北地区）管内并蝗，又汝州（河南汝州）有虫食苗。五月，河南府（河南洛阳）有黑虫生，食田苗。汝州（治河南汝州）管内蝗，兖海临沂（山东临沂）等五县，有

蝗虫于土中生子，食田苗。六月，淄（山东淄博）、青（山东青州）、登（山东蓬莱）、莱（山东莱州）四州蝗虫，河阳（河南孟县）飞蝗入境，幽州（即卢龙镇，治幽州，即北京）管内有地蝻虫，食田苗。魏（河北大名）、博（山东聊城）、河南府（河南洛阳）、河阳（河南孟县）等九县，沂（山东临沂）、密（山东诸城）两州，沧州（河北沧县）、易（河北易县）、定（河北定州）、郓州（山东东平）、陕府（河南陕县）、虢（河南灵宝）州六县蝗。丙寅，文宗以旱避正殿，理囚，河北、河南、淮南、浙东、福建蝗疫州除其徭。

△八月十日，从稷山县（属山西运城）山望见稷山，去县 15 里地。蝗虫满路，及城内人家无地下脚宿。西行 65 里，蝗虫满路，吃粟谷尽，百姓忧愁。八月十六日，从洛河西，谷苗蝗虫吃尽，村乡百姓愁极。

△秋，齐（山东济南）楚（江苏淮安）海隅，虫蝗为灾。

开成年间（836—840 年）

△青州（山东青州）以来诸处，有蝗虫灾，吃劫谷稻。缘人饥贫，多有贼人，杀夺不少。从牟平县（山东蓬莱）至登州（治所位于山东蓬莱），傍北海行。比年虫灾，百姓饥贫，吃橡为饭。从登州文登县（山东文登）至青州（山东青州），三四年来蝗虫灾起，吃却五谷，官私饥穷。登州界（山东蓬莱）专吃橡子为饭。客僧等经此险处，粮食难得。粟米一斗 80 文，粳米一斗 100 文。四月廿四日，两岭普通院中曾未有粥饭，缘近年虫灾，今无粮食。赵州（河北赵县）以来，三四年来有蝗虫灾，开成五年四月廿五日，五谷不熟，粮食难得。

会昌元年（841 年）

△三月，山南东道蝗害稼，邓州穰县（河南邓州）蝗。

△七月，关中（陕西关中盆地）大蝗伤稼。关东（潼关以东地区）、山南邓（河南邓州）、唐（河南泌阳）等州蝗，害稼。

大中八年（854 年）

△七月，剑南东川（四川成都东部地区）蝗。

咸通三年（862 年）

△夏，淮南、河南蝗旱，民饥。

咸通六年（865 年）

△八月，东都（河南洛阳）、同（陕西大荔）、华（陕西华县）、陕（河南陕县）、虢（河南灵宝）等州蝗。

咸通七年（866 年）

△夏，东都（河南洛阳）、同（陕西大荔）、华（陕西华县）、陕（河南陕县）、虢（河南灵宝）及京畿（陕西西安）蝗。

△苏州蝗虫弥空亘野，食人苗稼，甚至入人家食缯帛之物。

咸通九年（868 年）

△江淮、关内（潼关以西王畿附近地区）及东都（河南洛阳）蝗。江、淮蝗食稼，大旱。江夏（湖北武汉武昌城区）飞蝗害稼。

咸通十年（869 年）

△夏，陕（河南陕县）、虢（河南灵宝）等州蝗。六月戊戌，以蝗旱理囚，京城（陕西西安）坊市权断屠宰。

乾符二年（875 年）

△七月，蝗自东而西，蔽日，所过赤地。僖宗以蝗避正殿，减膳。

乾符五年（878 年）

△四月，时连岁旱、蝗，寇盗充斥，耕桑半废，租赋不足，内藏虚竭，无所仰助。

广明元年（880 年）

△夏，杭州蝗飞翳天，下食田苗。

光启元年（885 年）

△秋，蝗自东方来，群飞蔽天。

光启二年（886 年）

△五月，荆南（湖北荆沙）、襄阳（湖北襄樊）仍岁蝗旱，米斗钱3000 文，人多相食。

△淮南蝗，自西来，行而不飞，浮水缘城入扬州（江苏扬州）府署，竹树幢节，一夕如剪，幡帜画像，皆啮去其首，扑不能止。旬日，自相食尽。

天祐末岁（907 年）

△洛中（河南洛阳）蝗虫生地穴中，食田苗。

四、疾疫

唐代疫灾发生的季节性很强，多发于春夏，秋冬季节较少发生。唐代发生疫灾 42 年次，以安史之乱为界，前期 15 年次，后期 27 年次。其中，贞观二十二年（648 年）、永淳元年（682 年）、开成四年（839 年）、天复二年（902 年）各发生两次疫灾，则唐代疫灾发生次数总计 46 次。唐后期疫灾比前期为多。除有 4 次疫灾发生于南诏、突厥、吐蕃、回鹘之外，唐代北方各道发生疫灾 31 年次、南方各道 29 年次，南、北方各道发生疫灾次数相差较小。依贞观十道的划分，唐代疫灾发生地区，按疾疫发生次数由多到少排序，前四位依次为河南道 14 次、江南道 12 次、淮南道 10 次、关内道 9 次。河东道唐前、后期分别发生疫灾 2 次和 3 次，剑南道、河北道唐前、后期均分别发生疫灾 1 次和 2 次，山南道唐前、后期各发生 1 次疫灾，岭南道仅在唐后期有 1 次疫灾发生记录。如果按照前后期分别来看，唐后期江南道、淮南道疫灾比前期明显增加，后期江南道疫灾发生次数是前期的 3 倍，后期淮南道疫灾发生次数是前期的 2.33 倍，关内道疫灾后期比前期则明显减少，后期疫灾发生次数仅为前期的 28.6%，这与唐代经济重心在安史之乱后从北方向南方的转移密切相关。

唐代疫灾有近一半衍化为大疫，往往形成暴骸满野，死者以千计的悲惨场景，不乏一家因疾疫流行尽死者。保守估计，唐代因疫疠而亡者至少数万人。疫灾流行，还诱发了赋税延及亲邻等一些社会问题。水旱与疾疫等灾害交织，更易引发社会动乱。其中，唐代宗宝应元年（762 年）杭越间疾疫、三吴（吴郡、吴兴、丹阳，即江苏苏州、湖州、润州）灾疫最为严重，死者十七八，户有死绝者，城郭邑居为之空虚，道路积骨相支撑，枕藉者弥二千里。永淳元年（682 年）六月，关中旱涝蝗疫，死者枕藉于路，就导致了京师（陕西西安）人相食、寇盗纵横的社会状况。疫灾极大地加重了京师社会秩序的紊乱。对于疫灾，朝廷多采取遣医、赐药、赈粮赐米的方法，有时也派遣使臣前往宣抚；在民间，宗教人士在疾疫救治方面发挥了一定作用，还有人为疫灾死者实行乡葬。

武德年间（618—626年）

△关中（陕西关中盆地）多骨蒸病，得之必死，递相连染，诸医无能疗者。散骑侍郎许胤宗疗视必愈。

武德六年（623年）

△蜀川亢旱不收，疫死者众。

贞观十年（636）

△关内（潼关以西王畿附近地区）、河东（山西）大疫，命医赉药疗之。

贞观十五年（641年）

△三月戊辰，如襄城宫，泽州（山西晋城）疾疫，遣医就疗。

贞观十六年（642年）

△夏，谷（河南宜阳）、泾（甘肃泾川）、徐（江苏徐州）、虢（河南灵宝）、戴（山东成武）五州疾疫，遣赐医药。

贞观十七年（643年）

△闰六月，潭（湖南长沙）、濠（安徽凤阳）、庐（安徽合肥）三州疾疫，遣医疗治。

贞观十八年（644年）

△自春及夏，庐（安徽合肥）、濠（安徽凤阳）、巴（重庆）、普（四川安岳）、郴（湖南郴州）五州疾疫，遣医往疗。

贞观二十二年（648年）

△卿州（江南道所领诸蛮州之一，隶黔州都督府）大疫。

△九月，邠州（陕西彬县）大疫，诏医疗之。

永徽六年（655年）

△三月，楚州（江苏淮安）大疫。

开耀元年（681年）

△永隆年间（680—681年），突厥史伏念反叛，礼部尚书裴行俭受诏率兵讨之，程务挺为副将。夏，裴行俭军于代州（山西代县）之陉口，多纵反间。阿史那伏念留妻子辎重于金牙山（新疆霍城北），以轻骑袭曹怀舜。因唐将分兵掩取，伏念与曹怀舜约和而还，比至金牙山，

失其妻子辎重，士卒多疾疫，乃引兵北走细沙。

永淳元年（682 年）

△六月，关中（陕西关中盆地）初雨，麦苗涝损，后旱，京兆（陕西西安）、岐（陕西凤翔）、陇（陕西陇县）螟蝗食苗并尽，加以民多疫疠，死者枕藉于路，诏所在官司埋瘗。京师人相食，寇盗纵横。

△冬，大疫，两京死者相枕于路。

神龙三年（707 年）

△春，自京师（陕西西安）至山东、河北疫，死者千数。

△夏，山东、河南 20 余州大旱，饥馑疾疫死者 2000 余人，命户部侍郎樊悦巡抚赈给。

开元八年（720 年）

△五月，京师（陕西西安）人多疫病。疏勒国人医王韦老师施药救病，无不愈。

天宝十三载（754 年）

△六月，侍御史、剑南留后李宓将兵七万击南诏。阁罗凤诱之深入，至大和城（云南大理），闭壁不战。宓粮尽，士卒罹瘴疫及饥死十七八。

至德二年（757 年）

△四方兵交，岁大疫，江东（芜湖、南京间长江段以东地区）尤剧。

宝应元年（762 年）

△江东大疫，死者过半。十月乙卯，敕：以杭越间疾疫颇甚，户有死绝，未削版图，至于税赋，或无旧业田宅，延及亲邻。

△三吴（吴郡、吴兴、丹阳，即江苏苏州、湖州、润州）去岁大旱，饥甚，人相食，今岁大疫，死者十七八，城郭邑居为之空虚，而亡者无棺殡悲哀之送，大抵虽其父母妻子亦啖其肉而弃其骸于田野，由是道路积骨相支撑，枕藉者弥 2000 里。

大历初（766—772 年前期）

△关东（潼关以东地区）人疫死者如麻。荥阳（河南荥阳）人郑损，率有力者，每乡大为一墓，以葬弃尸，谓之乡葬。

建中四年（783 年）

△东洛（河南洛阳）谷贵大疫，麟游县（陕西麟游县）令夫人李金因盗贼震骇，亲友逃散，独居洛阳，幸保康宁。

贞元初期（785—787 年）

△吐蕃入寇犯塞，恒以秋冬，及春则多遇疾疫而退。贞元四年（788）五月，吐蕃三万余骑犯塞，分入泾（甘肃泾川）、邠（陕西彬县）、宁（甘肃宁县）、庆（甘肃庆城）、麟（陕西神木）等州，方盛暑而无患。

贞元六年（790 年）

△夏，淮南、浙东西、福建等道旱，井泉多涸，人渴乏，疫死者众。

贞元十六年（800 年）

△四月，蔡州（河南汝南）四面行营招讨使韩全义素无勇略，专以巧佞货赂结宦官，得为大帅。天渐暑，士卒久屯沮洳之地，多病疫，人有离心。

元和元年（806 年）

△夏，浙东大疫，死者大半。次年正月，制：淮南、江南水旱疾疫，其税租节级蠲放。

元和元年至五年间（806—810 年）

△李吉甫在淮南，州境广疫。楚州王炼师济拔江淮疾病，得力者已众。李吉甫遣人马往迎王炼师，馆于州宅（位于江苏扬州）。于市内多聚龟壳、大镬、巨瓯，令浓煎。重者恣饮之，轻者稍减，既汗皆愈。

元和十二年（817 年）

△宪宗于次年正月朔日大赦天下，诏：申（河南信阳）、光（河南光山）、蔡（河南汝南）、汝（河南汝州）四州，百姓干戈之后，饿殍为病，委所在长吏，设法绥理。

元和十三年（818 年）

△黄少度、黄昌瓘二部屠岩州，桂管观察使裴行立首请发兵尽诛叛者。行立兵出击，弥更二岁。自是（约元和十三年后）邕（治广西南宁）、容（治广西容县）两道杀伤疾疫死者十分之八以上。

长庆年间（821—824 年）

△浙东灾疠，拜丁公著观察使，诏赐米 7 万斛，使赈饥捐。

宝历年间（825—827 年）

△庐州（安徽合肥）旱，遂疫，逋捐系路，亡籍口 4 万，权豪贱市田屋牟厚利，而窭户仍输赋。新任庐州刺史李翱下教使以田占租，无得隐，收豪室税 12000 缗，贫弱以安。

大和六年（832 年）

△春，自剑南至浙西大疫。五月壬子，浙西丁公著奏杭州八县灾疫，赈米 7 万石。庚申，诏：遭灾疫之家，或官给凶器，或与减税钱，或官给医药。给民疫死者棺，10 岁以下不能自存者二月粮。

大和九年（835 年）

△三月乙丑，诏：以山南东道、陈许（治许州，即河南许昌，辖陈、许二州）、郓曹濮（治郓州，即山东东平）、淮南、浙西等道皆困于饥疫，屡乏种饷，山南东道、陈许、郓曹濮等三道各赐糙米 2 万石充赈给，淮南、浙西两道委长吏以常平义仓粟赈赐。

开成四年（839 年）

△回鹘方岁饥，遂疫，又大雪为灾，羊马死者被地。

△吐蕃（西藏）国中地震山崩，洮水逆流三日，鼠食稼，人饥疫，死者相枕藉。

开成五年（840 年）

△夏，福（福建福州）、建（福建建瓯）、台（浙江临海）、明（浙江宁波）四州疫。

△六月丙寅，河北、河南、淮南、浙东、福建蝗疫州除其徭。

咸通九年（868 年）

△洛北岁饥疫死，家无免者。河南府河南县（河南洛阳）尉李公别室栖心释氏，骨肉获相保安。

咸通十年（869 年）

△宣（安徽宣州）、歙（安徽歙县）、两浙疫。

咸通十一年（870 年）

△洛阳年多疠疫，里社比屋，人无吉全。

乾符六年（879 年）

△昭宗拜宰相王铎为荆南节度使、南面行营招讨都统，率诸道兵进

讨黄巢军。自春及夏，黄巢军众大疫，死者十三四，遂引兵北还，次年自桂编大桴，北逾五岭。

大顺元年（890年）

△邛州（四川邛崃）大疫，死人相藉。

大顺二年（891年）

△春，淮南大饥，军中疫疠，死者十三四。

景福元年（892年）

△孙儒围宣州，屯陵阳（安徽青阳县九华山）。宣州观察使杨行密分兵攻广德壁而绝饷道。孙儒兵饥，大疫。

景福二年（893年）

△四月，汴军攻徐州（江苏徐州），城中守陴者饥甚，加之病疫。汴将王重师、牛存节夜乘梯而入，徐州行营兵马都统时溥与妻子登楼自焚而卒。

天复元年（901年）

△四月，汴军攻寿阳（山西寿阳），辽州刺史张鄂以城降。时霖雨积旬，汴军屯聚既众，刍粮不给，复多痢疟，师人多死。

天复二年（902年）

△三月，梁军乘胜破李克用汾（山西汾阳）、慈（河北磁县）、隰（山西隰县）三州，围太原。因梁军大疫，解去。

△岐州（陕西凤翔）天雨荞麦，人收养之，悉遭疫疠。

五、地震

唐代发生地震80年次95次，以安史之乱为界，前期33年次，后期47年次。唐前期有4年各发生两次地震，唐前期地震发生次数总计37次；唐后期有7年各发生两次地震，有2年各发生3次地震，则唐后期地震发生次数总计58次，唐后期地震次数是前期的1.57倍。除1次地震发生于吐蕃之外，唐代北方地区地震次数远多于南方。依贞观十道的划分，唐代地震发生地域除了岭南道之外，其余九道均有分布。按由多到少排序，依次为关内道38年次43次（其中京城西安30年次

34次）、河东道13年次16次、河南道9年次9次、江南道8年次8次、剑南道8年次8次、河北道4年次4次、陇右道4年次4次、淮南道1年次1次、山南道1年次1次。由于唐代对地震不能进行及时准确的预测，地震的突发性明显，损失严重，常常导致对百姓财产和房屋的巨大损坏，使人类生命非自然中断，山谷禽兽惊走。另外，造成山崩、海啸、水涌，破坏自然环境和地表；产生次生灾害，有时温度很高的岩浆从地底涌出，造成地面突然温度升高，甚至引起火灾；造成江水断流或湖面扩大淹没农田庐舍等。唐代地震对人类社会影响最为严重的有若干次：贞观二十三年（649年）八月一日夜的河东地震，开元二十二年（734年）一、二月的秦州（甘肃天水）地震，大中三年（849年）冬的陇右地震。

武德三年（620年）

△二月丁酉，京师（陕西西安）西南地有声。

武德六年（623年）

△七月二十日，嶲州（四川西昌）山崩，川水咽流。

武德七年（624年）

△七月，嶲州（四川西昌）地震山崩，山摧壅江，水噎流。

贞观初年（627年）

△大地震动，益州（四川成都）郭下福感寺塔摇飏，将欲摧倒。于时郭下无数人来，忽见四神形如塔量，各以背抵塔之四面，乍倚乍倾，卒以免坏倒。

贞观八年（634年）

△七月七日，陇右（陇山以西地区）山崩，大蛇屡见。太宗问秘书监虞世南是何灾异。

贞观十年（636年）

△九月，蒲州夏县（山西夏县禹王城）东山深隐之所，释道英庄南地忽大震，人各揽草临卧，地惊慑，周15里皆大动怖。

贞观十二年（638年）

△正月二十二日，松（四川松潘）、丛（四川松潘）二州地震，坏人庐舍。

贞观二十年（646 年）

△九月十五日，灵州（宁夏吴忠）地震，有声如雷。

贞观二十三年（649 年）

△八月朔，夜，河东（山西）地震，晋州（山西临汾）尤甚，压杀5000 余人。乙亥，又震。庚辰，遣尚书郎中一人充使存问河东，给复二年，赐压死者人绢 3 匹，舍宅损坏者给复一年。

永徽元年（650 年）

△四月己巳朔，晋州（山西临汾）地震。己卯，又震。

△六月十二日、十三日，晋州（山西临汾）又震。因地震不息，雄雄有声，经旬不止。高宗诏五品以上官员极言得失。

垂拱二年（686 年）

△九月，雍州新丰县（陕西临潼）露台乡大风雨，震电，有山因震涌出，高 20 丈，有池周 300 亩。武太后以为美祥，敕其县，名曰"庆山"。

永昌元年（689 年）

△华州（陕西华县）赤水南岸大山，敷水店西南坡，昼日忽风昏，有声隐隐如雷，顷之渐移东数百步，直抵赤水，压张村民 30 余家，山高 200 余丈，水深 30 丈，坡上树木禾黍宛然无损。

大足元年（701 年）

△七月乙亥，扬（江苏扬州）、楚（江苏淮安）、常（江苏常州）、润（江苏镇江）、苏（江苏苏州）五州地震。

长安二年（702 年）

△八月辛亥，剑南（治益州，即四川成都）六州地震。

先天元年（712 年）

△正月甲戌，并（山西太原）、汾（山西汾阳）、绛（山西新绛）三州地震，坏庐舍，压死 100 余人。

开元年间（713—726 年）

△春，幽州（北京）地震，石室塌，百川沸腾，山冢崩摧。

开元十七年（729 年）

△四月乙亥，大风震电，蓝田（陕西蓝田）山摧裂 100 余步。

开元二十二年（734 年）

△二月壬寅，秦州（甘肃天水）地震，西北隐隐有声，坼而复合，经时不止，廨宇及居人庐舍摧坏略尽，压死官吏及百姓 4000 余人。十八日，令右丞相萧嵩致祭山川，又令仓部员外郎韦伯阳往宣慰、存恤所损之家，压死之家给复一年，一家三人以上死者给复二年。秦州长史董昭因陵迁为谷，城复于隍，谋去故绛，制造新邑。秦州本治上邽，以地震徙治成纪之敬亲川，八年后的天宝元年（742 年）方还治上邽。

至德元年（756 年）

△十一月辛亥朔，河西（治凉州，即甘肃武威，领凉、甘、肃、伊、西、瓜、沙七州）地震裂有声，陷庐舍，张掖（甘肃张掖）、酒泉（甘肃酒泉）尤甚，至次年三月癸亥乃止。

至德二年（757 年）

△三月癸亥，河西（治凉州，即甘肃武威，领凉、甘、肃、伊、西、瓜、沙七州）自去冬地震，至是方止。

乾元二年（759 年）

△六月一日夜，忽风雨，晓见五年前（天宝十三载，754 年）因大雨晦冥失其所在的虢州阌乡县（河南灵宝）界黄河内女娲墓踊出，上有双柳树，下有巨石二，柳各长丈余，号风陵堆。

大历二年（767 年）

△十一月壬申，京师（陕西西安）地震，有声自东北来，如雷者三。

大历四年（769 年）

二月丙辰夜，京师（陕西西安）地震，有声如雷者三。

大历九年（774 年）

△十一月戊戌，同州夏阳（陕西合阳）有山徙于河上，声如雷。

大历十二年（777 年）

△恒（河北正定）、定（河北定州）、赵（河北赵县）三州地震。恒（河北正定）、定（河北定州）二州地大震，三日乃止，束鹿（河北辛集）、宁晋（河北宁晋）地裂数丈，沙石随水流出平地，坏庐舍，压死者数百人。

大历十三年（778 年）

△郴州（湖南郴州）黄芩山崩震，压杀数百人。

建中二年（781 年）

△魏州魏县（河北大名）西四十里，忽然土长四五尺数亩，里人骇异之。

建中四年（783 年）

△四月甲子，京师（陕西西安）地震，生毛或白或黄，有长尺余者。

△五月辛巳夜，京师（陕西西安）地又震。

贞元三年（787 年）

△十一月己卯夜，京师（陕西西安）地震，是夕者三，巢鸟惊散，人多去室。东都（河南洛阳）、蒲（山西永济）、陕（河南陕县）地并震。

贞元四年（788 年）

△正月朔，质明，京师（陕西西安）殿阶及栏槛 30 余间，无故自坏，甲士死者 10 余人。其夜，京师（陕西西安）地震；辛亥、壬子、丁卯、戊辰、己巳、庚午，又震。壬申、癸酉、甲戌、乙亥，皆震。

△正月，金州（陕西安康）、房州（湖北房县）地震尤甚，江溢山裂，屋宇多坏，人皆露处。

△二月壬午，京师（陕西西安）又震；甲申、乙酉、丙申，三月甲寅、己未、庚午、辛未，又震。京师（陕西西安）地生毛，或白或黄，有长尺余者。五月丙寅、丁卯，皆震。八月甲午，又震，有声如雷。甲辰，又震，其声如雷。该年京师（陕西西安）地震 20 次。

贞元九年（793 年）

△四月辛酉，京师（陕西西安）又震，有声如雷。河中（山西永济）、关辅（陕西关中）尤甚，坏城垒庐舍，地裂水涌。

贞元十年（794 年）

△四月戊申，京师（陕西西安）地震；癸丑，又震，侍中浑瑊第有树涌出，树枝皆戴蚯蚓。

贞元十三年（797 年）

△七月乙未，京师（陕西西安）司天监奏：今日午时地震，从东来，须臾而止。

元和七年（812 年）

△八月，京师（陕西西安）地震，草树皆摇。唐宪宗询问侍臣是何祥异。

元和九年（814 年）

△三月丙辰，巂州（四川西昌）地震，昼夜 80 震方止，压死者100 余人，地陷者 30 里。

元和十五年（820 年）

△闰正月戊辰夜，京师（陕西西安）地震半刻以下。

△七月丁未，苑中（位于陕西西安）土山摧，压死 20 人。

大和六年（832 年）

△二月，苏州（江苏苏州）地震，生白毛。

大和八年（834 年）

△六月癸未，暴风雷雨坏长安县（陕西西安）廨及经行寺塔。

△七月辛酉，定陵台（位于陕西富平）大风雨，震，东廓之下地裂130 尺，其深 5 尺。诏宗正卿李仍叔启告修之。

大和九年（835 年）

△三月乙卯，京师（陕西西安）地震，屋瓦皆坠，户牖间有声。

开成元年（836 年）

△二月乙亥夜四更，京师（陕西西安）地震，屋瓦皆坠，户牖之间有声。

开成二年（837 年）

△十一月乙丑夜，京师（陕西西安）地南北微震。

开成四年至会昌元年（839—841 年）

△吐蕃国中地震裂，水泉涌，岷山崩；洮水逆流三日，鼠食稼，人饥疫，死者相枕藉。鄯、廓间夜闻鼙鼓声，人相惊。

会昌三年（843 年）

△五月甲午，震，东都（河南洛阳）广运楼灾。

大中三年（849 年）

△十月辛巳，京师（陕西西安）地震。振武（内蒙古和林格尔）、天德（内蒙古乌拉特前旗）、灵武（宁夏吴忠）、夏州（陕西靖边北白城

子）、盐州（陕西定边），皆奏地大震。坏军城庐舍，云迦镇使及荆南押防秋兵马小使，并压死，僚卒死者数十辈。

大中十四年（860 年）

△五月庚戌，京师（陕西西安）地震，山谷禽兽惊走。

咸通六年（865 年）

△十二月，晋（山西临汾）、绛（山西新绛）二州地震，坏庐舍，地裂泉涌，泥出青色。

咸通八年（867 年）

△正月丁未，河中（山西永济）、晋（山西临汾）、绛（山西新绛）地大震，庐舍压仆伤人，有死者。

乾符三年（876 年）

△六月乙丑，雄州（宁夏中宁）地震，至七月辛巳止，坏州城及公私庐舍俱尽，地陷水涌，伤死甚众。濮州（山东鄄城）地震。

△九月，东都（河南洛阳）大震，士民挈家逃出城。

△十二月，京师（陕西西安）地震有声。

乾符六年（879 年）

△二月，京师（陕西西安）地震，有声如雷，蓝田（陕西蓝田）山裂水涌。

中和二年（882 年）

△冬月有震，僖宗俄然巡幸，主司宗祝，迫以仓惶移跸凤翔（陕西凤翔）。光启元年（885 年）三月回銮。

中和三年（883 年）

△秋，晋州（山西临汾）地震，有声如雷。

中和五年（885 年）

△正月，地动，一月十余度。

光启二年（886 年）

△春，成都地震，月中十数。

光启三年（887 年）

△四月，维州（四川理县）山崩，累日不止，尘坌亘天，壅江水逆流。

乾宁二年（895 年）

△三月庚午，河东（治太原府）地震。

六、风灾

唐代风灾记录有 65 年次，其中，有 6 年各发生两次风灾，有 2 年各发生 3 次风灾，合计 75 次。以安史之乱为界，唐前期发生风灾 30 年次 33 次，唐后期发生 35 年次 42 次，后期发生频率高于前期。就发生地域来看，以贞观十道的划分标准，仅陇右、剑南、山南没有风灾记录。诸道风灾记录中，以关内道风灾次数最多，有 25 年次；二为河南道，有 13 年次；三为江南道，有 10 年次；淮南道、河东道各有 2 年次风灾记录，前者均发生于扬州，后者分别发生于绛州（山西新绛）和太原；河北道、岭南道各 1 年次。风灾对庄稼、树木、建筑、人类等都产生影响，导致庄稼受损、树木拔倒、房屋损坏，若与海溢同时发生，还经常导致船覆人亡，有时还引发火灾。其中，最为严重者：贞元八年（792 年）五月的京师（陕西西安）风灾，大和九年（835 年）四月的京师（陕西西安）大风震雷灾害，咸通六年（865 年）十一月的潼关（陕西潼关）风灾。风灾引发海溢，常常屋毁人亡或船毁人亡，如：上元三年（676 年）八月在青州（山东青州），大历十年（775 年）七月在杭州（浙江杭州）的大风，均致海水泛溢，漂损居人庐宅 5000 余家，等等。风灾若引发火灾，损失往往巨大，如：天宝十载（751 年）正月，大风导致陕郡（河南陕县）运船失火，烧米船 200 余只，死者 500 人计；广德元年（763 年）十二月，鄂州（湖北武汉）大风，火发江中，焚船 3000 艘，焚居人庐舍 2000 家。

贞观初年（627 年）

△蓝田（陕西蓝田）忽有大风雷震，山崩树折。

显庆元年（656 年）

△九月，括州（浙江丽水）暴风，海溢，溺 4000 余家。

总章二年（669 年）

△九月庚寅，大风，海溢，漂温州永嘉（浙江温州）、安固（浙江

瑞安）6000 余家。

咸亨四年（673 年）

△八月己酉，大风毁京师（陕西西安）太庙鸱吻。

上元三年（676 年）

△八月，青州（山东青州）大风，海水泛溢，漂损居人庐宅 5000 余家，齐（山东济南）、淄（山东淄博）等七州大水，诏赈贷贫乏，溺者赐物埋殡之，舍宅坏者，助其营造。

永隆二年（681 年）

△闰七月丙寅，雍州（陕西西安）大风害稼，米价腾踊。

弘道元年（683 年）

△十二月壬午晦，宋州（河南商丘）大风拔木。

嗣圣元年（684 年）

△四月丁巳，宁州（甘肃宁县）大风拔木。

长寿元年至证圣元年间（692—695 年）

△则天于明堂后造天堂（位于河南洛阳），以安佛像，高百余尺。始起建构，为大风振倒。

神龙元年（705 年）

△三月乙酉，睦州（浙江建德）大风拔木。

神龙二年（706 年）

△六月乙亥，滑州（陕西渭南）大风拔木。

景龙元年（707 年）

△七月，郴州（湖南郴州）大风，发屋拔木。

△八月，宋州（河南商丘）大风拔木，坏庐舍。

景龙二年（708 年）

△十月辛亥，滑州（河南滑县）暴风发屋。

景龙三年（709 年）

△三月辛未，曹州（山东曹县）大风拔木。

开元二年（714 年）

△六月，京城（陕西西安）大风拔树发屋，长安街中树连根出者十七八。长安城初建时隋将作大匠高颎所植殆 300 余年之槐树拔出。

开元四年（716 年）

△六月辛未，京师（陕西西安）、华（陕西华县）、陕（河南陕县）三州大风拔木。

开元九年（721 年）

△七月丙辰，扬（江苏扬州）、润（江苏镇江）等州暴风雨，发屋拔树，漂损公私船舫 1000 余只。

开元十四年（726 年）

△六月戊午，东都（河南洛阳）大风，拔木发屋，坏居人庐舍。端门鸱吻尽落，都城门等及寺观鸱吻落者殆半。壬戌，以旱、暴风雨，命中外群官上封事，指言时政得失，无有所隐。

开元十七年（729 年）

△四月丁亥，大风震电，蓝田（陕西蓝田）山崩。

开元二十二年（734 年）

△五月，关中（陕西关中盆地）大风拔木，同州（陕西大荔）尤甚。

开元二十九年（741 年）

△三月丙午，风霾，日色无影。

天宝十载（751 年）

△正月庚戌，大风，陕郡（河南陕县）运船失火，烧米船 200 余只，死者 500 人计。癸丑，分遣嗣吴王祇等 13 人祭岳渎海镇。

△八月乙卯，广陵郡（江苏扬州）大风，潮水覆船数千艘。

天宝十一载（752 年）

△五月甲子，东京（河南洛阳）大风拔木。

△六月戊子，东京（河南洛阳）大风，拔树发屋。

广德元年（763 年）

△十二月辛卯，鄂州（湖北武汉）大风，火发江中，焚船 3000 艘，焚居人庐舍 2000 家。

大历二年（767 年）

△三月辛亥夜，京师（陕西西安）大风发屋。

大历十年（775 年）

△四月甲申，大雨雹，暴风拔树，飘屋瓦，落鸱吻，人震死者十之

二，京畿（陕西西安）损稼者七县。

△五月甲寅，大雨雹，大风拔木，震阙门。

△七月己未夜，杭州（浙江杭州）大风，海水翻潮，漂荡州郭5000余家，船千余只，全家陷溺者百余户，死者400余人；苏（江苏苏州）、湖（浙江湖州）、越（浙江绍兴）等州亦然。

贞元八年（792年）

△五月己未，京师（陕西西安）暴风发太庙屋瓦，毁门阙、官署、庐舍不可胜计。

贞元十年（794年）

△六月辛未晦，有水鸟集于京师（陕西西安）左藏库，是夜暴雨，大风折木。

贞元十四年（798年）

△八月癸未，广州（广东广州）大风，坏屋覆舟。

贞元十七年（801年）

△夏，好畤县（陕西乾县）风雹伤麦，上命品官覆视，不实，诏罚京兆尹顾少连以下。

元和三年（808年）

△四月壬申，京师（陕西西安）大风，毁含元殿西阙栏槛27间。

元和四年（809年）

△十月壬午，天有气如烟，臭如燔皮，日映大风而止。

元和五年（810年）

△三月甲子，京师（陕西西安）大风折木。大风毁崇陵上官衙殿鸱尾及神门戟竿六，坏行垣40间。

元和八年（813年）

△三月丙子，大风拔崇陵（陕西泾阳）上官衙殿西鸱尾，并上官西神门六戟竿折，行墙40间檐坏。

△六月庚寅，京师（陕西西安）大风雨，毁屋飘瓦，人多压死。丙申，富平（陕西富平）大风，拔枣木1200株。

元和十二年（817年）

△春，青州（山东青州）一夕暴风自西北，天地晦暝，空中有若旌

旗状，屋瓦上如蹂跞声。

长庆元年（821 年）

△九月壬寅，京师（陕西西安）震电，大风雨。

长庆二年（822 年）

△六月乙丑，京师（陕西西安）大风震电，坠太庙鸱吻，霹御史台树。

△十月，夏州（陕西靖边北白城子）大风，飞沙为堆，高及城堞。

长庆三年（823 年）

△正月丁巳朔，京师（陕西西安）大风，昏霾终日。

长庆四年（824 年）

△六月庚辰，大风吹坏京师（陕西西安）延喜、景风等门。

大和八年（834 年）

△六月癸未，暴风雷雨坏长安县（陕西西安）廨及经行寺塔。

大和九年（835 年）

△四月辛丑夜，京师（陕西西安）大风震雷，拔木万株，堕含元殿四鸱尾，拔殿廷树三，坏金吾仗舍，废楼观内外城门数处，光化门西城墙坏 77 步。

开成五年（840 年）

△四月甲子，大风拔木；五月壬寅，大风拔木；七月戊寅，大风拔木。

会昌元年（841 年）

△三月，黔南（贵州贵阳以南地区）大风飘瓦。

咸通六年（865 年）

△正月，绛州（山西新绛）大风拔木，有十围者。

△十一月己卯晦，潼关（陕西潼关）夜中大风，山如吼雷，河喷石鸣，群鸟乱飞，重关倾侧。

乾符六年（879 年）

△五月，宣制以吏部侍郎崔沆为户部侍郎，户部侍郎、翰林学士豆卢瑑为兵部侍郎，并本官同平章事，当日京师（陕西西安）大风雷雨拔树。

广明元年（880 年）

△四月甲申，京师（陕西西安）及东都（河南洛阳）、汝州（河南汝州）雨雹，大风拔木，两京街树十拔二三，东都长夏门内古槐十拔七八，宫殿鸱尾皆落。

中和四年（884 年）

△六月乙巳，太原大风雨，拔木千株，害稼百里。

乾宁二年（895 年）

△十一月，巨野（山东巨野）狂风暴起，沙尘沸涌。

光化三年（900 年）

△七月乙丑，洺州（河北永年）大风，拔木发屋。

天复二年（902 年）

△升州（江苏南京）大风，发屋飞大木。

△宣州（安徽宣州）大风发屋，巨木飞舞。

七、雹灾

唐代雹灾记录有 44 年次，其中，有 4 年各发生两次雹灾，合计 48 次。以安史之乱为界，唐前期发生雹灾 18 年次 19 次，唐后期发生 26 年次 29 次，后期发生频率远高于前期。就发生地域来看，除 8 年次 9 次雹灾不载发生地点外，全部发生于北方地区，呈现出明显的地域特征。以贞观十道的划分标准，所涉及的北方地域包括关内道、河南道、河北道三道。其中，以关内道雹灾记录最多，有 23 次；其次是河南道，有 13 次，另有 1 次可能发生于登州（山东蓬莱），但不完全确定；河北道有 4 次雹灾记录。雹灾对人畜、庄稼、建筑等都产生影响，导致人畜冻死，害麦伤苗、拔树破瓦，甚至造成地裂，经常下雹与降雨同时，危害更大。其中，大历十年（775 年）四月发生于京师（陕西西安）、开成五年（840 年）六月发生于濮州（山东鄄城）的雹灾较为严重，前者造成暴风拔树，飘屋瓦，宫寺鸱吻飘失者十五六，震死者人 12，京畿田稼七县受损；后者雨雹如拳，杀濮州 36 人，牛马甚众。朝廷最常见的救灾举措就是蠲免灾区百姓赋税。

贞观四年（630 年）

△秋，丹（陕西宜川）、延（陕西延安）、北永（陕西吴旗周围）等州雹。

显庆二年（657 年）

△五月，沧州（河北沧县）大雨雹，中人有死者。

咸亨元年（670 年）

△四月庚午，雍州（陕西西安）大雨雹。

咸亨二年（671 年）

△四月戊子，东都（河南洛阳）大雨雹，震电，大风折木，落则天门鸱尾三。

上元二年（675 年）

△十月庚辰，雍州（陕西西安）雨雹。

永淳元年（682 年）

△五月壬寅，定州（河北定州）大雨雹，害麦禾及桑。

天授二年（691 年）

△六月庚戌，许州（河南许州）大雨雹。

证圣元年（695 年）

△二月癸卯，滑州（河南滑县）大雨雹，杀燕雀。

神功元年（697 年）

△二月，妫（河北涿鹿）、绥（陕西绥德）二州雹。

圣历元年（698 年）

△六月甲午，曹州（山东曹县）大雨雹。

久视元年（700 年）

△六月丁亥，曹州（山东曹县）大雨雹。

长安三年（703 年）

△八月乙酉，京师（陕西西安）大雨雹，人畜有冻死者。

△九月，京师（陕西西安）大雨雹，人畜有冻死者。

神龙元年（705 年）

△四月壬子，雍州同官县（陕西铜川）大雨雹，鸟兽死，及大水漂流居人四五百家，遣员外郎一人巡行赈给，被溺死者官为埋殡。

景龙元年（707年）

△四月己巳，曹州（山东曹县）大雨雹。

景龙二年（708年）

△正月丙申，沧州（河北沧县）雨雹，大如鸡卵。

开元八年（720年）

△十二月丁未，滑州（河南滑县）大雨雹。

开元二十二年（734年）

△五月戊辰，京畿渭南（陕西渭南）等六县大风雹，伤麦。

大历七年（772年）

△五月乙酉，雨雹，大风折树。

大历十年（775年）

△四月甲申夜，京师（陕西西安）大雨雹，暴风拔树，飘屋瓦，宫寺鸱吻飘失者十五六，震死者人12，损京畿田稼7县。

△五月甲寅，大雨雹，大风拔木，震阙门。

建中二年（781年）

△五月，京师（陕西西安）雨雹。

贞元十七年（801年）

△二月丁酉，雨雹。戊申夜，雷震，雨雹。庚戌，大雪，雨雹。

△五月戊寅，好畤县（陕西乾县）风雹，害麦。德宗遣宦人覆视，不实，罚京兆尹顾少连以下俸。

元和元年（806年）

△鄜（陕西富县）、坊（陕西黄陵）等州雹，害稼。

元和十年（815年）

△秋，鄜（陕西富县）、坊（陕西黄陵）等州风雹，害稼。

元和十二年（817年）

△四月甲戌，渭南（陕西渭南）雨雹，中人有死者。

△夏，河南雨雹，中人有死者。

元和十五年（820年）

△三月戊辰夜，京畿兴平（陕西兴平市）、醴泉（陕西礼泉）等县大风，雨雹，伤麦。六月，京兆府上言：兴平、醴泉县，雹伤夏苗，请

免其租入。

长庆三年（823年）

△五月壬申，京师（陕西西安）雨雹。

长庆四年（824年）

△六月庚寅，京师（陕西西安）雨雹如弹丸。

大和三年（829年）

△十一月庚子，京兆上言：奉先（陕西蒲城）、富平（陕西富平）、美原（陕西富平美原镇）、云阳（陕西泾阳北云阳镇）、华原（陕西耀县）、三原（陕西三原）、同官（陕西铜川）、渭南（陕西渭南）等8县旱雹，损田稼2340顷，文宗诏蠲免。

大和四年（830年）

△秋，鄜（陕西富县）、坊（陕西黄陵）等州雹。

大和五年（831年）

△夏，京畿奉先（陕西蒲城）、渭南（陕西渭南）等县雨雹。

大和八年（834年）

△七月，大雨雹，定陵（位于陕西富平）东廊下，地裂137尺，深五尺，文宗诏宗正卿李仍叔启告修塞。

开成二年（837年）

△秋，河南雹，害稼。十月，河南府（河南洛阳）上言：今秋诸县旱损，并雹降伤稼，请蠲赋税，从之。

开成四年（839年）

△七月，郑（河南荥阳）、滑（河南滑县）等州风雹。

开成五年（840年）

△六月，濮州（山东鄄城）雨雹如拳，杀36人，牛马甚众。

会昌元年（841年）

△秋，登州（山东蓬莱）雨雹，文登尤甚，破瓦害稼。

会昌四年（844年）

△夏，登州（？山东蓬莱）雨雹如弹丸。

乾符五年（878年）

△五月丁酉，雨雹，大风拔木。

乾符六年（879 年）

△五月丁酉，宣授宰臣豆庐瑑、崔沆制，京师（陕西西安）殿庭氛雾四塞，及百官班贺于政事堂，雨雹如皂卵，大风雷雨拔木。

广明元年（880 年）

△四月甲申朔，京师（陕西西安）、东都（河南洛阳）、汝州（河南汝州）雨雹，大风拔木。汝州（河南汝州）大雨风，拔街衢树十二三；大风拔两京（陕西西安、河南洛阳）街树十二三，东都（河南洛阳）有云起西北，大风随之，长夏门内表道古槐树自拔者十五六，宫殿鸱尾皆落，雨雹大如杯，鸟兽死于川泽。

天祐初（904 年）

△彭城（江苏徐州）雨雹方甚，某佛寺门外大声震地，下一大雹于街中。

八、火灾

唐代火灾记录共发生 62 年次 81 次，以安史之乱为界，唐前期 24 年次 30 次，唐后期 38 年次 51 次。唐后期火灾次数为前期的 1.7 倍。远高于前期。依贞观十道的划分，唐代诸道火灾发生次数由多到少依次为：关内道 33 年次 35 次（其中，京城西安 26 年次 28 次），河南道 15 年次 16 次、江南道 13 年次 14 次、淮南道 6 年次 6 次、河北道 4 年次 4 次，山南道 2 年次 2 次、岭南道、剑南道、河东道各 1 年次 1 次。其中，京城所在的关内道遥居首位，其次是东京（河南洛阳）所在的河南道和江南道。唐代火灾焚烧居人庐舍，内库、武库、寺院、粮仓、市场、陵寝、禁中宫殿寺庙等都曾被烧，毁财货无数，亦有死于火灾者。其中，最严重者有三次：证圣元年（695 年）正月的洛阳明堂火灾、天宝十载（751 年）正月大风导致的陕州（河南陕县）运船失火、广德元年（763 年）十二月鄂州（湖北武汉）大风导致的火灾。延烧居人庐舍最多者有 2 次，均超过 1 万家。贞元二十年（804 年）七月的洪州（江西南昌）火灾和大和四年（830 年）三月的陈（河南淮阳）、许（河南许州）两州火灾。唐晚期扬州多次发生火灾，大和八年（834 年）、开成四年（839年）两年，便燔民舍近万家，禁中也曾多次有火灾发生。

武德七年（624年）

△七月，禅定寺（位于陕西长安）灾，后三年，秦王立事。

贞观四年（630年）

△正月癸巳，武德殿（位于陕西西安）北院火。

贞观十三年（639年）

△四月二十九日，云阳（陕西泾阳北云阳镇）石燃方丈，昼如炭，夜则光见，投草木于其上则焚，历年方止。

贞观二十三年（649年）

△三月，少府监（位于陕西长安）甲弩库火。

永徽初（650年）

△南阳城（河南南阳）中失火，延烧十余家，南阳令张琮将出按行之。

永徽五年（654年）

△十二月四日夜，尚书司勋库（位于陕西长安）大火，甲历并烬。

显庆元年（656年）

△九月戊辰，恩州（广东恩平）、吉州（江西吉水）火，焚仓廪、甲仗、民居200余家。

△十一月己巳，饶州（江西潘阳）火，焚州城廨宇仓狱，延烧居人庐舍，有死者，诏给死者家布帛以葬之。

龙朔二年（662年）

△四月，幽州渔阳县（天津蓟县）无终戍城火灾，门楼及戍城内百许家屋宇并为灰烬。

总章年间（668—670年）

△京城（陕西西安）兴善寺为火灾所焚，尊像荡尽。

证圣元年（695年）

△正月十六日夜，洛城（河南洛阳）明堂火，延及天堂，洛城光照如昼，明堂作仍未半，已高七十余尺。又延烧金银库，铁汁流液，平地尺余。人不知错入者，便即焦烂。其堂至曙煨烬，尺木无遗。秋官尚书、同平章事姚璹劝则天御端门观酺，引建章故事，令薛怀义重造明堂以厌胜之。庚子，以明堂灾告庙，武则天手诏责躬，令内外文武九品以

上各上封事，极言正谏。

△内库（河南洛阳）灾，燔 200 余区。

万岁登封元年（696 年）

△三月壬寅，抚州（江西临川）火。

久视元年（700 年）

△八月壬子，平州（河北卢龙）火，燔 1000 余家。

武周时期（690—704 年）

△建昌王武攸宁别置勾使，法外枉征财物，百姓破家者十而九。置内库（位于河南洛阳），长 500 步，200 余间，所征获者贮在其中以求媚。一夕为天灾所燔，玩好并尽。

长安年间（701—704 年）

△洛都天宫寺秀禅师入京，住资圣寺（陕西西安）。夜失火，焚佛殿钟楼，及经藏三所。

景龙四年（710 年）

△二月，洛州（河南洛阳）凌空观失火，殿宇并煨烬，其金铜诸像，销铄并尽。唯有一泥塑真人，岿然独存，乃改为圣真观。

延和元年（712 年）

△饶州（江西潘阳）银山火发，采户逾万草屋皆尽。

开元二年（714 年）

△衡州（湖南衡阳）五月频有火灾。其时人尽皆见物大如瓮，亦如灯笼，所指之处，寻而火起。

开元五年（717 年）

△十一月乙卯，定陵（位于陕西富平）寝殿火。

△洪州（江西南昌）、潭州（湖南长沙）灾，延烧州署郡舍，州人见有物赤而暾暾飞来，旋即火发。

开元十二年（724 年）

△岐王家（陕西西安）失火，图书悉为灰烬，王羲之《告誓文》被焚。

开元十五年（727 年）

△七月甲戌，雷震京师（陕西西安）兴教门楼两鸱吻，栏槛及柱灾。

△衡州（湖南衡阳）灾，延烧 300 余家。州人见有物大如瓮，赤如

烛笼，所至火即发。

开元十八年（730 年）

△二月丙寅，京师（陕西西安）大雨雪，俄而雷震，左飞龙厩灾。

△十月乙丑，东都（河南洛阳）宫佛光寺火。

天宝二年（743 年）

△六月七日，东都（河南洛阳）应天门观灾，延烧左右延福门，经日不灭。

天宝九载（750 年）

△三月，华州华阴县（陕西华阴）华岳庙灾。时玄宗将封西岳，以庙灾止。

天宝十载（751 年）

△正月，大风，陕州（河南陕县）运船失火，烧 215 只，损米 100 万石，舟人死者 600 人，又烧商人船 100 只。

△八月六日，京城（陕西西安）武库灾，烧 28 间 19 架，兵器 47 万件。

乾元元年（758 年）

△左拾遗李鼎祚奏以昌州山川阔远，请割泸（四川泸州）、普（四川安岳）、渝（四川重庆）、合（四川合川）、资（四川资中）、荣（四川荣县）等六州，界置昌州（四川大足），寻为张朝等所焚，州遂罢废。

宝应元年（762 年）

△十一月，回纥焚东都（河南洛阳）宜春院，延及明堂，甲子日而尽。

△十二月己酉，太府左藏库（位于陕西西安）火。

广德元年（763 年）

△十二月辛卯，鄂州（湖北武汉）大风，火发江中，焚船 3000 艘，延及岸上民居 2000 余家，死者四五千人。

永泰元年（765 年）

△禁中（位于陕西西安）失火，烧屋室数十间，火发处与东宫稍近，代宗深疑之，监察御史赵涓为巡使，俾令即讯。涓周历墙圃，按据迹状，乃上直中官遗火所致也，推鞫明审，颇尽事情。

大历初（766—772年）

△魏少游镇江西（方镇名，治江西南昌），州理有开元寺僧与徒夜饮，醉而延火，并归罪于守门瘩奴，后醉僧首伏。

大历十年（775年）

△二月，庄严寺（位于陕西西安）佛图灾。初有疾风，震雷薄击，俄而火从佛图中出，寺僧数百人急救之乃止，栋宇无损。

代宗时期（762—779年）

△华州（陕西华县）刺史孙宿，以火灾惊惧成瘩病，其弟长安令孙成苍黄请急，不待命，陈之执政，奔省于兄。

贞元元年（785年）

△四月，江陵（湖北荆州）度支院失火，烧江东租赋钱谷100余万。时关东（潼关以东地区）大饥，赋调不入，由是国用益窘。

贞元七年（791年）

△四月，苏州（江苏苏州）大火。

贞元十三年（797年）

△正月，东都（河南洛阳）尚书省火。

贞元十九年（803年）

△四月，太子家令寺（位于陕西西安）火。

贞元二十年（804年）

△四月，京师（陕西西安）开业寺火。

△七月，洪州（江西南昌）火，燔民舍17000家，昼日火发，风猛焰烈从北来。李长源所居之室，烧荡尽。器用服玩，无复子遗，其余图箓持咒之具，悉为灰烬。

贞元年间（785—805年）

△苏州（江苏苏州）有百姓起店10余间，其夜市火。

元和四年（809年）

△三月，御史台（位于陕西西安）佛舍火，当直御史李应罚一季俸。

元和七年（812年）

△六月，镇州（河北正定）甲仗库火，延烧13间，兵器皆尽。节度使王承宗杀主守三库吏百余人，坐死者百余人。

元和八年（813 年）

△江陵（湖北荆州）大火。

元和十年（815 年）

△四月辛亥，淄青李师道遣盗数 10 人攻河阴（河南郑州）转运院，杀伤 10 余人，烧钱帛 30 余万缗匹，谷 3 万余斛，人情恇惧。是日昏暮，有盗发于河桥，凡数十人，纵发弓矢，人吏奔骇，因砟毁院门，又束藁燃火以焚之。

△十月庚戌，东都（河南洛阳）奏盗焚柏崖仓。

△十一月戊寅，盗焚献陵（位于陕西三原）寝宫、永巷。

元和十一年（816 年）

△十一月甲戌，元陵（位于陕西富平）火，罚李祐一月俸。

△十二月，未央宫及飞龙草场（位于陕西西安）火，皆王承宗、李师道谋挠用兵，阴遣盗纵火。时李师道于郓州（山东东平）起宫殿，欲谋僭乱。既成，同年为灾并尽。

元和十二年（817 年）

△五月，神龙寺（位于陕西西安）火。

元和十四年（819 年）

△十一月戊寅，度支（位于陕西西安）火。

元和十五年（820 年）

△正月，京师（陕西西安）西市火，焚死者众。

长庆元年（821 年）

△三月，楚州（江苏淮安）淮岸火大起，延烧河市营戍庐舍殆尽。

长庆三年（823 年）

△春及冬至明年二月，杭州（浙江杭州）大旱，野火蔓延，欲烧天目山千顷院。少选，雷雨骤作，其火都灭。

大和元年（827 年）

△十月甲辰，昭德宫（位于陕西西安）火，延烧至宣政东垣及门下省，至晡方息。

大和二年（828 年）

△十一月甲辰巳时，禁中昭德寺（陕西西安）火，延至宣政殿东垣

及门下省，延禁中官人所居"野狐落"，死者数百人。至午未间，北风起，火势益甚，至暮稍息。初火发，文宗命神策兵士救之。

大和三年（829 年）

△十月癸丑，仗内（位于陕西西安）火。

大和四年（830 年）

△三月，陈州（河南淮阳）、许州（河南许州）火，烧 1 万余家。

△十月，浙西火。

△十一月，扬州（江苏扬州）海陵（江苏泰州）火。

大和八年（834 年）

△三月，扬州（江苏扬州）火，燔民舍 1000 区。

△五月己巳，京师（陕西西安）飞龙神驹中厩火。

△十月，扬州（江苏扬州）市火，燔民舍数千区。

△十二月，禁中（陕西西安）昭成寺火。

大和九年（835 年）

△六月乙亥朔，西市（位于陕西西安）火。

开成二年（837 年）

△六月，徐州（江苏徐州）火，延烧民居 300 余家。

开成四年（839 年）

△十二月乙卯，乾陵（位于陕西乾县）火。

△十二月丁丑晦，扬州（江苏扬州）市火，燔民舍数千家。

会昌元年（841 年）

△五月，潞州（山西长治）市火。

会昌三年（843 年）

△六月，万年县（陕西西安）东市火，烧屋宇货财不知其数。

△西内（位于陕西西安）神龙宫火。

会昌四年（844 年）

△天火焚扬州（江苏扬州）西灵塔俱尽，白雨如泻，旁有草堂，一无所损。

会昌六年（846 年）

△八月，葬武宗，辛未，灵驾次三原县（陕西三原），夜大风，行

官幔城火。

乾符四年（877 年）

△十月，东都（河南洛阳）圣善寺火。

△高骈镇维扬（江苏扬州）之岁，有术士之家延火，烧数千户。

大顺二年（891 年）

△六月乙酉，幽州（北京）市楼灾，延及数百步。

△七月癸丑甲夜，汴州（河南开封）相国寺佛阁灾。是日暮，微雨震电，有赤块转门谯藤网中，赤块北飞，越前殿，转佛阁藤网中，周而火作。既而大雨暴至，平地水深数尺，火益甚，延及民居，三日不灭。

天祐四年（907 年）

△庐州刺史刘威移镇江西（方镇名，治江西南昌）。既去任而郡中大火，庐候吏巡火甚急，而往往有持火夜行者，捕之不获。或射之殪，就视之，乃棺材板腐木败帚之类。郡人愈恐。数月，除张宗为庐州刺史，火灾乃止。

九、其他

除水灾、旱灾、虫灾、疫灾、地震、风灾、雹灾、火灾这八种发生次数较多的自然灾害之外，唐代还有不少种类的自然灾害发生，包括寒冻 24 年次 27 次、沙尘 19 年次 25 次、霜灾 27 年次 28 次、雪灾 36 年次 43 次、鼠患 8 年次 9 次、虎患 7 年次 8 次、牛疫 10 年次 10 次、大雾 17 年次 18 次、雷震 15 年次 15 次，等等。仅就上述所列者，即 182 次，数量相当可观。

（一）寒冻

唐代寒冻记录有 24 年次，其中，有 3 年各发生两次寒冻灾害，合计 27 次。以安史之乱为界，唐前期发生 9 次，唐后期发生 18 次，后期发生次数为前期的两倍，与唐代后期转冷的结论相一致。就发生地域来看，除显庆四年（659 年）二月、开耀元年（681 年）冬、元和六年（811 年）十二月三次寒冻不载发生地点外，其余 23 次寒冻记录，发生于关内道、江南道、河南道、河东道、淮南道。以贞观十道的划分标准，关内道寒冻记录12年次共14次，内中京城长安（陕西西安）有11次寒冻；河南道发生寒冻5次，包括洛阳2次，曹州（山东曹县）、海州（江苏连云港）各1次，未载确切地点1次；江南道寒冻记录4年次共6次，其中，唐前期1次，唐后期5次；河东道、淮南道在唐后期各有1次寒冻记录。唐代寒冻灾害常造成民人饥冻而死的情况，因兴元元年（784年）秋蝗冬旱，贞元元年（785年）正月风雪大寒，更是民饥冻死者踣于路。长安四年（704年）九月至十一月，大雨雪，洛阳有人饥冻而死，曾诏令官司开仓赈给。大和六年（832年）正月，也因自去冬开始，京师（陕西西安）逾月雨雪，寒风尤甚。唐文宗下诏京兆尹赈恤京城内鳏寡癃残无告不能自存者，但史书对赈济措施多阙载。

咸亨元年（670年）

△十月癸酉，京师（陕西西安）大雪，平地三尺，人多冻死。

仪凤三年（678年）

△五月丙寅，高宗在九成宫（位于陕西麟游），霖雨，大寒，兵卫有冻死者。

长安四年（704年）

△九月至十一月，日夜阴晦，大雨雪，都中（河南洛阳）人有饥冻死者，令官司开仓赈给。

神龙元年（705年）

△三月乙酉，睦州（浙江建德）暴寒且冰。

开元十一年（723年）

△十一月，自京师（陕西西安）至于山东、淮南大雪，平地三尺余。

开元二十九年（741年）

△九月丁卯，京师（陕西西安）大雨雪，大木偃折。

△十一月二十二日，京师（陕西西安）雨木冰，凝寒冻冽，数日不解。

贞元元年（785年）

△正月戊戌，京师（陕西西安）大风雪，寒；丙午，又大风雪，寒。去秋螟蝗，冬旱，至是雪，寒甚，民饥冻死者踣于路。

贞元十二年（796 年）

△十二月己未，京师（陕西西安）大雪平地二尺，甚寒，竹柏柿树多死。环王国所献犀牛，是冬亦死。

贞元十三年（797 年）

△九月乙丑，京师（陕西西安）雨雪深数尺，人有冻死者。宰臣因对，请放朝。

元和八年（813 年）

△十月，东都（河南洛阳）大寒，霜厚数寸。丙申，以大雪放朝，人有冻踣者，雀鼠多死。

元和十二年（817 年）

△九月己丑，京师（陕西西安）雨雪，人有冻死者。

元和十五年（820 年）

△八月己卯，同州（陕西大荔）雨雪，害稼。

△九月己酉，京师（陕西西安）大雨三日，至是雨雪，树木无风而摧仆者十五六。

长庆元年（821 年）

△二月，海州（江苏连云港海州镇）海水冰，南北 200 里，东望无际。

长庆二年（822 年）

△十月，京师（陕西西安）频雪，其后恒燠，水不冰冻，草木萌发，如正二月之后。

大和六年（832 年）

△正月，自去冬以来，京师（陕西西安）逾月雨雪，寒风尤甚。诏京城内鳏寡癃残无告不能自存者，委京兆尹量事济恤。

大和九年（835 年）

△十二月，京师（陕西西安）苦寒。

会昌三年（843 年）

△春，寒，大雪，江左（治江西南昌）尤甚，民有冻死者。

咸通五年（864 年）

△冬，隰（山西隰县）、石（山西离石）、汾（山西汾阳）等州大雨

雪，平地深三尺。

景福二年（893年）

△二月辛巳，曹州（山东曹县）大雪，平地二尺。

天复三年（903年）

△三月，浙西大雪，平地三尺余，其气如烟，其味苦。

△十二月，浙西又大雪，江海冰。

天祐元年（904年）

△九月壬戌朔，江浙大风，寒如仲冬。

△冬，浙东、浙西大雪。吴、越地气常燠而积雪，近常寒。

（二）沙尘

唐代沙尘记录有19年次，其中，有6年各发生两次沙尘灾害，合计25次。以安史之乱为界，唐前期发生6年次计8次，唐后期发生13年次计17次，后期发生次数是前期的两倍有余。就发生地域来看，除有14次沙尘不载发生地点外，其余10次沙尘记录全部发生于北方地区，呈现出明显的地域特征。以贞观十道的划分标准，所涉及的北方地域包括关内道、河南道、河东道三道。其中，关内道沙尘记录6次，有4次发生于京师（陕西西安），夏州（陕西靖边）、凤翔（陕西凤翔）各1次。发生于河南道者4次，其中，发生于东都（河南洛阳）两次，陕州（河南陕县）、宣武（治河南开封）各1次。河东道沙尘记录仅1次，发生于太原。沙尘灾害多为大风导致，遮天蔽日，白日如夜，对出行影响很大。

贞观二十年（646年）

△闰三月己酉，有黄云阔一丈，东西际天。

景龙元年（707年）

△六月庚午，陕州（河南陕县）雨土。

△十二月丁丑，京师（陕西西安）雨土。

开元二十九年（741年）

△三月丙午，风霾，日无光，近昼昏。

天宝十三载（754年）

△二月丁丑，雨黄土。

△二月甲申，司空杨国忠受册，京师（陕西西安）天雨黄土，沾于朝服。

贞元八年（792年）

△二月庚子，京师（陕西西安）雨土。

长庆二年（822年）

△正月己酉，大风霾。

△十月，夏州（陕西靖边北白城子）大风，飞沙为堆，高及城堞。

长庆三年（823年）

△正月丁巳朔，大风，昏霾终日。

大和八年（834年）

△十月甲子至十一月癸丑，土雾昼昏。

咸通十四年（873年）

△三月庚午，诏两街僧于凤翔（陕西凤翔）法门寺迎佛骨，是日天雨黄土遍地。

△三月癸巳，京师（陕西西安）雨黄土。

乾符二年（875年）

△二月，宣武（治河南开封）境内黑风，雨土。

△洛阳建春门外因暴雨，有物堕地如殺羊，不食，顷之入地中，其迹月余不灭，或以为雨土。

中和元年（881年）

△五月辛酉，大风，太原天雨土。

中和二年（882年）

△五月辛酉，大风，天雨土。

天复三年（903年）

△二月，雨土，天地昏霾。

天祐元年（904年）

△闰四月乙未朔，大风，雨土。

△闰四月甲辰，东京（河南洛阳）大风雨土，跬步不辨物色，日暝稍止。

（三）霜灾

唐代霜灾记录有 27 年次，其中，元和八年（813 年）发生两次霜灾，合计 28 次。以安史之乱为界，唐前期发生 15 次，唐后期发生 13 次，前期发生频率高于后期。就发生地域来看，有 4 次霜灾不载发生地域，其余 23 年次霜灾中，只有 2 年次发生于南方，分别发生于淮南道和江南道。另外 21 年次霜灾全部发生于北方地区，呈现出明显的地域特征。以贞观十道的划分标准，所涉及的北方地域包括关内道、河东道、河南道、陇右道四道。北方发生霜灾区域中，以关内道霜灾记录最多，有 15 年次；二为河东道，有 5 年次；三为河南道，有 4 年次；陇右道、河北道，与淮南道、江南道相同，各仅有 1 年次霜灾记录。影响最严重的霜灾为贞观三年（629 年）、咸亨元年（670 年）两次。对于前者，唐太宗采取了下敕道俗"逐丰四出"的方式，来解决霜灾带来的饥俭；对于后者，面对大面积霜虫和旱灾，唐高宗一方面允许饥民前往邻近州逐粮，另一方面转江南租米赈给灾民。另外，开元二十九年（741 年）十月，京城（陕西西安）寒甚，凝霜封树。这一当时学者确认的"雨木冰"现象，增加了睿宗长子太尉李宪的畏惧，是李宪次月病逝的直接原因。

贞观元年（627 年）

△宜州土门县（陕西富平美原镇）蝗飞晚夏，霜陨早秋，邻县荐伤，合境无人。

△八月，关东（潼关以东地区）及河南、陇右（陇山以西地区）沿边诸州霜害秋稼。九月辛酉，命中书侍郎温彦博、尚书右丞魏徵、治书侍御史孙伏伽、简较中书舍人辛谞等分往诸州行损田，赈问下户。

贞观二年（628 年）

△八月，河南、河北大霜，人饥。

△天下诸州并遭霜涝，邓州（河南邓州）独免。当年多有储积，蒲（山西永济）、虞（山西运城）等州户口，尽入其境逐食。

贞观三年（629 年）

△北边诸州霜杀稼，遣使赈恤。时遭霜俭，下敕道俗，逐丰四出，

玄奘幸因斯际，径往姑臧，渐至敦煌。朔州刺史张俭广营屯田，岁致谷十万斛，边粮益饶。及遭霜旱，劝百姓相赡，遂免饥馁，州境（山西朔州）独安。

永徽二年（651 年）

△绥（陕西绥德）、延（陕西延安）等州霜杀稼。

显庆元年（656 年）

△八月至十一月，京师（陕西西安）霜且雨。

麟德元年（664 年）

△终南山（陕西秦岭山脉）原谷之间，早霜伤苗稼。

咸亨元年（670 年）

△八月，以天下 40 余州旱及霜虫，百姓饥乏，关中（陕西关中盆地）尤甚，诏雍（陕西西安）、同（陕西大荔）、华（陕西华县）、蒲（山西永济）、绛（山西新绛）等五州百姓乏绝者，听于兴（陕西略阳）、凤（陕西凤县东北凤州镇）、梁（陕西汉中）等州逐粮，仍转江南租米以赈给之。

调露元年（679 年）

△八月，邠（陕西彬县）、泾（甘肃泾川）、宁（甘肃宁县）、庆（甘肃庆城）、原（宁夏固原）五州霜。

证圣元年（695 年）

△六月，睦州（浙江淳安）陨霜，杀草。

长安四年（704 年）

△四月，延州（陕西延安）霜杀草。

景云二年（711 年）

△京师（陕西西安）水旱相继，兼以霜蝗，人无所食，未有赈恤。

开元十二年（724 年）

△八月，潞（山西长治）、绥（陕西绥德）等州霜杀稼。

开元十四年（726 年）

△秋，15 州言旱及霜，遣御史中丞宇文融检覆赈给。

开元十五年（727 年）

△天下 17 州，霜杀稼。

开元二十九年（741 年）

△冬十月，京城（陕西西安）寒甚，凝霜封树。时学者以为《春秋》"雨木冰"即此，因谚云："树稼，达官怕。"睿宗长子太尉李宪次月病逝。

永泰元年（765 年）

△三月庚子夜，京城（陕西西安）降霜，没有冰。岁饥，米斗千钱，诸谷皆贵。

贞元十七年（801 年）

△七月，京师（陕西西安）陨霜杀菽。

贞元时期（785—805 年）

△卢巽（721—791 年）任许州阳翟（河南禹州）县令期间，遇邻邑早霜，灾害晚稼，犬牙损败而阳翟丰收，人吏请树碑记德。

元和二年（807 年）

△七月，邠（陕西彬县）、宁（甘肃宁县）等州霜杀稼。

元和八年（813 年）

△十月，东都（河南洛阳）大寒，霜厚数寸，雀鼠多死。

△十一月，京畿（陕西西安）水、旱、霜，损田 38000 顷。

元和十四年（819 年）

△四月，淄（山东淄博）、青（山东青州）陨霜，杀恶草及荆棘，而不害嘉谷。

宝历元年（825 年）

△八月，邠州（陕西彬县）霜杀稼。

大和三年（829 年）

△秋，京畿奉先（陕西蒲城）等八县早霜，杀稼。

大和四年（830 年）

△十一月，淮南大水及虫霜，并伤稼。

中和元年（881 年）

△秋，河东早霜，杀稼。

（四）雪灾

唐代有 36 年发生雪灾的记录。其中，有 7 年分别有两次雪灾发生，则唐代发生雪灾总计 43 次。以安史之乱为界，唐前期发生雪灾 9 年次 9 次，唐后期发生雪灾 27 年次 34 次，唐后期的雪灾记录为前期的 3.78 倍。就发生地域来看，除 7 次未载发生地点、薛延陀和回纥地区各发生 1 次雪灾外，其余大雪记录有 7 次发生于南方的江南道和淮南道，20 次发生于北方的关内道、河南道和河东道。以贞观十道的划分标准，关内道雪灾记录最多，计 16 次，其中明确记录发生于京师（陕西西安）者有 10 次。其次是河南道有 6 次雪灾记录（其中，发生于东都洛阳 2 次）；江南道有 5 次雪灾记录，其中 4 次发生于浙西，1 次发生于苏州。除此，淮南道雪灾 2 次、河东道雪灾 1 次。影响最严重的雪灾为咸亨元年（670年）十月、天复二年（902 年）十一月两次，前者大雪平地三尺余，人多冻死，唐高宗令行人冻死者赠帛给棺木，雍（陕西西安）、同（陕西大荔）、华州（陕西华县）贫窭之家，有年十五以下不能存活者，听一切任人收养为男女，充驱使；后者大雪加以汴军兵临城下，鄜城（陕西富县）无粮可食，冻馁死者不可胜计，城中人高价买犬肉、人肉，唐昭宗甚至售卖御衣及小皇子衣于市。百姓因雪灾饥冻而死的现象在长安四年（704 年）、贞元元年（785 年）、元和十二年（817 年）、会昌三年（843 年）、光启三年（887 年）也有发生。

贞观十五年（641 年）

△朔州道行军总管李勣率部将薛万彻等打败薛延陀，其残卒奔漠北，会雪甚，众辍踣死者十八。

咸亨元年（670 年）

△冬十月癸酉，大雪，平地三尺余，人多冻死。行人冻死者赠帛给棺木。令雍（陕西西安）、同（陕西大荔）、华州（陕西华县）贫窭之家，有年十五以下不能存活者，听一切任人收养为男女，充驱使，皆不得将为奴婢。

长安四年（704 年）

△自九月至十一月，霖雨并雪，日夜阴晦，凡阴 150 余日，至次年正月五日方晴霁。都中（河南洛阳）人有饥冻死者，令官司开仓赈给。

开元十一年（723 年）

△十一月，自京师（陕西西安）至于山东、淮南大雪，平地三尺余。

开元十八年（730 年）

△二月丙寅，京师（陕西西安）大雨雪，俄而雷震，左飞龙厩灾。

开元二十九年（741 年）

△九月丁卯，大雨雪，大木偃折。

永泰元年（765 年）

△正月癸巳朔，雪盈尺。

永泰二年（766 年）

△正月丁巳朔，大雪平地二尺。

大历四年（769 年）

△正月乙亥，大雪，平地盈尺。

大历九年（774 年）

△十一月戊戌，大雪，平地盈尺。

贞元元年（785 年）

△正月戊戌，京师（陕西西安）大风雪，寒；丙午，又大风雪，寒，民饥，多冻死者。

贞元二年（786 年）

△正月，京师（陕西西安）大雨雪，平地深尺余。雪上有黄色，状如浮埃。

贞元十二年（796 年）

△十二月己未，京师（陕西西安）大雪平地二尺，竹柏柿树多死。环王国所献犀牛，亦死。南海进驯犀冻死，蛮儿乞求归国。

贞元二十年（804 年）

△二月庚戌，始雷，大雨雹，震电，大雨雪。

元和六年（811 年）

△二月，长安（陕西西安）、河南大雪。

元和八年（813 年）

△十月丙申，以京师（陕西西安）大雪放朝，人有冻踣者，雀鼠多死。

△十月，东都（河南洛阳）大寒，霜厚数寸，雀鼠多死。

元和十二年（817 年）

△九月己丑，京师（陕西西安）雨雪，人有冻死者。

△十月己卯夜，随唐节度使李愬率军攻淮西吴元济，出文城栅（河南遂平县文城乡），向东六十里止，袭张柴（河南遂平县张柴村），歼其戍，士少休。复夜引兵出门入蔡州（河南汝南）取吴元济。时大风雪，凛风偃旗裂肤，人马冻死者相望，唐士卒抱戈冻死于道十一二。

元和十五年（820年）

△八月己卯，同州（陕西大荔）雨雪，害稼。

长庆二年（822年）

△十月，频雪，其后恒燠，水不冰冻，草木萌发，如正二月之后。

大和六年（832年）

△春正月乙未朔，以京师（陕西西安）久雪废元会。壬子，诏：自去冬已来，逾月雨雪，寒风尤甚，降天下死罪囚，以常平义仓斛斗，赈恤京畿诸县。委京兆尹量事济恤京城内鳏寡癃残无告不能自存者。

开成四年（839年）

△回鹘岁饥疫，又大雪为灾，羊、马多死。

会昌三年（843年）

△京师（陕西西安）春寒，大雪，江左尤甚，民有冻死者。

咸通五年（864年）

△冬，隰（山西隰县）、石（山西离石）、汾（山西汾阳）等州大雨雪，平地深三尺。

中和二年（882年）

△七月，尚让攻宜君砦（位于陕西耀县），雨雪盈尺，甚寒，贼兵冻死者十二三。

光启二年（886年）

△十一月，淮南阴晦雨雪，至明年二月不解。

△十二月冬，京师（陕西西安）苦寒，九衢积雪，兵入之夜，寒冽尤剧，民吏剽剥之后，僵冻而死蔽地。

光启三年（887年）

△自上年十一月，广陵（江苏扬州）雨雪阴晦，至三年二月不解。比岁不稔，食物踊贵，道殣相望，饥骸蔽地。

△五月，汴将庞师古陈兵于野，徐州（江苏徐州）行营兵马都统时

溥求援于兖州，朱瑾出兵救之，值大雪，粮尽而还。城中守陴者饥甚，加之病疫。

景福二年（893 年）

△二月辛巳，曹州（山东曹县）大雪，平地二尺。

乾宁二年（895 年）

△四月，苏州（江苏苏州）大雨雪。

天复二年（902 年）

△三月乙卯，浙西大雨雪。

△十一月，汴军冒之夕进，五鼓，抵鄜州城下。冬，大雪，鄜城（陕西富县）中食尽，冻馁死者不可胜计；或卧未死，肉已为人所刏。市中卖人肉斤值钱百，犬肉值五百。李茂贞储偫亦竭，以犬彘供御膳。昭宗鬻御衣及小皇子衣于市以充用，削渍松梯以饲御马。

天复三年（903 年）

△三月，浙西大雪，平地三尺余，其气如烟，其味苦。

△十二月，浙西又大雪，江海冰。

天祐元年（904 年）

△九月壬戌朔，京师（陕西西安）大风，寒如仲冬。

△十月癸酉，浙东、浙西大雪平地丈余。

（五）鼠患

唐代鼠患记录较少，仅有 8 年。其中，开成四年（839 年）在江西和吐蕃分别有鼠患发生，可计两次，则唐代鼠患共计 9 次。以安史之乱为界，唐前期发生 6 次，唐后期发生 3 次，唐前期的记录为后期的两倍。就发生地域来看，有 3 次在北方（关内道基州、河东道、吐蕃地区），6 次在南方（江南道建州，剑南道戎州、渝州，山南道渠州、梁州，岭南道韶州），南方更多发生鼠患。影响最严重的鼠患为弘道元年（683 年）梁州（陕西汉中）鼠患、开元二年（714 年）韶州（广东韶关）鼠患、开成四年（839 年）吐蕃（西藏）鼠患，前两次数量庞大，后一次地震加鼠患导致饥疫，死者相枕藉。

贞观十三年（639 年）

△建州（福建建瓯）鼠害稼。

贞观二十一年（647 年）

△十一月，渝州（四川重庆）言鼠害秋稼，诏赈恤。

△十二月，渠州（四川渠县）蝗及鼠害秋稼，并加赈恤。

贞观二十二年（648 年）

△戎州（四川僰道）鼠伤稼，赈贷种食。

弘道元年（683 年）

△梁州（陕西汉中）仓有大鼠，长二尺余，为猫所啮，数百鼠反啮猫。少选，聚万余鼠，州遣人捕击杀之，余皆去。

景龙元年（707 年）

△基州（陕西延川）鼠害稼。

开元二年（714 年）

△韶州（广东韶关）鼠害稼，千万为群。

开成四年（839 年）

△江西（方镇名，治江西南昌）鼠害稼。

△吐蕃（西藏）地震山崩；洮水逆流三日，鼠食稼，人饥疫，死者相枕藉。

乾符三年（876 年）

△秋，河东（治太原府）诸州多鼠，穴屋、坏衣，三月止。

附　兔患

永淳年间（682—683 年）

△岚（山西岚县）、胜州兔害稼，千万为群，食苗尽，兔亦不复见。

（六）虎患

唐代约有 7 年发生虎患，共计 8 次，前后期基本相当。就发生地域来看，分布于泗州（江苏泗阳）、襄州（湖北襄樊）、梁州（陕西汉中）、汾州（山西汾阳）、汝州（河南汝州）、申州（河南信阳）、舒州（安徽潜山）、寿州（安徽寿县）等地，南方虎患略多于北方，以今天陕西、湖北、河南、安徽境内为多。老虎出没之地，常有人被杀伤，村野百姓不能正常生活，行路之人常遭死亡或失踪。唐代消除虎患的方法，一是焚烧草木，二是设置陷阱捕捉，以后者为主。

开元四年（716 年）

△江淮南诸州猛兽滋多，诸州大虫杀人，村野百姓颇废生业，行路之人，常遭死失。玄宗诏泗州涟水县（江苏涟水）县令李全确，驰驿往淮南大虫为害州，指授其教，与州县长官同除其害。

开元年间（713—741 年）

△峡口（湖北宜昌西陵峡口）多虎，往来舟船皆被伤害。自后但是有船将下峡之时，即预一人充饲虎，方举船无患。不然，则船中被害者众矣。襄（湖北襄樊）梁（陕西汉中）间多鸷兽，州有采捕将，散设槛阱取之，以为职业。

△西河（山西汾阳）属邑多虎，前守设槛阱，太守陆璪至，撤之，而虎不为暴。

天宝年间（742—756 年）

△鲁山（河南鲁山）部人为盗，被捕系狱。会县界有猛兽为暴，盗自陈愿格杀猛兽以自赎。县令元德秀许之。翌日，格猛兽而还。

大历年间（766—779 年）

△河南府登封县（河南登封）有虎为患，民患之，县主簿苏州吴县（江苏苏州）人顾少连命塞陷阱，独移文岳神，使虎不为害。御史大夫于顽荐其为监察御史。

贞元十四年（798 年）

△申州（河南信阳）多虎暴，白昼噬人。武将王征牧申州，大修擒虎具，备设兵仗坑陷，并悬重赏，得一虎而酬 10 匹缣。

元和八年（813 年）

△舒州桐城县（安徽桐城），自开元中徙治山城，地多猛虎、毒虺。桐城县令韩震焚薙草木，其害遂除。

大和七年以前（833 年以前）

△寿州霍山（安徽霍山）多虎，撷茶者病之，择肉于人，至春常修陷阱数 10 所，勒令狩猎者采虎之皮睛，不能止。大和二年至大和七年（828—833 年），李绅迁滁、寿二州刺史，悉除罢之，虎不为暴。李绅

离任后三载曾作诗忆其事。

（七）牛疫

唐代发生牛疫10次，以安史之乱为界，唐前期发生7次，唐后期3次，前期牛疫次数是后期的2.33倍。就发生地域来看，以贞观十道的划分标准，主要发生于关内道、河南道、剑南道和江南道。牛疫的发生主要在北方地区，关内道、河南道各2次，江南道、剑南道各1次，北方发生牛疫次数为南方的两倍。牛疫发生后，百姓无以耕种营农，夏州都督王方翼造人耕之法解决此问题，唐德宗则主要采取了给赐耕牛的方式。

永隆年间（680—681年）

△李全节任苏州常熟县（江苏常熟）县令期间，从江浦，至海沂，人尽郁蒸，牛多疫疠。

永淳元年（682年）

△夏州（陕西靖边北白城子）牛疫，无以营农，都督王方翼造人耕之法，施关键，使人推之，百姓赖焉。

长安年间（701—704年）

△河南牛疫，十不一在。

神龙元年（705年）

△自春及夏，河南牛多病死，疫气浸淫，至七月二十七日仍未息。

开元十五年（727年）

△二月，河北牛畜大疫，遣左监门将军黎敬仁往河北赈给贫乏。

贞元元年（785年）

△二月，以蝗旱之后，牛多疫死，剑南西川节度观察使韦皋、剑南东川节度使李叔明等诸道节度使咸进耕牛。德宗诏令诸道节度、观察使所进耕牛，委京兆府勘责，有地无牛百姓，量其产业，以所进牛均平给赐。其有田五十亩以下人，三两户共给牛一头，以济农事。

贞元七年（791年）

△三月，关辅（陕西关中）牛疫死，十亡五六。德宗遣中使以诸道两税钱买牛，散给畿民无牛者。

（八）大雾

唐代有 17 年次大雾记录，其中，景龙三年（709 年）发生两次大雾，则大雾共有 18 次。以安史之乱为界，唐前期发生 11 次，唐后期发生 7 次，前期发生频率高于后期。就发生地域来看，除 13 次未载大雾地点，其余 5 次全部发生于北方。以贞观十道的划分标准，涉及的北方地区包括京师（陕西西安）2 次，河南道的南阳（河南南阳）、徐州（江苏徐州）、河东道（山西省）各 1 次。其中，乾元三年（760 年）闰四月大雾影响最为严重，又雨，自四月至闰月末不止。时值史思明再次攻陷东都，京师（陕西西安）米斗 800 文，人相食，饿死者委骸于路。

永徽二年（651 年）

△十一月甲申，阴雾凝冻封树木，数日不解。

麟德元年（664 年）

△十二月癸酉，氛雾终日不解。

仪凤三年（678 年）

△十一月乙未，昏雾四塞，连夜不解。

长寿元年（692 年）

△九月戊戌，黄雾四塞。

神龙二年（706 年）

△三月乙巳，黄雾四塞。

景龙元年（707 年）

△九月四日，黄雾昏浊。

景龙二年（708 年）

△八月甲戌，黄雾昏浊不雨。

景龙三年（709 年）

△正月丁卯，黄雾四塞。

△十一月甲寅，日入后，昏雾四塞，经二日乃止。

开元五年（717 年）

△正月戊辰，昏雾四塞。

天宝十四载（755年）

△冬三月，常雾起昏暗，十步外不见人。

至德二载（757年）

△四月，安史将武令珣围南阳（河南南阳），白雾四塞。

乾元三年（760年）

△闰四月，时京师（陕西西安）大雾，自四月雨至闰月末不止。是月，史思明再陷东都，京师米斗800文，人相食，饿死者委骸于路。

贞元十年（794年）

△三月乙亥，黄雾四塞，日无光。

咸通九年（868年）

△十一月甲辰，徐州（江苏徐州）大雾昏塞，至于丙午。

乾符六年（879年）

△秋，多云雾晦暝，自旦及禺中乃解。

光启元年（885年）

△秋，河东（山西）大云雾。

光化四年（901年）

△冬，昭宗在长安（陕西西安）东内，武德门内烟雾四塞，门外日色皎然。

（九）雷震

唐代雷震记录共15年次15次，以安史之乱为界，唐前期发生7次，唐后期发生8次，基本相当。就发生地域来看，京师长安（陕西西安）3次，东都（河南洛阳）4次，还有1次不确定发生地点，但较可能发生于长安（陕西西安），两京雷震记录至少7次，占据唐代史载雷震记录的近一半。其余雷震记录的发生地较为分散，发生于河南偃师县（河南偃师）、汝州（河南汝州）各1次，京兆府所辖富平县（陕西富平）1次，镇西军（甘肃临夏）、四川广汉各1次。其中震电严重时有震死人、毁坏建筑及地裂现象，长安四年（704年）五月、大历十年（775年）四月、会昌三年（843年）均有人被雷电震死，特别是后一次，天火震死烧杀裨将10余人，羊、马、橐它数百，伤亡很大。开元十五年（727

年）、天宝二年（743年）两次雷震，引起火灾，延烧时间长，毁坏建筑较为严重。

贞观十一年（637年）

△四月甲子，震东都（河南洛阳）乾元殿前槐树。

天授元年（690年）

△九月，宗秦客以佞幸为检校内史，受命之日，东都（河南洛阳）无云而雷声震烈，未周岁而诛。

长安四年（704年）

△五月丁亥，长安（陕西西安）震雷，大风拔木，人有震死者。

延和元年（712年）

△六月，河南偃师县（河南偃师）李材村有霹雳闪入民家，地震裂，阔丈余，长15里，深不可测，所裂处井厕相通，或冲冢墓，棺柩出植平地无损。

开元十五年（727年）

△七月四日，雷震兴教门（位于河南洛阳）两鸱吻，栏槛及柱灾，烧楼柱，良久乃灭。

开元十八年（730年）

△二月丙寅，大雨雪，俄而雷震，左飞龙厩（位于陕西西安）灾。

天宝二年（743年）

△六月甲戌夜，雷震东京（河南洛阳）应天门观灾，延烧至左、右延福门，经日不灭。

大历十年（775年）

△四月甲申，雷电，暴风拔木飘瓦，人有震死者，京畿（陕西西安）害稼者七县。

建中四年（783年）

△四月丙子，东都畿汝节度使哥舒曜攻李希烈，进军至汝州襄城县（河南襄城）颍桥，大雨震电，人不能言者十三四，马驴多死。曜惧，还屯襄城。

长庆二年（822年）

△六月乙丑，大风震电，落太庙鸱尾，破御史台（位于陕西西安）树。

大和八年（834 年）

△七月辛酉，定陵台（位于陕西富平）大雨，震，庑下地裂 26 步。

会昌三年（843 年）

△吐蕃国人以赞普立非是，皆叛去。六月，恐热自号宰相，以兵二十万击婢婢，鼓鼙、牛马、橐它联千余里，至镇西军（治甘肃临夏），大风雷电，天火震死烧杀裨将 10 余人，羊、马、橐它亦数百。恐热恶之，盘桓不进，婢婢复遣使以金帛、牛酒犒师，并致书恐热，恐热引兵归。

乾宁四年（897 年）

△守中书令兼兴元尹、山南西道节度使李茂贞遣大将符道昭攻成都，至广汉（四川广汉），震雷，有石陨于帐前。

十、饥荒（起于灾害者）

唐代因自然灾害而引发的饥荒 47 年次 54 次，以安史之乱为界，唐前期 19 年次 22 次，唐后期 28 年次 32 次。其中，因旱灾而引起的饥荒 24 次，因水灾引起的饥荒 12 次，因蝗灾引起饥荒 4 次，因霜灾引起饥荒 3 次，因寒冻引起饥荒 2 次，因地震引起饥荒 1 次，因水旱引起饥荒 4 次，因蝗旱、旱霜、雨雪等共引发饥荒 4 次。除 1 次因地震引发的饥荒发生于吐蕃（西藏）外，依贞观十道的划分，唐代饥荒发生地域中仅剑南道没有因灾害引发饥荒。其中，史籍记载最多者包括京师在内的关内道，占唐代因自然灾害引发饥荒总次数的一半有余，其次是河南道、河北道、淮南道、江南道，河东、陇右、岭南、山南四道因灾害引发的饥荒次数最少。自然灾害对农业经济的影响最为直接，导致农作物减产、绝收，进而粮价高涨，引起饥荒。唐代饥荒大致分为人为导致的饥荒和自然灾害引起的饥荒两大类，人类社会对救灾不力也会引起饥荒。同时，一些重大的饥荒常与战争相伴随，战争与自然灾害共同作用并相互影响，是重大饥荒发生的常见背景。唐代饥荒近百年次，由自然灾害引发的不足二分之一。灾饥时，粮价常常翻番，甚至上涨成百上千倍。饥荒对灾民生活影响严重，引发了一系列社会问题，包括盗贼抢劫、旅途危险；饥民在走投无路的情况下，典贴货卖子女、弃子逐妻、父子相卖，得到几百钱或几斗米暂时活命而使家庭解体；还有很多饥民死亡或发生人相食的惨剧，妇孺更可能成为牺牲品。这些现象引起灾民家庭的内心焦虑愁苦，造成严重的心理创伤。

贞观元年（627 年）

△七月，关东（潼关以东地区）、河南、陇右（陇山以西地区）及沿边诸州，霜害秋稼。九月辛酉，太宗诏：河北燕赵之际，山西并潞所管及蒲（山西永济）虞（山西运城）之郊、豳（陕西彬县）延（陕西延安）以北，或春逢亢旱，秋遇霜淫，或蟊贼成灾，严凝早降，有致饥馑。令中书侍郎温彦博、尚书右丞相魏徵、治书侍御史孙伏伽、检校中书舍人辛谞等，分往诸州驰驿检行其苗稼不熟之处，存问户口乏粮之家。

△十月丁酉，以岁饥减膳。关中（陕西关中盆地）饥，米斗值绢一匹，至有鬻男女者。

贞观二年（628 年）

△三月，关中（陕西关中盆地）旱，大饥，民多卖子以接衣食。己巳，遣御史大夫杜淹巡检关内（潼关以西王畿附近地区），出御府金宝赎饥民鬻子者还之。庚午，太宗以旱蝗责躬，大赦。

△八月，河南、河北大霜，人饥。

显庆元年（656 年）

△二月，上封人奏称去岁（永徽六年）粟麦不登，百姓有食糟糠者。唐高宗命取所食物视之，惊叹手诏：近畿诸州去秋霖滞，便即罄竭，令所司常进之食三分减二。三月，澍雨，复常膳。

总章元年（668 年）

△京师（陕西西安）及山东、江、淮旱，饥。

咸亨元年（670 年）

△八月，关中（陕西关中盆地）旱，饥。闰九月癸卯，武皇后以久旱请避位，不许。该年，天下 40 余州旱及霜虫，百姓饥乏，关中（陕西关中盆地）尤甚，诏雍（陕西西安）、同（陕西大荔）、华（陕西华县）、蒲（山西永济）、绛（山西新绛）等五州百姓乏绝者，听于兴（陕

西略阳）、凤（陕西凤县东北凤州镇）、梁（陕西汉中）等州逐粮，诏通事舍人韦泰真转运江南租米以赈给之。

咸亨二年（671 年）

△高宗驾幸东都，留太子李贤于京师监国。时属大旱，关中（陕西关中盆地）饥乏，令取廊下兵士粮视之，见有食榆皮蓬实者，命家令等各给米使足。

仪凤年间（677—679 年）

△河西（黄河以西地区，即河西走廊与湟水流域）俭，诸州贫人死于道路，而肃州（甘肃酒泉）刺史王方翼全活者甚众。

永淳元年（682 年）

△京师（陕西西安）大雨，饥荒，米每斗 400 钱，加以疾疫，死者甚众。四月，唐高宗以关中饥馑，米斗三百，幸东都，时出幸仓猝，扈从之士有饿死于中道者。时关辅大饥，放雍州诸府兵士于邓、绥等州就谷。

△秋，山东大水，民饥。

永淳二年（683 年）

△关中旱俭，三辅荒馑荐饥，父兄转徙，妻子流离，委家丧业。

长寿元年（692 年）

△江淮旱，饥。五月丙寅，禁天下屠杀及捕鱼虾。江淮饥民饿死者甚众。

长安四年（704 年）

△自九月至十一月，日夜阴晦，大雨雪，都中（陕西西安）人有饥冻死者，令官司开仓赈给。

神龙三年（707 年）

△夏，山东、河北 20 余州旱，饥馑疾疫死者数千计，遣使赈恤。

开元二年（714 年）

△正月戊寅，玄宗敕：三辅近地，豳陇之间，顷缘水旱，素不蓄储，嗷嗷百姓，已有饥者。令兵部员外郎李怀让、主爵员外郎慕容珣分道即驰驿往岐（陕西凤翔）、华（陕西华县）、同（陕西大荔）、豳（陕西彬县）、陇（陕西陇县）等州赈灾，以当处义仓量事赈给，如不足，兼以正仓及永丰仓米充。

△六月，终南山（陕西秦岭山脉）竹开花结子，绵亘山谷，大小如麦。其岁大饥，其竹并枯死。岭南亦然，人取而食之。

开元五年（717年）

△五月，玄宗诏：河南河北去年不熟，今春亢旱，全无麦苗，虽令赈给，未能周赡，所在饥毙，特异寻常。令本道按察使安抚赈恤，并令劝课种黍稷及早谷等，使得接粮。

开元十一年（723年）

△山东旱俭，朝议选朝臣为刺史以抚贫民。

开元十五年（727年）

△七月戊寅，冀州（河北深州）、幽州（北京）、莫州（河北任丘）大水，河水泛溢，漂损居人室宇及稼穑，并以仓粮赈给之。八月，玄宗制：河北州县水灾尤甚，令所司量支东都租米20万石赈给。十二月，以河北饥甚，转江淮租米百万余石赈给之。

开元二十一年（733年）

△九月，关中（陕西关中盆地）久雨害稼，京师（陕西西安）饥，诏出太仓米200万石给之。因秋霖害稼，京城谷贵。唐玄宗将幸东都，召京兆尹裴耀卿问救人之术。耀卿请罢陕陆运，而置仓河口，使江南漕舟至河口者，输粟于仓而去，县官雇舟以分入河、洛。凡三岁，漕700万石，省陆运佣钱30万缗。

开元二十九年（741年）

△岳州（湖南岳阳）荒旱，人多荸馁，岳州刺史欧阳璀以禄奉职田并率官吏食饿者千余人，凡月余，多所全活。

天宝十三载（754年）

△八月，自去岁水旱相继，关中（陕西关中盆地）大饥。杨国忠恶京兆尹李岘不附己，以灾沴归咎于岘，九月，贬长沙太守。

上元元年（760年）

△闰四月，时大雾，自四月雨至闰月末不止。米价翔贵，人相食，饿死者委骸于路。京师（陕西西安）旱歉，米斗值数千，死者甚多。李皋度俸不足养，亟请外官，不允，乃故抵微法，贬温州长史。

△温州（浙江温州）旱，饥民交走，死无吊。温州长史李皋俄摄州

事，发官廪数十万石赈饿者。三吴（吴郡、吴兴、丹阳，即江苏苏州、湖州、润州）大旱饥甚，人相食，明年大疫，死者十七八。

广德二年（764年）

△王畿（陕西西安）水旱为灾，时岁饥荒，人甚不安，市无赤米，囷发滞积，利归强家。萧复家百口，不自振，议鬻昭应（陕西临潼）墅。礼部侍郎贾至以时艰岁歉，举人赴省者，奏请两都试举人。

永泰元年（765年）

△先旱后水。三月，岁饥，京师（陕西西安）米斗千钱，诸谷皆贵。

大历四年（769年）

△秋，大雨，自四月霖澍，至九月。京师（陕西西安）米斗800文，官出太仓米贱粜以救饥人。

大历五年（770年）

△夏，复大雨，京城（陕西西安）饥，出太仓米减价以救人。

大历三年至大历八年（768—773年）

△独孤及历濠（安徽凤阳）、舒（安徽潜山）二州刺史，岁饥旱，邻郡庸亡十四以上。

大历十三年（778年）

△淫雨害于粢盛，人多道殣，邑无遗堵，易州（河北易县）刺史张孝忠缉捕亡、恤鳏寡，躬问疾苦，忧人阻饥，使屡空之家无不自给，负米之孝，如其亟归。

兴元元年（784年）

△秋，蝗遍远近，草木无遗，唯不食稻，大饥，道殣相望。太仓粮竭，泾源兵变中被拥立为帝的朱泚督吏索观寺余米万斛，鞭扑流离，士寝饥。

△闰十月乙亥，唐德宗诏幽（即卢龙镇，治幽州，即北京）、易定（治定州，即河北定州，辖易州、定州）、魏博（治魏州，即河北大名，领魏、博、贝、相、澶、卫等州）等八节度，螟蝗为害，百姓饥馑，每节度赐米五万石，河阳（河南孟县）、东畿（河南洛阳）各赐3万石，所司搬运，于楚州（江苏淮安）分付。

贞元元年（785 年）

△正月戊戌，大风雪，寒。去秋螟蝗，冬旱，至是雪，寒甚，民饥冻死者踣于路。二月，河南、河北饥，米斗千钱。东都（河南洛阳）米每斗值千钱，饥馑塞道。四月，时关东（潼关以东地区）大饥，赋调不入，由是国用益窘。关中（陕西关中盆地）饥民蒸蝗虫而食之。十一月，以岁凶谷贵，衣冠窘乏，诏文武常参官共赐钱 700 万贯。

贞元二年（786 年）

△五月，京师（陕西西安）自癸巳日大雨至于丙申日，饥民俟夏麦将登，又大雨霖，众心恐惧，米复千钱。己亥，百僚请上复常膳；是时民久饥困，食新麦过多，死者甚众。

贞元十五年（799 年）

△二月，以久旱岁饥，出太仓粟 18 万石，于京畿（陕西西安）诸县贱粜，以救贫人。

贞元十九年（803 年）

△关中（陕西关中盆地）旱饥，京畿诸县夏逢亢旱，秋又早霜。田种所收，十不存一。人死相枕藉，吏刻取怨，至闻有弃子逐妻以求口食，坼屋伐树以纳税钱；寒馁道途，毙踣沟壑。有者皆已输纳，无者徒被追征。专政者恶侍御史韩愈请宽免民徭而免田租之弊，贬其为连州阳山（广东阳山）令。

贞元二十年（804 年）

△春夏旱，关中（陕西关中盆地）大歉，京兆尹李实为政猛暴，方务聚敛进奉，由是租税皆不免，人穷无告，乃撤屋瓦木，卖麦苗以供赋敛。

贞元年间（785—805 年）

△关中无岁，南徐盐铁从事崔逢（750—823 年）督郡县米三万斛以苏京师（陕西西安），克日而至。

元和四年（809 年）

△正月，南方旱饥。庚寅，命左司郎中郑敬等为江淮、二浙、荆湖、襄鄂等道宣慰使赈恤。三月，宪宗以久旱，欲降德音。闰三月己酉，依翰林学士李绛、白居易请求，制降天下系囚，蠲租税，出宫人，

绝进奉，禁岭南、黔中、福建等地掠良人卖为奴婢。

△秋，宣歙（治宣州，即安徽宣州，领宣、歙、池三州）观察使卢坦到官，值旱饥，谷价日增，或请抑其价。卢坦不抑，既而米斗二百，商旅辐凑，民赖以生。

长庆年间（821—824 年）

△南方旱歉，人相食，淮南节度使王播掊敛不少衰，民皆怨之。然浚七里港以便漕运，后赖其利。

宝历二年至大和元年（826—827 年）

△属岁荒，旱饥，百姓阻饥，郑州（河南荥阳）刺史狄兼謩以常平义仓粟 20200 石逐便赈给，讫事上闻，民人不流徙。

大和三年（829 年）

△十一月，令狐楚进位检校右仆射、郓州（山东东平）刺史、天平军节度、郓曹濮（治郓州）观察等使。属岁旱俭，人至相食，楚均富赡贫，而无流亡者。

大和六年（832 年）

△二月，令狐楚改太原尹、北都留守、河东节度等使。楚久在并州（山西太原），练其风俗，因人所利而利之，虽属岁旱，人无转徙。

开成四年（839 年）

△自吐蕃以论集热来朝，国中（西藏）地震裂，水泉涌，岷山崩；洮水逆流三日，鼠食稼，人饥疫，死者相枕藉。

开成元年至开成五年（836—840 年）

△河南道登州（山东蓬莱）、青州（山东青州）、莱州（山东莱州），河北赵州（河北赵县），河东蒲州（山西永济）等地域，连续三四年蝗灾，引发饥荒，蝗虫满路，吃粟谷尽，官私饥穷，村乡百姓忧愁。青州粟米每斗 80 文，粳米每斗 100 文。无粮可吃。登州界专吃橡子为饭。百姓饥贫引起不少贼人杀夺现象，行路艰难，出行要多人大道同行。

△歙县尉崔某之妻魏氏（787—841 年）寡居 27 年，独自抚育三子成人，常有饥寒之苦。后随幼子崔循生活。值此时期岁荒，家计尤窘。至会昌元年（841 年）夏，一家往往因绝粮而拱手相视。魏氏患疾，家

徒壁立，至闰九月离世。

大和元年至开成五年（827—840 年）

△苏州（江苏苏州）大水饥歉，编户男女多为诸道富家并虚契质钱，父母得钱数百、米数斗而已。

大中六年（852 年）

△七月，淮南旱饥，民多流亡，道路藉藉。

咸通三年（862 年）

△五月，夏，淮南、河南蝗旱，民饥。

咸通十四年（873 年）

△关东（潼关以东地区）旱灾，自虢至海，麦才半收，秋稼几无，冬菜至少，贫者碾蓬实为面，蓄槐叶为齑。所在皆饥，无所依投，坐守乡间，待尽沟壑。州县督趣上供及三司钱甚急，动加捶挞，百姓虽撤屋伐木，雇妻鬻子，止可供所由酒食之费，未得至于府库。

乾符初年（874 年）

△大水，山东饥。神策中尉田令孜督赋益急，王仙芝、黄巢等起，天下遂乱，公私困竭。

光启二年（886 年）

△淮南饥，蝗自西来，行而不飞，浮水缘城而入府第。道院竹木，一夕如翦，经像幢节，皆啮去其首。

△十一月，淮南阴晦雨雪，至明年二月不解。是冬苦寒，九衢积雪，比岁不稔，食物踊贵，道殣相望，饥骸蔽地。

天复二年（902 年）

△十一月，汴军围鄜州（陕西富县）城。冬，大雪，城中食尽，冻馁死者不可胜计；或卧未死，肉已为人所刽。市中卖人肉斤值钱百，犬肉值五百。李茂贞储偫亦竭，昭宗御膳食犬彘。

天祐三年（906 年）

△陈州（河南淮阳）大水，民饥，有物生于野，形类葡萄，其实可食，贫民赖之。

表 3-2　唐代前后期自然灾害发生年次统计表

灾种	阶段		合计	后期与前期年次差额
	唐前期（608—755 年）	唐后期（756—907 年）		
旱灾	80	90	170	10
水灾	81	92	173	11
虫灾	18	30	48	12
疫灾	15	27	42	12
地震	33	47	80	14
风灾	30	35	65	5
雹灾	18	26	44	8
火灾	24	38	62	14
冻灾	8	16	24	8
沙尘	6	13	19	7
霜灾	15	12	27	−3
雪灾	9	27	36	18
鼠患	6	2	8	−4
虎患	3	4	7	1
兔患	1	0	1	−1
牛疫	7	3	10	−4
大雾	10	7	17	−3
雷震	7	8	15	1
饥荒	19	28	47	9
合计	390	505	895	——

文献出处:《旧唐书》《新唐书》《旧五代史》《唐会要》《资治通鉴》《通典》《册府元龟》《贞观政要》《唐大诏令集》《元和郡县图志》《入唐求法巡礼行记》《〈龙筋凤髓判〉校注》《太平广记》《大唐新语》《明皇杂录》《宣室志》《酉阳杂俎》《高力士外传》《全唐诗》《颜真卿集》《柳河东集》《毗陵集》《白居易集》《元稹集》《皇甫持正集》《刘禹锡集》《韩愈文集汇校笺注》《文苑英华》《全唐文》《唐代墓志汇编》《唐代墓志汇编续集》《八琼室金石补正》《宋高僧传》《续高僧传》《佛祖统记》《云笈七签》等。

注:本表中所列灾害次数的统计单位为年,即当年发生某种灾害 1 次,记 1 次。不同种类灾害的发生年次分别计算。

第三章　五代十国灾情

　　五代十国时期，水灾、旱灾、虫灾、疫灾、地震、风灾、火灾、雪灾、雹灾、大雾、冻灾、霜灾、雷震、沙尘等诸种自然灾害总计发生137年次。其中，水灾和旱灾发生年次最多，分别为34年次和26年次，其次是虫灾和地震，均发生14年次。五代政权中，以后唐、后晋发生灾害年次最多，分别为38年次和31年次；其次是后梁17年次、后周13年次、后汉11年次；十国诸政权史载灾害偏少，计30年次，包括吴越、后蜀各8年次，南唐6年次，前蜀、吴各3年次，闽2年次，荆南1年次。五代十国时期自然灾害的总体情况，见本章后的表3-3：五代十国时期自然灾害发生年次统计表。中国北方发生自然灾害远较南方地区为多。此时期南北政权交替频繁，北方战事频仍，官府对灾害常无力顾及，表现出以祈祷禳灾为主的救灾方式，当时大水导致河水漫溢，淹没城镇，毁坏河堤桥梁，流民溺死流离颇多；地震则毁坏建筑、压死百姓，引起民众极大的恐慌心理；风雹灾害则引致拔木伤稼乃至掀翻房屋，坏州郡镇成屋宇等；火灾焚烧宫室府库及宝货、延烧庐舍；还有军士、吏民因雪灾被冻死。

一、水灾

　　五代时期水灾记录有34年次，包括后梁5年次，后唐11年次，后晋9年次，后汉3年次，后周6年次。其中，有11年每年发生2次水灾，有3年每年发生3次水灾，有3年发生4次水灾，有2年发生5次水灾，合计68次。十国地区，吴越、辽、后蜀等也有水灾发生。水灾是五代十国时期发生次数最多的自然灾害。就发生地域来看，北方地区较南方地区为多。水灾发生区域主要集中于河南地区，其次是山南地区，再次是河北地区，又次是河东、关中和陇右地区，淮南、剑南、江南也有涉及。此时期水灾后果非常严重，导致庄稼受损、城池庐舍损坏、桥梁堤坝冲毁、民人溺死颇多，黄河决口 20 次以上，因之饥饿而死者无数。其中，最为严重者，为贞明七年（921 年）的后梁镇州（河北正定）滹沱暴涨，同光三年（925 年）的后唐持续两个半月的大范围水灾，长兴二年（931 年）的后唐郓州（山东东平）黄河暴涨，天福六年（941 年）的后晋泾州（甘肃泾川）雨雹、滑州（河南滑县）河决，广政十五年（952 年）的后蜀成都大水，显德六年（959 年）的后周州郡十六大雨连旬不止。由于水灾来势汹汹，十分危急，五代十国各政权较为重视，一方面进行开仓赈济、官仓粜米、修筑堤防、遣使存问，皇帝甚至亲自观水等以防救灾，另一方面采取祈祷、禜城门、梳理系囚、上疏言政等方式以禳灾，也有官员因救灾弛慢而受到惩处。

后梁开平二年（908 年）

△七月甲戌，大霖雨，陂泽泛溢，颇伤稼穑，梁太祖幸右天武军（河南开封）河亭观水。

后梁开平三年（909 年）

△六月己亥，梁太祖以久雨命官祈祷于神祠、灵迹。八月甲午，以秋稼将登，霖雨特甚，又命宰臣以下祷于社稷诸祠。

后梁开平四年（910 年）

△宋州（河南商丘）大水。四月丁卯，宋州节度使衡王朱友谅献瑞麦，梁太祖诏除产瑞麦之县县令名，遣使诘责友谅，罢之，居京师（河南洛阳）。

△五月己丑朔至壬辰，连雨不止，梁太祖命宰臣分拜祠庙。

△九月辛丑，以久雨，梁太祖命宰臣薛贻矩禜定鼎门，赵光逢祠嵩岳。

△十月，梁（陕西汉中）、青（山东青州）、宋（河南商丘）、辉（山东单县）、冀（河北深州）、亳（安徽亳州）水，诏令本州以省仓粟、麦等开仓赈贷。十二月己巳，梁太祖诏：滑（河南滑县）、宋、辉、亳等州，涝水败伤，令本州分等级赈贷。

后梁乾化五年（915 年）

△晋王李存勖遣刘郭军倍道兼行，皆腹疾足肿，加以山路险阻，崖

谷泥滑，缘萝引葛，方得少进。六月，前军至乐平（山西昔阳），时霖雨积旬，师不克进，郭即整众而旋。

后梁贞明七年（921 年）

△二月，滹沱暴涨，漂镇州（河北正定）关城之半，溺死者千计。

后唐同光二年（924 年）

△七月，汴州雍丘县（河南杞县）大雨风，拔树伤稼。曹州（山东曹县）大雨，平地水三尺。甲辰，以曹（山东曹县）濮（山东鄄城）连年河患，唐庄宗遣右监门卫上将军娄继英督汴滑兵士修酸枣县堤。寻而复坏，次年正月，青州符习承命左役徒修尧堤，三月壬寅，修尧堤水口毕。

△八月，大雨，河水漫溢，流入郓州（山东东平）界。汴州（河南开封）奏，大水损稼。宋州（河南商丘）大水，汴、郓、曹（山东曹县）等州大雨，损稼。癸巳，以霖雨，放朝参三日。陕州（河南陕县）奏，河水溢岸。九月壬子，置水于城门，以禳荧惑。十月，郓州清河泛溢，坏庐舍。己卯，汴、郓二州奏，大水。十一月，以今秋天下州府多有水灾，特放百姓秋税加耗。

后唐同光三年（925 年）

△夏，霖雨不止，大水害民田，民多流死。

△九月，司天监奏：自七月三日阴云大雨，至九月十八日后方晴。其间，昼夜阴晦，未尝澄霁，江河漂溢，堤防坏决，天下皆诉水灾。七月，滑州（河南滑县）黄河决，许州（河南许州）、滑州大水。壬子，河阳（河南孟县）、陕州（河南陕县）上言，河溢岸。陕州河涨二丈二尺，坏浮桥，入城门，居人有溺死者。乙卯，汴州（河南开封）上言，汴水泛涨，恐漂没城池，于州城东西权开壕口，引水入古河。泽潞（治山西长治，领泽、潞、邢、洺、磁五州）上言，自今月一日雨，至十九日未止。巩县（河南巩义）河堤破，坏仓廒。八月，凤翔（陕西凤翔）奏，大水。青州（山东青州）大水、蝗。九月朔，河阳（河南孟县）奏，黄河涨一丈五尺。镇州（河北正定）、卫州（河南卫辉）奏，水入城，坏庐舍。庚子，襄州（湖北襄樊）奏，汉江涨溢，漂溺庐舍。

△七月丁酉，以久雨，唐庄宗诏河南府（河南洛阳）依法祈晴。洛

水泛涨，坏天津桥，漂近河庐舍，舣舟为渡，日有覆溺者。八月，敕以洛阳天津桥未通往来，百官以舟楫济渡，兼蹈泥涂。自今文武百官，三日一趋朝，宰臣即每日中书视事。

△七月丁未，邺都副留守张宪虑漂溺城池，于石灰窑口（河北大名北）开故河道，以分水势。八月，邺都（河北大名）大水，御河泛溢。

△秋，两河之民，流徙道路，京师（河南洛阳）赋调不充，六军之士，往往殍踣。乃预借明年夏、秋租税，百姓愁苦，号泣于路，而唐庄宗方与后畋游不息。闰十二月，两河大水，户口流亡者十四五，京师乏食尤甚，鬻子去妻，老弱采拾于野，殍踣于行路者，军士妻子皆采稆以食。甲申，唐庄宗以朱书御札诏百僚上封事，以今岁水灾异常，人户流徙，以避征赋，关市之征，抽纳繁碎，令宰臣商量条奏。至次年正月，自京以来，幅员千里，水潦为沴，流亡渐多。唐庄宗敕：自今月三日后，避正殿，减常膳，撤乐省费，以答天谴。

后唐天成元年、吴越宝正元年（926 年）

△八月壬辰，以京城（河南洛阳）久雨，放百僚朝参，唐明宗诏天下疏理系囚。

△吴越大水，中吴军尤甚，水中生米大如豆，民取食之。

后唐天成二年（927 年）

△八月，华州（陕西华县）上言，渭河泛滥害稼。

后唐天成三年（928 年）

△三月丁未朔，以久雨，唐明宗诏文武百辟极言时政得失。

△闰八月二十七，大水，河水溢。

后唐天成四年（929 年）

△十一月丁卯，洛州（河南洛阳）水暴涨，坏居人垣舍。

后唐长兴元年（930 年）

△夏，鄜州（陕西富县）上言，大水入城，居人溺死。

后唐长兴二年（931 年）

△六月壬戌，汴州（河南开封）上言，大雨，雷震文宣王庙讲堂。

△十一月壬子，郓州（山东东平）上言，黄河暴涨，漂溺 4000 余户。

后唐长兴三年、辽天显七年（932年）

△四月，棣州（山东惠民）上言，水坏其城。己巳，郓州（山东东平）上言，黄河水溢岸，阔30里，东流。五月丁亥，申州（河南信阳）大水，平地深七尺。戊申，襄州（湖北襄樊）上言，汉江大涨，水入州城，坏民庐舍；又坏均州（湖北丹江口）郛郭，水深三丈，居民登山避水，仍画图以进。甲子，洛水溢，坏民庐舍。

△六月丁巳，卫州（河南卫辉）奏，河水坏堤，东北流入御河。唐明宗诏以霖雨积旬，释放京城（河南洛阳）诸司系囚。甲子，以大雨未止，放朝参两日。洛水涨泛二丈，庐舍居民有溺死者。金（陕西安康）、徐（江苏徐州）、安（湖北安陆）、颍（安徽阜阳）等州大水，遣使存问。

△七月，秦（甘肃天水）、凤（陕西凤县东北凤州镇）、兖（山东兖州）、宋（河南商丘）、亳（安徽亳州）、颍（安徽阜阳）、邓（河南邓州）大水，漂邑屋，损苗稼。丁未，诏诸州府遭水人户各支借麦种及等第赈贷。以宋州（河南商丘）管界，水灾最盛，人户流亡，粟价暴贵，于本州仓出斛斗，依时出粜，以救贫民。秦州（甘肃天水）大水，溺死窑谷内居民36人。夔州（四川奉节）赤甲山崩，大水漂溺居人。

△八月壬戌，捕鹅于沿柳湖，风雨暴至，舟覆，溺死者60余人。

△十月，襄州（湖北襄樊）奏，汉水溢，坏民庐舍。

后唐应顺元年（934年）

△九月，连雨害稼，分命太子宾客李延范等禜诸城门，太常卿李怿等告宗庙社稷。京师（河南洛阳）大雨，雹如弹丸。甲辰，以霖霪甚，诏都下诸狱委御史台宪录问，诸州县差判官令录亲自录问，画时疏理。

后唐清泰二年（935年）

△六月，时契丹屡寇北边，禁军多在幽、并，石敬瑭与赵德钧求益兵运粮，朝夕相继。乙酉，诏镇州（河北正定）输绢五万匹于总管府，籴军粮，率镇冀人车1500乘运粮于代州（山西代县）；又诏魏博市籴。时水旱民饥，北面马步军都总管石敬瑭遣使督趣严急，山东之民流散。

后晋天福二年（937 年）

△六月，襄州（湖北襄樊）奏，江水涨一丈二尺。

△八月，庚子，华州（陕西华县）渭河泛溢，害稼。

后晋天福三年（938 年）

△八月甲申，襄州（湖北襄樊）奏，汉江水涨一丈一尺。己丑，蠲水旱民税。九、十月，襄州（湖北襄樊）奏，汉江水涨三丈，出岸害稼。

△九月，东都（河南开封）奏，洛阳水涨一丈五尺，坏下浮桥。

△十月，霖雨积旬。河决郓州（山东东平）。

后晋天福四年（939 年）

△六月庚辰，西京（河南洛阳）大风雨，应天（河南商丘）福门屋瓦皆飞，鸱吻俱折。七月，西京大水，伊、洛、瀍、涧皆溢，坏天津桥。河决博州（山东聊城巢陵城）。八月朔，河决博平（山东茌平），甘陵（山东临清）大水。

后晋天福五年、吴越钱元瓘九年（940 年）

△十一月癸未，以大水，移德州长河县（山东德州东）。

△吴越国姑苏（江苏苏州）、吴兴（浙江湖州）、嘉禾（浙江嘉兴）三郡大水。

后晋天福六年（941 年）

△五月庚午，泾州（甘肃泾川）奏，雨雹，川水大溢，坏州郡镇戍34 城。

△九月丙戌，兖州（山东兖州）上言，水自西来，漂没秋稼。河决中都（山东汶上），入于沓河。辛酉，滑州（河南滑县）河决，一溉东流，乡村户民携老幼登丘冢，为水所隔，饿死者甚众。晋高祖诏所在发舟楫以救之。兖州、濮州（山东鄄城）界皆为水所漂溺，十月丁亥朔，命鸿胪少卿魏玭、将作少监郭廷让、右领军卫将军安璠、右骁卫将军田峻于滑（河南滑县）、濮（山东鄄城）、澶（河南濮阳东）、郓（山东东平）四州，检河水所害稼，并抚问遭水百姓。兖州又奏，河水东流，阔七十里，水势南流入沓河及扬州河。

后晋天福七年（942 年）

△三月己未，宋州节度使安彦威奏，到滑州（河南滑县）修河堤，

时以瓠子河涨溢，晋高祖命宋州节度使安彦威率丁夫塞之。彦威督诸道军民自豕韦之北，筑堰数十里，出私钱募民治堤，民无散者，竟止其害，郓（山东东平）曹（山东曹县）濮（山东鄄城）赖之，以功加邠国公，诏于河决之地建碑立庙。

△五月，州郡五奏大水。

△七月，安州（湖北安陆）奏，水平地深七尺。

后晋天福八年（943年）

△七月朔，京师（河南开封）雨水深三尺。

后晋开运元年（944年）

△六月，黄河、洛河泛溢，坏堤堰，郑州原武（河南原阳）、荥泽县（河南郑州西北古荥镇北五里）界河决。丙辰，河决滑州（河南滑县），浸汴（河南开封）、曹（山东曹县）、单（山东单县南）、濮（山东鄄城）、郓（山东东平）五州之境，环梁山，入于汶、济。晋出帝诏大发数道丁夫塞之。

后晋开运三年（946年）

△六月，河决渔池（河南滑县东北）。大饥，群盗起。

△七月，大雨，水，河决杨刘（山东东阿杨柳乡）、朝城（山东莘县朝城镇）、武德（河南温县武德镇），西入莘县（山东莘县），广40里，自朝城北流。辛亥，宋州谷熟县（河南虞城谷熟镇）河水雨水一概东流，漂没秋稼。自夏初至是，河南、河北诸州郡饿死者数万人，群盗蜂起，剽略县镇，霖雨不止，川泽泛涨，损害秋稼。

△八月，秦州（甘肃天水）雨，两旬不止，邺都（河北大名）雨水一丈，洛京（河南洛阳）、郑州（河南荥阳）、贝州（河北清河）大水，邺都、夏津（山东夏津）、临清（河北临西），饿死饥民3300人。盗入临濮（山东鄄城县西南临濮集）、费县（山东费县）。辛酉，河溢历亭（山东武城）。

△九月，河决澶（河南濮阳东）、滑（河南滑县）、怀州（河南沁阳）。大雨霖，河决澶州临黄（河南范县）。黄河自澶州观城县界（山东莘县观城镇）楚里材堤决，东北经临黄、观城两县，隔绝村乡人户。甲辰，晋出帝诏开封府，以霖雨不止，应京城（河南开封）公私僦舍钱放

一月。河南、河北、关西（陕西潼关以西地区）诸州奏，大水霖雨不止，沟河泛滥，水入城郭及损害秋稼。契丹瀛州刺史云：今秋苦雨，川泽涨溢，自瓦桥以北，水势无际。秋，天下大水，霖雨 60 余日，饥殍盈路，居民拆木以供爨，刈藁席以秣马牛。

△十月，河决卫州（河南卫辉），丙寅，河决原武（河南原阳）。

后汉乾祐元年（948 年）

△四月，河决原武（河南原阳）。五月乙亥，滑州（河南滑县）言河决鱼池（河南滑县东北）。

后汉乾祐二年（949 年）

△九月，邺都（河北大名）、磁（河北磁县）、相（河南安阳）、邢（河北邢台）、洺（河北永年）等州奏，霖雨害稼。西京（河南洛阳）奏，洛水溢岸。

后汉乾祐三年（950 年）

△闰五月癸巳，京师（河南开封）西北风暴雨，至戴娄门外，坏营舍瓦木，吹郑门扉起，十余步而坠，拔大树数十，震死者六七人，平地水深尺余，池隍皆溢。六月癸卯，河决郑州原武（河南原阳）。

△七月庚午，河阳（河南孟县）奏，河涨三丈五尺。乙亥，沧州（河北沧县）奏，积雨约一丈二尺。安州（湖北安陆）奏，沟河泛溢，州城内水深七尺。

后周广顺元年（951 年）

△六月，邢州（河北邢台）大雨霖。邺都（河北大名）、洺（河北永年）、沧（河北沧县）、贝（河北清河）等州大雨霖。

后周广顺二年、后蜀广政十五年（952 年）

△二月庚申，齐州言禹城县（山东禹城）二年水，民饥流亡。见固河仓有濮粮 52000 余斛欲赈贷，周太祖敕诸邑留二三千斛给巡检职员，余并赈贷贫民。

△六月，天地昏暗，大雨雹，灌口（四川都江堰）奏岷江大涨，锁塞龙处铁柱频撼。丁酉，蜀大水入成都，坏延秋门。漂没千余家，溺死 5000 余人，冲毁太庙四室及司天监（均位于河南开封）。戊戌，大赦境内，赈水灾之家，蜀主孟昶命宰相范仁恕祷青羊观，又遣使往灌州（四

川都江堰），下诏罪己。

△七月，暴风雨，京师（河南开封）水深二尺，坏墙屋不可胜计。诸州皆奏大雨，所在河渠泛溢害稼。丙辰，大风雨，破屋拔树，尚书省都堂有龙穿屋坏兽角而去，西壁有爪迹存焉。襄州（湖北襄樊）大水。

△十月，契丹瀛（河北河间）、莫（河北任丘）、幽州（北京）大水，流民入塞散居河北者数十万口，契丹州县亦不之禁。周太祖诏所在赈给存处之，中国民先为所掠，得归者十五六。

△十二月丙戌，河决郑（河南荥阳）、滑（河南滑县），遣使行视修塞。

后周广顺三年（953年）

△正月，周太祖以河决为忧，大臣王峻自请往行视，许之。

△六月，河南、河北诸州大水，霖雨不止，川陂涨溢。襄州（湖北襄樊）汉水溢入城，深一丈五尺，仓库漂尽，居民皆乘筏登树，溺者甚众。群乌集潞州（山西长治），河南无乌。七月朔，徐州（江苏徐州）言，龙出丰县（江苏丰县）村民井中，即时澍雨，漂没城邑。

△八月丁卯，河决河阴（河南郑州），京师（河南开封）霖雨不止。所在州郡奏，霖雨连绵，漂没田稼，损坏城郭庐舍。淄州（山东淄博）临河镇淄水决，邹平（山东邹平东北）、长山（山东邹平长山镇）4000人堙塞。河阴（河南郑州）新堤坏300步，遣中使于赟往相度修治。诸卫将军、内衣库使齐藏珍奉命滑州（河南滑县）界巡护河堤，以弛慢致河决，丙辰，除名，配流沙门岛。

△九月，东自青（山东青州）、徐（江苏徐州），南至安（湖北安陆）、复（湖北天门），西至丹（陕西宜川）、慈（河北磁县），北至贝（河北清河）、镇（河北正定），皆大水。十一月辛卯，周太祖敕膳部员外郎刘表微往兖州（山东兖州）开仓，减价粜粟，以水害稼救饥民。十二月，以亳州（安徽亳州）、颍州（安徽阜阳）大水民饥，所有仓储及永城仓，度支给军食一年外，遣使减价出粜。

后周显德元年（954年）

△郓州（山东东平）界河决，数州之地，洪流为患。河水自杨刘（山东东阿杨柳乡）北，至博州（山东聊城）界120里，连岁东岸分流为12派。复汇为大泽，漫漫数百里，又东北坏古堤，而出注齐（山东

济南）棣（山东惠民）淄（山东淄博）青（山东东平），至于海滨，坏民庐舍、占民良田，殆不可胜计，流民但收野稗捕鱼而食。十一月戊戌，周世宗命宰臣李谷往郓齐管内相度修筑河堤。计役徒六万，30 而罢，次年三月壬午，李谷治河堤回。

后周显德五年（958 年）

△闰七月壬戌，河决河阴县（河南郑州），溺死 42 人。

△八月庚辰，延州（陕西延安）奏，滗溪水涨，坏州城，溺死者百余人。

后周显德六年（959 年）

△六月，州郡十六奏大雨连旬不止。丙子，郑州（河南荥阳）奏河决原武（河南原阳），诏宣徽南院使吴延祚发近县丁夫二万人以塞之。七月，诸道相继奏，大雨，所在川渠涨溢，漂溺庐舍，损害苗稼。

△九月，京师（河南开封）及诸州郡霖雨逾旬，所在水潦为患，川渠泛溢。

△十二月乙未，大霖，昼昏，凡四日而止，周世宗分命使臣赈给诸州遭水人户。

二、旱灾

五代十国时期旱灾记录有 26 年次，包括后梁 5 年次，后唐 9 年次，后晋 7 年次，后汉、后周各 2 年次，吴、前蜀、南唐、吴越各 1 年次。其中，有 7 年每年发生 2 次旱灾，有 4 年每年发生 3 次旱灾，有 1 年发生 4 次旱灾，合计 44 次。就发生地域来看，以北方地区为主，主要集中于河南、河北及河东地区，关中、陇右地区亦有；南方地区仅 8 次，涉及江南、淮南和山南地区及蜀地。此时期政权更迭频繁，整体上对于自然灾害救济不力，而且祈祷禳灾较多，但吴越、南唐对灾害的救治比较好，总的来看，此时期旱灾影响较大。

后梁开平二年（908 年）

△二月，以自去冬少雪，久无时雨，兼虑有灾疾，梁太祖命庶官遍祀于群望，掩瘗暴露，令近镇案古法以禳祈，旬日乃雨。

△六月辛亥，以亢阳，虑时政之阙，决遣囚徒及戒励中外。

后梁开平四年（910年）

△八月，梁高祖车驾西征，己巳，次陕府（河南陕县），是时悯雨，命宰臣从官分祷灵迹，日中而雨，翌日止。

后梁乾化元年（911年）

△三月辛卯，以梁太祖久旱，令宰臣分祷灵迹，翌日大澍雨。

△十一月壬辰，梁太祖诘旦离孟州，晚至都（河南开封），改变以往以两省无功职事官祈雨的故事，宣宰臣亲躬其事，各赴望祠祷雨。辛丑，大雨雪。

后梁乾化二年（912年）

△正月甲申，以时雪久愆，命丞相及三省官群望祈祷。二月癸丑，敕：春寒颇甚，雨泽仍愆，司天监占以夏秋必多霖潦，令所在郡县告谕百姓，备淫雨之患。三月戊申，以雨泽愆期，祈祷未应，诏令宰臣各于魏州（河北大名）灵祠精加祈祷。

△五月辛卯，以亢阳滋甚，诏令宰臣于兢赴中岳，杜晓赴西岳祈祷。其近京灵庙，委河南尹，五帝坛、风师雨师、九宫贵神，委中书各差官祈之。

后梁贞明五年、吴武义元年（919年）

△七月，吴越大旱，水道涸。壬申，吴越王钱镠遣钱传瓘与吴国徐温战于无锡（江苏无锡），时久旱草枯，吴人乘风纵火，吴越兵乱大败，杀其将何逢、吴建，斩首万级。

前蜀乾德四年（922年）

△自五月不雨至九月，后蜀林木皆枯，千里赤地，所在盗起。

后唐同光元年（923年）

△自正月至四月，后唐不雨，人心忧恐。

后唐同光三年（925年）

△四月，旱，租庸使奏以时雨久愆，请下诸道州府，依法祈祷。从之。辛巳，以旱甚，唐庄宗诏河南府（河南洛阳）徙市，造五方龙，集巫祷祭。唐庄宗自邺都（河北大名）迎五台僧诚惠至洛阳祈雨。祷祝数旬，略无征应，诚惠惧而遁去。五月，幸龙门（河南洛阳南）广化寺祈

雨。己未，幸玄元庙祷雨。自春夏大旱，六月壬申，始雨。唐庄宗苦溽暑，命宫苑使王允平营楼，日役万人，所费巨万。

后唐天成年间（926—930年）

△沧州节度使张虔钊多贪，因沧州（河北沧县）亢旱民饥，发廪赈之。方上闻，唐明宗甚嘉奖。他日秋成，倍斗征敛。

后唐长兴二年（931年）

△四月，唐明宗幸龙门（河南洛阳南）佛寺祈雨。乙卯，以旱赦流罪以下囚。

△六月，金（陕西安康）、徐（江苏徐州）、安（湖北安陆）、颍（安徽阜阳）等州大水，镇州（河北正定）旱。唐明宗诏应水旱州郡，各遣使人存问。

后唐长兴三年（932年）

△七月，武安、静江节度使马希声以湖南比年大旱，命闭南岳及境内诸神祠门，不雨。

后唐清泰元年（934年）

△六月，京师（河南洛阳）大旱，热甚，暍死者百余人。七月甲辰，唐末帝幸龙门（河南洛阳南）佛寺祷雨。

△秋、冬旱，民多流亡，同（陕西大荔）、华（陕西华县）、蒲（山西永济）、绛（山西新绛）尤甚。

△十二月庚寅，以自九月至是无雨雪，唐末帝幸龙门（河南洛阳南）祈雪。

后唐清泰二年（935年）

△六月，时契丹屡寇北边，禁军多在幽（北京）、并（山西太原），石敬瑭与赵德钧求益兵运粮，朝夕相继。时水旱民饥，河北诸州困于飞挽，逃溃者甚众，军前使者继至，督促粮运，由是生灵咨怨。

后唐清泰三年、后晋天福元年（936年）

△正月戊戌，唐末帝幸龙门（河南洛阳南）佛寺祈雪。

△六月庚午，诏：时雨稍愆，颇伤农稼，分命朝臣祈祷。

△十二月，时自秋不雨，经冬无雪，晋高祖命群官遍加祈祷。

后晋天福二年（937 年）

△四月，郑州荥阳县（河南荥阳）有虫食及旱损桑麦处，晋高祖委所司差人检覆，量与蠲免租税。庚子，北京（山西太原）、邺都（河北大名）、徐（江苏徐州）兖（山东兖州）二州并奏旱。五月，已旱，诏洛京（河南洛阳）、魏府（河北大名）管内所征今年夏苗税麦等，放五分之一。

后晋天福三年（938 年）

△八月，定州（河北定州）奏，境内旱，民多流散。河府（山西永济）、同州（陕西大荔）、绛州（山西新绛）等三处灾旱，逃移人户下所欠累年残税，并今年夏税差科，及麦苗子沿征诸色钱物等并放。

后晋天福六年、南唐升元五年（941 年）

△八月，南唐烈祖李昇遣使振贷黄州（湖北新洲）旱伤户口。

△镇州（河北正定）大旱、蝗。冬，安重荣举兵反，聚饥民数万，驱以向邺（河北大名），声言入觐。

后晋天福七年（942 年）

△三月壬戌，晋高祖分命朝臣诸寺观祷雨。春，邺都（河北大名）、凤翔（陕西凤翔）、兖（山东兖州）、陕（河南陕县）、汝（河南汝州）、恒（河北正定）、陈（河南淮阳）等州旱。

△六月，晋高祖驾幸邺都（河北大名），旱，遣石重贵祈雨于白龙潭，有白龙见于潭心，是夜澍雨尺余。

△九月己卯，分命朝臣诣寺观祷雨。

后晋天福八年（943 年）

△正月，时州郡蝗旱，百姓流亡，饿死者千万计，东都（河南开封）人士僧道，请晋出帝车驾复幸东京。

△四月，河南、河北、关西（陕西潼关以西地区）诸州旱蝗，分命使臣捕之。五月癸巳，晋出帝命宰臣等分诣寺观祷雨。甲辰，以所在旱蝗，诏赦宥囚徒。乙巳，幸相国寺祈雨。六月，遣供奉官卫延韬诣嵩山投龙祈雨。

△八月辛亥，分命朝臣 13 人分检诸州旱苗。泾（甘肃泾川）、青（山东青州）、磁（河北磁县）、邺都（河北大名）共奏逃户 5890。诸

县令佐以天灾民饿，使者督责括民谷严急，携牌印纳者五。秋，时天下旱、蝗，民饿死者岁十数万。

后晋开运二年（945 年）

△六月壬午，晋出帝遣刑部尚书窦贞固等分诣寺观祷雨。两京（河南开封、洛阳）及十五州郡并奏旱。天下旱蝗，晋人苦兵，遣开封府军将张晖假供奉官聘于契丹，奉表称臣，以修和好。

后晋开运三年（946 年）

△四月乙亥，宰臣诣寺观祷雨。曹州（山东曹县）奏，部民相次饿死 3000 人。时河南、河北大饥，殍殣甚众，沂（山东临沂）、密（山东诸城）、兖（山东兖州）、郓（山东东平）寇盗群起，所在屯聚，剽劫县邑，吏不能禁。戊寅，晋出帝幸相国寺（河南开封）祷雨。

△河北用兵，天下旱蝗，民饿死者百万计，而诸镇争为聚敛，赵在礼所积巨万，为诸侯王最。

后汉乾祐元年（948 年）

△四月丁亥，汉高祖幸道宫、佛寺祷雨。河北诸州旱，徐州（江苏徐州）饿死民 937 人。

△六月，河北旱。七月丙辰，以久旱，汉高祖幸道宫、佛寺祷雨。

后汉乾祐二年（949 年）

△四月辛丑，汉隐帝幸道宫祷雨。六月，邠（陕西彬县）、宁（甘肃宁夏）、泽（山西晋城）、潞（山西长治）、泾（甘肃泾川）、延（陕西延安）、鄜（陕西富县）、坊（陕西黄陵）、晋（山西临汾）、绛（山西新绛）等州旱。

后周广顺二年（952 年）

△四月戊子，以京师（河南开封）旱，周太祖分命群臣祷雨。

后周广顺三年（953 年）

△七月，唐大旱，井泉涸，淮水可涉，饥民渡淮而北者相继，濠（安徽凤阳）、寿（安徽寿县）发兵御之，民与兵斗而北来。周太祖听籴米过淮。唐人遂筑仓，多籴以供军。八月己未，诏唐民以人畜负米者听之，以舟车运载者勿予。

△吴越国境内大旱，边民有鬻男女者，国王钱俶命出粟帛赎之，归

其父母，仍命所在开仓赈恤。

三、虫灾

五代十国时期虫灾以蝗灾为主，也包括蟓、蚼蚄等灾害。此时期虫灾记录有 14 年次，其中，北方地区发生 12 年次，南方地区 2 年次。包括后晋 6 年次，后梁、后唐、后汉各 2 年次，南唐、吴越各 1 年次。其中，有三年各发生 2 次虫灾，有 1 年发生 3 次虫灾，有 1 年发生 5 次虫灾，则五代十国时期虫灾总计 23 次。就发生地域来看，以北方的河南地区为主，其次是关中、河北和河东地区。

后梁开平元年（907 年）

△六月，许（河南许州）、陈（河南淮阳）、汝（河南汝州）、蔡（河南汝南）、颍（安徽阜阳）五州蟓生，有野禽群飞蔽空，食之皆尽。

△八月丁卯，同州（陕西大荔）蚼蚄虫生。

后梁开平四年（910 年）

△七月，陈（河南淮阳）、许（河南许州）、汝（河南汝州）、蔡（河南汝南）、颍（安徽阜阳）五州境内有蟓为灾，俄而许州（河南许州）上言，有野禽群飞蔽空，旬日之间，食蟓皆尽，该年乃大有秋。

后唐同光三年（925 年）

△八月，青州（山东青州）大水、蝗。

△九月，镇州（河北正定）奏，飞蝗害稼。

吴越宝正三年（928 年）

△六月，大旱，有蝗蔽日而飞，昼为之黑，庭户衣帐悉充塞，武肃王钱镠亲祀于都会堂。是夕大风，蝗堕浙江而死，不可胜计。

后唐清泰三年（936 年）

△唐末帝授赵在礼宋州节度使，加检校太尉、同平章事。在宋州（河南商丘）日，值天下飞蝗为害，在礼使比户张幡帜，鸣鼙鼓，蝗皆越境而去。

后晋天福二年（937 年）

△四月，郑州荥阳县（河南荥阳）界有虫食及旱损桑麦处，晋高祖

委所司差人检覆，量与蠲免租税。

后晋天福六年（941 年）

△镇州（河北正定）大旱、蝗。冬，安重荣聚饥民数万，举兵驱以向邺，声言入觐晋高祖。

后晋天福七年（942 年）

△闰三月，天兴（陕西凤翔）蝗食麦。

△春，郓（山东东平）、曹（山东曹县）、澶（河南濮阳东）、博（山东聊城）、相（河南安阳）、洺（河北永年）诸州蝗。

△四月，州郡十六处蝗，山东、河南、关西（陕西潼关以西地区）诸郡蝗害稼。五月，州郡十八奏旱蝗。六月，河南、河北、关西并奏蝗害稼。七月庚子，晋高祖制：天下有虫蝗处，除放租税。州郡 17 蝗。

△八月，河中（山西永济）、河东（治太原府）、河西（治凉州，即甘肃武威，领凉、甘、肃、伊、西、瓜、沙七州）、徐（江苏徐州）、晋（山西临汾）、商（陕西商州）、汝（河南汝州）等州蝗。

后晋天福八年（943 年）

△正月，州郡蝗旱，百姓流亡，饿死者千万计，晋出帝诏诸道以廪粟赈饥民。东都（河南开封）人士僧道，请车驾复幸东京。

△四月，河南、河北、关西（陕西潼关以西地区）诸州旱蝗，分命使臣捕之。天下诸州飞蝗害田，食草木叶皆尽。诏州县长吏捕蝗。时蝗旱相继，人民流移，饥者盈路，关西（陕西潼关以西地区）饿殍尤甚，死者十七八。华州（陕西华县）节度使（942—943 年在任）杨彦询、雍州（陕西西安）节度使赵莹命百姓捕蝗一斗，以禄粟一斗偿之。杨彦询以官粟假货，州民赖之存济者甚众。供奉官张福率威顺军捕蝗于陈州（河南淮阳）。五月己亥，飞蝗自北翳天而南。泰宁军（治山东兖州，辖沂、海、兖、密、徐五州）节度使安审信捕蝗于中都（山东汶上）。甲辰，以旱、蝗大赦囚徒。

△六月，诸州郡大蝗，所至草木皆尽。宿州（安徽宿州）奏，飞蝗抱草干死。庚申，开封府奏，飞蝗大下，遍满山野，草苗木叶食之皆尽，人多饿死。陕州（河南陕县）奏，蝗飞入界，伤食五稼及竹木之叶，逃户 8100。庚戌，以蝝蝗为害，诏侍卫马步军都指挥使李守贞往皋门祭

告，仍遣诸司使梁进超等 7 人分往开封府界捕之。癸亥，供奉官七人率奉国军捕蝗于京畿（河南开封）。辛未，遣内外臣僚 28 人分往诸道州府率借粟麦。七月甲辰，供奉官李汉超率奉国军捕蝗于京畿（河南开封）。八月朔，募民捕蝗，易以粟。九月，州郡 27 蝗，饿死者数 10 万。

后晋开运二年（945 年）

△天下旱蝗，晋人苦兵，晋出帝遣开封府军将张晖假供奉官聘于契丹，奉表称臣，以修和好。

后晋开运三年（946 年）

△时河北用兵，天下旱蝗，民饿死者百万计，而诸镇争为聚敛，晋昌军节度使赵在礼所积巨万，为诸侯王最。

后汉乾祐元年（948 年）

△六月，青州（山东青州）蝗。七月，青（山东青州）、郓（山东东平）、兖（山东兖州）、齐（山东济南）、濮（山东鄄城）、沂（山东临沂）、密（山东诸城）、邢（河北邢台）、曹（山东曹县）皆言蝝生。开封府奏，阳武（河南原阳）、雍丘（河南杞县）、襄邑（河南睢县）等县蝗，开封尹侯益遣人以酒肴致祭，寻为鸜鹆食之皆尽。丙辰，汉高祖敕禁罗弋鸜鹆。

后汉乾祐二年（949 年）

△五月己未，右监门大将军许迁上言，奉使至博州博平县（山东荏平）界，睹蝝生弥亘数里，一夕并化为蝶飞去。辛酉，兖（山东兖州）、郓（山东东平）、齐（山东济南）三州奏蝝生。丁卯，宋州（河南商丘）奏，蝗抱草而死。汉隐帝差官祭之，复命尚书吏部侍郎段希尧祭东岳，太府卿刘皞祭中岳，皆虑蝗螟故也。

△六月己卯，滑（河南滑县）、濮（山东鄄城）、澶（河南濮阳东）、曹（山东曹县）、兖（山东兖州）、淄（山东淄博）、青（山东青州）、齐（山东济南）、宿（安徽宿州）、怀（河南沁阳）、相（河南安阳）、卫（河南卫辉）、博（山东聊城）、陈（河南淮阳）等州奏蝗，分命中使致祭于所在川泽山林之神。开封府、滑、曹等州蝗甚，遣使捕之。淄（山东淄博）、青（山东青州）大蝗，侍中刘铢下令捕蝗，略无遗漏，田苗无害。兖州（山东兖州）奏，捕蝗二万斛，魏（河北大名）、博（山

东聊城）、宿（安徽宿州）三州蝗抱草而死。七月，兖（山东兖州）先奏捕蝗三万斛，后又奏捕蝗四万斛。

南唐保大十一年（953 年）

△六月至七月，不雨，井泉竭涸，淮流可涉，旱蝗，南唐民饥，流入北境者相继。

四、疫灾

五代十国时期疫灾记录有 6 年次 6 次。就发生地域来看，南方发生 4 次，北方 2 次。其中，南唐境内 3 次，后梁、荆南、后周境内各 1 次。其中，后梁境内的疫灾，发生于围攻虔州（江西赣州）的吴军中；荆南境内的疫灾，发生于攻打荆渚（湖北荆沙）的后唐军中。此时期，疫灾常致病者死亡，如果是两军交战中，则会使患疫一方处于不利地位。

后梁乾化五年（915 年）

△南唐大饥，民多疫死。

后梁贞明四年（918 年）

△正月，吴以右都押牙王祺为虔州行营都指挥使，将洪、抚、袁、吉之兵击后梁虔、韶二州节度开通使谭全播。七月，虔州（江西赣州）险固，吴军攻之，久不下，军中大疫，王祺病，吴以镇南节度使刘信为虔州行营招讨使。

后唐天成二年（927 年）

△后唐明宗以刘训为南面行营招讨使、知荆南行府事，以讨荆南高季兴之叛。湖南马殷请以舟师会刘训，及王师至荆渚（湖北荆沙），殷军方到岳州，仍传意于训，许助军储弓甲之类，久之，略无至者。四月，荆渚地气卑湿，渐及霖潦，粮运不继，人多疾疫，刘训亦寝疾。

后晋开运元年（944 年）

△四月，闽拱宸都指挥使朱文进遣使往南唐，唐主李璟囚其使，因其弑君将伐之，会天暑、疾疫而止。

后周广顺三年（953 年）

△后周人疾疫死者甚众。

南唐保大十二年（954 年）

△南唐大饥，民多疫死。

五、地　震

五代十国时期地震记录有 14 年次，包括后唐 6 年次，后蜀 5 年次，后汉、后周、闽各 1 年次。其中，有 4 年各发生两次地震，有两年各发生 3 次地震，合计 22 次。就发生地域来看，北方地震主要发生于河南、河北及河东地区，南方地震则多发于蜀地。此时期地震造成毁坏建筑、死人等，还有民众心理恐慌的记载。

后唐同光二年（924 年）

△十一月，戊午，镇州（河北正定）地震。

后唐同光三年（925 年）

△十一月二十五日夜，徐州（江苏徐州）、邺都（河北大名）、泗（江苏盱眙）、宿（安徽宿州）地大震。自是居人或有亡去他郡者，人人恐悚，皆不自安。次年正月，诸州上言，准宣为去年十月地震，集僧道起消灾道场。

后唐天成二年（927 年）

△七月，郑州（河南荥阳）地大震，杀二人。

△十月，凤翔（陕西凤翔）奏，地震。

△十二月，许州（河南许州）地震。

后唐天成三年（928 年）

△七月，郑州（河南荥阳）地震。

△闰八月，绛州（山西新绛）地震。

后唐长兴二年（931 年）

△六月，太原地震，自二十五日子时至二十七日申时，20 余度。左补阙李详上疏，请求唐明宗特委亲信，兼选勋贤，往北京慰安，巡问黎民疾苦。

△十一月，雄武军士上言，洛阳（河南洛阳）地震。

△十二月，秦州（甘肃天水）地震。

后唐长兴三年（932 年）

△七月，夔州（四川奉节）奏，赤甲山崩。

△八月，秦州（甘肃天水）地震。

闽龙启元年（933 年）

△五月庚辰，闽地震，闽主王璘避位修道，命其子福王继鹏权总万机。七月戊子，闽主璘复位。王璘以厌地震之异，避位 65 日。

后蜀广政元年（938 年）

△十月，后蜀地震，屋柱皆摇，三日而后止。

后蜀广政二年（939 年）

△六月，后蜀地震，恟恟有声。

后蜀广政三年（940 年）

△五月，后蜀地震。孟昶问大臣顷年地频震何祥。六月，教坊部头孙延应、王彦洪等谋为逆。时苦竹开花，银枪营中井水涌出，地数震。

△十月，地震从西北来，声如暴风急雨之状。

后蜀广政五年（942 年）

△正月，后蜀地震。

后汉乾祐二年（949 年）

△四月丁丑，幽（北京）、定（河北定州）、沧（河北沧县）、营（河北昌黎）、深（河北深州）、贝（河北清河）等州地震，幽、定尤甚。

后蜀广政十六年、后周广顺三年（953 年）

△三月，后蜀地震。

△十月，魏（河北大名）、邢（河北邢台）、洺（河北永年）等州地震累日，凡十余度。邺都（河北大名）署内尤甚，屋瓦皆堕。

六、风灾

五代十国时期风灾记录有 9 年次，其中，后唐同光二年、前蜀乾德六年（924 年）发生两次风灾，合计 10 次。就发生地域来看，以五代政权为主，主要发生于河南地区，亦涉及河北地区及蜀地。风灾影响很大，拔木伤稼乃至掀翻房屋，破坏建筑。其时风灾影响较大者是后晋开运二年（945年）五月定州（河北定州）发生的大风雹，北岳庙殿宇树木悉摧拔之。

后梁开平四年（910年）

△十一月，自朔日至戊戌，京师（河南开封）大风，梁太祖诏差官分往祠所止风。

后梁乾化三年至龙德三年（913—923年）

△京师（河南开封）大风拔木，梁末帝大惧，从官相顾而泣，末帝乃还东都，遂不果郊。

后唐同光二年、前蜀乾德六年（924年）

△七月乙巳，汴州雍丘县（河南杞县）大风，拔木伤稼。

△十月，前蜀后主王衍幸秦州（甘肃天水），行至梓潼（四川潼南），大风发屋拔木。

后晋开运二年（945年）

△五月丙辰，定州（河北定州）奏，大风雹，北岳庙殿宇树木悉摧拔之。

后汉乾祐三年（950年）

△闰五月癸巳，京师（河南开封）大风雨，坏营舍，发屋拔木，拔大木数十，吹郑门扉起，十余步而落，震死者六七人，水深平地尺余，池隍皆溢。

后周广顺元年（951年）

△五月庚辰夜，大风，发屋拔树。

后周广顺二年（952年）

△七月丙辰，大风雨，破屋拔树，京师（河南开封）尚书省都堂有龙穿屋坏兽角而去，西壁存其爪迹。

七、火灾

五代十国时期火灾记录有13年次，其中，后唐长兴二年（931年）、闽永隆元年（939年）各发生两次火灾，合计15次。就发生地域来看，十国火灾发生频次略高于五代诸政权。北方火灾主要发生于后唐的河南地区、吴国及南唐的金陵（江苏南京）、吴越国的钱塘城（浙江杭州）、闽国福州、后晋的襄州（湖北襄樊）等地。其中四次火灾影响最大，前蜀永平五年（915年）十一月，前蜀宫大火，宫室被焚，宝货悉为煨烬；天福三年（938年）十一月，襄州（湖北襄樊）火烧民居千余家；后晋天福六年（941年）七月，杭州（浙江杭州）大火，吴越府署火，宫室府库几尽。吴越王钱元瓘惊惧，发狂疾，当年55岁卒。后周显德五年（958年）四月，钱唐城（浙江杭州）南火，延及内城，官府庐舍几尽。吴越王弘俶久疾，自强出救火。

前蜀永平五年（915 年）

△十一月己未夜，蜀宫大火，焚其宫室。自得成都以来，宝货贮于百尺楼，悉为煨烬。诸军都指挥使兼中书令宗侃等率卫兵欲入救火，蜀主闭门不内，恐有乘救火为变者。庚申旦，火犹未熄，蜀主出义兴门见群臣，以安众心。命有司聚太庙神主，分巡都城（四川成都），言讫，复入宫闭门。火未熄，未敢弛备。

后唐天成四年（929 年）

△十一月，汝州（河南汝州）火，烧羽林军营500余间。先是，司天奏，荧惑入羽林，请京师（河南洛阳）为火备。

后唐长兴二年（931 年）

△四月辛丑，汴州（河南开封）封禅寺门上忽有火起，延烧近寺庐舍，相次黎福县（疑为黎阳县）亦火。

△卫州（河南卫辉）奏，黎阳（河南浚县）大火。先是，下诏于诸道，令为火备。

后唐长兴三年（932 年）

△十二月壬戌，怀州（河南沁阳）军营内，三处火光自起，人至即灭，并不焚烧舍宇。侍臣疑妖人造作，请唐明宗加以审诘。

后唐天成元年至长兴四年间（926—933 年）

△广寿殿（位于河南洛阳）火灾，有司理之，请加丹雘，唐明宗因天灾示警，以其奢侈，加以反对。

后唐长兴四年（933 年）

△九月，吴徐知诰以国中水火屡为灾，悉纵遣侍妓，取乐器焚之。

后唐清泰元年（934 年）

△二月甲申，吴国金陵（江苏南京）大火；乙酉，又火。徐知诰疑有变，勒兵自卫。

后晋天福三年（938 年）

△十一月，襄州（湖北襄樊）奏，火烧民居千余家。

闽永隆元年（939 年）

△七月乙巳，闽北宫（位于福建福州）火，焚宫殿殆尽。王审知孙王昶弟王继严判六军诸卫事，闽主王昶疑而罢之，代以季弟继镛。募勇士为宸卫都以自卫，给赏厚于他军。夏，术者言昶宫中当有灾，昶徙南宫避灾。会北宫中火，求贼不获；王昶命控鹤都将连重遇将内外营兵扫除余烬，日役万人，士卒甚苦之。又疑重遇知纵火之谋，欲诛之；内学士陈郯私告重遇。重遇惧，辛巳夜，率二都兵焚长春宫以攻闽主，使人迎立延羲。闽主为外营兵所攻，宸卫都拒战败，余众千余人奉闽主及李后及爱姬、子弟、黄门卫士出北关，至梧桐岭。十二月，闽王作新宫，徙居之。

后晋天福六年（941 年）

△七月，杭州（浙江杭州）大火，吴越府署火，宫室府库几尽。吴越王钱元瓘惊惧，发狂疾，是岁卒，55 岁。唐人争劝唐主乘弊取之，唐主不允，晋高祖遣使唁之，且赒其乏。

南唐保大十一年（953 年）

△南唐金陵（江苏南京）大火逾月。

后周显德五年（958 年）

△四月辛酉夜，钱唐城（浙江杭州）南火，延及内城，官府庐舍几尽。壬戌旦，火将及镇国仓，吴越王弘俶久疾，自强出救火；火止，众心稍安。周世宗命中使赍诏抚问。

八、雪灾

五代十国时期有记录 8 年发生雪灾，共 8 次。就发生地域来看，发生于北方地区 5 次，主要是河南、河北及河东；发生于南方 3 次，包括吴越国2次、楚国1次。有军士、吏民因雪灾被冻死的记载。此时期战争频繁，雪灾对各国之间的军事战争产生较大影响。后梁龙德二年（922年）河北大雪，平地五尺，唐庄宗与契丹阿保机的交战中，契丹因缺乏粮饷供应而败北；后周广顺元年（951年）晋（山西临汾）、绛（山西新绛）大雪，在后汉刘崇与后周大军的长期对战之后，因边民走险自固，士兵无所掠食，刘崇军队及至太原，已十亡三四。

后梁龙德二年（922年）

△正月甲午，唐庄宗亲御骑5000，至新城北，遇契丹前锋万骑。阿保机方在定州（河北定州），闻前军败，退保望都（河北望都）。时岁且北至，大雪平地五尺，敌乏刍粮，野无所掠，马无刍草，人马毙踣道路，累累不绝，冻死者相望于路，唐庄宗乘胜追袭至幽州（北京）。

后唐同光三年（925年）

△十二月己卯，唐庄宗以腊辰狩于白沙，皇后、皇子、宫人毕从。庚辰，次伊阙（河南洛阳南龙门山）。辛巳，次潭泊。壬寅，次龛涧。癸未，还宫。是时大雪苦寒，吏士有冻踣于路者。伊（河南梁县）、汝（河南汝州）之民，饥乏尤甚，金枪卫兵万骑，所至责民供给，既不能给，因坏其什器，撤其庐舍而焚之，甚于剽劫。县吏畏恐，亡窜山谷。

后唐长兴三年（932年）

△春三月己酉，吴越大雪。

后唐应顺元年（934年）

△正月，吴越大雪，平地五尺。

后晋天福四年（939年）

△十二月朔，以大雪故百官不入阁。大雪害民，五旬未止，京城（河南开封）祠庙，悉令祈祷，了无其验。丁巳，晋高祖令出薪炭米粟给军士贫民等。

后晋开运四年（947年）

△正月朔，耶律德光入京师（河南开封），晋出帝与太后肩舆至郊外，德光不见，馆于封禅寺，遣其将崔延勋以兵守之。时雨雪寒冻，皆苦饥。自幽州（北京）行十余日，过平州（河北卢龙），出榆关（河北

山海关），行砂碛中。饥不得食，遣宫女、从官，采木实、野蔬而食。

后汉乾祐三年（950年）

△十二月，楚国潭州（湖南长沙）大雪，平地四尺，潭、朗两军久不得战。

后周广顺元年（951年）

△周太祖遣枢密使王峻等，率大军援晋、绛，以攻僭号于河东称汉的刘崇。刘崇焚营而遁。晋（山西临汾）、绛（山西新绛）大雪，刘崇驻兵60余日，边民走险自固，兵无所掠，士有饥色，比至太原，十亡三四。

九、雹灾

五代十国时期有记录5年发生雹灾的，其中，后蜀广政十五年（952年）发生两次雹灾，合计6次。包括后蜀3次，后晋2次，后唐1次，发生地域涉及蜀地、河南、河北、陇右地区。雹灾有时与大风、暴雨同时发生，破坏性极强。后蜀明德二年（935年）、广政十五年（952年）蜀地的雨雹，使得鸟雀皆死，后晋天福六年（941年）泾州（甘肃泾川）雨雹，坏州郡镇戍24城，是其中影响较大者。

后唐清泰元年（934年）

△九月壬寅，京师（河南洛阳）雨雹。

后蜀明德二年（935年）

△七月，阆州（四川阆中）暴雨，雹如鸡子，鸟雀皆死，暴风飘船上民屋。

后晋天福六年（941年）

△五月庚午，泾州（甘肃泾川）奏，雨雹，川水大溢，坏州郡镇戍24城。

后晋开运二年（945年）

△五月，定州（河北定州）奏，大风雹，北岳庙殿宇树木悉摧拔之。

后蜀广政十五年（952年）

△四月，遂州方义县（四川遂宁）雨雹，大如斗，五十里内，飞鸟

六畜皆死。

△六月朔，灌口（四川都江堰）天地昏暗，大雨雹。

十、其他

除以上水旱虫疫等九种自然灾害之外，五代十国时期还有雾灾 3 次，冻灾 2 次，霜灾、震电、沙尘灾害各 1 次，另有灾害引起的饥荒 3 年次 5 次。其中，史载有发生地域记录者主要在河南、河北地区，南方较少。这些自然灾害及饥荒，以后晋发生居多，其次是后唐、后周，吴越国也有 1 次饥荒的记载。这一方面是因为南方战乱较少，另一方面也是南方经济逐渐发展的结果。

（一）雾灾

后晋天福八年（943 年）

△正月丙戌，黄雾四塞。

后汉乾祐元年（948 年）

△十二月，是冬，多昏雾，日晏方解。

后汉乾祐二年（949 年）

△二月丙子，旦，黑雾四塞。

（二）冻灾

后唐同光四年（926 年）

△正月，镇州（河北正定）上言，部民冻死者 7260 人。平棘（河北赵县）等四县部民，饿死者 2050 人。

后晋天福六年（941 年）

△冬，安重荣聚镇州（河北正定）饥民数万，举兵驱以向邺，声言入觐。因其将赵彦之临阵卷旗以奔晋军，被晋军争杀而分之。重荣兵 2 万皆溃去。是冬大寒，溃兵饥冻及见杀无孑遗。

（三）霜灾

后唐同光二年（924年）

△四月，京师（河南洛阳）春霜害稼，茧丝甚薄。孔谦贷民钱，使以贱估偿丝，屡檄州县督之。

（四）震电

后晋开运元年（944年）

△七月辛未朔，大雷雨，都下（河南开封）震死者数百人，明德门内震落石龙之首。

（五）沙尘

后周广顺三年（953年）

△三月癸巳，大风雨土。

（六）饥荒

后唐同光四年（926年）

△三月戊午，诏河南府（河南洛阳）预借今年秋夏租税。而当时年饥民困，百姓不胜其酷，京畿之民，多号泣于路。

后晋天福八年（943年）

△正月，河南府（河南开封）上言逃户凡5387，兼有饿死者。时州郡蝗旱，百姓流亡，饿死者千万计。

△六月，陕州（河南陕县）奏，蝗食五稼及竹木之叶，逃亡8100户。

△八月，泾（甘肃泾川）、青（山东青州）、磁（河北磁县）、邺都（河北大名）共奏逃户凡5890，以致诸县令佐以天灾民饿，携牌印纳者五。

后周显德二年至显德六年（955—959年）

△前衢州（浙江衢州）刺史钱弘偓（？—958年）在郡时，属岁旱，部民逐食于他郡，民不忍别，钱弘偓俱诣郡厅，告白而去。

表 3-3　五代十国时期自然灾害发生年次统计表

灾种 \ 灾次 \ 阶段	五代						十国		总年次
	后梁	后唐	后晋	后汉	后周	合计	诸国、政权	合计	
水灾	5	11	9	3	6	34	吴越 2/ 后蜀 1	4	34
旱灾	5	9	7	2	2	25	前蜀 1/ 吴 1/ 南唐 1/ 吴越 1	4	26
虫灾（以蝗灾为主）	2	2	6	2	0	12	吴越 1/ 南唐 1	2	14
地震	1	6	0	1	1	9	闽 1/ 后蜀 5	6	14
火灾（含人为火灾）	0	4	1	0	1	6	前蜀 1/ 闽 1/ 南唐 1/ 吴 2/ 吴越 2	7	13
风灾	2	2	1	0	0	5	前蜀 1	1	9
疫灾	1	0	0	0	1	2	南唐 3/ 荆南 1	4	6
雪灾	1	1	2	1	1	6	吴越 2	0	8
雹灾	0	1	2	0	0	3	后蜀 2	2	5
大雾	0	0	1	2	0	3	——	0	3
寒冻	0	1	1	0	0	2	——	0	2
霜灾	0	1	0	0	0	1	——	0	1
震电	0	0	1	0	0	0	——	0	1
沙尘	0	0	0	0	1	1	——	0	1
合计	17	38	31	11	13	109	——	30	137

　　文献出处：《新五代史》《旧五代史》《资治通鉴》《五代史书汇编》《五代会要》《五代史书汇编》《十国春秋》。

　　注：1. 本表中所列灾害次数的统计单位为年，即当年发生某种灾害 1 次，记 1 次。不同种类灾害的发生年次分别计算。

　　　　2. 五代十国灾害总年次并非五代各朝灾害发生年次之和与十国诸政权灾害发生年次之和的加数，因五代与十国政权有时同一年均发生灾害。

第四编

官赈

　　隋唐五代十国时期的官方救灾，在不同阶段具有各自不同的鲜明特点。隋代救灾分为文帝和炀帝两个阶段，官方救灾内容丰富、措施全面，并充分利用佛教力量参与救灾，民间强宗富室也承魏晋南北朝的遗风积极加入赈灾行列。相较而言，文帝时期的救灾措施更富有成效，当时官方采取了赈贷粮食、移民就粟、减免赋役、兴修水利、储粮备荒、创设义仓等多种防救灾措施。隋文帝在灾害防救中还特别注意发挥官吏的作用，多次遣使救灾，严惩救灾不力、在饥荒期间利用粮食牟取暴利的官员。隋炀帝时期亦设仓备荒，并开凿大运河等，但收效不显著，未起到应有的防灾救灾之效。隋代前后期防灾、救灾效果差别较大，由于前期政治环境较好，重视救灾工作，救灾多富有成效，大大减轻了灾害的影响；后期尤其是大业末期总体上救灾不力，隋炀帝劳师远征，政令不行，饥荒不断，最终盗贼蜂起，内外危机叠加，隋朝无可避免地走向灭亡之途。

　　唐代救灾继承了以往朝代的经验，又有所发展，其救灾方面的合理性在于四大方面：一是加强京师（陕西西安）、东都（河南洛阳）和地方的粮食储备。唐朝义仓为专门的救荒储备，而以常平仓丰年籴敛、荒年贱粜，同时在正仓粮中拨出一部分弥补两者的不足。二是在前代救灾基础上，唐朝建立了一套包括地方报灾、御史检灾、朝廷下令损免等内容在内的比较系统完整的因灾蠲免制度，并将之纳入唐律，用国家法律保障其实施。唐朝廷还充分考虑了政治因素，不因河北地域存在跋扈型藩镇而对其灾害不管不顾。三是唐代派遣使臣代表皇帝和朝廷到地方灾区进行宣抚，协助和监督救灾工作的进行，他们具有全权处置之权，可以先处理而后闻奏，避免和缩短了报灾和决策的时间，并及时发现救灾中的各种问题，大大提高了救灾工作的有效性。这是对朝廷与灾区距离较远、信息不及时的一种有力弥补。四是唐代国家救灾内容较为全面。它包括平时预备防灾、灾中努力救援和灾后恢复重建三个阶段。唐代十分注重加强粮食储备，唐朝廷和地方储粮备荒，当时以义仓为专门的救荒储备。承自隋代的唐代义仓虽然存在一定问题，却得到更为广泛而长久的实施。理财专家刘晏预为灾荒之备的诸种措施，在防灾救灾方面的效果非常突出。

　　限于时代局限与一些通性问题的存在，唐代救灾也存在着不足。一是救灾的实效性不够强。虽然唐代从地方到朝廷节级申报灾情和地方官员开仓救济饥民须待朝廷批准的制度有其合理性，但由于唐代所处时代的局限，受信息传播速度及交通条件的限制，往往延误对灾民的救济，导致救灾十分不及时。其中，唐代救灾常用的移粟就民形式，受交通条件的限制很明显，远距离运输往往远水不解近渴，这可以解释唐代更多选择移民就粟而非移粟就民的原因。二是唐代救灾过程凸显了吏治问题的严重性，这从唐朝廷在诏敕中屡次重申这一问题可见。官吏贪污和与地方豪民勾结，使救灾物资不能到达亟须被救的灾民之手，救灾效果大大减弱，此类事件在唐后期愈加频繁而严重。同时，出于不同心理，一些地方官员甚至朝廷要员往往瞒报匿报灾情，加重了灾情的蔓延。地方保护主义也阻碍了救灾水平的充分发挥。三是灾前预防对于减少和避免自然灾害起着重要作用，但仍处于薄弱环节。理财专家刘晏的预为灾荒之备之举在防灾救灾方面贡献突出，但后继乏人。

　　五代十国时期的灾害救治具有四大特点。第一，此时期睦邻救灾救援较多，包括北周对契丹、南唐、吴越灾民的救济，吴越和北宋对南唐的救济，后汉对契丹的救济等。第二，宗教徒更多地参与到救灾中，特别是僧尼，也有道教徒。如五台山僧人诚惠被唐庄宗延请至京师洛阳祈雨、唐末帝开广化寺三藏塔祈雨、晋出帝遣人诣嵩山投龙祈雨等，还有命僧道置消灾道场禳镇、召尼诵佛书禳灾等。第三，此时期的赈济饥民，既有天平军两使留后袁象先、冯道这样的救灾良吏，也有后唐沧州张虔钊、后晋诸侯王赵在礼这样的救灾反面人物，且反面人物相对较多，体现出乱世的特点。第四，在灭蝗方面，此时期总体上比唐代进步；但在赈济水旱等其他灾害时，比以往更频繁地实施禳灾之法，还出现圣水祷雨、开塔祈雨，诸政权皇帝、宰臣至寺观和道观祈雨或祈晴更是极为频繁，这使此时期实质性救灾所占比例小于唐代。这或许与五代政权短促，面临国内国外问题较多，没有精力进行更为有效救灾有关。五代十国诸政权中，后唐对于灾害十分重视，救灾、禳灾都比较多，后汉则因历时较短，救灾方面乏善可陈，吴越、南唐的救灾在十国中相对突出。

第一章 救灾机构

中国历代朝廷均非常重视救灾，唐代视救灾为国之重事，恤灾患用白麻制诰，与命辅臣、除节将、讨不庭相同。国家救灾机构服从皇帝的领导，听从皇帝意旨行事。隋唐时期，皇帝对于救灾高度重视，唐文宗在位时期（827—840 年），淮南诸道曾累岁大旱，租赋不登，国用多阙。唐文宗甚至欲以度支、户部分命宰臣镇之，以有效救灾。

一、皇帝

在隋唐大一统王朝，皇帝对救灾的态度与重视程度，决定了救灾的效果。这在隋朝主要体现为隋文帝明辨是非、严惩不法官员。汉代以来就有因灾罢免宰相之事，开皇时期（581—600 年），尚书都事姜晔、楚州行参军李君才迎合晋王杨广对宰相高颍的嫌怨，共奏水旱不调，罪由高颍，请予废黜。隋文帝明辨是非，不仅使姜、李二人俱得罪而去，还对他们认为应承担阴阳不调责任的高颍更加亲礼。隋文帝还严惩饥荒期间利用粮食牟取暴利的官员。如：齐州（山东济南）民饥，谷米踊贵，元从功臣、齐州刺史卢贲闭人籴粮而自籴之，被除名为民；大臣刘昉在京师（陕西西安）饥，文帝下令禁酒期间，使其妾赁屋，当垆沽酒。被治书侍御史梁毗弹劾，文帝念其佐命之功，才下诏不治。高智慧等作乱江南，以于仲文为行军总管以讨伐。当时三军乏食，米粟踊贵，于仲文私籴军粮，被除名。救灾效果差的官员，考课成绩也较差，会受到黜陟。李德林任怀州刺史期间，怀州（河南沁阳）亢旱，课民掘井溉田，而空致劳扰，无所补益，为考司所贬。大业时期（605—618 年），隋炀帝也采取了设仓备荒、开凿大运河等措施，但未起到应有的救灾效果。这主要原因在于文帝重视民生与吏治问题，注重对自然灾害的防救，而炀帝则热衷于国家政绩工程和效率，以实现其帝国梦想，对灾害的防救并没有特别重视。

在唐朝皇帝的作用主要体现在重视遣使救灾，趁灾害之机进行人事调动与任命、罢免一些不称职的宰辅大臣、对救灾有力者予以奖励，借机征求及接受群臣建议、改进政治等方面。唐代前期，皇帝偶尔会引汉代因灾罢大臣之例，罢免不称职的宰相和一些重要大臣。景云二年（711年）十月，唐睿宗下制：政教多阙，水旱为灾，虽朕之薄德，亦辅佐非才。因罢诸宰相政事，左仆射同中书门下三品韦安石及兵部尚书、门下三品郭元振，左御史大夫、同中书门下三品窦怀贞，侍中李日知，兵部侍郎、同中书门下三品平章事张说分别被降级降职为左仆射、东都留守，吏部尚书，左御史大夫，户部尚书，左丞。同时，依太平公主之志，以吏部尚书刘幽求为侍中，右散骑常侍魏知古为左散骑常侍，太子詹事崔湜为中书侍郎，并同中书门下三品；中书侍郎陆象先同平章事。天宝十三载（754年）秋，自上年水旱相继，又霖雨60余日，关中大饥。唐玄宗以宰辅或未称职，见此咎征，罢左相陈希烈为太子太师，罢知政事，命杨国忠精求端士。虽然上述重新任命的人选更多的是体现宰相杨国忠、皇妹太平公主的意志，但罢免诸相的原因在于宰辅救灾非才，是借灾害之机而进行的人事调整。趁灾害之机进行人事调动与任命，是皇帝发挥人事权力的重要体现之一。如：贞元年间（785—805年），蝗旱方炽，唐德宗以京兆尹李齐运无政术，改任其为宗正卿。元和八年（813年）五月，许州（河南许州）防穿不补，漂没邑屋，流杀居人。因唐宪宗恶许州刺史、陈许节度使刘昌裔自立，六月，唐宪宗以刘昌裔老疾且水败军府为由，征其加检校左仆射兼左龙武统军，并促令韩皋代之，借水灾之机夺其实权。大中六年（852年）七月，淮南旱饥，民多流亡，道路藉藉，而淮南节度使杜悰荒于游宴，不知政事。唐宣宗以门下侍郎、同平章事崔铉代其职，以杜悰为太子太傅、分司。

有惩有奖才能发挥官员的积极性，唐太宗深明此理。武德时期（618—626年），李世民秦王府典签柳保隆组织安排关辅灾民逃荒十分得力，"关辅流离，颇资宁辑"。朝廷论功行赏，有赖于秦王的推荐上奏，唐高祖迁其为同州司户参军事（正七品上）。贞观二年（628年），诸州并遭霜涝，邓州一境独免，当年多有储积，蒲（山西永济）、虞（山西运城）等州户口，朝廷下令分房就食，灾民尽入邓州境内逐食。邓州刺史陈君宾逐户给粮，使灾民借以安养，回乡之时还各有赢粮，并别赠布帛。唐太宗专门下诏劳问陈君宾，认为其用意良深，可使百姓在水旱无常情况下，递相拯赡，不虑凶年，并知礼重义，可改善浇薄的社会风俗。因陈君宾安置流民客口，官人支配得所，令考功司录为功最，下敕免邓州当年调物，并拔擢陈君宾入朝任太府少卿，转少府少监。

灾害也是皇帝接受群臣建议改进政治的一个良机。唐高宗在位的某年秋，河南、河北旱俭，遣御史中丞崔谧等分道存问赈给。侍御史宋州（河南商丘）人刘思立以其送往迎来误农，上疏进谏：遣使巡抚会引致当地百姓因畏惧和希冀天恩而踊跃参迎的行为，而此时麦序方秋，蚕功未毕，派遣敕使进行抚巡必然妨废较多。提出：诸位使臣分往诸道，赈给须立簿书，或造成本欲安存，却成烦扰；使者途程往还，晨夕停滞，无驿之处还须向民户预为追集马匹，征一马需劳数家。他情辞恳切，建议等待农闲时再出使褒贬。高宗接纳了其关于遣使慰抚的时机的建议，崔谧此行得以中止。元和七年（812年）五月，江淮岁俭，人民荐饥，而自淮、浙检覆回京的御史上言不足为灾。李绛奏言：淮南、浙西、浙东奏状皆言水旱，人多流亡，请设法招抚，不可能无灾而妄称有灾。御史匿灾以悦上意，请加按致。唐宪宗接纳李绛谏议，命速蠲其租赋。

遣使救灾一直为皇帝所重视。使臣作为皇帝的代表被派往灾区救灾，具有极高的权威和处置权。皇帝特别重视特使，宣慰使左司郎中郑敬奉命前往江淮宣慰，临行面辞皇帝，唐宪宗特意对其加以告诫："朕官中用度，一匹以上皆有簿籍，唯赈恤贫民，无所计算。卿经明行修，今登车传命，宜体吾怀，勿学潘孟阳（？—810年），奉使所至，但务酣饮、游山寺而已。"关于遣使救灾的具体情况，详见本章第四部分。

若皇帝作用发挥得不好，则会带来反面影响和极大的副作用，以五代时期一些皇帝的做法最为突出。此时期，一些君臣贪婪，晋帝曾在灾害之时与大臣奢侈相夸。后晋天福八年（943年），天下旱、蝗，民饿死者岁十数万，晋高祖与大臣仍穷极奢侈，以相夸尚。有的大臣甚至仍聚敛进奉，而皇帝却利其财而与其结亲。后晋开运三年（946年），河北用兵，天下旱蝗，民饿死者百万计，而诸镇争为聚敛，赵在礼所积巨万，为诸侯王最。晋出帝利其资，以高祖孙镇宁军节度使石延煦娶赵在礼女。赵在礼献绢 3000 匹，前后所献不可胜数，并自云其在此婚上耗费 10 万，是反面的典型。后唐庄宗还曾在民困人饥之际，预借百姓租税、畋游不息。同光四年（926 年）秋，大水。两河之民，流徙道路，京师（河南洛阳）赋调不充，六军之士，往往殍踣。唐庄宗诏河南府预借明年夏、秋租税，京畿之民愁苦，多号泣于路，而"庄宗方与后荒于畋游"。其做法影响恶劣，使百姓处境雪上加霜。当然，此时期也有皇帝比较重视灾害，梁太祖朱温因"忧民重农，尤以足食足兵为念"，改变以往"以两省无功职事"官员祷雨的故事，以宰臣亲自赴望祠祷雨。

二、中央部门

中央各部门中涉及救灾防灾的机构，有尚书省、太仓署、常平署与河渠署，尚书省部门中，涉及救灾的主要包括工部及其下辖的水部（详见防灾编水利篇）、户部及其下辖的仓部、刑部。各部门分工合作，各司其职，防灾救灾工作相结合。唐朝明确规定京畿大小水流的维护与灌溉，并设专官管理，是较前朝进步之处。

（一）刑部

唐代刑部隶属于尚书省，长官设刑部尚书（正三品）一人，刑部侍郎（正四品下）一人，职掌天下刑罚及徒隶、勾覆、关禁之政令。刑部下辖四部，刑部为其中之一，设刑部郎中（从五品上）二人，员外郎（从六品上）二人。隋初省三公曹，置刑部郎曹，掌刑罚，置侍郎一人；炀帝更名为刑部郎，又改为宪部郎，唐朝因之，武德三年（620 年）改曰刑部郎中。开皇六年（586 年）置刑部员外郎，隋炀帝改为宪部承务郎，唐朝因之，620 年改曰刑部员外郎。刑部郎中、员外郎下设主事（从九品上）四人，并有书令史 38 人、亭长 6 人、掌固 10 人，掌管律法，按覆大理寺及全国案件复审。律、令、格、式四种刑法之书分别有 500 条、1546 条、24 篇和 33 篇。

对匿灾及妄报自然灾害的行为，唐律规定了具体的惩罚措施：

> 诸部内有旱涝霜雹虫蝗为害之处，主司应言而不言及妄言者，
> 杖七十。覆检不以实者，与同罪。若致枉有所征免（疏曰：谓应损
> 而征，不应损而免，计所枉征免），赃重者，坐赃论（疏曰：赃罪
> 重于杖七十者，做赃论，罪止徒三年）。

《唐律疏议·杂律》规定刺史、县令必须据《营缮令》及时修筑堤
堰并依时检校，而且，此律在五代时期的执行似趋严格，详见防灾编水
利篇。

（二）户部及仓部

唐代仓部隶属于尚书省户部之下。尚书省户部设尚书（正三品）、
侍郎（正四品下）各一人，"掌天下户口井田之政令。凡赋税职贡之方，
经费赒给之算，藏货赢储之准，悉以咨之。"唐代户部负责执行因灾蠲
免赋役的制度，"凡水、旱、虫、霜为灾害，则有分数：十分损四已上，
免租；损六已上，免租、调；损七已上，课、役俱免。若桑、麻损尽
者，各免调。若已役、已输者，听免其来年。"

户部下辖四部，其中的仓部下设仓部郎中（从五品上）、员外郎
（从六品上）各一人，职掌国家仓庾，收纳租税，出给禄廪之事，其重
要职能之一是以义仓、常平仓备凶年，平谷价。宋、齐、梁、陈、后
魏、北齐并以度支尚书领仓部；开皇三年（583年），改度支为民部，
领仓部。隋初置仓部侍郎，炀帝大业时期名仓部郎，唐因隋制，武德三
年（620年）又曰仓部郎中。开皇六年（586年）置仓部员外郎，隋炀
帝曰承务郎，唐朝复曰仓部员外郎。另有主事（从九品上）三人。仓部
掌管诸仓，凡都之东租纳于都之含嘉仓，自含嘉仓转运以实京之太仓。
自洛（河南洛阳）至陕（河南陕县）运于陆、自陕至京（陕西西安）运
于水，量其递运节制，置使以监统之。仓部置木契100枚以与出给之司
相合，以次行用，随符、牒而给之。其中，30枚与司农寺合，10枚与
太原仓监合，10枚与水丰仓监合，20枚与东都司农寺合，20枚行从仓

部与京仓部合，10 枚与行从司农寺合。王公以下，每年户别据已受田及借荒等，具所种苗顷亩，造青苗簿，诸州于七月以前申尚书省；至征收时，亩别纳粟二升，以为义仓，用于荒年给粮，并须申尚书省。义仓、常平仓功能不同，义仓以备岁不足，常平仓用以均贵贱。唐代仓部员外郎的典型事例较少，元稹所撰《范季睦授尚书仓部员外郎》曰："野有饿殍不知发，狗彘食人之食不知检，此经常之失政也。而况于戎车未息，飞挽犹勤，新熟之时，岂宜无备？乃诏执事，聿求其才，乘我有秋，大实仓廪。"因命范季睦为尚书仓部员外郎，依前判度支案、充京西京北籴使。朝廷对范季睦可谓寄予重任，希望他能够趁着粮食丰收，充实仓粮。

因朝廷对水旱等灾害的赈贷属于户部职能之一，户部钱物一部分即充作水旱赈贷。贞元时期（785—805 年），属兵革旱蝗之后，唐德宗诏户部收阙官俸、税茶及诸色无名钱，以为水旱之备。仓部员外郎王绍判务，迁户部、兵部郎中，皆专领。元和六年（811 年）八月，宪宗接受户部侍郎李绛所奏，诸州阙官职田禄米，及见任官抽一分职田，令所在收贮，以备水旱赈贷。大和时期（827—835 年），剑南东、西两川米价腾踊，百姓流亡。唐文宗接受户部尚书兼鲁王傅庾敬休所奏，籴两川阙官职田禄米，以救贫人。

（三）太仓署

唐代太仓署隶属于司农寺。司农寺设司农卿（从三品）一人、司农少卿（从四品上）二人，掌邦国仓储委积之政令，下辖上林、太仓、钩盾、导官四署与诸监之官属。其中，太仓署，隋设太仓署令二人，米廪督二人，谷仓督四人，盐仓督二人。唐朝在京师置太仓，设太仓令（从七品下）三人、丞（从八品下）六人，均因袭隋代之制。东都则曰含嘉仓。另设监事十人，从九品下。太仓署令掌九谷廪藏之事；丞为之贰。凡凿窖、置屋，皆铭砖为庾斛之数，与其年月日，受领粟官吏姓名。输米、粟二斗，课藁一围；三斛，梜一枚；米二十斛，篚蕛一领；粟四十斛，苫一蕃；麦及杂种亦如之；以充仓窖所用。仍令输人营备之。凡粟支九年，米及杂种三年。贮经三年，斛听耗一升；五年以上，二升。

三、地方州县

地方州县长官直接负责地方防救灾工作。唐代京兆府（陕西西安）、河南府（河南洛阳）、太原府（山西太原）分别设仓曹参军事（正七品下阙官）二人，此官隋炀帝时名司仓书佐；都督府均设仓曹参军事一职，上都督府设二人、中下都督府均设一人，品阶分别为正七品下、从七品上、从七品下，唯凉州（甘肃武威）作为中都督府设仓曹参军事二人。上、中、下三州均设司仓参军事一人，品级分别为从七品下、正八品下、从八品下。三府与都督府仓曹参军事及各州司仓参军事，掌公廨、仓库、租赋、征收、市肆等诸事，负责征税、储粮备荒、赈贷及常平仓事务。每岁据青苗征税，亩别二升，以为义仓，以备凶年；将为赈贷，先申尚书，待报，然后分给。又，岁丰，则出钱加时价而籴之；不熟，则出粟减时价而粜之，谓之常平仓，常与正、义仓账具本利申尚书省。京畿（陕西西安）及天下诸州县令，职掌"导扬风化，抚字黎氓，敦四人之业，崇五土之利，养鳏寡，恤孤穷，审察冤屈，躬亲狱讼，务知百姓之疾苦。……若五九、三疾及中、丁多少，贫富强弱，虫霜旱涝，年收耗实，过貌形状及差科簿；皆亲自注定，务均齐焉。……若籍帐、传驿、仓库、盗贼、河堤、道路，虽有专当官，皆县令兼综焉。"其中，"虫霜旱涝""年收耗实"及仓库、河堤等均与灾害的防救相关。大历年间（766—779年），杜甫登衡山，游耒阳（湖南耒阳）岳祠，遇大水遽至，10天不得食，耒阳县令"具舟迎之"，杜甫得以被救。

仓曹官员的具体事迹，如：邢彦褒（？—704年）的祖父邢参任隋沂州司马、仓部员外郎期间，粟米充实。刘胡（625—699年）之父刘让任永丰仓丞时，粮食充足，黔黎免河内之饥。至少能说明永丰仓丞刘让比较胜任，工作未出现大的纰漏。长庆元年（821年），成都府司录参军刘继（772—850年）再选授雅州仓曹，郡以残破，仓储籍缪，刘继到任后，廪实额敷，军伍足给，人皆仰食，因此，校课累第居上。

在寺院悲田养病坊的基础上，唐晚期在两京及各州还设立了养病坊。唐武宗灭佛后，原来武周长安以来置使专知的悲田养病坊，因诸道僧尼已经还俗而无人主领。会昌五年（845年）十一月，李德裕奏请：悲田出于释教，请改为养病坊。两京及诸州，各于录事者耆中拣一名行谨信、为乡里所称之人，专令勾当。其两京给寺田十顷，大州镇给田七顷，其他诸州给田五顷，以充粥食。如州镇有羡余官钱，量置本收利。唐武宗接受其奏请，敕两京及诸州给悲田养病坊田，以充粥料。当时长安和洛阳养病坊，给寺田十顷，诸州七顷，以耆寿主领。咸通八年（867年），唐懿宗《咸通八年痊愈救恤百姓僧尼敕》载：当时诸州县病坊贫儿赐米三、五、七、十石不等，委所在刺史、录事参军、县令纠勘，监差有道行僧人专勾当，三年一替。如遇风雨、病者不能求丐的情形，取本坊利钱，市米为粥，均给饥乏。如疾病可救，与市药理疗，其所用绢米等，以户部属省钱物充。而至广明元年（880年）十一月，黄巢军攻陷洛阳，唐僖宗以田令孜率神策、博野等军10万守潼关。当时禁军已经都是自少迄长不识战斗的长安富家，世籍两军，给赐丰厚，高车大马，以事权豪。因畏于出征，在东、西两市出钱数万"佣雇负贩屠沽及病坊穷人"，这些人成为战士而操刀执戟，基本没有战斗力。病坊穷人竟然成为长安禁军所雇代替其出征之人，身份成为伪冒的禁军，这说明当时养病坊贫病之人当有不少。

四、遣使宣慰

遣使慰抚，是朝廷出于监督地方救灾的需要，派遣中央官员代表皇帝前往灾区，协同地方长官指挥和监察救灾活动，问人疾苦、廉吏善恶。自汉魏以来，地方水旱，朝廷必派遣使臣巡抚安辑，隋唐五代因其制不改。

隋代时期，文帝对自然灾害十分重视，为了让救灾更加有序有效地进行，屡次派遣朝廷高级官员前往灾区主持赈灾。苏威以民部尚书兼纳言、吏部尚书的身份至少两次前往灾区赈恤，杨达以工部尚书、纳言的身份两次前往灾区赈恤，前工部尚书长孙毗也曾出使赈灾。开皇五年（585年）八月，河南诸州水，遣民部尚书邳国公苏威赈给。次年二月，山南（河南邓州）、淅（河南西峡）七州水，遣前工部尚书长孙毗赈恤。开皇八年（588年）八月，河北诸饥，遣吏部尚书苏威赈恤；仁寿二年

（602年）九月壬辰，河南、河北诸州大水，遣工部尚书杨达赈恤；仁寿三年（603年）十二月，河南诸州水，遣纳言杨达赈恤。

唐代时期，遣使是中央参与地方救灾的重要形式，朝廷特派使臣身担特殊使命，属朝廷重事，宣抚使臣任重、位高、权大，故因灾遣使用白麻。贞观时期（627—649年），唐太宗即遣大使10人巡省天下诸州水旱，有巡察、安抚、存抚之名。四方水旱虫蝗，天子遣使者持节至其州授制书，礼仪十分隆重。唐代因灾遣使赈恤颇多，涉及诸多部门官员，尤以尚书省官员居多，救灾使臣从七品朝官殿中侍御史，至正二品太子少保、从二品尚书右丞相，涉及职衔30余种（详见本章末所附之表4-1：唐代遣使赈灾官员一览表）。这些遣使救灾官员均为临时派遣性质，使者代表朝廷到灾区主持救灾事宜，可以随事处置，免去地方上报、信息往返的烦琐。这些使臣来自朝廷三省六部、御史台及大理寺、秘书省、宗正寺、京兆府、太子府、卫府等部门。尚书、中书、门下三省官员经常参与赈恤行动，职司诏令执行的尚书省及下辖六部的官员作为赈灾使臣尤多，特别是职司救灾的户部官员，及掌诸司纲纪与百僚程式的都省官员、掌工程营造的工部官员。御史台职司纠察，被派遣官员的品级虽然相对偏低，但该部门官员具备的品格素质很适合于监察官吏在救灾过程中的非法、不公现象，被派往灾区救灾的次数也较多。有时灾情严重，涉及地域广泛、灾情严重，会有较多官员被派往各地主持救灾。典型之例如：贞元八年（792年）八月，河南、河北、山南、江淮40余州大水，分命朝臣中书舍人奚陟、左庶子姚齐梧、秘书少监雷咸、京兆少尹韦武等宣抚赈贷。

唐代前期遣使救灾较为常见，"开元已前，有事于外，则命使臣，否则止"。尚书省户部官员在唐前、后期均参与救灾，刑部官员在后期参与救灾较多，唐后期被派往灾区的使者很可能更多地行使黜陟官员之权。开元二十一年（733年），唐玄宗设置十五道采访使，"自置八节度、十采访，始有坐而为使，其后名号益广。大抵生于置兵，盛于兴利，普于衔命，于是为使则重，为官则轻"。伴随着"坐地为使"数量的增加，朝廷逐步减少了遣使次数，更多的是委任本道采访使量事赈给。如：开元二十三年（735年）八月，制江淮以南有遭水处，委本道使赈给。开元二十八年（740年）十月，河北13州水，敕本道采访使量事赈给。长庆二年（822年）闰十月，唐穆宗诏：江淮诸州旱损颇甚，所在米价踊贵，委淮南浙东宣歙江西福建等道观察使，各于当道有水旱处，以常平义仓斛斗，据时估减一半价出粜，不得令豪家并籴，使其必及贫人。大和四年（830年）十一月，京畿河南江南湖南等道大水害稼，唐文宗诏本道节度观察使，出官米赈给。有时，也会派遣宣慰使与本道观察使或刺史会同协作赈灾。大和四年（830年）七月，许州（河南许州）上言去年六月二十一日被水，诏应遭水损百姓等，量放今年种子，委本道具分析闻奏，仍令宣慰使李珝与本道勘会人户，据水损情况赈济粮米，令度支以逐便支送。同年十月九日发布的《赈救诸道水灾德音》提及：淮南道滁和两州（安徽滁州、和县）应水损县，据所申奏漂溺人户处，委本道观察使与本州刺史仔细检勘，方免当年秋税，并以义仓据户赈接。浙西浙东宣歙鄂岳江西鄜坊山南东道，并委观察使与所在长吏，据淹损田苗，漂坏庐舍及虫螟所损，节级矜减。偶尔亦遣使前往灾区主持赈灾。大和五年（831年）七月，东川玄武江水涨二丈，梓州（四川三台）罗城漂人庐舍，诏剑南两川水运使及户部郎中充两川安抚使李践方宣抚赈给。

　　因使臣本身的素质、能力与水平，对赈灾效果所起作用至大，唐代对赈灾使臣的人选颇为慎重。宣抚使担任赈灾使命，需要派遣位尊职高、清正廉洁、务实能干的大臣。唐德宗《宣慰河南河北诏》曰：诸道州县遭水漂损乏绝户，共赐30万石，度支与本道节度观察使计度，各随所近支给，委本使择清干官送米给州县。"清干官"即清廉能干、德才兼备的官员。唐代职司遣使慰抚救灾的官员主要肩负四种职责：

　　一、简覆灾情、赈贷粮食及监督官仓粜米。贞观元年（627年）八月，关东（潼关以东地区）及河南、陇右（陇山以西地区）沿边诸州霜害秋稼。九月，命中书侍郎温彦博、尚书右丞魏徵、治书侍御史孙伏伽、简较中书舍人辛谞等分往诸州，驰驿检行苗稼损耗情况，存问户口乏粮之家，量行赈济。元和初至元和六年（806—811年），江淮旱，浙东、西尤甚，唐宪宗遣使分道赈贷。大和八年（834年）九月，诏淮江、浙西等道仍岁水潦，遣殿中侍御史任畹驰往慰劳，委所在长吏以军州自贮官仓米减一半价出粜，各给贫弱，如无贮蓄处，以常平义仓米出枲。大中时期（847—860年），江淮数道水旱疾疠，唐宣宗命使臣乘驿抚巡，发诸道仓储救恤，减上供馈运，免积岁逋租，蠲逐年常供。

二、埋瘗死者并赐物。贞观二十三年（649年）八月，河东地震。八日，唐太宗遣使存问，给复二年，赐压死者人绢三匹。总章二年（669年）九月，海水泛溢，坏永嘉（浙江温州）、安固（浙江瑞安）二县郭，居人庐舍6000余家，唐高宗遣使修葺宅宇，溺死者，各赐物五段。永隆元年（680年）秋，河南北诸州大水，诏遣使分往存问，漂溺死者各给棺槽，其家赐物七段，屋宇破坏者，劝课乡间助其修葺，食乏绝者给贷之。

三、助修屋宇。开元八年（720年）六月，河南府（河南洛阳）谷雒涯三水泛涨，漂溺居人400余家，坏田300余顷，诸州当防丁当番卫士掌闲厩者千余人，遣使赈恤及助修屋宇。开元十四年（726年）七月，怀（河南沁阳）、郑（河南荥阳）、许（河南许州）、滑（河南滑县）、卫（河南卫辉）等州水潦。九月，命御史中丞兼户部侍郎宇文融往河南河北道遭水州宣抚。若屋宇摧坏，牛畜俱尽，及征人之家不能自存立者，量事助其修葺。

四、整顿吏治，监督地方长吏赈恤。官吏横征暴敛、不恤百姓之事并不少见，巡抚赈给灾民时，多有奸吏欺诈现象。开元六年（718年），河南大水，八月，唐玄宗诏工部尚书刘知柔驰驿察人民疾苦及官吏善恶，还日奏闻。其表陈州刺史韦嗣立、汝州刺史崔日用、兖州刺史韦元珪、符离令綦毋顼等27人有治状。长庆三年（823年）三月，淮南、浙东西、江西、宣歙旱，遣使宣抚，并理系囚，察官吏。其余与灾民生活密切相关的宣慰使臣职责，包括蠲免执行、疏理冤狱及粮食和盐的市场供应情况等。宣抚使臣负责实施并监督地方减免税、具体作分数等级蠲放情况、疏理冤狱、富商大贾囤积待价、减价出粜粮食、盐商准例出粜等工作。

宣抚赈灾使臣均为皇帝信任的重要近侍大臣，代表皇帝巡察赈恤灾民，担负着视察慰问灾区、同灾区协作赈灾的重要职责，还具有指挥灾区救援工作的极大权力，并监督地方官员救灾。遣使宣抚灾区，减少了报灾、勘覆等赈灾环节，促进了地方救灾工作的高效开展。除了后期懿宗、僖宗外，绝大多数皇帝都曾不同程度实行，派遣使臣慰抚灾害的种类包括水、旱、霜、雹、蝗、地震、疫及饥荒等各种灾荒，赈恤范围涵盖除岭南道外的其余各道。因唐代对赈灾使者人选较为重视，遣使宣慰取得了一定成效。开元十一年（723 年），山东旱俭，朝议选朝臣为刺史以抚贫民，唐玄宗以黄门侍郎王丘为怀州刺史、中书侍郎崔沔等数人皆为山东诸州刺史。这次宣慰山东旱灾，王丘在职清严，其余诸人无可称。贞元八年（792 年），江南、淮西大水，中书舍人奚陟劳问循尉，所至之处，人人便安。

五代十国时期，政权更替频仍，因戎马倥偬，经常无暇顾及自然灾害的防救。但仍对水灾、旱灾、地震、火灾给予了应有的关注。遣使次数最多的灾害是水灾，至少遣使九次以上。因水灾遣使存问，包括救济安抚百姓与修筑堤塞两项内容。长兴三年（932 年）六月，金（陕西安康）、徐（江苏徐州）、安（湖北安陆）、颍（安徽阜阳）等州大水，唐明宗诏遣使人存问。后晋天福六年（941 年）九月，河决于滑州（河南滑县），一概东流，居民登丘冢，为水所隔，多州为水所漂溺。十月朔，晋高祖命鸿胪少卿魏玭、将作少监郭廷让、右领军卫将军安澄、右骁卫将军田峻，于滑、濮（山东鄄城）、澶（河南濮阳东）、郓（山东东平）四州，检河水所害稼，抚问灾民。南唐升元五年（941 年）秋八月，吴越水，民就食南唐境内，南唐烈祖李昇遣使赈恤安辑。后蜀广政十五年（952 年）六月，岷江大涨，大水漂城，坏延秋门，深丈余，溺数千家。后蜀孟昶遣使往灌州（四川都江堰）救灾。广顺二年（952 年）十二月，河决郑（河南荥阳）、滑（河南滑县），周太祖遣使行视修塞。次年正月，周太祖又派枢密使、同平章事、左仆射兼门下侍郎王峻前往行视。八月，淄州（山东淄博）临河镇淄水决，邹平、长山（山东邹平长山镇）4000 人堙塞；河阴（河南郑州）新堤坏 300 步，遣中使于赞往相度修治。因郓州界河决，洪流为患数州，周太祖连年命使视之无果，显德元年（954 年）十一月，周世宗诏宰臣李谷亲往郓齐管内监督筑河堤，役徒 6 万，耗时一月。显德六年（959 年）正月甲子、二月朔，周世宗分命侍卫都虞侯韩通、枢密使王朴往河阴（河南郑州）按行河堤，后者并修汴口水门。二月壬午，命侍卫都指挥使韩通宣往，徽南院使吴延祚发徐宿宋（河南商丘）单等州丁夫数万，以浚汴河。甲申，命马军都指挥使韩令坤，自京东道汴水入于蔡河，又命步军都指挥使袁彦浚五丈河，并分遣使臣发畿内及滑（河南滑县）亳（安徽亳州）等州丁夫数千，以供其役。十二月乙未，大霖，昼昏，凡四日而止，周世宗分命使臣赈给诸州遭水人户。

五代十国时期因旱灾、地震、火灾都曾遣使慰问。因地震遣使一次。长兴二年（931年）六月，太原地震，自二十五日子时至二十七日申时，二十余度。十月辛酉，左补阙李详上疏唐明宗：北京（山西太原）地震多日，请遣使臣往彼慰抚，察问疾苦，祭祀山川。唐明宗从之，并赐其章服。因旱灾遣使至少三次。长兴二年（931年）六月，镇州（河北正定）旱，唐明宗诏遣使人存问。升元五年（941年）八月，南唐烈祖李昪遣使振贷黄州（湖北新洲）旱伤户口。癸丑年（953年），吴越境内大旱，吴越国王钱镠命所在开仓赈恤。因火灾遣使两次。后晋天福六年（941年）七月，吴越府署（浙江杭州）火，宫室府库几尽。南唐烈祖李昪遣使吊问，厚赙其乏。显德五年（958年）四月，吴越王钱俶奏，十日夜，杭州火，焚烧府署殆尽。周世宗命中使赍诏抚问。另外，建隆三年（962年）夏五月，东阳（浙江金华）、信安（广东肇庆）、新定（浙江建德）三郡民灾。戊辰，吴越王钱镠遣使赈恤。

附表：

表4-1 唐代遣使赈灾官员一览表

部门名称		派遣官员官名及品级	姓名	出使时间及地点	出使原因
尚书省	都省	尚书右丞相（从二品）	魏徵	贞观元年（627年）九月／河北、山西等地	或旱或霜虫，致有饥馑
			皇甫翼	开元二十一年（733年）二月／河南、淮南	河南水、淮南旱
			萧嵩	开元二十二年（734年）二月／秦州	地震严重
		左司郎中（从五品上）	郑敬	元和四年（809年）正月／江、淮、二浙、荆、湖、襄、鄂等道	旱饥
		右司郎中（从五品上）	赵杰	大和中（约827—835年）／山东	大水
		右司员外郎（从六品上）	刘茂复	大和三年（829年）五月／曹、濮等道	去年以来水损

续表

部门名称	派遣官员官名及品级	姓名	出使时间及地点	出使原因
尚书省	工部 工部尚书（正三品）	刘知柔	开元三年（715年）十一月／河南、河北	灾蝗水涝
			开元六年（718年）九月／河南道	瀍水暴涨，坏人庐舍，溺杀千余人
		贾耽	贞元元年（785年）二月／东都河南	东都米贵，饥馑塞道，前年蝗虫大起，草木无遗，河北诸州米贵，饿死者压道路
	工部侍郎（曾名冬官侍郎，正四品下）	王俨	永徽五年（654年）六月／恒州	大雨六日，滹沱河水泛溢，损5300家
		狄仁杰	垂拱四年（688年）春／山东、河南	甚饥乏
		刘太真	贞元元年（785年）二月／东都河南	东都米贵，饥馑塞道，前年蝗虫大起，草木无遗，河北诸州米贵，饿死者压道路
	屯田员外郎（从六品上）	韩赡	贞观二十一年（647年）八月／冀、易、幽、瀛等八州	大水
	户部 户部尚书（正三品）	陆象先	开元十年（722年）八月／东都	大雨，伊汝等水泛涨，漂坏河南府及许汝仙陈等州庐舍数千家
		杜暹	开元二十一年（733年）四月／——	久旱
	户部侍郎（正四品下）	樊悦	神龙三年（707年）夏，／山东、河南	旱饥，疾疫死者2000余人
		马怀素	开元时期（713—741年）初／河南	蝗旱
		宇文融	开元十四年（726年）九月／怀郑许滑卫等河南河北道遭水州	水潦
		张敬舆	开元二十年（732年）三月／河南数州	去岁至今水损
	户部郎中（从五品上）	李践方	文宗时期（827—840年）／西川	水潦为沴，沉溺实多

续表

部门名称		派遣官员官名及品级	姓名	出使时间及地点	出使原因
尚书省	户部	司珍大夫（后名金部郎中，从五品上）	路励行	总章二年（669年）七月／剑南益、泸、巂等19州	旱，百姓乏绝
		户部员外郎（正六品上）	严誉	大和三年（829年）五月／兖、青、淄等道	去年以来水损
		仓部员外郎（从六品上）	韦伯阳	开元二十二年（734年）／秦州	地震
	礼部	礼部尚书（正三品）	郑惟忠	开元三年（715年）／河南、河北	蝗涝
	刑部	刑部郎中（从五品上）	崔琯	开成三年（838年）八月／山南东道、鄂岳、蕲黄道	山南东道诸州大水
		刑部员外郎（从六品上）	薛舟	永贞元年（805年）九月／申光蔡和陈许两道	比遭旱损，多缺粮储
	兵部	简校兵部侍郎	李镇	开元二十一年（733年）二月／山南	旱
		兵部员外郎（从六品上）	李怀让	开元二年（714年）正月／三辅近地、豳陇之间	水旱
	吏部	吏部侍郎	刘彤	开元二十一年（733年）二月／江东江西	旱
		主爵员外郎（多名司封员外郎，从六品上）	慕容珣	开元二年（714年）正月／三辅近地、豳陇之间	水旱
		考功员外郎（从六品上）	陈归	贞元十四年（798年）／京师	旱
门下省		侍中（正三品）	苏瓌	神龙二年（706年）十二月／河北	水，大饥
		给事中（正五品上）	李昇期	开元十二年（724年）七月／河北道	旱
			贺若察	代宗时期（762—779年）／震泽之南数州	水涝，沲潜溃溢。败城郭，潴原田，连岁大歉
			卢弘宣	开成三年（838年）八月／陈许、郑滑、曹濮等道	山南东道诸州大水
		谏议大夫（正五品上）	孙伏伽	贞观七年（633年）六月／洋州	溥沱决，坏庐舍
		门下侍郎（正四品上）	萧复	兴元元年（784年）正月／山南东西、荆南、湖南、鄂岳、江南、江西、淮南、浙西东、岭南、福建等道	疫疬荐至，水旱相承，暴吏肆威，鞭笞督责

中国灾害志·断代卷　隋唐五代卷

续表

部门名称	派遣官员官名及品级	姓名	出使时间及地点	出使原因
中书省	中书侍郎（正四品上）	温彦博	贞观元年（627年）九月／河北、山西等地	或旱或霜虫，致有饥馑
	右散骑常侍（从三品）	萧昕	大历十一年（776年）三月／杭州	前岁水灾
	中书舍人（正五品上）	辛谞	贞观元年（627年）九月／河北、山西等地	或旱或霜虫，致有饥馑
		杜正伦	贞观三年（629年）六月／关内诸州	旱
		寇泚	开元十二年（724年）七月／河东	旱
		裴敦复	开元二十二年（734年）正月／怀、卫、邢、相等州	乏粮
		奚陟	贞元七年（791年）八月／江、襄、郢、随、鄂、申、光、蔡等州	大水
御史台	摄右御史台大夫	张知泰	景龙二年（708年）／河朔诸州	多饥乏
	御史中丞（正五品上）	崔谧等	仪凤二年（677年）秋／河南、河北	旱
		宇文融	开元十四年（726年）九月／怀郑许滑卫等河南河北道遭水州	水潦
		卢珣	开元二十二年（734年）二月／关内	间岁以来，数州失稔，颇至流冗
		张倚	开元二十九年（741年）秋／东都及河北	雨水害稼
	侍御史（从六品下）	孙伏伽	贞观元年（627年）九月／河北、山西等地	或旱或霜虫，致有饥馑
		刘彦回	开元十五年（727年）七月／同州、鄜州	霖雨
		邬载	开元年间（713—741年）／江南	大水，溺死千数
		崔虞、孙范	开成二年（837年）／河南、河北	旱，蝗害稼
	殿中侍御史（从七品上）	任畹	大和八年（834年）九月／淮江、浙西道	仍岁水潦
	监察御史（正八品上）	段平仲	贞元十四年（798年）／京师	旱

续表

部门名称		派遣官员官名及品级	姓名	出使时间及地点	出使原因
大理寺		大理少卿（从四品上）	侯令德	景龙三年（709年）十月/关中	水旱
宗正寺		司属卿（原名宗正卿，从三品）	王及善	垂拱四年（688年）春/山东、河南	甚饥乏
秘书省		秘书少监（从四品上）	雷咸	贞元七年（791年）八月/镇、冀、德、棣、深、赵等州	大水
京兆府		京兆少尹（从四品下）	韦武	贞元七年（791年）八月/扬、楚、庐、寿、徐、润、苏、常、湖等州	大水
东宫	太子左春坊	左庶子（正四品上）	姚齐梧	贞元七年（791年）八月/陈、许、宋、亳、徐、泗等州	大水
	——	太子宾客（正三品）	卢从愿	开元二十年（732年）/河北	谷贵，主持开仓救饥
	——	太子少保（正二品）	陆象先	开元二十一年（733年）四月/——	久旱
卫府		右监门卫将军（从三品）	黎敬仁	开元十四年（726年）七月/怀、郑、许、滑、卫等州	水潦
		左监门卫将军（从三品）	李善才	开元十五年（727年）三月/河北	水涝

文献出处：《册府元龟》《旧唐书》《新唐书》《资治通鉴》《全唐文》《唐代墓志汇编》《唐大诏令集》《唐会要》《宣室志》。

第二章　救灾规定与程序

报灾、损免之制是历代荒政工作的重要内容。先秦时期报灾损免制度已初具雏形，秦汉已有关于灾情报告的规定，经过汉魏隋唐时期的发展，两宋趋于成熟，明清时期日益完善。在此过程中，唐代的报灾、检灾、蠲免制度是趋向于成熟的重要过渡时期，已经初步建立了一整套比较系统、完整的救灾操作程序。唐代统治者重视灾荒赈救，包括报灾、检灾、损免等内容在内的因灾蠲免程序被纳入法律。以下主要探讨唐朝救灾的规定、程序及其执行情况，并兼及隋和五代的相关情况。

一、救灾法规与条例

（一）失时不修与盗决堤防

唐高宗时长孙无忌主编的《唐律疏议》是中国现存最完整的一部封建法典，失时不修与盗决堤防的相关具体规定，载于《唐律疏议·杂律》。《唐律疏议》第424条规定：

> 诸不修堤防及修而失时者，主司杖七十；毁害人家，漂失财物者，坐赃论减五等；以故杀伤人者，减斗杀伤罪三等（谓水流漂害于人。即人自涉而死者，非）。即水雨过常，非人力所防者，勿论。疏议曰：依营缮令：近河及大水有堤防之处，刺史、县令以时检校。若须修理，每秋收讫量功多少，差人夫修理。若暴水泛溢，损坏堤防，交为人患者，先即修营，不拘时限。若有损坏，当时不即修补，或修而失时者，主司杖七十。"毁害人家"，谓因不修补及修而失时，为水毁害人家，漂失财物者，"坐赃论减五等"，谓失十匹杖六十，罪止杖一百；若失众人之物，亦合倍论。"以故杀伤人者，减斗杀伤罪三等"，谓杀人者，徒二年半；折一支者徒一年半之类。注云谓水流漂害于人，谓由不修理堤防而损害人家，及行旅被水漂流而致死伤者。"即人自涉而死者，非"，所司不坐。即水雨过常，非人力所防者，无罪。
>
> 其津济之处，应造桥、航及应置船、筏，而不造置及擅移桥济者杖七十；停废行人者杖一百。疏议曰："津济之处，应造桥、航"，谓河津济渡之处应造桥，及航者编舟作之，及应置舟船及须以竹木为筏以渡行人，而不造置及擅移桥梁、济渡之所者，各杖七十。"停废行人"，谓不造桥航及不置船筏，并擅移桥济，停废行人者，杖一百。

《唐律疏议》第 425 条规定：

> 诸盗决堤防者杖一百（谓盗水以供私用。若为官检校，虽供官用亦是）；若毁害人家及漂失财物赃重者，坐赃论；以故杀伤人者减斗杀伤罪一等。若通水入人家致毁害者，亦如之。疏议曰：有人盗决堤防，取水供用，无问公私，各杖一百。故注云"谓盗水以供私用。若为官检校，虽供官用亦同"。水若为官，即是公坐。"若毁害人家"，谓因盗水泛溢以害人家，漂失财物，计赃罪重于杖一百者，即计所失财物"坐赃论"，谓十疋徒一年，十疋加一等。"以故杀伤人者"，谓以决水之故杀伤，减斗杀伤罪一等。若通水入人家致毁害、杀伤者，一同盗决之罪，故云"亦如之"。
>
> 其故决堤防者徒三年，漂失赃重者准盗论，以故杀伤人者以故杀伤论。疏议曰：上文盗水因有杀伤，此云"故决堤防者"，谓非因盗水，或挟嫌隙，或恐水漂流自损之类而故决之者，徒三年。漂失之赃重于徒三年，谓漂失人三十疋赃者，准盗论，合流二千里；若失众人之物，亦合倍论。以决堤防之故而杀伤人者，"以故杀伤论"，谓杀人者合斩，折人一支流二千里之类。上条：杀伤人减斗杀伤罪一等；有杀伤畜产偿减价，余条准此。今以故杀伤论，其杀伤畜产，明偿减价。下条水火损败，故犯者，征偿。

咸通年间（860—874 年），进士李讷为河南尹，洛阳因久雨大水，男女多栖于木，为所漂者，虽父母观之不能救。李讷骑马于魏王堤上观水，水势渐盛，恐为其覆溺，转身返回。因其未能在水灾时维护堤防不毁，水灾严重毁坏民庐。议者薄其材。咸通初，洛中有歌谣云："勿鸡言，送汝树上去；勿鸭言，送汝水中去。"又云："勿笑父母不认汝。"反映了洛阳水灾时灾民经常栖于树上等待救援，连父母也不能相救的境况。魏王堤是观察洪水的重要地点，唐代有若干首诗均提到，有诗记咸通四年（863 年）洛阳大水云："天津桥畔火光起，魏王堤上看洪水。"河南尹李讷于魏王堤巡视灾情，中途因恐被洪水覆溺而离去，因其擅离职守，大水严重毁坏民庐，虽官至太子太傅（从一品），临终前遗言安葬不请卤簿，不求赠谥。与此相反，大历年间（766—779年），河阳（河南孟县）秋大雨，河溢，军吏请求河阳三城使马燧具舟避水，马燧不忍心"城中尽鱼而独完其家"而予以拒绝。因其忠于职守，大大减轻了这次水灾的影响，水灾并未造成大的危害。

（二）应言而不言及妄言灾害

唐代灾害上报的具体规定，载于《唐律疏议·户婚律》：

> 诸部内有旱涝霜雹虫蝗为害之处，主司应言而不言及妄言者，杖七十。覆检不以实者，与同罪。若致枉有所征免，赃重者，坐赃论。【疏】议曰：旱谓亢阳，涝谓霖霶，霜谓非时降霜，雹谓损物为灾，虫蝗谓螟蚣螽贼之类。依令："十分损四以上，免租；损六，免租、调；损七以上，课、役俱免。若桑、麻损尽者，各免调。"其应损免者，皆主司合言。主司，谓里正以上。里正须言于县，县申州，州申省，多者奏闻。其应言而不言及妄言者，所由主司杖七十。其有充使覆检不以实者与同罪，亦合杖七十。若不以实言上，妄有增减，致枉有所征免者，谓应损而征，不应损而免，计所枉征免，赃罪重于杖七十者，坐赃论，罪止徒三年。既是以赃致罪，皆合累倍而断。
>
> 问曰：有应得损免，不与损免，以枉征之物，或将入己，或用入官，各合何罪？
>
> 答曰：应得损、免而妄征，亦准上条"妄脱漏增减"之罪：入官者坐赃论，入私者以枉法论，至死者加役流。

唐代已经建立了里、县、州、省由下而上的节级报灾制度。主司职言应损免情况，里正言于县，县申州，州申省。《唐会要》亦载："有年，及饥，并水旱虫霜风雹及地震流水泛溢。"户部及州县，每有即勘其年月日，及赈贷存恤同报。

对匿灾及妄报自然灾害的行为，唐律还规定了具体的惩罚措施："诸部内有旱涝霜雹虫蝗为害之处，主司应言而不言及妄言者，杖七十。覆检不以实者，与同罪。若致枉有所征免，赃重者，坐赃论。"是对灾民及时得到赈救在法律上的保护举措。

二、救灾程序及其执行

唐代建立因灾蠲免制度，且受唐律保护。以下通过个案考察此制度在不同时期的具体执行情况。

（一）报灾

报灾是指灾区的地方官吏逐级向上报告灾情，是朝廷赈灾的依据。隋代规定地方郡县要如实上报辖区自然灾害，可依受灾程度，对赋役予以蠲免。隋炀帝时，设立司隶台，长官司隶台大夫（正四品）掌巡察，下设别驾（从五品）二人负责察畿内，一人案东都（河南洛阳），一人案京师（陕西西安）。设刺史（正六品）十四人巡察畿外，并有诸郡从事40人。其职责之一即"察水旱虫灾，不以实言，枉征赋役，及无灾妄蠲免者"。并于每年二月"乘轺巡郡县"，十月入奏。唐代户部及州县负责上年成丰熟或饥馑及水、旱、虫、霜、风、雹、地震、流水泛溢等情况，每有即考察其年月日，及赈贷存恤同报史馆，修入国史。唐代吏部考功郎中（从五品上）及考功员外郎（从六品上）二人，掌文武百官善恶之考法及其行状，尚书省诸司每年将州牧、刺史、县令殊功异行、灾蝗祥瑞、户口赋役增减、盗贼多少等情况上报于考司。其中，自然灾害是州县必须上报的重要内容，特别是蝗虫灾害，说明蝗灾对田稼危害极大。隋代报灾之例阙如，报灾之例主要见于唐代和五代十国时期。

唐代报灾之例如：贞观十九年（645年）正月，易州（河北易县）言去秋水害稼，开义仓赈给。总章二年（669年）六月，冀州（河北深州）大水，漂坏居人庐舍数千家。七月癸巳，冀州大都督府奏，自六月十三日夜降雨，至二十日水深五尺，其夜暴水深一丈以上，坏屋14390区，害田4496顷。元和十五年（820年）六月，京兆府上言：兴平（陕西兴平市）、醴泉县（陕西礼泉）雹伤夏苗，请免其租入。九月，宋州（河南商丘）奏雨水败田稼6000顷，请免今年租入，宪宗并从之。大和四年（830 年）七月癸巳，许州（河南许州）上言去年六月二十一日被水，文宗下诏赈米。大和五年（831 年），淮南、浙江东西道、荆襄、鄂岳、剑南东川并水，害稼，请蠲秋租。同年十月丁卯，京兆府同官（陕西铜川）、奉先（陕西蒲城）、渭南县（陕西渭南），今年夏风电暴雨害田稼，至是请蠲免其租，可之。开成二年（837 年）十月，河南府（河南洛阳）上言：今秋诸县旱损，并雹降伤稼，请蠲赋税，从之。开成四年（839 年）七月丙午，沧景节度使刘约奏请义仓粟赈遭水百姓，诏速赈恤。咸通元年（860 年）夏，颍州（安徽阜阳）夏大雨，沈丘（安徽临泉）、汝阴（安徽阜阳）、颍上（安徽颍上）等县平地水深一丈，田稼屋宇淹没皆尽，次年二月，郑滑节度使、检校工部尚书李福乞蠲租赋的奏报到达朝廷，懿宗允从之。

五代制度多袭唐制，灾蠲制度亦然，因灾害频繁，报灾之例颇多。后唐对灾害较为重视。长兴三年（932 年）二月，唐明宗诏司天台，除密奏留中外，应奏历象、云物、水旱，及十曜细行、诸州灾祥，宜并报史馆，以备编修。五代上报灾情最多的灾种为水灾，后唐、后晋时期上报水灾尤多，襄州更是因灾情严重，在两年间五次上报灾情。后唐时期，天成二年（927）八月，华州（陕西华县）上言，渭河泛滥害稼。长兴元年（930 年）夏，鄜州（陕西富县）上言，大水入城，居人溺死。长兴二年（931 年）六月壬戌，汴州（河南开封）上言，大雨，雷震文宣王庙讲堂。十一月壬子，郓州（山东东平）上言，黄河暴涨，漂溺4000 余户。长兴三年（932 年）四月，棣州（山东惠民）上言，水坏其城。五月，襄州（湖北襄樊）奏水高二丈，坏城，居民登山避水，画图以进，欲尽乞蠲人户麦税，从之。十月庚戌，襄州奏汉江暴溢，水深三丈，庐舍田稼并尽，无可征税，请特免，从之。这种画图上报水情的方式能非常形象地说明灾情。后晋时期，襄州仍延续了这种报灾方式。天福三年（938 年）二月，杨光远进黄河冲注水势图。八月甲申，襄州奏，汉江水涨一丈一尺。九月，襄州奏，汉江水涨三丈，出岸害稼。十月，襄州奏，江水涨害稼。同年九月，东都（河南洛阳）奏，洛阳水涨一丈五尺，坏下浮桥。天福六年（941 年）九月丙戌，兖州（山东兖州）上言，水自西来，漂没秋稼。天福七年（942 年）七月，安州（湖北安陆）奏，水平地深七尺。显德六年（959年）六月，郑州（河南荥阳）奏，河决原武（河南原阳），周世宗下诏塞之。

此时期还有上报雹灾、旱蝗、地震等灾种，以后晋为多。天福六年（941年）五月庚午，泾州（甘肃泾川）奏，雨雹，川水大溢，坏州郡镇戍34城。天福七年（942年）五月，州郡五奏大水，十八奏旱蝗。开运二年（945年）五月，定州（河北定州）奏，大风雹，北岳庙殿宇树木悉摧拔之。天福七年（942年）四月，山东、河南、关西诸郡蝗害稼。五月，州郡五奏大水，十八奏旱蝗。天福八年（943年）正月，河南府上言逃亡5387户，并有饿死者。时州郡蝗旱，百姓流亡，饿死者千万计。晋出帝诏诸道以廪粟赈饥民，民有积粟者，均分借便，以济贫民。广顺三年（953年）十月壬申，邺都（河北大名）、邢（河北邢台）、洺（河北永年）等州皆上言地震，邺都尤甚。

（二）匿灾、妄报与覆检

按规定，唐代地方官员需依正常程序申报灾情，但也有匿灾、妄报现象，尤其以匿灾为多。唐德宗贞元年间虢州刺史崔衍所奏"臣伏见比来诸郡论百姓间事，患在长吏因循不为申请，不谙实，不患朝廷不矜放。有以不言受谴者，未有言而获罪者"，是这一现象的证明。唐玄宗时期，和州（安徽和县）刺史张择因水潦害农，请蠲谷籍之损者十七八。但本道采访使李知柔，素不快其明直，以附下为名，密疏诬奏，张择被贬为苏州别驾。采访使李知柔匿灾不报，并诬告上报灾情的刺史张择，和州水灾自然不能受到朝廷赈济。天宝十三载（754年），关中水旱相继，大饥。宰相杨国忠择善禾以进玄宗，曰："雨虽多，不害稼也。"扶风太守房琯言所部水灾，杨使御史按推之。其后，地方官员都要提前探查杨国忠的态度，再上报水旱灾害。贞元十四年（798年）春夏大旱，畿内（陕西西安）百姓请蠲租赋，守京兆尹韩皋以府帑已空，不敢实奏。因逢唐安公主之女出嫁右庶子李愬，百姓遮道投状往来于愬家之内官，京畿旱灾得以上闻。韩皋以"奏报失实，处理无方"，被贬为抚州（江西抚州）员外司马。出身皇族的京兆尹李实是蠲免成虚的典型。贞元二十年（804年），关中春夏连旱，田稼大歉，京兆尹李实唯务聚敛进奉，上奏德宗"今年虽旱，谷田甚好"。由此百姓租税皆不免。次年，诏蠲畿内逋租，仍违诏征之。百姓大困，人穷无告，至撤屋瓦木，卖麦苗以供赋敛。优人成辅端因戏作语讽谏，被李实以诽谤国政之名怒杀。京兆尹李实匿灾瞒报，枉加征免，却官位稳固，直到顺宗即位后，他才以征剥聚敛之罪被贬为通州长史。其症结在于德宗贪财，"天下好进奉以结主恩，征求聚敛，州郡耗竭"。白居易《杜陵叟》一诗述及元和四年（809年）京畿杜陵（陕西长安杜陵）遭灾后，农夫反被长吏催逼赋税的艰难处境，其曰："杜陵叟，杜陵居，岁种薄田一顷余。三月无雨旱风起，麦苗不秀多黄死。九月降霜秋早寒，禾穗未熟皆青干。长吏明知不申破，急敛暴征求考课。典桑卖地纳官租，明年衣食将何如。剥我身上帛，夺我口中粟。虐人害物即豺狼，何必钩爪锯牙食人肉。不知何人奏皇帝，帝心恻隐知人弊。白麻纸上书德音，京畿尽放今年税。昨日里胥方到门，手持尺牒榜乡村。十家租税九家毕，虚受吾君蠲免恩。"当朝廷的蠲免德音下达杜陵时，遭灾民户十之八九已缴纳完租税，对某些长吏为求政绩匿灾不报的行径进行了控诉。元和七年（812年）五月，江淮旱，浙东、西尤甚，有司不为请，淮南节度使李吉甫白以时救恤，唐宪宗驰遣使分道赈贷。这次若非李吉甫，淮南旱灾很可能不会得到朝廷的赈济。

匿灾与妄报现象的存在，决定了覆检环节存在的必要性。覆检指朝廷派遣御史核查田亩受灾面积及程度，以确定成灾比例。唐代检覆地方所报灾情之例如：大历时期（766—779年）末，京兆尹严郢因秋旱请蠲租税，宰相裴炎令度支、御史按覆。后严郢以报灾不实之罪被贬为大理卿。贞元十七年（801年）夏，京兆（陕西西安）上言好畤（陕西乾县）风雹害稼，唐德宗派遣宦人覆视。结果官员报灾不实，京兆尹以下俸被夺。之后，许孟容又上奏，请求德宗"使品官覆视后，更择宪官一人，再令参验"。

在检覆过程中，负有检灾之责的官员也有主动或被动弄虚作假者。731—741年（开元时期）初，山东蝗灾严重，中书令姚崇奏遣使分往河南、河北各道捕杀蝗虫而埋之，并请遣谏议大夫韩思复前往检察。韩思复回京，将灾情如实上报。但姚崇又请求命令监察御史刘沼重新检覆，刘沼希姚崇之意，棰挞百姓，回改旧状奏之。由此造成河南数州赋税不能按律蠲免，韩思复还由京官被贬为地方官。

大历后期，户部侍郎判度支韩滉因灾害会减少税收，影响其政绩，隐匿雨灾实况。河东府安邑县（山西运城安邑）"境内有盐池，与解为两池，大历十二年（777 年）生乳盐，赐名宝应灵庆池"，实际却为一例丑剧。大历十二年（777 年）秋霖，河中府（山西永济）池盐多败，渗入水潦。户部侍郎判度支韩滉谎奏：雨不坏池，池生瑞盐。前往检视的谏议大夫蒋镇作庇饰诈，代宗因赐号宝应灵庆池。韩滉担心上报霖雨害盐会减少盐税，隐匿实情，检覆使不敢以实言，闹出"池盐多败"的河中府置神祠赐嘉名的丑剧。这次秋霖害稼，京兆尹黎干奏畿县损田，韩滉坚持认为其所奏不实，但因发生于京城长安（陕西西安）附近，为代宗发现。代宗命御史巡覆，回奏诸县凡损 31195 顷。渭南令刘藻曲附滉，上言府及户部所部无损。又遣分巡御史赵计复检行，奏与刘藻合。代宗览奏，以为水旱咸均，不宜渭南独免，申命御史朱敖再检，渭南（陕西渭南）损田 3000 余顷。代宗觉察到奏报不实，令有司讯鞫，渭南令刘藻、分巡御史赵计分别被贬为万州南浦员外尉、丰州司户员外参军。由于韩滉作梗，朝廷三次派御史巡检京兆霖雨，赖代宗明察，灾情得以上达，唯弄权树党的户部侍郎韩滉未受处分。

贞元十二年（796 年），京兆府奏水旱损苗，请求蠲免，别差官检覆，多有异同之议，且追集人户，烦扰州府，其后唐德宗知其弊，特允其奏，诏放免京兆府所奏奉先（陕西蒲城）等八县旱损秋苗 10000 顷 36200 石，青苗钱 18200 贯，朝野为之兴奋。

覆检之后，即进行蠲赋，如：开元五年（717 年），巩县（河南巩义）、密县（河南新密）、汜水（河南荥阳）等地山水暴下，冲突庐舍，溺死百姓数人，唐玄宗遣御史前往简校安存。元和七年（812 年）五月，江淮岁俭，人民荐饥，而自淮、浙检覆回京的御史上言"不至为灾"。李绛奏言：淮南、浙西、浙东奏状皆言水旱，人多流亡，求设法招抚，不可能无灾而妄称有灾。御史匿灾以悦上意，求其名，请以法按致。唐宪宗因命速蠲其租赋。此例中并未按照检覆御史之言免赈，而是根据宰相李绛的建议进行蠲免，减掉了检灾环节。五代时期，开平四年（910

年）四月丁卯，梁太祖侄宋州节度使衡王朱友谅献瑞麦，一茎三穗，梁太祖曰："丰年为上瑞。今宋州大水，安用此为！"诏除本县令名，并遣使诘责。这次宋州（河南商丘）大水，并未检覆，而是梁太祖依常理进行推测，下诏罢免水灾县县令，并对匿灾瞒报的宋州节度使朱友谅加以谴责。

第三章　赈灾措施

隋唐五代十国时期，官方赈灾主要可分为施粮赈救、恢复生产、安辑养恤等三大类措施。施粮赈救措施包括赈贷、调粟与跨境就食，灾后恢复生产措施包括减免赋役、赈贷粮种、给赐耕牛与劝课百姓，安辑养恤举措包括施粥、疗疫、赎子、埋骨、修屋等。此时期还有市场救灾、以工代赈、睦邻救灾等救灾措施。

一、施粮赈救措施

施粮赈救为灾中救援措施，主要包括无偿赈济和有偿赈贷两大类。

（一）赈贷

赈贷指国家对灾民提供无偿或一定程度有偿的物质救援。赈贷灾民，赈为无偿赈给，贷则事后要偿还，正如唐太宗建义仓诏书所言"岁不登，则以赈民；或贷为种子，则至秋而偿"之意。对于灾害采取赈赐还是赈贷方式进行救济，视当时国家的财政状况而定。唐代赈贷包括国家无偿对灾民赐粮、赐物和有偿赈贷粮物等。唐国用支出按用钱多少排列顺序，赈恤费用占 8.7%。

唐代前、后期赈贷粮物具有不同特点，前期赐粮多，后期贷粮多。这当与后期财政不足及政风、吏治状况有关。但唐后期比前期制度完备。唐前期一般由朝廷临时派遣使臣赈赐，唐后期朝廷一般委度支与灾区所在道的节度使共同商量处置，按受灾程度分等第，派清廉强干的"清强官"负责仓粟的发放和给贷，增强了地方自主救灾的有效性和灵活性。为防止富室并籴，使真正困难的灾民受到赈济，赈赐诏书中常常特别指出要分等第，先从贫下户，分等第赈给。为确保赈灾公平有效，朝廷有时会委派御史、郎官亲行赈恤。

1. 赈赐粮物

赈赐粮物，指直接给灾民发放粮食生活物品及其他必需品等。隋代赈赐灾民实物主要是粮食，赈赐相较赈贷为少。开皇四年（584年），关右（潼关以西地区）亢阳，饥馁，文帝"运山东之粟，置常平之官，开发仓廪，普加赈赐"。

唐代国祚长久，唐前期赈赐灾民粮物较赈贷为多，以粟米和布帛为主。贞观十一年（637年）七月，太宗诏以洛阳水灾，该州诸县百姓漂失资产、乏绝粮食者，量以义仓赈给；赐遭水旱之家帛15匹，半毁者8匹。并废明德宫之玄圃苑院，分给洛阳遭水者。九月，黄河泛溢，毁河阳中潭，赐濒河遭水家粟帛有差。总章二年（669年）九月海水泛溢，坏永嘉（浙江温州）、安固（浙江瑞安）二县郭，居人庐舍6000余家，高宗遣使修葺宅宇外，溺死者各赐物5段。永隆元年（680年）九月，河南、河北诸州大水，遣使赈恤，其家赐物7段。

唐后期赈赐和赈贷灾民粮物均比较多，但赈赐略少于赈贷，赈赐实物以米粟为主。兴元元年（784年），北方蝗灾饥馑，闰十月，德宗诏宋亳（治宋州，即河南商丘）、淄青（治青州、郓州，即山东青州、山东东平）、泽潞（治山西长治，领泽、潞、邢、洺、磁五州）、河东（治太原府，辖山西太原北至内蒙古集宁南）、恒冀（河北石家庄、邢台、衡水地区）、幽（即卢龙镇，治幽州，即北京，辖河北献县、张家口、北京至辽宁西北）、易定（治定州，辖易、定二州）、魏博（治魏州，领魏、博、贝、相、澶、卫等州）等8节度，每节度赐米5万石，河阳（河南孟县）、东畿（河南洛阳）各赐3万石。贞元八年（792年）八月，河南、河北、山南、江淮40余州大水，漂溺死者2万余人。十二月庚寅，诏赐遭水县乏绝户米30万石。元和十一年（816年）四月，赐徐（江苏徐州）宿（安徽宿州）二州粟8万石，以恤其水旱。长庆二年（822年）七月，以陈（河南淮阳）、许（河南许州）两州水灾颇甚，百姓庐舍漂溺复多，穆宗诏赐米粟5万石，以度支先于管内见收贮米粟充。大和三年（829年）五月，文宗诏赐去年以来水损处郓曹濮（治郓州，即山东东平）、淄青、德齐（山东陵县、山东济南）等三道各5万石米，兖海（治山东兖州，领沂、海、兖、密四州）3万石。大和四年（830年）七月，许州（河南许州）上言去年六月被水，命宣慰使李翔与本道勘会人户，实水损每人量给米1石，当户不得过5石。大和七年（833年）正月，以关辅、河东去年亢旱，诏京兆府（陕西西安）河中（山西永济）等9州府赐粟56万石，京兆府（陕西西安）、河南府（河南洛阳）、河中府、绛（山西新绛）、同（陕西大荔）、华（陕西华县）、陕（河南陕县）、虢（河南灵宝）、晋（山西临汾）等州各赐10万石，并以常平义仓及所籴斛斗充。大和九年（835年）二月乙丑，以岁饥，河北尤甚，赐魏博六州（治魏州，领魏、博、贝、相、澶、卫等州）粟5万石，陈许（治许州，即河南许昌，辖陈、许二州）、郓曹濮三镇各赐糙米2万石。开成元年（836年），以同州（陕西大荔）、河中（山西永济）、绛州（山西新绛）三州旱歉，赋税不登，放开成元年夏青苗钱，同州赐杂谷6万石，河中绛州共赐10万石，委度支户部以见贮粟麦充赐。会昌四年（844年），武宗诏赐义武军粟30万斛，贮在飞狐（河北涞源）西。当时，计运致之费逾于粟价，故义武节度使卢弘宣遣吏守之。次年春旱，卢弘宣命军民随意自往取之，粟皆入境，约秋稔偿之。时成德、魏博皆饥，独易定之境无害。

赐粟是唐代赈赐灾民最普遍的实物，其次是赈赐布帛，也有赈赐盐铁及死者棺等生活生产用品者。贞元十八年（802年）七月，蔡（河南汝南）、申（河南信阳）、光（河南光山）三州春水夏旱。秋七月，赐帛5万段，米10万石，盐3000石。永贞元年（805年）十一月，以久雨，京师（陕西西安）盐贵，唐宪宗命出库盐1万石以惠饥民。元和十四年（819年）二月，以镇（河北正定）、冀（河北深州）水灾，宪宗赐王承宗绫绢万匹。大和六年（832年）五月，浙西春遭灾疫，给民疫死者棺，10岁以下不能自存者两月粮。咸通七年（866年），以河南水灾之后，仍岁飞蝗，别赐盐铁，河阴入运米3万石，委崔璙充诸色用。

五代时期赈赐粮物、赈贷灾民粮食均较常见。赈赐灾民之例如：开平四年（910 年），郓州（山东东平）境再饥，户民流散，天平军两使留后袁象先"即开仓赈恤，蒙赖者甚众"。天福七年（942 年），安彦威迁西京（河南洛阳）留守，遭岁大饥，彦威开仓赈饥民，滑人赖之。广顺二年（952 年）六月丁酉，蜀大水入成都，漂没 1000 余家，溺死 5000 余人，坏太庙四室。戊戌，蜀大赦，赈水灾之家。显德四年（957 年）三月，周世宗遣左谏议大夫尹日就于寿州（安徽凤台）开仓赈饥民。显德六年（959 年）十二月，乙未，大霖，昼昏，凡四日而止，分命使臣赈给诸州遭水人户。

2. 赈贷粮食

赈贷灾民粮食是隋唐五代时期最为常见的救灾举措。隋代时期，开皇五年（585 年）后关中连年大旱，而青（山东青州）、兖（山东兖州）、汴（河南开封）、许（河南许州）、曹（山东曹县）、亳（安徽亳州）、陈（河南淮阳）、仁（安徽泗县）、谯（安徽蒙城）、豫（河南汝南）、郑（河南荥阳）、洛（河南洛阳）、伊（河南嵩县或汝州）、颍（安徽阜阳）、邳（江苏睢宁）等州大水，百姓饥馑。隋文帝命苏威等分道开仓赈给，又命农丞王亶发广通之粟 300 余万石，以拯关中。大业时期（605—618 年），河南、山东大水，饿殍满野，隋炀帝诏开黎阳仓赈之，吏不时给，死者日数万人。

唐代贷粮之举主要见于后期，前期较少。贞观二十二年（648 年），开州（四川开县）、万州（四川万县）旱，通州秋蝗损稼，并赈贷种粮。贞元十三年（797 年）三月，河南府（河南洛阳）上言旱损，请借含嘉仓粟 5 万石赈贷百姓，可之。元和六年（811 年），户部侍郎李绛上奏：自宪宗即位以来，遇江淮荒歉，三度恩赦，赈贷百姓斛斗，多至 100 万石，少至 70 万石。元和九年（814 年）五月，以旱谷贵，出太仓粟 70 万石，开六场粜之，并赈贷外县百姓，至秋熟征纳，便于外县收贮，以防水旱。长庆二年（822 年）十月，好畤（陕西乾县）山水泛涨，漂损居人，河南陈（河南淮阳）、许（河南许州）二州尤甚。穆宗诏赈贷粟 5 万石，量人户家口多少，等第分给。大和四年（830 年）七月，以太原人饥，赈贷斛斗 3 万石。大和五年（831 年），太原旱，"借粟十万石"。

大和六年（832 年）二月，以去岁苏（江苏苏州）、湖（浙江湖州）大水，以本州常平义仓斛斗赈贷 22 万石。

五代官府开仓赈粮比较普遍，包括粟、麦等。开平四年（910 年）十月，梁（陕西汉中）、宋（河南商丘）、辉（山东单县）、亳（安徽亳州）等州水，梁太祖诏令本州以省仓粟、麦等，分等级开仓赈贷。天福六年（941 年）四月乙巳，齐（山东济南）、鲁（山东兖州）民饥，晋高祖诏兖、郓、青三州发廪赈贷。天福八年（943 年）春正月，河南府（河南开封）上言：逃户 5387，饿死者兼之，晋出帝诏：诸道以廪粟赈饥民，民有积粟者，均分借便，以济贫民。广顺二年（952 年）二月，齐州言禹城县（山东禹城）二年水，民饥流亡。今年见固河仓有官粮 52000 余斛欲赈贷，周太祖敕诸邑留二三千斛给巡检职员，余并赈贷贫民。广顺三年（953 年）三月，徐州言彭城县（江苏徐州）民饥乏乞赈贷，周太祖从之。显德四年（957 年）三月，周世宗遣左谏议大夫尹日就于寿州（安徽寿县）开仓赈饥民。

中国古代灾荒频仍，若值政府储粮不足或财政困难时期，由于赈贷数量不足，对灾民的救济常常很有限。赈粮流弊众多，豪民、奸吏对救灾效果的影响也很大。大和八年（834 年）九月，淮南、浙西等道仍岁水潦，唐文宗遣殿中侍御史任畹驰往慰劳，即诏"以比年赈贷多为奸吏所欺，徒有其名，惠不及下"。特委所在长吏以军州自贮官仓米减一半价出粜，各给贫弱，如无贮蓄处，即以常平义仓米出粜。诏书中特别提到了奸吏在赈贷中常做手脚致赈贷徒有空名的问题，说明了这类事在灾年赈贷过程中十分常见，令赈贷效果大打折扣。

（二）调粟

对灾民粮食问题的解决，隋唐五代时期主要采取了移粟就民、移民就粟、平粜、漕运、和籴及入粟受官等若干办法。这些措施各有利弊，唐后期政论家陆贽曾论及漕运与和籴得失，指出：不计费损劳烦、只重视漕运之人是"习闻见而不达时宜者"，只重视和籴之人则为"习近利而不防远患者"。他主张漕运与和籴"互有短长"，不可偏废。漕运"散有余而备所乏"，是富有远见之举，虽费无害。

1.移民就粟

隋唐五代时期，移民就粟比较常见。开皇四年（584年）九月，隋文帝以关内饥荒，驾幸洛阳，次年三月方返回长安。当时正五品内常侍宋胡就"从驾幸洛阳"，并于次年四月卒于渭南杜化，年五十一。宋胡正好逝世于此次从洛阳返回后的次月，很可能是由于灾荒时节陪王伴驾的艰辛所致。开皇十四年（594年）八月，关中大旱，人饥，隋文帝又一次率领灾民就食于洛阳。这次"乞讨"行动规模很大，老弱百姓均参加且秩序井然，文帝也表现出恤民之意，随从官员并以见口赈给，不以官位高低为限。由于自然灾害极其严重，皇帝亲自带领都城长安官员和百姓大规模到洛阳逐食。鉴于开皇时期（581—600年）关中连年大旱、河南多州大水导致的百姓饥馑，文帝还令百姓尤贫者往关东就食，并买牛驴6000余头，分给贫民做脚力。因移民就粟不能长期为之，大业时期（605—618年），隋炀帝非常重视对南方的经营，以缓解北方的粮食紧张状况。

唐代前期一直推行移民就粟，"常年不稔，则散之邻境"，因灾移民成为一项基本政策。唐初"每岁水旱，皆以正仓出给，无仓之处，就食他州，百姓多致饥乏"。由于经济尚未完全恢复，唐太宗即位后，将移民就粟作为社仓赈给的补充，"其凶荒则有社仓赈给，不足则徙民就食诸州"，在很大程度上缓解了灾区经济压力。贞观初，关中频年霜旱，灾民经常性就食他地，畿内户口并就关外，携老扶幼，来往数年。贞观二年（628年），天下诸州并遭霜涝，关内六州、河东蒲（山西永济）、虞（山西运城）及河南陕州（河南陕县）、鼎州（河南灵宝）等地复遭大旱，禾稼不登，唐太宗令分房就食。由于邓州（河南邓州）独免灾害，当年多有储积，于是蒲、虞等州户口，尽入其境内逐食，邓州刺史陈君宾令将粮食逐户送达，使递相安养，逐粮户返乡之日，还各有赢粮。太宗下诏慰劳，升其为太府少卿。贞观三年（629年），关中大霜，民无所食，朝廷敕令道俗逐丰四出，玄奘趁机径往姑臧（甘肃武威），渐至敦煌（甘肃敦煌）。贞观元年至三年（627—629年），饥、蝗、水灾连续不断，因太宗勤加抚慰，民虽东西就食，未尝嗟怨。至贞观四年（630年），天下大稔，流散者咸归乡里，米斗不过三四钱。在政府组织关辅灾民逃荒工作中，时年34岁的前秦王府典签柳保隆，组织安排救灾十分得力，关辅流离之民，赖其而获宁辑，获封同州司户参军事（正七品上）。贞观时期灾民的四处逐食比较有组织，并取得了一定成效，有助于解决当时饥民的粮食问题和维护社会秩序的安定，对"贞观之治"的形成起到了良好作用。

唐高宗时期，灾害时有发生，多次令灾民迁移他地就食。总章二年（669年）七月，剑南道19州大旱，百姓乏绝达36万余户，高宗许灾民往山南道荆（湖北荆沙）襄（湖北襄樊）等州就谷。咸亨元年（670年）八月，天下40余州旱及霜虫，关中（陕西关中盆地）尤甚，诏雍（陕西西安）、同（陕西大荔）、华（陕西华县）、蒲（山西永济）、绛（山西新绛）等五州百姓乏绝者，听于兴（陕西略阳县）、凤（陕西凤县）、梁（陕西汉中）等州逐粮。永隆二年（681年）八月，河南、河北大水，仍诏百姓乏绝者，任往江、淮以南就食。永淳元年（682年），西京（陕西西安）大水，米麦昂贵，关辅大饥，唐高宗令关内诸府兵于邓（河南邓州）、绥（河南绥德）、商（陕西商州）等州就谷。雍州长史李义琛恐怕管内百姓流转不还而加以反对，被出为梁州都督。移民就粟在唐高宗时期得到有力贯彻，甚至不惜采取严厉措施。

唐高宗本人也数次因灾荒行幸东都。咸亨元年（670年）三月，因旱赦天下，改元。八月，关中旱饥，九月，诏以明年正月幸东都（河南洛阳）。永淳元年（682年），关内旱饥，米斗三百，唐高宗因此仓促幸东都，有扈从之士于途中饿死者。就食之途并不安全，高宗虑及道路多草窃，使监察御史魏元忠检校车驾前后。到景龙三年（709年），关中饥荒米贵，群臣又提议请中宗车驾复幸东都，只是由于韦后家本杜陵（陕西长安杜陵），不乐东迁而止，可知唐代长安因灾害而带来的粮食危机异常严峻。

至开元二十三年（735年）后，唐玄宗曾言及："朕亲主六合二十余年，两都往来，甚觉劳弊，欲久住关内，其可至焉？"三问群臣而辞以"江淮漕运转输极难"，不知为计。因关中灾荒频繁，京师粮食缺乏，玄宗仍多次带领大臣就食东都。因灾害直接导致玄宗幸东都就有两次：开元五年（717年）正月，"关中不稔"，因经济形势的严峻，玄宗亟于就食东都，与苏颋、宋璟商议赴东都洛阳之事。二人加以反对，又问姚崇，得其赞同，大喜，赐其绢二百匹。开元二十一年（733年）九月，关中久雨谷贵，玄宗又与京兆尹裴耀卿谋划幸东都之事。开元末，裴耀卿解释当时东幸洛阳之举曰："关中帝业所兴，当百代不易；但以地狭谷少，故乘舆时幸东都以宽之。臣闻贞观、永徽之际，禄廪不多，岁漕关东一二十万石，足以周赡，乘舆得以安居。今用度浸广，运数倍于前，犹不能给，故使陛下数冒寒暑以恤西人。"灾害当为玄宗幸东都（河南洛阳）的重要原因和直接因素，"开元以前若岁不登，天子尝移跸就食于东都"。

唐高宗、唐玄宗就食洛阳的主要原因在于北方经济发展势头减缓，京师长安粮食供应的紧张更趋明显。武周时期，洛阳更成为唐朝实际上的都城。关中粮食缺乏的问题一直到开元二十五年（737年）实行和籴后才暂时得以解决，因此唐后期较少实行移民就粟。

五代十国时期，后周曾出现两次移民就粟。广顺元年（951年）四月，以淮南饥，周太祖诏沿淮州县，许淮南人就淮北籴易糇粮。八月，幽州（北京）饥，流人散入沧州（河北沧县）界。又诏流人至者，口给斗粟，仍给无主土田，令取便种莳，放免差税。亦有人提议在饥荒时期移民异地就食。同光三年（925年），两河大水，户口流亡，都下供馈不充，军士乏食。唐庄宗命学士草词，亲札以访宰臣。中官李绍宏奏请待魏王回师之后，请且幸汴州（河南开封），以便漕挽。天福八年（943年）正月，时州郡蝗旱，百姓流亡，饿死者千万计，东都人士僧道请车驾复幸东京。

2. 移粟就民

隋唐两朝作为大一统的王朝，地域广泛，往往此处灾而彼处丰，当诸灾并发，饥民数巨，或连年灾害时，往往采取移粟就民的救灾方式。相较移民就粟，这是更为普遍的救济灾民的形式。此时期移民就粟，包括转运与漕运两种方式。

（1）隋代：漕运救灾

隋代时期，极为重视漕运，隋文帝注重漕运关东粟米至关中，缓解京师粮食供应的紧张局面。开皇三年（583年），以京师（陕西西安）

仓库尚虚，诏于河南等水次 13 州，置募运米丁。并于卫州黎阳县（河南浚县）置黎阳仓，洛州偃师县（河南偃师）置河阳仓，洛州陕县（河南三门峡）置常平仓，华州（陕西华县）置广通仓，各设监官，转相委输，漕关东之粟以给京师。开皇四年（584 年），以关中（陕西关中盆地）亢阳，关右（潼关以西地区）饥馁，运山东粟米，开发仓廪，普加赈赐。文帝还开凿了广通渠、富民渠和山阳渎三条漕渠，以便漕运仓粮至关中。开皇四年（584 年）五月，隋文帝以渭水多沙，深浅不常，漕者苦之，命太子左庶子宇文恺率水工开凿广通渠，郭均为开漕渠总监，三月毕功。广通渠引渭水，自大兴城东至潼关 300 余里，是运输关东粮食的渠道，诸州水旱凶饥之处，便于开仓赈给。瀛州（河北河间）刺史郭衍为开漕渠大监，率水工开凿富民渠，引渭水，经大兴城北，东至潼关 400 余里，有力地缓解了关内粮食短缺的状况。

隋炀帝则开通了著名的大运河，成为贯通南北数千里的水运大动脉。大业元年（605 年），发河南道诸州郡兵夫开通济渠，从洛阳到盱眙千余里。同年，发淮南诸州郡兵夫大修扩凿邗沟（原称山阳渎），起自山阳入镇江，三百余里。江淮物资到达两京，必须通过邗沟。大业六年（610 年）开凿江南河，从京口（江苏镇江）到余杭（浙江杭州）。因隋代短促，大运河在隋代用作物资转运的作用有限。运河在唐代作用得以发挥，便利了江南财物向洛阳、长安的转输。晚唐有诗云："汴水通淮利最多，生人为害亦相和。东南四十三州地，取尽脂膏是此河。"大业二年（606 年）四月，隋炀帝敕土工监丞任洪则于洛阳开通远渠，自宫城南承福门外分洛水，东至偃师入洛。

（2）唐代：转运与漕运救灾

唐前期地方发生自然灾害，转运粮食救灾比较常见。关中饥荒，曾转运河东、山东、江南、淮南米粟。总章二年（669 年）十一月，唐高宗发九州人夫，转发太原仓米粟入京。咸亨三年（672 年），关中饥，监察御史王师顺奏请运晋（山西临汾）、绛州（山西新绛）仓粟，唐高宗委以运职。自此，河、渭之间，舟楫相继，会于渭南。有时也会转运江南粮食至关中。咸亨元年（670 年），天下 40 余州旱及霜虫，百姓饥乏，关中尤甚。唐高宗诏令任往诸州逐食，仍转江南租米以赈给。唐前期关中饥荒之际，江南粮食已经是救灾粮的来源之一，而不仅仅是在安史之乱后。咸亨元年（670年），关中饥馑，唐高宗"思致淮海之粟以实东京（河南洛阳）。而以吴楚轻躁，难于征发，急之则动而不安，缓之则怠不供命"，遂特意甄选通事舍人韦泰真（627—687年）专门负责于江南转运租米至洛阳，转运得以顺利完成，"海陵之仓已□于京廪"。有时则是同时运输北方与江淮粮食至关中救饥。景龙三年（709年），关中饥，米斗大涨。朝廷命运输山东、江、淮谷输京师，因转运困难，牛死十八九。唐后期亦有通过转运移粟救民者。贞元年间（785—805年），盐铁治于南徐，崔逢（750—823年）为从事。关中饥荒无岁，他受命督郡县米，亲统3万斛以苏京师。元和年间（806—820年）某年冬，越中（浙江绍兴）大饥，浙江东道团练观察使杨于陵奏请度支米30万斛，又乞籴他道予以赈救，民获生全。江南饥荒，一方面请求朝廷赈救，一方面就近向邻近道籴买粮食以救济灾民。

随着南方经济的发展速度逐渐超过北方，越到后来，朝廷越依赖于江淮漕运，特别是在安史之乱后，灾区运粮更是如此。漕运产生及存在的重要原因之一即遏制社会不安定因素，赈济灾荒。孟州河阴县（河南郑州）河、汴之间有梁公堰，年久堰破，江、淮漕运不通。开元二年（714年），河南尹李杰调发汴、郑丁夫疏浚此堰，省功速就，公私深以为利，刊石水滨，以记其绩。开元十五年（727年）秋，63州水，17州霜旱；河北饥，转江淮之南租米百万石赈给。由于朝廷仰赖江淮粮运，漕运量大增，运力不足。开元十八年（730年），宣州刺史裴耀卿因朝集奏言：国家旧法，水通利则随近转运，不通利则且纳在仓，不使远来之船滞留，隐盗不生，每年剩得一二百万石，数年之外，仓廪转加。河口置武牢仓，江南船不入黄河，即贮于仓内。巩县筑洛口仓，从黄河不入漕洛，即置于仓内。河阳仓、柏崖仓、太原仓、永丰仓、渭南仓等，节级取便，例皆如此。开元二十一年（733年），京兆尹裴耀卿再次向玄宗建议改革、扩充漕运，于河阴（河南荥阳）置河阴仓，河清（河南济源）置柏崖仓，三门（陕西澄城）东置集津仓，西置盐仓；凿山18里以陆运，避湍险。自江、淮漕者，皆输河阴仓，自河阴西至太原仓为北运，自太原仓浮渭以实关中。次年，以京兆尹裴耀卿为黄门侍郎、同中书门下平章事，充江淮转运都使，益漕晋（山西临汾）、绛（山西新绛）、魏（河北大名）、濮（山东鄄城）、邢（河北邢台）、贝（河北清河）、济（山东茌平）、博（山东聊城）之租输诸仓，转而入渭。裴耀卿以宰相兼江淮、河南转运都使，三年漕运粮食 700 万石，省陆运佣钱 30 万缗。

裴耀卿罢相后，北运颇艰。润州（江苏镇江）北界隔吴江，至瓜步沙尾，纡汇 60 里，船绕瓜步，多为风涛之所漂损。开元二十五年（737年），润州刺史齐澣充江南东道采访处置使后，改移漕路，于京口塘下直渡江 20 里，又开伊娄河 25 里，即达扬子县。此后免漂损之灾，岁减脚钱数十万。同年，以崔希逸为河南陕运使，岁运 180 万石米至京师。其后以太仓积粟有余，岁减漕数十万石。天宝三载（744年），左常侍兼陕州刺史韦坚开漕河，自苑西引渭水，因古渠至华阴入渭为广运潭，运永丰仓及三门仓米，以给京师（陕西西安）。天宝时期（742—756年），每岁水陆运米 250 万石入关；大历时期（766—779年）后，每岁水陆运米 40 万石入关。乾元二年（759年）二月，时天下饥馑，转饷者南自江、淮，西自并（山西太原）、汾（山西汾阳），舟车相继。大历四年（769年），户部尚书刘晏又奏置汴口仓，岁运 40 万斛，此后关中虽有水旱而物不翔贵。

唐德宗在位前期，灾害与战乱交织，漕运的重要性尤其明显。建中时期（780—783年），连岁蝗灾，仰赖于转运，江淮转运使备受重视。其后，东南漕运屡因藩镇叛乱而被阻断，关中仓廪窘竭。兴元元年（784年）秋螟蝗，冬旱，次年正月，大风雪，民饥冻死者踣于路。因"稼穑不稔，谷麦翻贵"而仓廪空虚，德宗不得不令度支取江西、湖南见运到襄州（湖北襄樊）米 15 万石，设法搬赴上都（陕西西安），以救荒馑。当时漕运不便，陷入不得不依靠东南粮食解困的窘境。贞元二年（786年），在平定李希烈之乱后，右丞判度支元琇以关辅旱俭岁饥，请运江淮租米以给京师（陕西西安）。朝廷以浙江东西道入运米每年 75 万石，更令两税折纳米 100 万石，委两浙节度使韩滉运送 100 万石至东渭桥；其淮南濠寿旨米、洪潭屯米，委淮南节度使杜亚运送 20 万石至东渭桥。其年秋初，江淮漕米至京师。当漕米又运到陕州（河南陕县）

时，德宗与六军军士都兴奋异常。江淮转运使、检校左仆射韩滉"漕挽资储，千里相继"，因救济凶灾有功，封晋国公。可见漕运东南粮食对维持唐政府运行的意义极大。

但杜亚、李吉甫任淮南节度使时，漕运益少，江淮米至渭桥者仅20万斛。长庆年间（821—824年），南方旱歉，人相食，淮南节度使王播浚七里港以便漕运。宝历初（825年），扬州城（江苏扬州）内官河水浅，遇旱即滞漕船，输不及期，盐铁转运使王播奏自城南阊门西七里港开河向东，屈曲取禅智寺桥通旧官河，所开长19里，开凿稍深，舟航易济，漕运不阻，后政赖之。大和时期（827—835年）初，岁旱河涸，掊沙而进，米多耗，抵死甚众，不待覆奏。因此，咸阳县令韩辽请疏县西已埋废的秦汉故漕兴成堰，其东达永丰仓，自咸阳抵潼关300里，可以罢车挽之劳。堰成，罢挽车之牛以供农耕，关中赖其利。至大和时期（827—835年）后，岁漕江、淮米40万斛，至渭河仓者才十三，舟楫偾败，吏乘为奸，冒没百端，刘晏之法尽废。户部侍郎裴休分遣官询按其弊，以河濒县令董漕事，"居三年，粟至渭仓者百二十万斛，无留壅"。

唐代漕运粮食以移粟救民，原因在于："唐都长安，而关中号称沃野，然其土地狭，所出不足以给京师，备水旱，故常转漕东南之粟。"到唐中后期，长安每年需从东南运漕粮数百万石，"至东都输含嘉仓，以车或驮陆运至陕"。但运输十分艰难，成本极高，水路远，且"多风波覆溺之患，其失常十七八"，而陆运虽"才三百里，率两斛计佣钱千。民送租者，皆有水陆之直，而河有三门底柱之险"。因此，皇室和中央政府机构官员常临时移往陪都洛阳就食。元和时期（806—820年）初，有官员以漕运费用不菲，主张"罢漕运于江淮，请和籴于关辅"。白居易认为此非"长久之法"，对漕运政策表示支持。他指出："夫赍敛籴之资，省漕运之费，非无利也；盖利小而害大矣，故久而不胜其害。挽江淮之租，赡关辅之食，非无害也，盖害小而利大矣，故久而不胜其利。"此后，李绛曾指出漕运粮米往来转徙，耗费大量人力物力，不救急切。但漕运在唐朝仍利大弊小，不可废弃。漕运在唐朝功不可没，在唐后期成为朝廷的生命线。

3. 平粜贱粜

平粜指在谷贵人饥的荒歉之年，政府将若干储备粮，以低于市价的价格卖给百姓，通过遏制粮价猛涨，以救济饥荒、防止灾民流亡转徙。平粜是常平仓的两个基本功能之一，有时太仓粮亦用于粜米，属于官府赈粮的形式之一。灾年平粜作为一种救灾恤民政策，有助于缓解饥民的困境，但多实行于相对有限的区域。

隋代时期，开皇五年（585 年）后关中连年大旱，而青（山东青州）、兖（山东兖州）、汴（河南开封）、许（河南许州）、曹（山东曹县）、亳（安徽亳州）、陈（河南淮阳）、仁（安徽固镇或泗县）、谯（安徽濉溪）、豫（河南汝南）、郑（河南荥阳）、洛（河南洛阳）、伊（河南汝州）、颍（安徽阜阳）、邳（江苏睢宁）等州大水，百姓饥馑。文帝命发故城中北周旧粟，贱粜与人。

唐代于各地广置常平仓，因谷贵伤人，谷贱伤农，"常平者，常使谷价如一，大丰不为之减，大俭不为之加，虽遇灾荒，人无菜色"，从而起到了储粮备荒的作用。唐前期的平粜贱粜活动较少，永隆元年（680年）十一月，洛州饥，减价官粜，以救饥人。开元十二年（724 年）八月，诏以蒲（山西永济）、同（陕西大荔）两州自春偏旱，令太原仓出15 万石米付蒲州，永丰仓出 15 万石米付同州。减时价 10 钱，粜与百姓。唐后期的平粜活动略多。贞元元年（785 年），信州（江西上饶）刺史孙成，岁大旱，发仓粟贱卖于百姓，不仅饥民因此得免流离之苦，而且两年增 5000 户，获唐德宗诏书褒美。贞元十四年（798 年）春夏旱，谷贵，人多流亡。六月，诏以米价稍贵，令度支出官米 10 万石，于两街贱粜。十二月，河南府（河南洛阳）谷贵人流，令以含嘉仓 7 万石出粜。元和十二年（817 年）正月，以京畿（陕西西安）及陈（河南淮阳）许饥，诏郑、滑观察使以估粜官粟救之。政府灾年平粜常以低于时价 10 文的价钱粜与贫民，有时则据时估半价出粜。除了粮食，有时也出粜盐等生活必需品。永贞元年（805 年）十月，久雨，京师（陕西西安）盐贵，出库盐 2 万石，粜以惠民。

五代时期也曾在灾年减价粜民。同光四年（926 年）正月，唐庄宗敕：自京以来，幅员千里，水潦为沴，流亡渐多，命减价出粜在京（河南洛阳）及诸县斛斗。长兴三年（932年）七月，诸州大水，宋（河南商丘）、亳（安徽亳州）、颍（安徽阜阳）尤甚，人户流亡，粟价暴贵。唐明宗依宰臣奏请，令于本州仓出斛斗，依时出粜，以救贫民。显德元年（954年）正月，周太祖分命朝臣往诸州开仓，减价出粜，以济饥民。

4. 和籴平价

和籴指官方通过交易向民间征集谷物，原为唐代供给西北边区军粮，其后实施地区向关中及江淮一带扩散，功能也延伸向京畿官用及调节粮价、储粮备荒的民用。和籴与常平仓在收籴粮食方面有相同之处，但并非一事，常平仓主要用于平衡物价，和籴特色与常平义仓兴衰的关系是："当常平主要在关内中原实施时，和籴在西北进行；当常平义仓不准移用时，和籴便成为中央的政策；当常平法废弃时，和籴也具有了赈济的功能；当和籴逐渐消亡，横征暴敛充斥时，常平义仓便也不再存在了。"

武德年间（618—626年），唐高祖即欲置常平仓以籴粜粮食，置常平监官以均天下之货，市肆腾踊则减价而出，田啬丰羡则增籴而收。后省监置常平署，令一人，常平粮管钥出纳粜籴。贞观时期（627—649年）、开元时期（713—741年）后，边土西举高昌、龟兹、焉耆、小勃律，北抵薛延陀故地，缘边数十州戍重兵，营田及地租不足以供军，于是初有和籴。开元二十五年（737年），李林甫、牛仙客知唐玄宗惮幸东都（河南洛阳），而京师（陕西西安）漕不给，乃以赋粟助漕，及用和籴法数年，国用稍充。牛仙客接受彭果献策，请行和籴之法于关中。当年九月，玄宗敕以岁稔谷贱伤农，命增时价十二三，和籴东、西畿粟各数百万斛，停今年江、淮所运租。自是关中蓄积羡溢，玄宗不复幸东都。长安（陕西西安）粮食供应状况的缓解，和籴的成功与屯田都起了很大作用，牛仙客也从最初的河西"鹑觚小吏"而平步青云，备位宰相。和籴主要行于西北，这与常平仓的布局有关，开元后期裴耀卿漕运改革成功后得以成为中央政策。到天宝八载（749年），通计天下仓粮屯收并和籴等见数凡196062220石。天宝年间（742—756年），岁以钱60万缗赋诸道和籴，斗增三钱，每岁短递输京仓者百余万斛。米贱则少府加估而籴，贵则贱价而粜。

以和籴粮备灾赈灾之例如：贞元十四年（798年）十二月，以河南府（河南洛阳）谷贵人流，令出含嘉仓粟7万石，开仓粜，以惠河南饥民。长庆四年（824年）八月，诏于关内、关东折籴和籴150万石，陈（河南淮阳）、许（河南许州）、蔡（河南汝南）、郓（山东东平）、曹（山东曹县）、濮（山东鄄城）等州水害秋稼。宝历元年（825年）八月，敕以两京（陕西西安、河南洛阳）、河西（黄河以西地区）大稔，委度支和籴200万斛，以备灾沴。大和四年（830年）八月，鄜州（陕西富县）水，溺居民300余家，文宗令大内出绫绢30万匹，付户部充和籴之资。和籴绫绢的资金，用于购粮赈济灾民。同时，官员和籴非实还有相应惩罚。唐后期罗立言改度支河阴留后，就曾坐平籴非实，没19000缗，盐铁使惜其干，奏削兼侍御史。

和籴本为和买和卖，但在实施过程中，逐渐转变为强制性。开元十六年（728年）十月敕：所在以常平本钱及当处物，各于时价上加三钱，和籴百姓粮食。特意指出"事须两和，不得限数"。元和年间（806—820年），情况更为严重，有司以岁丰熟，请畿内和籴。"当时府、县配户督限，有稽违，则迫蹙鞭挞，甚于税赋，号为和籴，其实害民。"但不可否认，唐代和籴是一项关系民生的经济举措，储粮备荒是其基本功能。

除上述若干调粟济民之法外，还有入粟受官、以官粟假贷救民，甚至取墓冢陈粟救民等方法。贞元二年至九年（786—793年），滑州境内大旱，秋稼尽损。滑州刺史、义成军节度使贾耽令军健数百人执畚锸，与二大将发城外大冢，获陈粟数十万斛。元和十二年（817年）七月，唐宪宗诏以定州（河北定州）饥，募人入粟受官及减选、超资。五代时期还有官员以官粟假贷来救济灾民。天福七年至八年（942—943年），华州节度使、检校太尉杨彦询在"部内蝗旱，道殣相望"时，"以官粟假贷"，"州民赖之存济者甚众"。

（三）跨境就食

隋唐为统一时期，跨境就食较少。唐后期，会昌初年（841年），回纥部饥荒之时，乌介可汗曾奉前可汗登罗骨没施合毗伽可汗可敦（即唐宪宗之女太和公主）至漠南求食，当时回纥为黠戛斯所攻，部族离散，故南投唐朝。

五代十国时期，由于各政权所控制地盘大大减少，曾出现了四次跨国就食之举，其中两次因为水灾，一次因为旱灾，一次因为饥荒。第一次是吴越民就食于南唐境内。升元五年（941年）八月，吴越水，民就食南唐境内，烈祖遣使赈恤安辑。第二次是幽州的契丹灾民就食于后汉沧州（河北沧县）。乾祐元年（948年）七月辛酉，沧州（河北沧县）上言，自今年七月后，因北土饥，幽州（北京）界投来人口5147人。第三次是契丹瀛、莫、幽州水灾之后，灾民就食于后周河北之境。应历二年（952年）冬十月，契丹瀛（河北河间）、莫（河北任丘鄚州镇）、幽州（北京）大水，流民入塞散居河北者数10万口，契丹州县亦不之禁。周太祖诏所在赈给存处，中国民先为契丹所掠而得归者十五六。这些契丹饥民后来便散居于河北州县。第四次是南唐民就食于后周境内。南唐保大十一年、后周广顺三年（953年）六、七月，南唐大旱，井泉竭涸，淮水可涉，旱蝗，饥民渡淮而北入周境者相继，边城濠（安徽凤阳）、寿（安徽寿县）发兵御之，灾民与兵斗而北来。周太祖下令听饥民籴米过淮。唐人遂筑仓，多籴以供军。八月己未，诏唐民以人畜负米者听之，以舟车运载者勿予。五代十国时期，南唐对吴越、北汉对契丹、后周对契丹、后周对南唐的因灾跨境本国就食的灾民进行了救济。

二、生产恢复措施

自然灾害发生后，为恢复生产，隋唐五代时期主要采取减免赋役、赈贷粮种、给赐耕牛、劝课百姓等措施。

（一）减免赋役

减免赋役是历代最为常见的救灾举措，隋唐五代时期亦不例外。

1.隋朝时期

隋代规定地方郡县要如实上报辖区自然灾害，依受灾程度，对赋役予以蠲免。开皇六年（586年）八月，关内七州旱，免其赋税。开皇十八年（598年）七月，诏以河南八州水，免课役、租调。隋炀帝时，设立司隶台，长官司隶台大夫（正四品），掌巡察，下设别驾（从五品）2人，1人负责案察东都洛阳，1人负责案察京师长安。设刺史（正六品）14人，负责巡察畿外，并有诸郡从事40人，副刺史巡察。司隶台长官及刺史的职责之一即"察水旱虫灾，不以实言，枉征赋役，及无灾妄蠲免者"。并于每年二月乘轺巡郡县，十月入奏。这是对灾害救治的一种有力保障。

2.唐朝时期

唐代灾害蠲免已经制度化，视灾情的严重程度，减少或蠲除租、税、调、役，简称灾蠲，也称损免。唐代赋役包括五类：租、调、役、税、杂徭。税敛所需之数，被书于县门和村坊。若遭遇自然灾害，将灾情分作十分损四、十分损六、十分损七三个等级，分别减免相应的租调课役。武德七年（624年）定律令："水、旱、霜、蝗耗十四者，免其租；桑麻尽者，免其调；田耗十之六者，免租调；耗七者，课役皆免。"《唐六典》亦载："凡水、旱、虫、霜为灾害，则有分数：十分损四以上，免租；损六以上，免租、调；损七以上，课、役俱免。若桑、麻损尽者，各免调。若已输者，听免其来年。"大和四年（830年）十月九日，唐文宗《赈救诸道水灾德音》曰：其浙西浙东宣歙鄂岳江西廊坊山南东道，并委观察使与所在长吏，据淹损田苗，漂坏庐舍及虫蝗所损，节级矜减，指实奏闻。如没溺甚处，亦以义仓量事赈救。其京兆府河南府所损县，即据顷亩，依常例检覆分数蠲减。所云"节级矜减""分数蠲减"即为按不同的成灾比例蠲免赋税。当然，依唐制，亲王、公主等享有特权，其封户成百上千，"虽水旱不蠲，以国租、庸满之"。与唐代赋役制度相应，唐代灾蠲种类包括租、庸、调、税、役、杂徭等，其时赋税徭役统称为"复"。

（1）因灾减税

唐代灾蠲中，因灾减免税最为多见，但唐前期因灾蠲免远少于后期。因灾减免税当始于太宗贞观时期。贞观十一年（637年），以职田侵渔百姓，诏给逃还贫户，视职田多少，每亩给粟二升，名"地子"，当年又以水旱复罢之。开元二十年（732年）九月，以宋（河南商丘）、滑（河南滑县）、兖（山东兖州）、郓（山东东平）四州水，免当年税。大历四年（769年），以秋霖伤稼，制明年夏麦所税，特宜与减常年税。

　　唐前期因灾减免税较少，建中元年（780年），两税法实行后，唐代因灾减免税收开始常见。贞元六年（790年）春旱，京畿、关辅、河南大无麦苗。京兆府诸县田，除水利地、回种秋苗地外，并免夏税。贞元八年（792年）八月，江（江西九江）、荆（湖北荆沙）、湘（湖南长沙）、陈（河南淮阳）、宋（河南商丘）至于河朔，连有水灾。十二月，诏以水灾减税，州县府田苗损五六者，免今年税之半，七分以上者，皆免。贞元十八年（802年）七月，蔡（河南汝南）、申（河南信阳）、光（河南光州）三州言春大水、夏大旱，诏其当道两税除当军将士春冬衣赐及支用外，各供上都钱物已征及在百姓腹内，量放二年。宪宗初即位，发布大赦：淮江荆襄等十州管内，水旱所损47州，减放米60万石，税钱60万贯。永贞元年（805年），宣州（安徽宣州）岁旱饥馑，宣州刺史穆质以钱42万贯代百姓税，故州人不至流散。元和二年（807年）二月，制以浙江西道水旱相承，蠲放去年两税、上供钱34万余贯。元和七年（812年）十二月，裴向拜同州刺史，同州（陕西大荔）有二邑濒河，以水患地狭，赋重人逃，积年弊加，裴向上奏权请蠲贷，然后稽州税额，均县户征收，上奉旨条，使得阖境用泰。元和九年（814年），畿辅百姓去年水害、当春农作旱，二月丁未，制：取应京畿百姓所欠元和八年税，斛斗青苗钱，税草等在百姓腹内者，并宜放免。大和四年（830年）十月九日《赈救诸道水灾德音》提到：淮南道滁（安徽滁州）、和（安徽和县）两州应水损县，据所申奏漂溺人户处，全放今年秋税钱米。开成二年（837年）三月，以扬州（江苏扬州）、楚州（江苏淮安）、浙西管内诸郡去年旱灾，下诏委本道观察使于两税户内不支济者，减今年夏税钱物，每贯作分数蠲放分拆。开成三年（838年）正月，诏：淄青、兖海、郓曹濮三道去秋蝗虫害物偏甚，放免去年上供钱及斛斗在百姓腹内者，并全放今年夏税上供钱及斛斗。会昌三年（843年）九月，以雨霖，免京兆府（陕西西安）秋税800万。会昌六年（846年）二月，以旱降死罪以下，免当岁夏税。咸通七年（866年），懿宗发布大赦令：京畿之内，蝗旱为灾，稼穑不收，悉放免京兆府今年青苗地头及秋税钱，并出内库钱 245360 余贯，赐官府司，充填诸色费用。河南及同（陕西大荔）、华（陕西华县）、陕（河南陕县）、虢（河南灵宝）等州，遭蝗虫食损田苗，奏报最甚，放免本色苗子，并与本户税钱上每贯量放 300 文；秋税已纳户，放来年夏税。

除此，容管（治广西北流）等边地灾歉，免除岁贡，直到大中时期（847—859 年）王式任安南都护才开始上输。唐代因灾免税之例颇多，但因匿灾与妄报灾害的存在，并不意味着符合灾害蠲免规定的赋役均会获得减免。

（2）蠲免租庸调

隋代时期，开皇五年（585 年）后关中连年大旱，多州大水，百姓饥馑。文帝命"其遭水旱之州，皆免其年租赋"。

唐代时期，凡水、旱、虫、霜为灾，十分损四以上，皆免租。这一规定使因灾减免租十分普遍。贞观元年（627 年）夏，山东旱，免今岁租。开元五年（717 年）二月制：免河南北蝗、水州今岁租。元和七年（812 年）五月，"江淮岁俭，民荐饥"，宪宗听从李绛谏议，命速蠲其租赋。元和十五年（820 年）六月，京兆府上言：兴平（陕西兴平市）、醴泉县（陕西礼泉）雹伤夏苗；九月，宋州（河南商丘）奏雨水败田稼 6000 顷，并免其租。大和三年（829 年）八月，以旱免京畿（陕西西安）九县今岁租。大和四年（830 年）七月，许州（河南许州）上言去年六月被水，诏应遭水损百姓等，量放今年租子。十二月，京畿、河南、江南、荆襄、鄂岳、湖南大水，害田稼，官出米赈给，蠲免其田稼官租。咸通十四年（873 年）十二月癸卯，大赦，免水旱州县租赋。

因灾免庸调之例如：贞观二年（628 年），天下诸州并遭霜涝，敕免今年调物。永隆二年（681 年）正月，诏河北涝损户，常式蠲放之外，特免一年调。永昌元年（689 年），武后《改元载初敕》云：今年麦不熟处，及遭霜涝之处，并量放庸课。大历四年（769 年），乘乱兵之后，其夏大旱，人失耕稼。怀州（河南沁阳）刺史马燧务勤教化，止横调。大历七年（772 年）二月，江水泛溢。十月，以淮南旱，免租、庸三之二。十一月，免巴（四川巴中）、蓬（四川仪陇或蓬安）、渠（四川渠县）、集（四川南江）、壁（四川通江）、充（四川南充）、通（四川达川）、开（四川开县）八州二岁租、庸。

（3）减免徭役

唐因灾免除徭役不少，以前期为主。贞观五年（631年），太宗将修复洛阳宫，因民部尚书戴胄以水灾和军费开支上封事进谏：七月以来，霖潦过度，河南河北厥田潦下，加以军国所需，皆资府库绢帛，所出岁过百万，建议停修。太宗览奏，罢役。贞观十一年（637年）七月，车驾巡洛阳，诏以水灾，诸司供进悉令减省，凡在供役停废。贞观十三年（639年）五月甲寅，以旱避正殿，诏五品以上言事，减膳，罢役，理囚，赈乏，乃雨。上元三年（676年）八月，青州（山东青州）大风，齐（山东济南）淄（山东淄博）等7州大水，高宗诏停此中尚梨园等作坊，减少府监杂匠，放还本邑，两京及九成宫土木工作亦罢之。神龙二年（706年）十二月丙戌，以突厥寇边、京师（陕西西安）旱、河北水，减膳，罢土木工。开元二年（714年）夏，唐玄宗敕为生母窦氏靖陵建碑，征料夫匠。汝州刺史韦凑以自古园陵无建碑之礼，又时正旱俭，飞表极谏，工役得止。开元四年（716年）七月，遣王志愔等各巡察本管内，河南河北遭蝗虫州，十分损二以上者，差科杂役，量事矜放。代宗在位时，道州刺史元结为民营舍给田，免其徭役，流亡归者达万余。元和时期（806—820年）初，时讨王承宗于镇州，配河南府馈运车四千辆，河南尹房式上表，以凶旱，人贫力微，难以征发。唐宪宗可其奏，河南得免力役，人怀而安之。开成五年（840年）六月，河北、河南、淮南、浙东、福建蝗疫州除其徭。汝州（河南汝州）刺史刘禹锡上任后，所部灾荒，将灾情上报皇帝，请求"减其征徭，颁以赈赐"。

（4）综合蠲免

除上述蠲免某种赋役之外，更多的时候则实行综合蠲免。有些诏敕明确说明蠲免赋役的种类。开皇十八年（598年）七月，隋文帝诏以河南杞（河南杞县）、宋（河南商丘）、陈（河南淮阳）、亳（安徽亳州）、曹（山东曹县）、戴（山东成武）、颖（安徽阜阳）等八州水，免其课役。此处的课役，具体指租调。开元二十二年（734年）十一月，敕：

京畿（陕西西安）及关辅有损田，百姓等属频年不稔，久乏粮储。停州县不急之务、差科徭役并积年欠赋等，放免今年租八等以下、受田一顷以下者之地税。大历四年（769年）十一月，代宗敕：淮南数州独遭灾患，秋夏无雨，田莱卒荒，闾阎艰食，百价皆震，其准上今年租庸地税支米等宜三分放二分。贞元十年至十二年（794—796年），虢州刺史崔衍曾上陈："臣所治多是山田，且当邮传冲要，属岁不登，颇甚流离。旧额赋租，特望蠲减。"德宗敕度支令减虢州（河南灵宝）青苗钱。贞元十二年（796年）十月，诏以京畿旱，放租税。元和二年（807年）正月制：淮南江南去年以来，水旱疾疫，其租税节级蠲放。元和四年（809年）旱甚，免江淮旱损百姓两赋及租税。元和九年（814年）五月，以京畿（陕西西安）旱，免今年夏税大麦、杂菽合30万石，并随地青苗钱5万贯。长庆年间（821—824年），沔州（湖北武汉）刺史何抚始至任，属旱歉，百姓艰食，"减租发廪，飞章上闻。免其征徭，削去繁冗"。会昌三年（843年）九月，武宗发布因水灾减税德音：令据所损多少，作等第减放京兆府秋税及青苗钱800万，更不用检苗覆损。另外，灾害期间，唐代官员不依例番上者，岁输资钱可减半交纳。唐代文官散阶有二十九等，"自四品，皆番上于吏部，不上者，岁输资钱，三品以上六百，六品以下一千，水、旱、虫、霜减半资"。

史书笼统记载蠲赋、给复之例亦不少。永隆二年（681年）八月，河南河北大水，遣使赈给，屋宇坏倒者给复一年。神龙元年（705年）七月甲辰，洛水溢。八月戊申，河南洛阳百姓被水兼损者给复一年。开元二十二年（734年）二月，秦州（甘肃天水）地震，给复压死者家一年，三人者三年。乾元二年（759年）三月丁亥，以旱降死罪，流以下原之；流民还者给复三年。贞元元年（785年）春夏秋三季连旱，八月，给复河中（山西永济）、同（陕西大荔）绛（山西新绛）二州一年。元和十三年（818年）六月，以德（山东陵县）、棣（山东惠民）、沧（河北沧县）、景（河北阜城）四州水潦，给复一年。约长庆三年（823年），沔州（湖北汉阳）旱歉，百姓艰食，不堪征敛而流亡。沔州刺史何抚（783—823年）减租发廪，飞章上闻，灾民得以免征徭、削烦冗，逋逃来复，乡闾以安。开成二年（837年）十月，河南府（河南开封）上言：今秋诸县旱损，并雹降伤稼，请蠲赋税，从之。咸通元年（860年）夏，颍州（安徽阜阳）大雨，沈丘（安徽临泉）、汝阴（安徽阜阳）、颍上（安徽颍上）等县田稼、屋宇淹没皆尽，郑滑节度使、检校工部尚书李福乞蠲属郡租赋，从之。唐代还有的官员甚至贷匮蠲复。

（5）蠲免逋赋与因灾缓征

唐代蠲复还包括放免逋租悬调与缓征。尽管唐代灾蠲以蠲免上年、当年或来年租税等为多，但有时也蠲免远年的逋租悬调，此类情况在唐前期较少出现。开元八年（720年）二月，诏去年诸处并多水旱，岁储不给，生业靡安，放免天下遭损州逋租悬调及勾征。三月，免水旱州逋赋，并给复四镇行人家一年。开元二十二年（734年）十一月，敕：如闻京畿（陕西西安）及关辅有损田，百姓等属频年不稔，久乏粮储，宜从蠲省。至如州县不急之务，差科徭役并积年欠赋等，一切并停。

唐后期此类诏敕渐多。贞元十九年（803年），大旱，礼部侍郎权德舆上陈阙政："今兹租赋及宿逋远贷，一切蠲除。设不蠲除，亦无可敛之理，不如先事图之，则恩归于上。"唐德宗颇采用其意见。开成三年（838年）正月，以旱下诏放逋租及宽刑狱。贞元二十年（804年）春夏旱，关中大歉，诏蠲畿内逋租。只是京兆尹李实为聚敛进奉，仍违诏征租。元和九年（814年）二月，诏以岁饥，放关内元和八年以前逋租钱粟，并赈常平义仓粟30万石。长庆二年（822年）四月，户部侍郎、判度支张平叔敛天下逋租，江州（江西九江）刺史李渤上奏皇帝表示反对，度支所收贞元二年（786年）流户赋钱440万，江州治田2000顷，今旱死者1900顷。若依度支所敛，恐"天下谓陛下当大旱责民三十年逋赋"。穆宗诏蠲责。开成三年（838年）正月，文宗诏去秋蝗虫害稼处放逋赋，仍以本处常平仓赈贷。李德裕以太子宾客分司东都为袁州长史，原因之一即"在西蜀之日，征逋悬钱，仅三十万贯，使疲累老弱，转徙沟壑"。鄂王府司马陈讽受命抚理宁州淮南戍，正值荒歉，"折券牍以蠲逋悬"，以自己的俸禄填纳，帮助灾民顺利度过了饥荒。大中四年（850年）四月壬申，宣宗以雨霖，诏京师（陕西西安）、关辅理囚，蠲度支、盐铁、户部逋赋。大中九年（855年）七月，以旱遣使巡抚淮南，减上供馈运，蠲逋租，发粟赈民。咸通七年（866年），懿宗发布大赦令：以近者兵革未弭，虫蝗相仍，令诸道州县，应有逋悬两税、斛斗、青苗、地头、榷酒等钱，既存书簿，不免征剥，咸通三年（862年）以前者并一切放免。咸通十四年（873年）十二月癸卯，大赦，免水旱州县租赋，罢贡鹰鹘。蠲放逋租悬调是德音的一种，但只是口惠而实不至，聊胜于无而已，唐德宗时检校右仆射张建封指出："凡逋赋残欠，皆是累积年月，无可征收，虽蒙陛下忧恤，百姓亦无所裨益。"即使如此，咸通七年（866年）大赦令，还只是放免咸通三年（862年）以前税赋，仍保留征收咸通四年至六年（863—865年）的税赋，对百姓来讲，赋税压力几乎没有任何减轻。

因灾缓征也较常见。唐玄宗《缓逋赋诏》曰：河南河北诸州，去年缘遭水涝，其贷粮麦种谷子，回转变造，诸色欠赋等并放，候丰年以渐征纳。约799—800年（贞元十五、十六年），滁州（安徽滁州）刺史苏弁判度支，时值大旱，州县有逋米，断贞元八年（792年）以前，凡380万斛，人亡数在，苏弁奏请出以贷贫民，至秋而偿，唐德宗诏可。当时人即"讥其罔君"。御史韩愈也曾因京畿（陕西西安）诸县旱，乞特敕停征京兆府今年税钱及草粟等未征者，容至来年蚕麦后再予征收。敦煌文书 P.3155v《沙州敦煌县（甘肃敦煌）神沙乡百姓令狐贤威状稿》，落款为唐昭宗光化三年（900年），记录了归义军统治敦煌时期，神沙乡百姓因水涝灾害而请求归义军节度使张承奉给予缓征地税公凭之事。令狐贤威父祖有地13亩位于南沙上灌进渠，北临大河，年年被大河水漂，并入大河，稼穑无收。因节度使张承奉令充地税，乞与后给充所着地子、布、草、役夫等赋役。

3. 五代十国时期

五代十国为乱世，对自然灾害的救治不足，但因灾蠲免依然存在，减免税租最为常见，综合蠲免亦较多。后唐、后晋多因水旱减免税，偶有因虫灾减税者。后唐时期，同光二年（924年）秋，天下州府多有水灾，十二月，中书门下奏请百姓所纳秋税，请特放加耗。从之。长兴三年（932年）五月，襄州（湖北襄樊）奏水高二丈，坏城，欲尽乞蠲人户麦税，从之。十月，又奏汉江暴溢，庐舍田稼并尽，无可征税，请特免。从之。清泰二年（935年）七月，以旱故，诏魏府（河北大名）于税率内蠲减。后晋时期，天福二年（937年）五月，以微旱，诏洛京（河南洛阳）、魏府（河北大名）管内所征今年夏苗税麦等，放五分之一。天福三年（938年）八月，蠲水旱民税；定州（河北定州）奏境内旱，民多流散，晋高祖诏：定州所差军前夫役逃户夏秋税并放。南唐烈祖在位时期（937—942年），申渐高尝因曲宴，天久无雨，烈祖曰："四郊之外皆言雨足，唯都城百里之地亢旱，何也？"渐高云："雨怕抽税，不敢入城。"因申渐高的委婉进谏和提醒，翌日，市征之令得蠲除。保大四年（946年）九月，淮南虫食稼，除民田税。

因灾综合蠲免亦多见于后唐、后晋时期。同光四年（926年）正月，以自京（河南洛阳）以来，幅员千里，水潦为沴，流亡渐多，唐庄宗敕：去年经水灾处乡村，有不逮及逃移人户差科，夏秋两税及诸折料，并与放免，且一年内不得杂差遣。天成二年（927年）十月诏：今岁岐（陕西凤翔）华（陕西华县）登（山东蓬莱）莱（山东莱州），自夏稍旱，四州所管百姓，令长吏切加安恤，简行旱损田苗，诣实申奏，与蠲减税租，不得辄有差徭科配。天福二年（937年）四月，委所司差人检覆郑州荥阳县（河南荥阳城关镇）旱损桑麦处，量与蠲免租税。天福三年（938年）八月，定州（河北定州）奏境内旱，民多流散。晋高祖诏：河府（河中府或河南府）、同州（陕西大荔）、绛州（山西新绛）等三处灾旱，放免逃移人户所欠累年残税、今年夏税差科及麦苗子沿征诸色钱物等，逃户下秋苗税亦免一半。天福七年（942年）七月，州郡17蝗，初即位的晋出帝制：天下有虫蝗处租税，并予除放。

五代时期，亦有因灾缓征之例。同光二年（924年）十一月，中书奏唐庄宗：天下州府，今秋多有水潦处，请减百姓秋税，敕俟来年蠲免。

（二）赈贷粮种

赈贷灾民粮种是帮助灾民恢复生产的重要措施，为灾民所急需。隋代时期，开皇十五年（595年）二月，隋文帝诏：北边边境云（内蒙古和林格尔）、夏（陕西靖边白城子）、长（内蒙古鄂托克旗城川古城）、灵（宁夏吴忠）、盐（陕西定边）、兰（甘肃兰州）、丰（内蒙古乌拉前旗西北）、鄯（青海乐都）、凉（甘肃武威）、甘（甘肃张掖）、瓜（甘肃安西锁阳城）等州，所有义仓杂种，并纳本州。若人有旱俭少粮，先给杂种及远年粟。

唐代赈贷种粮之例较多。贞观二十一年（647年）十月，绛（山西新绛）、陕（河南陕县）二州旱，诏令赈贷，湖州给贷种食。次年，泸州（四川泸州）、交州（越南河内市）、越州（浙江绍兴）、渝州（四川重庆）、徐州（江苏徐州）水，戎州（四川宜宾）鼠伤稼，开州（四川开县）、万州（四川万县）旱，通州（四川达川）秋蝗损稼，并赈贷种粮。开元二十二年（734年）正月，怀（河南沁阳）、卫（河南卫辉）、邢（河北邢台）、相（河南安阳）等州乏粮，遣中书舍人裴敦复巡问，量给种子。天宝时期（742—756年），义阳（广东潮州）郡守李裕上言：所部遭损户10803户，请给两月粮充种子，唐玄宗许之。贞元元年（785年）冬至，唐德宗下制：今年蝗旱损甚，州府开春后量给种子，使就农功。贞元四年（788年）正月，又诏：诸州遭水旱，委长吏贷种。贞元十四年（798年）春夏旱，谷贵，人多流亡。七月，诏赈给京畿（陕西西安）麦种3万石。贞元十九年（803年），大旱，礼部侍郎权德舆上陈阙政：畿甸之内赤地而无所望，转徙之人毙踣道路，请诏在所裁留经用，以种贷民。唐德宗颇采用其意见，当月乙亥日，贷京畿民麦种。大和四年（830年）七月癸巳，许州（河南许州）上言去年六月二十一日被水，诏应遭水损百姓等，量放今年种子，并赈米。会昌三年（843年）九月，唐武宗颁布《雨灾减放税钱德音》，其中特别提到赈贷麦种：闻贫人未及种麦，委每县量人户所要贷与种子，宽限至麦熟日填纳。如京兆府自无种子，据数闻奏，由太仓给付。

五代时期，长兴三年（932年）七月，秦（甘肃天水）、凤（陕西凤县东北凤州镇）、兖（山东兖州）、宋（河南商丘）、亳（安徽亳州）、颍（安徽阜阳）、邓（河南邓州）大水，漂邑屋，损苗稼。宰臣奏请唐明宗于大水之后，令本州据等第，支借麦种，自十石至三石，至来年收麦原数送纳。唐明宗依奏，诏诸州府遭水人户各支借麦种，并依人户等第赈贷。

（三）给赐耕牛

唐代牛价昂贵，约值15千钱，一般百姓多买不起牛。为贫苦百姓提供耕牛，是朝廷恢复灾后生产的重要措施。大中二年（848年）二月，刑部曾上《请禁屠牛奏》："牛者稼穑之资，邦家所重，虽加条约，多有违犯。今后请委州府县令并录事参军严加捉搦。如有牛主自杀及盗窃杀者，即请准乾元元年二月五日敕，先决六十，然后准法科罪。其本界官吏，严加止绝。"大中五年（851年）又强调，"如有屠牛事发，不唯本主抵法；邻里保社，并须痛加惩责。本县官吏，委刺史节级科罚。"

贞元元年（785年），蝗旱之后，田多荒芜，牛多疫死。唐德宗诏将诸道节度使韦皋、李叔明等所进耕牛，委京兆府（陕西西安）均平赐给有地无牛百姓，而贫人三两户共给牛一头。官府有时还专门市买耕牛以赐灾民。宝历元年（825年）七月，鄜（陕西富县）坊（陕西黄陵）、奉天县（陕西乾县）水坏庐舍。九月，华州（陕西华县）暴水伤稼。十二月，敕给赐疲氓耕牛，委度支往河东（山西）、振武（内蒙古和林格尔）、灵（宁夏吴忠）、夏（陕西靖边北白城子）等州市耕牛1万头，分给畿内贫下百姓。

（四）劝课百姓

为备灾，唐朝廷诏令地方官劝课百姓，给予优惠条件，恢复生产，广泛种植五谷杂粮及旱作农物等。

贞观时期（627—649年），乐善文为商州上洛（陕西商州）县令。该县东邻武阙，西界峣关，因而山路萧条，田地瘠薄，百姓每遭饥馑，只能以藜藿为食。乐善文上任后，致力于劝耕，使户赡稻粱，家丰菽粟，仓庾充满，百姓颂美。垂拱年间（685—688年），河朔饥，魏州（河北大名）刺史苏幹督察奸吏，务劝农桑，逃散者皆来复业。开元五年（717年）五月，唐玄宗诏：河南、河北去年不熟，今春亢旱，全无麦苗，饥弊特异，令本道按察使安抚，其有不收麦处，更量赈恤，使及秋收，并令劝课种粟稼及旱谷等，使得接粮。宝应元年（762年），杜甫作《大雨》诗："西蜀冬不雪，春农尚嗷嗷。上天回哀眷，朱夏云郁陶。执热乃沸鼎，纤绤成缊袍。风雷飒万里，霈泽施蓬蒿。敢辞茅苇漏，已喜黍

豆高。三日无行人，二江声怒号。流恶邑里清，矧兹远江皋。荒庭步鹳
鹤，隐几望波涛。沉疴聚药饵，顿忘所进劳。则知润物功，可以贷不毛。
阴色静陇亩，劝耕自官曹。四邻未相出，何必吾家操？"反映了成都冬
旱，后久旱得雨，官府劝农耕种之事，这应是一种比较常规的做法。会
昌五年（845年），唐武宗令地方"劝课百姓种植五谷，以备灾患"。元
和十二年（817年）九月，诏："诸道遭水州府，其人户中有漂溺致死者，
委所在收瘗，其屋宇摧倒，亦委长史量事劝课，修葺使得安存。"

　　唐末，黄巢部下张全义知黄巢必败，因而归唐，先后授泽州、洛州
刺史。时洛阳兵乱之余，县邑荒废。张全义始至洛阳，不仅召农屯田，
而且十分着意于劝农。他选麾下18人为屯将，选18人为屯副，选书记
18人为屯判官。于旧十八县中，招农户，令自耕种。并且，民之来者绥
抚之，无重刑，无租税，流民归者渐众。一两年间，18屯申报每屯户
增至数千。张全义每观秋稼，见田中无草之好田，必于田边下马，命宾
客观之，召田主慰劳之，赐之衣物。若见禾中有草，地耕不熟，立召田
主，集众决责。若苗荒地生，责之，民诉以牛疲，或缺人耕锄，则田边
下马，立召其邻伴，责其以众助之。因此，洛阳之民无远近，民之少牛
者相率助之，少人者亦然。田夫田妇相劝，以力耕桑为务，是以家家有
蓄积，水旱无饥民。张全义在洛阳的劝农举措，收效颇佳。

三、安辑养恤措施

　　隋唐五代时期，自然灾害发生过程中及灾后的安辑养恤措施，包括
施粥救饥、治疗疫病、为民赎子、埋瘗死者、修葺房屋等方面。这些措
施可为灾民提供多方支持，助其恢复生产生活，从而在很大程度上收到
安定民心之效。易州刺史张孝忠、密州刺史崔玄亮即为重视养恤百姓的
典型人物。大历十三年（778年），天作淫雨，害于粢盛，人多道殣，邑
无遗堵，易州（河北易县）刺史张孝忠缉捕亡、恤鳏寡，躬问疾苦，忧
人阻饥，使屡空之家无不自给，负米之孝，如其亟归。元和年间（806—
820年），密州（山东诸城）刺史崔玄亮十分重视灾后赈恤，"密民之冻馁
者赈恤，疾疫者救疗之，骸未殡者命葬藏之，男女过时者驱嫁趋之"，可

称教化有方，治理得法。

（一）施粥救饥

至迟战国时期，施粥已作为荒年救济方式之一。隋唐五代时期施粥之举当不少，由于方便及时，施粥对灾年贫弱之人起到了一定的救济作用。乾元三年（760年），岁饥，米斗至1500文，京师（陕西西安）贫民多饿死，唐肃宗令中使于西市煮粥以饲饿者。朝廷在安史之乱的凶荒年代采取施粥之举，当是取法佛教的施善之举。

保大十一年（953年）六月至保大十二年（954年）三月，南唐因长期干旱，民大饥，疫死者大半。元宗李璟下令郡县煮粥以食饿者。但饥民食郡县煮粥后皆死，以致"城内外傍水际，积尸臭不堪行"。这说明旱灾所引起的饥疫严重，粥赈已经很难起到较好的效果。显德四年（957年）三月，周世宗遣左谏议大夫尹日就于寿州（安徽寿县）开仓赈饥民，并命供奉官田处岜、梁希进等于寿州城内煮粥，以救饥民。

（二）治疗疫病

隋代时期，岷州刺史辛公义亲自参与部民的疫病救治。岷州（甘肃岷县）旧习恶病，亲人相弃，甚至父子夫妻也不相看养，以致病者多死。开皇九年（589年），辛公义任刺史后，分遣官人巡检部内，凡有疾病，皆以床舆来，安置于厅事。暑月疫时，病人或至数百，厅廊悉满。他亲设一榻，独坐其间，终日连夕，对之理事。所得秩俸，尽用市药，为请医疗之，躬劝其饮食，疾者悉差。辛公义不惮烦劳，在部内发生疫病时，不惧染疾亲自照顾病人，并用个人俸禄买药请医救治，效果极好，百姓称其为"慈母"。

唐代救治疫病的常见方法是遣医赍药到灾区救治疾病，有确切记载者为7年次：贞观十年（636年）、贞观十五至十八年（641—644年）、贞观二十二年（648年）、大和六年（832年）。李德裕任浙西观察使期间，"南方信機巫，虽父母疠疾，子弃不敢养"。李德裕择其长老可语者，"谕以孝慈大伦，患难相收不可弃之义，使归相晓敕，违约者显置以法"，数年后恶俗得以大变。

同时，唐代还普及防疫救疫知识，抄录药方置于村坊要路，以便疫民对照征兆自救。天宝五载（746年）八月，唐玄宗敕颁《广济方》，命郡县长官于大板上逐要件录，当村坊要路榜示。贞元年间（785—805年），唐德宗敕纂集《贞元集要广利方》五卷，"逐阅方书，求其简要。并以曾经试用，累验其功，即取单方，务于速效。当使疾无不差，药必易求，不假远召医工，可以立救人命"，付所司颁下州府。药方的普及便于百姓对症下药，有利于疫灾救治。鄂王府司马陈讽受命抚理宁州淮南戍，正值荒歉，拿出自己的俸禄"合方药以饵危困，折券牍以蠲逋悬"，帮助灾民顺利度过了饥荒。

五代十国时期，保大十一年（953年），南唐境内大旱，自六月不雨，至明年三月，民大饥，疫死大半。下令郡县鬻粥食饿者，饥民食者皆死。煮粥施赈可以提高饥疫者的抵抗力，至于饥民食粥者皆死，可能是长期饥饿，肠胃不堪负担所致。

（三）为民赎子

国家出钱为饥民赎子之事，早在商汤时就有。隋唐五代时期，这类现象亦不鲜见。贞观二年（628年），关中旱饥，民多卖子以接衣食。唐太宗听闻有民人鬻男女，遣御史大夫杜淹巡检，出御府金宝赎之，归其父母。"泾（甘肃泾川）上旧俗多卖子"，元和年间（806—820年），泾原四镇节度使朱忠亮，以俸钱赎而还其亲者约200人，其中当有因灾荒饥馑而被卖者。唐文宗在位时期，曾在苏州大水后，命苏、湖二州官府为百姓收赎子女。当时，苏州大水饥歉，编户男女多为诸道富家并虚契质钱，父母得钱数百、米数斗而已。文宗委淮南、浙江东西等道，如苏（江苏苏州）、湖（浙江湖州）等州百姓愿赎男女者，官为详理，不得计衣食及虚契索。如父母已殁，任亲收赎。如父母无资，而自安于富家不厌为贱者，亦听。五代时期，癸丑年（953年），吴越国境内大旱，边民有鬻男女者，国王钱俶命出粟帛赎之，归其父母，并命所在开仓赈恤。

（四）埋瘗骸骨

重灾后，有的灾民死于灾害，有的死于随后的饥荒，死者露尸街头很可能带来疾病瘟疫的传播。生者固需赈恤，死者也需及时埋葬，唐朝廷多次在灾年发布埋瘗死者的诏敕。

贞观二年（628年）春，关内旱蝗，大饥。四月己卯，唐太宗诏：隋末乱离，因之饥馑，暴骸满野，令所在官司收瘗。永徽元年（650年）六月，宣（安徽宣州）、歙（安徽歙县）、饶（江西波阳）、常（江苏常州）等州暴雨水漂杀400余人，诏为瘗埋，给贷。永隆元年（680年）九月，河南、河北诸州大水，遣使赈恤，溺死者官给棺槨。神龙元年（705年）四月，雍州同官县（陕西铜川）大雨雹，大水漂流居人四五百家，被溺死者，官为埋殡。七月，洛水暴涨，坏人庐舍2000余家，溺死者数百人，令御史存问赈恤，官为瘗埋。开元二年（714年）正月，以关内旱，求直谏，停不急之务，宽系囚，祠名山大川，葬暴骸。埋瘗暴骸是这次旱灾后所采取的五大措施之一。宝应元年（762年）十月，浙江水旱，诏令州县民疫死不能葬者为瘗之。元和十二年（817年）九月，诏："诸道遭水州府，其人户中有漂溺致死者，委所在收瘗。"大历四年（769年），乘乱兵之后，其夏大旱，人失耕稼；怀州（河南沁阳）刺史马燧务修教化，造访将吏父母，收葬暴骨，去除烦苛。

因火灾、雪灾而死者，有时其家也会得到财物助葬。显庆元年（656年）十一月，饶州（江西波阳）火，焚州城廨宇仓狱，延烧居人庐舍，诏给死者家布帛以葬之。咸亨元年（670年）十月癸酉，大雪，平地三尺余，行人冻死者赠帛给棺木。

除了水旱等灾害之外，对疫灾的处理，唐朝廷更多地采取埋瘗暴骸之法，以避免疫情扩大。如：贞观时期（627—649年）初，唐太宗曾因突厥部落往年灾疠，疾疫饥馑，多殒丧者暴骸中野，颁布《瘗突厥骸骨诏》，令所司于大业长城以南分道巡行，埋瘗骸骨。永淳元年（682年）六月，关中旱涝虫蝗，民多疫疠，死者枕藉，诏所在官司埋瘗。天宝元年（742年）三月，玄宗因江左疫灾发布《令葬埋暴骨诏》曰：移风易俗，王化之大猷，掩骼埋胔，时令之通典。闻江左百姓，或家遭疾疫，因而致死，皆弃之中野，无复安葬。情理都阙，习以为常，乃成其弊。委郡县长吏，严加诫约，俾其知禁，勿使更然。其先未葬者，勒本家收葬。如或无亲族，及行客身亡者，仰所在村邻，相共埋瘗，无使暴露，诸道准此。宝历元年（825年）十月，唐敬宗敕："闻杭越间疾疫颇甚，户有死绝，未削版图，……委租庸使与本州审细勘责，据实户差遣处置讫具状闻奏。仍委刺史县令设法招携课最之间，褒贬斯在，其有死绝，家无人收葬，仍令州县埋瘗。"大和六年（832年），江南大部疫情严重，唐文宗下诏："其遭灾疫之家，一门尽殁者，官给凶器。其余据其人口遭疫多少，与减税钱。疫疾未定处，官给医药。"

五代时期，开平二年（908年）二月，自去冬少雪，春深农事方兴，久无时雨，兼虑有灾疾，梁太祖命庶官遍祀于群望，掩瘗暴骸，令近镇案古法以禳祈，旬日雨。乾祐元年（948年）四月朔，以自春不雨，后汉高祖敕青州（山东青州）收瘗用兵讨杨光远时的骸骨。

（五）助修屋宇

水灾、地震等灾害发生后，修葺房屋是帮助灾民重建家园、恢复生产的重要措施之一。

唐高宗对修葺灾民房屋尤其重视。显庆元年（656年）七月己卯，宣州泾县（安徽泾县）山水暴涨，高四丈余，漂荡村落，溺杀2000余人。制赐死者物各五段，庐舍损坏者，量为营造，并赈给之。显庆四年（659年）七月，连州（广东连州）山水暴涨，漂没七百余家，诏乡人为造宅宇，仍赈给之。总章二年（669年）九月海水泛溢，坏永嘉（浙江温州）、安固（浙江瑞安）二县郭，居人庐舍6000余家，遣使修葺宅宇。上元三年（676年）八月，青州（山东青州）大风，海水泛溢，漂损居人庐宅5000余家，齐（山东济南）、淄（山东淄博）等7州大水，诏赈贷贫乏，溺者赐物埋殡之，舍宅坏者，助其营造。永隆元年（680年）秋，河南、河北诸州大水，遣使存问，漂溺死者给棺赐物，屋宇破坏者，则劝课乡闾助其修葺。次年正月，又诏河北涝损户，有屋宇遭水破坏及粮食乏绝者，令州县劝课助修并加给贷。

开元八年（720年）六月，河南府（河南开封）谷洛瀍三水泛涨，漂溺居人400余家，坏田300余顷，诸州当防丁当番卫士掌闲厩者千余人。遣使赈恤及助修屋宇，其行客溺死者，委本贯存恤其家。开元十年（722年）五月，东都（河南洛阳）大雨，伊汝等水泛坏河南府（河南洛阳）及许（河南许州）、汝（河南汝州）、仙（河南叶县）、陈（河南淮阳）四州庐舍数千家，溺死者甚众。诏河南所损之家，量加赈贷，并借人力助营宅屋。元和十二年（817年）九月，诏："诸道遭水州府，其人户中有漂溺致死者，委所在收瘗，其屋宇摧倒，亦委长史量事劝课修葺，使得安存。"

五代时期，水灾频繁，有时对城池、屋宇破坏还极大。天成四年（929年）十一月丁卯，洛州（河南洛阳）水暴涨，坏居人垣舍。天显七年（932年）八月壬戌，辽民捕鹅于沿柳湖，风雨暴至，舟覆，溺死者60余人，辽太宗命存恤其家。广政十五年（952年）六月丁酉，蜀大水入成都，漂没1000余家，溺死5000余人，冲毁太庙四室及司天监。广顺三年（953年）八月丁卯，河决河阴（河南郑州），京师（河南开封）霖雨不止。所在州郡奏，霖雨连绵，漂没田稼，损坏城郭庐舍。史籍对灾情的记载总体较为简单，对救灾着墨更少，未留下帮灾民修葺房屋的记录。

四、其他救灾措施

除上述施粮赈救、生产恢复、安辑养恤等赈灾措施之外，隋唐五代时期还出现了利用市场救灾、以工代赈和对邻境灾民的睦邻救灾等举措。

（一）市场救灾

市场救灾主要发生于唐朝。市场救灾观念在唐代的形成存在一个过程。禁止粮食流通的闭籴现象，在唐代本来十分常见。宝应年间（762—763年）后，"岁恶人流，道殣相属，市无赤米，罔发滞积，利归强家"。唐德宗时，关中饥，诸镇或闭籴，工部郎中、知御史杂事王播上言之，三辅得不乏。闭籴屯居相当普遍，是由于强势之家可以从中大获其利。闭籴行为主要是市场在发挥作用，商人是实施主体。为牟取暴利，饥荒时有的商人会闭籴以达到哄抬物价的目的。囤积居奇者也不少，有江淮贾人积米以待踊贵。图画为人，持钱一千，买米一斗，以悬于市。不仅豪家和商人富室等个人贪图私利或出于商业利润而闭籴，地方政府出于自保亦多有此举，湖南旧法即"丰年贸易不出境，邻部灾荒不相恤"。边城也多有闭籴，敦煌文书 P.2942 就有一则永泰时期（765—766 年）的河西巡抚使判文《肃州（甘肃酒泉）请闭籴不许甘州（甘肃张掖）交易判》。

逢遇旱灾，有的官员还懂得对商人富户囤积居奇的心理善加利用。天宝十三载（754 年），潭州刺史苏师道已经开始有意识地利用民间贮藏的粮食来救济灾民。当时，苏师道始至潭州（湖南长沙）未足一月，适逢旱灾，民不聊生，死者相枕。他视察当州六县长沙、湘潭、湘乡、益阳、醴陵、浏阳，发现城邑有廪米，富民多有蓄积，遂"悉发而赈贫民"，民间"始获苏息"。令狐楚深悉市场、心理学与传播学，在发动富人出籴粮食方面表现突出。令狐楚守兖州（山东兖州）时，州方旱，米价甚高。看到迎接他的官吏，首先询问米价，州有几仓，仓有几石。问讫，屈指自言自语："旧价若干，诸仓出米若干，定价出籴，则可赈救。"左右窃听此话者将其所语传至郡中，结果富人竞发所蓄，米价顿平。

唐代市场救灾的首倡者当为宣歙观察使卢坦，他主张凶岁不抑谷价以通商，即以价格杠杆来鼓励粮商运粮往灾区。元和三年（808 年）秋，右庶子卢坦为宣歙观察使，值旱饥，谷价日增，有人请抑其价。卢坦曰："宣、歙土狭谷少，所仰四方之来者；若价贱，则商船不复来，益困矣。"因其坚持不抑价，后"米斗二百，商旅辐辏"，民赖以生。元初胡三省认为"后人用此策以救荒者，卢坦发之也"。利用市场救灾的另一代表是湖南观察使崔倰。湖南一贯奉行闭籴，崔倰任观察使后，以闭籴困民，不合人情，削除其禁。自是商贾流通，资物益饶。后升任户部侍郎、判度支。卢坦与崔倰在灾荒时提倡私人贸易，其做法之所以收到成效，在于它与市场运行规律暗合。在凶年抑制谷价是唐代社会常态的情况下，两人的做法可谓独辟蹊径。

唐代政府对闭籴现象的反对，也可视为利用市场以救灾。由于饥荒之年闭籴现象的常见，朝廷多次三令五申，不得闭籴。开元二年（714 年）、上元元年（760 年）、大历十一年（776 年）、贞元九年（793 年）、大和三年（829 年）、咸通七年（866 年），均曾诏令禁止籴。开元二年（714 年）闰二月十八日，敕年岁不稔，有无须通，所在州县，不得闭籴，各令当处长吏检校。贞元九年（793 年）正月诏：分灾救患，法有常规，通商惠人，国之令典。自今宜令州府不得辄有闭籴，仍委盐铁使及观察使访察闻奏。大和三年（829年）九月敕："今诸道谷尚未减贱，而徐泗管内，又遭水潦。如闻江淮诸郡，所在丰稔，困于甚贱，不但伤农。州县长吏，苟思自便，潜设条约，不令出界。虽无明榜，以避诏条，而商旅不通，米价悬异。致令水旱之处，种植无资。宜令御史台拣择御史一人，于河南巡察。"朝廷特派观察使、御史到地方访察闭籴行为，以解决灾民"种植无资"而丰稔之地谷贱伤农的问题。文宗认识到"岁有歉穰，谷有贵贱，权其轻重，须使流通，非止救灾，亦为利物"，下诏许近京商贩往来京西北丰熟之处，不得止遏。开成三年（838年）正月，诏："闭籴禁钱为时之蠹，方将革弊，尤藉通商。"

对于闭籴现象，朝廷在下达诏敕禁止闭籴的同时，还严惩闭籴行为。大中六年（852年），河中（山西永济）蝗旱，"粟价暴踊，豪门闭籴，以邀善价"。河中尹、河中晋绛节度使王起令定价计口出粟以济民，严诫储蓄之家，出粟于市，下令家得储30斛，斥其余以市，不从令者死。还以法绳治怙势不从的神策士，以儆效尤。因此廥积咸出，民赖以生。咸通七年（866年）十月，唐懿宗接受御史台奏议，对闭籴长吏加以贬降，本判官录事参军停见任，书下考。官方的政策引导与措施，会对闭籴行为起到相当的限制作用。

（二）以工代赈

以工代赈，简称工赈，即灾后由官府组织灾民或贫民修建城池、水利等项工程劳务，付给相当报酬，帮助他们渡过难关。即"把赈济资财从纯生活消耗变为生产费用"，有利于灾民复业，保护社会劳动力和维持简单再生产。工赈思想春秋时期已有，隋唐五代时期以工代赈则更趋于典型，但总体数量仍较少。

隋代李德林任怀州刺史时，因州（河南沁阳）逢亢旱而"课民掘井溉田"，但效果并不理想，因"空致劳扰，竟无补益，为考司所贬"。是史载隋代唯一以工代赈之举，但以失败告终。

唐代以工代赈事例亦不多。贞元八年（792年）六月，淮水溢，平地七尺，没泗州城（江苏泗阳）。左庶子姚齐梧受命吊赈，修府署，建城池，唐德宗诏有司计功而偿缮，立廛市，造井屋。加之泗州刺史张伾申劝科程，以赏以贷，逾年而城邑复常。

宣州刺史卢坦、江南西道观察使韦丹、武功县令李频、河阳怀节度观察使温造、襄州刺史山南东道节度使卢钧，均曾成功实行以工代赈。元和时期（806—820 年）初，当涂县（安徽当涂）有渚田久废，宣州刺史卢坦以为岁旱，苟贫人得食取佣，可易为功。乃尽辟渚田，借佣以活者数千人。元和时期，江南西道观察使韦丹募人就工，解决了洪州的火灾之苦，并赈济了大批饥民，帮助他们战胜旱灾。洪州（江西南昌）民居为草屋竹橼，易致人火，烈日久风之下，竹蔑还会自焚，轻者百家遭火，重则焚烧荡尽。元和二年（807 年），韦丹就任洪州刺史兼江南西道观察使，始教人为瓦屋，伐山取材，召陶工教人陶。聚材瓦于场，度其费以为估，业定而受偿，从令者免其赋之半。逃亡未复之家，官为之造屋；贫穷之家，官府资助其钱财造屋。韦丹还亲自带食浆前往督劝。共建瓦屋 13700 间，为重屋 4700 间，民无火忧，暑湿则乘其高。元和三年（808 年），南方旱饥，次年正月，"岁旱，种不入土"，韦丹"募人就功，厚与之直而给其食。业成，人不病饥"，韦丹不愧"元和中兴之盛，理人者第一"之称号。

大和五年（831 年）九月，制授温造河阳节度观察使，以河内（河南沁阳）膏腴，民户凋瘵，奏开浚怀州（河南沁阳）古秦渠枋口堰，役工四万，溉济源（河南济源）、河内（河南沁阳）、温县（河南温县）、武陟（河南武陟）四县田 5000 余顷，使弃地悉为良田。会昌元年（841年）七月，江南大水，汉水坏襄（湖北襄樊）、均（湖北丹江口）等州民居甚众，灾民全者十六七。唐武宗遣襄州刺史、山南东道节度使卢钧前往巡视，卢钧"省汉之溺，由旧防之不固及五十载"，遂"募民新汉之堤，食敌其功，资三其食，因故堤之址，广倍之，高再倍之"。即免费为修堤百姓提供每日三餐，因故堤旧址加广加高。在襄阳筑堤 6000步，以障汉暴。唐懿宗在位时期（860—874 年），武功（陕西武功）有六门堰者，废 150 年，县令李频在饥岁"发官廪庸民浚渠，按故道厮水溉田，谷以大稔"。

上述诸例中，地方长官利用工程为灾民提供就业机会，使其自食其力，团结抗灾，收效良好。唐朝工赈较少，且多发生在唐后期。这很可能是由于当时朝廷实力削弱，藩镇割据，地方有了一定盈余，较便于兴修地方工程之故。

（三）睦邻救灾

五代时期，一些政权目光深远，发扬睦邻救灾的古道，对邻国灾民伸以援手，这一方面是实行仁政爱民思想的体现，也有助于其国扩大影响。除了本章第一部分施粮赈救措施中提及的若干次针对水旱饥荒的跨境就食之外，还有南唐、北周对吴越火灾的赈恤，北宋对南唐境内旱灾的赐粮。

升元六年（942年），吴越国火，焚其宫室、府库，甲兵皆尽，群臣请乘其弊攻之，南唐烈祖李昇不许，遣使吊问，厚赒其乏。此次吴越大火发生于钱塘（浙江杭州），宫室器械为之一空。素与李昇交好的大司徒豫章（江西南昌）人宋齐丘承间进言，以为南唐与吴越为唇齿之国，"我有大施，而越人背之，虔刘我边陲，污浊我原泉，股不复髀，终不我用。"建议利用此次钱塘火灾的天赐良机，出师攻占其国。李昇对此表示明确反对，云："疆域虽分，生齿理一，人各为主，其心未离，横生屠戮，朕所弗忍。且救灾睦邻，治古之道。朕誓以后世子孙付之于天，不愿以力营也。"特命行人厚遗之金粟缯绮，车盖相望于道。显德五年（958年）四月，吴越王钱弘俶奏："十日夜，杭州火，焚烧府署殆尽。"周世宗命中使赍诏抚问。开宝元年（968年）三月，南唐境内旱，宋太祖赐米麦10万石。

第四章　弭灾措施

隋唐五代时期流行灾害天谴论，皇帝经常采取自省过失、申理冤狱、厉行节俭、罢免官员、求直言极谏、出宫人、祈祷禳灾等措施进行弭灾。遇到自然灾害，隋唐五代时期的人们首先想到的是通过祷祀向神灵邀福，官方禳灾祈福的对象，包括祖宗、山川海渎及诸神等类别。除此，旱灾时会大雩、徙市、断屠、闭坊市南门、以龙祈雨；久雨时会禜城门、断屠、闭坊市北门；唐人也经常占卜灾害的吉凶。这些措施经常多项并举，作为国家弭灾的重要形式，它们更多地表现了当事人对天人关系的理解，在不同程度上有利于改善政治环境，也有助于创造良好的社会救灾环境。

一、反躬自责

隋唐五代时期，灾害发生后，代天理物的皇帝会深刻反省自身失职行为，以减膳撤乐、避正殿等承袭自前代的惯例做法，来表现自己的愧疚和自责。

隋代时期，开皇时期（581—600 年），遇关中饥，文帝遣左右视百姓所食。见有食豆屑杂糠者，流涕以示群臣，深自咎责，因之撤膳不御酒肉者将近一个月。与此类似，皇太子也有因灾害而自省过失的举动。开皇二十年（600 年）十一月，晋王杨广取代其兄杨勇被立为皇太子，而当月戊子日京师（陕西西安）刚刚发生地震兼大风雪，杨广"请降章服，宫官不称臣"。

唐代皇帝因灾反躬自责、检讨过失之例颇多，多以请罪于天、减膳、避正殿等行为表现。武德三年（620 年），夏不雨至八月，唐高祖遣治书侍御史孙伏伽代己告天地神，询问天地自己有何殃咎而致亢旱，并云："某若无罪，使三日内雨，某若有罪，请殃某身，无令兆民受兹饥馑。"应时大雨。贞观二年（628 年），关中旱饥，唐太宗对侍臣自责："水旱不调，皆为人君失德，朕德之不修，天当责朕，百姓何罪，而多遭困穷。"唐高宗曾下敕："自从去岁，关中旱俭，禾稼不收，多有乏绝。百姓不足，责在朕躬，每自思此，深以为愧。"还曾因霖雨灾发布《减膳诏》，以上封人所进食极恶，反躬自责，命令所司，常进之食，三分减二。唐代皇帝类似反省之例很多，德宗时期陆贽所拟《蝗虫避正殿降免囚徒德音》是一则典型的皇帝因灾悔过自责的诏书，其云：

自去岁已来，灾沴仍集，雨泽不降，延历三时，虫蝗既臻，弥亘千里。谷籴翔贵，稼穑卒痒，嗷嗷烝人，聚泣田亩，兴言及此，实所痛伤。遍祈百神，曾不获应。方悟祷祀殊救患之术，言词非谢谴之诚。忧心如焚，深自刻责：得非刑法舛谬，忠良郁埋，暴赋未蠲，劳师靡息，事或无益，而重为烦费？任或非当，而横肆侵蟊，有一于此，足伤和气。本其所以，罪实在予，百姓何辜，重遭殍馁。所宜出次贬食，节用缓刑，侧身增修，以谨天戒。朕避正殿不御，百僚奏事，并于延英处分。尚食进膳，宜更节减。百司不急之务，一切且除。诸军将士外，自余应食官粮人，及诸色用度等，并委本使长官商量，权行停减，以救荒瘼。仍限十日内，据元额及所厘革，条件闻奏。特至丰稔，却令依旧。畿内百姓，委京兆尹切加慰抚。除正税、正役外，征科差遣，并宜禁绝。非交相侵夺，寻常诉讼，不须追扰，务且息人。京畿内外及京兆府诸县见禁囚徒，死罪降徒，流以下一切放免。畿内及河中、同州界，应有因战阵杀戮，遗骸暴露者，各委所在长吏随事埋瘗。

这则因蝗灾而发布的诏书，从冤狱、赋敛、劳师、费用等方面检讨自身过失，态度诚恳，并采取了避正殿、减膳、损不急之务、停减诸色用度、禁绝征科差遣、减轻见禁囚徒刑罚、埋瘗暴骸等办法，希望能渡过难关。

为消弭旱灾，作为统治集团的首脑，皇帝常或主动或被动地采取避正殿的举措，以示悔过。唐帝以旱避正殿的次数较多，涉及 12 位皇帝计 28 年次：太宗三次：贞观三年（629 年）四月丙午、贞观十三年（639 年）五月甲寅、贞观十七年（643 年）六月甲午。高宗避正殿次数最多，达 8 次：永徽三年（652 年）正月，御东廊以听政，至二月壬寅，复御两仪殿；麟德元年（664 年）五月丙寅，御帐殿，丹霄门外听政；其余六次为：永徽四年（653 年）四月壬寅，显庆四年（659 年）七月，乾封二年（667 年）七月己卯，咸亨元年（670 年）八月丙寅，上元二年（675 年）四月丙戌，仪凤三年（678 年）四月丁亥。中宗三次：神龙二年（706年）五月，景龙元年（707年）五月，景龙三年（709年）六月壬寅。玄宗四次：开元二年（714年）二月壬辰；开元三年（715年）五月戊申；开元六年（718年）七月，于小殿视事；开元七年（719年）闰七月辛巳。德宗两次：贞元元年（785年）八月甲子，另一次发生于贞元时期（785—805年），具体时间不明。文宗两次：大和七年（833年）闰七月乙卯，开成二年（837年）四月乙卯。武宗、宣宗、僖宗、昭宗、哀帝各一次，分别是开成五年（840年）六月丙寅，大中元年（847年）二月癸未，广明元年（880年）三月辛未，天复元年（901年）二月甲寅，天祐二年（905年）四月乙未。除此，武则天也曾因灾避正殿。咸亨元年（670年）闰九月癸卯，皇后武曌也以旱请避位。垂拱三年（687年）二月己亥，临朝听政的太后武曌又避正殿。唐代因水涝灾害避正殿较少，先天二年（713年）六月辛丑，玄宗以雨霖避正殿，减膳；乾宁元年（894年）七月，昭宗以雨霖避正殿，减膳。数量上远不如因旱灾而避正殿。

唐代皇帝听政的地点一般在正殿，正殿并不固定。有时是京师西内之正殿太极殿，高祖、太宗有时"朔、望则坐而视朝"。有时是在两仪殿，高宗于此"常日听朝而视事"。有时是在上阳宫，高宗季年"常居以听政"。其后，皇帝常居东内，即大明宫，常于其正殿含元殿或其后的宣政殿处理政务。除此，西内和东内均有别殿若干，上面提到的"小殿"很可能就是别殿。高宗、武后和玄宗，尤其是武后，还常至东都洛阳。洛阳宫城的正殿曰明堂，明堂之西有武成殿，是"正衙听政之所"，另有别殿若干，连同宫内的台、馆共计35所。

遇旱灾等自然灾害时，皇帝避正殿，到偏殿、小殿临时办公，表示自己无能居天子之位。这一举动是象征性的，对皇帝宝座绝不会产生实质性影响。唐文宗时，诸灾连绵而救济不力，皇帝甚至表示要退位。开成四年（839年）六月，因久旱，文宗曾改容曰："朕为人主，无德及天下，致兹灾旱，又谪见于天。若三日不雨，当退归南内，更选贤明以主天下。"此言与当时政治经济状况不利实有很大关系，而灾害连绵加剧了时政危机，文宗以此表示悔过。

五代十国时期虽然战乱频仍，一些皇帝在面临灾害时依然有反躬自省的行为。同光四年（926年）正月，唐庄宗敕：以"自京以来，幅员千里，水潦为沴，流亡渐多。宜自今月三日后，避正殿，减常膳，撤乐省费，以答天谴。"保大八年（950年）正月，南唐也有一次因灾下诏自责大赦。元宗李璟诏曰："春秋，日食、地震、星孛、木冰，感召靡爽。比灾异频仍，岂人君不德以致之邪？抑亦天心仁爱，而谴告之也？朕甚惕焉。曩者兵连闽、越，武夫悍将，不喻朕意，务为穷黩，以至父征子饷，上违天意，下夺农时。咎将谁执？在予一人。其大赦境内，穷民无告者咸赐粟帛。"但此时期也有灾害发生后毫无反省诚意的君王。长兴四年（933年）五月庚辰，闽国地震，闽主王璘避位修道，命福王继鹏权总万机。至七月戊子，王璘方复位。唐代皇后武曌曾因旱请求避位、文宗曾因灾请求退位，但均未实行，闽主王璘则实施了，避位达65日。但实质上王璘只是因为讨厌地震带来的异象而避位，避位期间，力图改善本性节俭的王审知在位时"府舍皆庳陋"的状况，乃"大作宫殿，极土木之盛"，并无对灾害的畏惧之心，也未反省自己错误的言行举动。

二、因灾录囚

因灾录囚，即因灾害而申理冤狱，亦称理冤、虑囚，因有时在市场举行，也称虑市。它是皇帝或上级官吏定期或不定期直接详审囚犯，以平反冤狱或督办久系未决案件。这种做法始于汉朝，至唐朝形成制度，明清两代发展为朝审、秋审等会官审录之制。灾后录囚理冤，源于当时人将灾害与严刑峻法相联系，认为刑法冤滥、苛酷会导致天灾示警。

隋代历时短，因灾录囚之例较少。开皇二年（582年）五月己酉，隋文帝因旱亲省囚徒，其日大雨。唐人将冤狱的存在视作天灾示警。大和六年（832年）夏，唐文宗以久旱，诏求致雨之方。时宦官王守澄诬构宰相宋申锡与漳王谋反，致宋申锡被贬为开州司马。司门员外郎李中敏就借机上言：大旱源于宋申锡无辜蒙冤，而致雨之方"莫若斩郑注而雪申锡"。咸通十年（869年）六月，唐懿宗制："今盛夏骄阳，时雨久旷，……复暴政烦刑，强官酷吏，侵渔蠹耗，陷害孤茕，致有冤抑之人，构成灾沴之气。"这是唐人冤狱致灾观念的具体表达。

唐代因灾录囚中，以因旱灾录囚的数量最多，包括皇帝亲自录囚、遣使录囚和有司录囚三种类型。皇帝因旱灾录囚徒主要发生在唐前期，其中又以唐高宗因旱录囚数量最多，至少五次，其次是唐中宗和唐玄宗。唐帝亲自录囚之例见下表：

表 4-2　唐帝亲自录囚简表

皇帝	时间	录囚情况
高祖	武德四年（621年）三月	以旱亲录囚徒，俄而澍雨
太宗	贞观三年（629年）六月戊寅	以旱亲录囚徒
高宗	永徽元年（650年）七月丙寅	以旱亲录京城囚徒
	永徽四年（653年）四月壬寅	以旱，避正殿，减膳，亲录系囚
	乾封二年（667年）正月	以去冬至今无雨雪，避正殿，减膳，亲录囚徒
	咸亨二年（671年）六月癸巳	以时旱亲虑囚徒，多所原宥，仍令沛王贤虑诸司囚，周王显虑洛州及两县囚
	仪凤三年（678年）四月朔	以旱避正殿，亲虑京城系囚，悉原宥之
中宗	神龙二年（706年）正月	以旱亲录囚徒，多所原宥
	神龙三年（707年）正月丙辰	以旱，亲录囚徒
	景龙三年（709年）六月壬寅	以旱，避正殿，减膳，亲录囚徒
玄宗	开元二年（714年）二月己酉	以关中去秋至今旱，人多饥乏，亲录囚徒
	开元七年（719年）七月丙辰	以亢阳日久，亲录囚徒，多所原免

文献来源：《册府元龟·帝王部》《旧唐书·帝王本纪》。

唐帝因旱灾派遣朝廷高官虑囚较多，特别是唐中后期。贞观十七年（643年）三月，太宗以旱遣覆囚使至州县科简刑狱，要求务从宽简。永徽元年（650年），自夏不雨至七月，诏虑在京诸司见禁囚徒，高宗命所司精加堪当，速即断决，寻而降雨。永徽四年（653年）四月壬寅，以旱，遣使分省天下冤狱。龙朔元年（661年）十二月戊寅，诏诸州霜旱虫涝之处，分道遣使存问赈给，并虑囚徒。开元二十一年（733年）四月，玄宗以久旱，命太子少保陆象先、户部尚书杜暹等7人往诸道宣慰赈给，并令黜陟官吏，疏决囚徒。天宝六载（747年）五至七月不雨，命宰相、台寺、府县录系囚，死罪决杖配流，徒以下特免。永泰元年

（765年）久旱，七月，代宗遣近臣分录大理、京兆囚徒。贞元十一年（795年）五月，以旱故，德宗令礼部尚书董晋巡覆百司禁囚。长庆三年（823年）三月，淮南、浙东西、江西、宣歙旱，穆宗遣使宣抚，理系囚，察官吏。大和七年（833年）七月，旱，文宗敕左仆射李程及御史大夫郑覃同就尚书省，疏理诸司囚徒。壬子，又以旱命吏部尚书令狐楚与郑覃同疏决囚徒。大中元年（847年）春旱，宣宗诏中书侍郎、同平章事卢商与御史中丞封敖理系囚于尚书省。大中八年（854年）三月，又敕以旱诏使疏决系囚。

有司虑囚纯属分内之责，当最为常见。上元三年（676年）八月，青州（山东青州）大风，齐（山东济南）淄（山东临淄）等7州大水，高宗诏天下囚徒，委诸州长官虑之。神龙二年（706年）正月，以旱，中宗亲录囚徒，同时命东都（河南洛阳）及天下诸州，委所在长官详虑。天宝十二载（753年）八月，京师连雨20余日，米价大涨，令中书门下就京兆大理疏决囚徒。至德二年（757年）三月，癸亥大雨，至癸酉不止。肃宗令恤狱缓刑，诏三司条件疏理处分。元和七年（812年）三月，以旱，敕诸司疏决系囚。长庆二年（822年）十二月，因雨雪少，恐妨农耕，诏委御史台大理寺及府县长吏自录囚徒，"除身犯罪应支证追呼，近系者一切并令放出"，以期"克消沴气，延致休祥"。长庆四年（824年）六月辛巳，诏以"近者夏麦垂熟，霖雨稍多"，令御史中丞、刑部侍郎、大理卿，同疏理决遣囚徒，讫闻奏。其在内诸军使、囚徒，亦委本司疏决闻奏。宝历二年（826年）六月，以京城灾歉，诏京兆府"各勒诸县令长疏理见禁囚徒，除首罪外，余支证并责保放出。其有法不得原、情有可恕者，府司一一条举，当为蠲免，御史台、大理寺，亦委本司长官亲自覆视，准前处分，炎炽方甚，狴牢可矜，京城及畿内诸狱，亦宜并与除放，冀得存活"。文宗诏有司虑囚较他帝为多。大和元年（827年）六月，自夏少雨，诏差清强御史各就诸司巡勘见禁囚徒。大和四年（830年）五月、大和五年（831年）六月、大和六年（832年）七月、大和八年（834年）六月、开成二年（837年）七月，均以旱诏命诸司疏决系囚，与当时灾害频繁有关。

唐代因水灾遣官虑囚10余次（见表4-3：唐代水灾虑囚简表），仅次于旱灾。除前期几次录囚外，录囚地点以关辅为主，其次为东都。唐代因灾大赦诏令中，也常降囚徒之罪。永徽三年（652年）正月，以去秋至是月不雨，高宗避正殿，降天下死罪及流罪递减一等，徒以下咸宥之。乾符三年（876年）二月，以旱降死罪以下。有时因灾而直接减免刑罚。开元十六年（728年），制以"今秋京城连雨隔月"，令释放两京及诸州系囚应推徒已下罪，死罪及流各减一等。

表4-3　唐代水灾虑囚简表

时间	地点及灾况	内容
贞观八年（634年）	山东及江、淮大水	遣使申请狱讼，多所原赦
永徽五年（654年）六月	河北大水	遣使虑囚
上元三年（676年）八月	青州（山东青州）大风，齐（山东济南）淄（山东淄博）等七州大水	诏天下诸州长官虑囚
开元十五年（727年）七月	洛水溢	命降都城囚罪，徒以下原之
开元十五年（727年）八月	涧、谷溢，毁渑池县（河南渑池）	降天下死罪、岭南边州流人，徒以下原之
开元十六年（728年）九月	久雨	降囚罪，徒以下原之
天宝十二载（753年）八月	京城（陕西西安）霖雨米贵	令中书门下就京兆、大理疏决囚徒
至德二年（757年）三月	大雨11日不止	令恤狱缓刑，诏三司条件疏理处分
长庆四年（824年）六月	以霖雨恐囚徒或有冤滥	命御史中丞、刑部侍郎、大理卿同疏决京城系囚。其在内诸军使、囚徒，亦委本司疏决闻奏
大和元年（827年）六月	霖潦	诏令御史台府县及诸司各量京城见禁囚徒所犯罪轻重疏决，三日内闻奏
大和五年（831年）六月	霖雨涉旬	次年正月诏疏理诸司系囚
会昌三年（843年）九月	雨霖	命御史台京兆府所有囚徒，委宰臣一人与左仆射王起、御史中丞李回，就都省理囚。其诸州府囚徒，亦委长吏亲自疏理，勿令冤滞
大中四年（850年）四月	雨霖	诏京师、关辅理囚

文献来源：《贞观政要》《册府元龟·帝王部》《新唐书·帝王本纪》《旧唐书·帝王本纪》《资治通鉴》。

唐代因灾录囚中，绝大部分是因水、旱灾害录囚，又以旱灾录囚数量最大。还有因水旱并行而虑囚的，如：大和六年（832年）正月，唐文宗诏以水旱降系囚。

五代历时短暂，灾害频仍。可能因其时气候已从唐代的总体偏暖趋于寒冷之故，这期间因水灾虑囚较多。后唐因水灾至少虑囚三次。天成元年（926年）八月，唐明宗敕以久雨不晴，晓谕天下州府疏理系囚，无令冤滞。长兴三年（932年）三月，唐明宗以春雨稍频，虑妨耕种，听从翰林参谋赵延文"乞宽刑狱"的建议。六月，敕以霖雨积旬，疏理释放京城（河南洛阳）诸司系囚。七月，以久雨未晴，敕天下州府见禁囚徒，据事理疾速断决，不得淹滞。应顺元年（934年）九月甲辰，以霖霪甚，唐闵帝诏都下诸狱委御史台宪录问，诸州县差判官令录亲自录问，画时疏理。

因旱灾虑囚，见于后梁和后晋时期。开平二年（908年）六月辛亥，梁太祖以亢阳，虑时政之阙，诏令决遣囚徒及戒励中外。开运三年（946年）二月壬戌，敕以久愆时雨，深虑囹圄，或有淹滞，其诸道州府见禁人等，并须据罪轻重、疾速断遣，仍限半月内有断遣讫奏。

相比疏理囚徒，五代十国诸政权面临灾害，更多的时候是进行大赦，或许是因大赦更简单易行之故。因灾大赦主要见于后唐、后晋和后蜀。同光元年（923年）自正月不雨，至四月，人心忧恐，大赦囚徒。宣赦之日，澍雨薄降。长兴二年（931年）四月乙卯，唐明宗以旱赦流罪以下囚，委诸州府长吏亲问刑狱，省察冤滥，放免除死罪之外的见禁囚徒。至天福时期（937—944年）初，左散骑常侍张允以后晋频有肆赦，进《驳赦论》，认为大赦"是致灾之道，非救灾之术也。自此小民遇天灾则喜，皆相劝为恶，曰国家好行赦，必赦我以救灾，如此即是国家教民为恶也"。晋高祖降诏奖饰，付史馆。但这并未能阻止晋出帝因灾大赦。天福八年（943年）五月甲辰，以旱、蝗大赦。敕以飞蝗作沴，膏雨久愆，应三京（河南开封、洛阳，山西太原）、邺都（河北大名）诸道州府见禁囚人，除十恶行劫诸杀人者及伪行印信合造毒药官与犯赃外罪者，减一等余并放，内有欠官钱者，令三司酌量与限监出征理。广政十五年（952年）六月，后蜀大水入京城成都（四川成都），漂荡五门，漂没 1000 余家，以其城内溺死者众，大赦境内。

三、厉行节俭

厉行节俭是中国古代常见灾后补救办法，借此举改过迁善，以弭天谴。唐德宗时翰林学士陆贽主张"补过实在于增修，救患莫如于息费"，主张节俭，以恤百姓。隋唐五代时期，因饥荒而厉行节俭所采取的措施，包括减膳撤乐、罢役、减御马粟、禁酒、损食、放鹰犬、罢宴会、减罢诸色用度、损不急之费、罢冗官、减少祭祀等诸多方面。皇帝在灾后常进行的节俭做法是减膳、撤乐。皇帝锦衣玉食，其日常膳食，"一饭之资，亦中人百家之产"，皇帝减膳是带头厉行节俭的必要做法。

隋朝历时较短，因灾厉行节俭之例较少。皇帝因灾减膳之例见于隋文帝。开皇时期（581—600 年），遇关中饥，隋文帝因之撤膳不御酒肉者将近一月。唐朝国祚长久，皇帝因灾减膳撤乐已成为遭逢灾异的例行公事。开成三年（838 年）十一月，唐文宗曾因"妖星见"下诏，提到"至于撤乐减膳，抑亦旧章，便当内自指挥，不复更形纶翰"。可知，在唐代，减膳撤乐常与罢役、避正殿等做法共同施行。唐代厉行节约之例如：贞观十二年、十三年（638—639 年），唐太宗以久旱不雨，减膳罢役。贞观十一年（637 年），大雨，谷水溢，冲入洛阳宫，毁宫寺、漂人家。太宗命令尚食"断肉料，进蔬食"。贞观十七年（643 年）六月，大旱，减常膳。永徽四年（653 年）四月、上元二年（675 年）四月，唐高宗以旱减膳，同时减殿中、太仆马粟或撤乐等。上元三年（676 年）八月，青州（山东青州）大风，齐（山东济南）淄（山东临淄）等 7 州大水，诏停此中尚梨园等作坊，减少府监杂匠，放还本邑，罢两京及九成宫土木工作。开元二年（714 年）正月、二月，开元七年（719 年）闰七月，以关内旱，避正殿，减膳，撤乐。开元二年（714 年）五月，唐玄宗还以岁饥，悉罢员外、试、检校官等冗滥之官，以节约俸廪，且云"自今非有战功及别敕，毋得注拟"。开元八年（720 年）九月，因"年俭"，停止每年赐射时节级给百官的赐物，以省府库。上元元年（760 年），唐肃宗以京师（陕西西安）岁旱，罢中、小祀。大历七年（772年）五月，以旱大赦，减膳，撤乐。贞元元年（785年）夏，蝗虫群飞蔽天。自东海西尽河西、陇右，旬日不息。加之，旱甚，灞水将竭，井皆无水。关辅以东，谷大贵，饿殣枕道。又因诸军进讨割据河中的李怀光，国用罄竭，有司奏国用裁可支七旬。唐德宗减膳，不御正殿。百司不急之费，皆减之。贞元二年（786年），以岁饥罢元会，诏御膳之费减半，官人月共粮米都1500石，飞龙马减半料。贞元十五年（799年）二月，以年凶，罢中和节宴会。以岁饥，罢三月群臣宴赏。唐文宗时期（827—840年），因水旱蝗灾连年不断，颇知"恶俗侈靡"，崇尚节俭。大和七年（833年）闰七月，以旱避正殿，减膳，撤乐。开成二年（837年）三月，诏"诸州遭水旱处，并蠲租税。中外修造并停，五坊鹰隼悉解放。朕今素服避殿，撤乐减膳"。会昌六年（846年）二月，以旱，停上巳曲江赐宴。大中元年（847年）二月，以旱避正殿，减膳，理京师（陕西西安）囚，罢太常孝坊习乐，损百官食，出宫女500人，放五坊鹰犬，停飞龙马粟。

由于酿酒耗费粮食较多，隋唐朝廷有时在饥年发布禁酒令。开皇时期（581—600年），关中饥荒，隋文帝下令京师（陕西西安）禁酒，以节约粮食。而大臣刘昉"使妾赁屋，当垆沽酒"，被治书侍御史梁毗弹劾，只是因其佐命之功，才未予惩处。唐代因饥荒禁酒史载更多。武德二年（619年），以谷贵，禁关内屠酤。咸亨元年（670年），水旱蝗疫并行，大饥，八月，以谷贵禁酒。乾元元年（758年）三月，岁饥，京师（陕西西安）酒贵，以禀食方屈，禁京城酤酒。次年，饥，复禁酤，非光禄祭祀、燕蕃客，不御酒。贞元二年（786年），复禁京城陕西西安、畿县酒。大和八年（834年），罢京师榷酤。大中年间（847—860年），南方连馑，诏弛榷酒茗。

五代时期，后唐曾因水灾厉行节俭。同光四年（926年）正月，唐庄宗敕："自京以来，幅员千里，水潦为沴，流亡渐多。宜自今月三日后，避正殿，减常膳，撤乐省费，以答天谴。"但此为乱世时期，也有相反事例出现。后晋时，诸侯王赵在礼在国家旱蝗、饥民无数之时，大肆聚敛，却仍为出帝所重视。后晋二帝均不如唐帝懂得节俭，反而在灾害之时奢侈夸尚，是极不正常的。

四、黜免官员

因灾罢免官员的做法始于东汉，水旱灾异，"宰相请罪，小者免，大者戮"成为惯例。隋唐时期受汉以来传统政治文化影响，认为灾异起于人事，奸臣当道、宰辅无能是灾异发生的重要原因之一，而修德政可消灾异。总体而言，当不存在对宰臣的信任危机时，大臣因灾请免一般不被允许，而当皇帝不信任宰臣时，则会将灾异归咎于宰臣，以调整人事与政策。"因灾求退服务于酝酿中的人事变动，不是制度的要求"，灾害带给官员们地位威胁，其中夹杂着惧怕与担忧。

隋代文帝时，尚书都事姜晔、楚州行参军李君才并奏称水旱不调，罪由宰相高颎，请废黜之。只是因当时高颎深受文帝宠信，文帝明辨是非，姜、李二人"俱得罪而去"，对高颎却"亲礼逾密"。高颎地位并未受到影响。

唐代宰辅大臣常因灾害的发生而引过自责，原因在于社会舆论普遍认为宰相大臣职司"燮理阴阳"，要对阴阳不调承担很大责任。开元十年（722年），侍中源乾曜、中书令张嘉贞、兵部尚书张说等祈雨于赤帝，自责"薄才秕政"。长庆二年（822年）冬，同州（陕西大荔）刺史元稹因同州旱灾，作诗《旱灾自咎贻七县宰同州》，从冤狱、食廪奸吏、官员怠政、苛敛、滥罚等多方面自责，是唐代地方长官面对灾害的一种代表性做法。一些人也会借灾害对宰相进行攻击，唐代宗朝大宦官鱼朝恩受宠，担任判国子监，兼鸿胪、礼宾、内飞龙、闲厩使，"谋将易执政以震朝廷"。值会百官于都堂，鱼朝恩言："宰相者，和元气，辑群生。今水旱不时，屯军数十万，馈运困竭，天子卧不安席，宰相何以辅之？不退避贤路，默默尚何赖乎？"时宰相俛首，坐皆失色，只有礼部郎中相里造对其加以反驳。

唐帝有时会引汉代因灾罢大臣之例，罢免不称职的宰相和一些重要大臣。灾害的发生给掌权者提供了罢免异己、拔去眼中之钉的机会，实权人物借灾害之机进行人事安排、安插亲信。典型之例见于睿宗、玄宗、德宗、武宗时期。景云二年（711年）十月，唐睿宗制云："政教多阙，水旱为灾，府库益竭，僚吏日滋；虽朕之薄德，亦辅佐非才。"睿宗罢诸宰相政事，左仆射同中书门下三品韦安石及兵部尚书、门下三品郭元振，左御史大夫、同中书门下三品窦怀贞，侍中李日知，兵部侍郎、同中书门下三品平章事张说分别被降级降职为左仆射、东都留守，吏部尚书，左御史大夫，户部尚书，左丞。同时，依"太平公主之志"，以吏部尚书刘幽求为侍中，右散骑常侍魏知古为左散骑常侍，太子詹事崔湜为中书侍郎，并同中书门下三品；中书侍郎陆象先同平章事。不管这是否为睿宗本人真实意思的表达，这都是打着辅佐非才之名进行人事任命。天宝十三载（754 年）秋，自去岁水旱相继，又霖雨 60 余日，关中大饥。唐玄宗以宰辅或未称职，见此咎征，罢左相陈希烈为太子太师，罢知政事，命杨国忠精求端士。时玄宗宠遇兵部侍郎吉温，杨国忠以其为安禄山宾佐，惧其威权，奏寝其事，而建言起用柔而易制且曾为相王府属的韦见素。结果韦被拜为武部尚书、同中书门下平章事、集贤院学士、知门下省事。同时，杨国忠恶京兆尹李岘不附己，以灾沴归咎于他，贬其为长沙太守。杨国忠借霖雨灾害之机，打击异己，左相陈希烈被罢、京兆尹李岘被贬，并重新安排了有利于自己掌权的人事任命。贞元时期（785—805 年），蝗旱方炽，以京兆尹李齐运无政术，改宗正卿。元和八年（813 年）五月，许州（河南许州）大水，涌水出他界，过其地，防穿不补，没邑屋，流杀居人。六月，唐宪宗征刘昌裔加检校左仆射，兼左龙武统军，以其老疾而水败军府，促令韩皋代之。宪宗因恶刘昌裔自立，听从宰相李吉甫"乘人心愁苦可召"的建议，借水灾之夺其权。会昌元年（841 年）七月，汉水溢堤入襄州（湖北襄樊）城郭，坏居人庐舍。牛僧孺上报灾情后，太尉李德裕以其修利不至，坐灾异策免，降授太子少师。襄州濒汉水，多次发生水灾事故，以往不见因此而贬官者，而此次牛僧孺却因此册免，当是李党借故打击牛党。也有官员因为灾害发生后不理政事而被罢免。大中六年（852 年）七月，淮南旱饥，民多流亡，道路藉藉。节度使杜悰荒于游宴，不知政事。唐宣宗以门下侍郎、同平章事崔铉充淮南节度使，后以杜悰为太子太傅、分司。

灾害之际，大臣也会担心地位受到威胁而坐立不安，甚至援引故事主动请辞或求致仕。在唐代，国公、宰辅甚至皇后等，计 9 次因水、旱、蝗灾而请求避位解职。贞观十二年（638年），自去冬不雨至五月，司空长孙无忌以旱逊位，不许。永徽三年（652年）三月，赵国公长孙无忌以旱请逊位，高宗手诏不许。次年，自三至五月不雨，尚书左仆射张行成因旱，以老抗表请致仕。高宗不许，仍复视事。咸亨元年（670年）秋，京师（陕西西安）及关河数州炎旱，左相姜恪率文官三品以上诣阙，抗表自陈尸位素餐，请求逊位，以压灾咎，优制不许。该年武则天皇后也因久旱请避位，做出让位的姿态。神龙元年（705年），右仆射唐休璟以霖雨为害，咎在主司，自言"忝职右枢，致此阴沴，是不能调理其气而旷其官"而乞求辞职，中宗不许。代宗时，名相常衮（729—783年）也曾上《久旱陈让相表》请辞，自言身处台衡，不能有所建明，坐致灾旱。乞解己职，更择良才。贞元十一年（795年）四月，门下侍郎平章事赵憬以时旱，上表乞退，德宗不许。乾符五年（878年）四月，时连岁旱、蝗，寇盗充斥，耕桑半废，租赋不足，内藏虚竭，无所佽助。兵部侍郎、判度支杨严三表自陈才短，不能济办，乞解使务，辞极哀切，诏不许。这些避位解职请求，有主动承担灾害责任的，也有做姿态的，还有惧怕无才无以应付灾害造成的混乱局面的。唐代实行群相制，权力被分割，本着责权一致的原则，这些辞职多被拒绝。

灾害不仅令官员心生忧虑，也会对皇位产生威胁。开成年间连年旱蝗、饥荒，开成四年（839年），唐文宗竟然痛哭流涕地欲退位让贤。作为最高统治者，文宗因无德无能救灾而自惭，向宰相杨嗣复等提出"卿等自选贤明之君以安天下"，至少是通过此言向大臣表明其解决自然灾害问题的诚意，以示愿意承担责任。尽管这种责任只是形式上的，但这与罢免大臣的用意异曲同工。

五、因灾求言

唐文宗曾因旱颁布德音，言及"诚意忧勤，每事节俭，停罢进奉，降免囚徒，厩马宫人，既从减省，私率公债，又悉蠲除，戒长吏之贪求，禁远人之驱掠，大革时弊"。因此，灾害不失为一个改革时弊的契机。贞元后期，徐州从事韩愈在随府主徐泗节度使张建封进京后，作

《归彭城》诗一首，讲到他利用"去岁东郡水，生民为流尸"这一机会，写下进言上奏献策，最终却"到口不敢吐"。中国古代皇权社会中，朝廷官员一般不敢冒险上谏论朝廷得失，地方官员参与朝廷意见的机会则更少。大和二年（828 年），唐文宗策试贤良，时对策者百余人，所对止于循常务，唯刘蕡切论元和末以来宦官专横，将危宗社，提到其时官员多不敢言及时政的原因，非不能言，虑不能用之。这些反映了在唐代官员很少有机会有胆量给皇帝上书进言献策，而自然灾害则为进谏皇帝提供了一个良机。

在灾害天遣论的影响之下，皇帝往往在重大灾害后下诏求直言极谏，这是唐代常见的一项弭灾举措，有利于下情上达。唐代因灾上谏虽出于弭灾，但一般是针对当时朝政提出改进意见与看法，故对改进政事多所裨益，也在一定程度上对君主专制有所制约。灾害给予官员们一个谈论政事、抒发己见的机会。总体而言，唐前期政治较清明，皇帝求治心切，官员也敢于进谏，而随着后期朝政趋于腐败，官多苟且，畏于直言。虽然群臣因灾上谏，被采纳的只是一部分意见，大部分是不奏效的。但在一些情况下，皇帝能听取因灾直言极谏者的上疏，也能容忍一些比较激烈的言辞，因灾谏言成为改良政治、纠正时弊的契机。个别平时无闻之人甚至借此机会崭露头角，得到升迁的机会。

以纳谏闻名的唐太宗借鉴隋亡的教训，多次因灾害而求直言，特别是因旱灾求直言。贞观三年（629 年）春夏，关中旱。六月，以旱诏文武官言事。次年二月，以旱诏公卿言事。贞观五年（631 年）六月，以旱诏文武官极言得失，马周以家客身份代其主人常何陈便宜条事 20 余条，得到太宗的召见，令其直门下省，寻除监察御史。马周的才华借由因灾求直言而得以施展，成为一段君臣佳话。贞观十二年（638 年）五月、贞观十三年（639 年）五月、贞观十七年（643 年）六月，太宗均因旱诏五品以上官员上封事。太宗因水灾下诏求直言极谏较少。贞观十一年（637 年）七月，因东都（河南洛阳）谷、洛大水，泛溢洛阳宫，诏命百官上封事，极言得失。中书侍郎岑文本、侍御史马周各上封事。高陵主簿谢偃上封事极言得失称善，被太宗引为弘文馆直学士。

唐高宗亦多次因灾害而求直言，永徽元年（650 年）四月和六月，晋州（山西临汾）地震，诏五品以上言事。永徽四年（653 年）四月、永徽五年（654 年）正月、上元二年（675 年）四月，均以旱诏文武官极言得失。永徽五年（654 年）还手诏京官文武九品以上及朝集使各进封事，低级京官也获得了进言献策的机会。垂拱三年（687 年）四月、万岁登封元年（696 年）四月，临朝听政的武曌两次因旱灾命京官九品以上言时政得失。神龙元年（705 年）八月，中宗以河南、河北 17 州大水，诏令文武九品以上直言极谏。唐玄宗统治前期，因灾诏求直言至少三次。开元元年（713 年）秋至次年正月，关中不雨，人多饥乏，制求直谏昌言弘益政理者，礼部侍郎张廷珪等上疏直言；开元三年（715 年）五月，以旱诏令诸司长官各言时政得失；开元十四年（726 年）六月，以东都（河南洛阳）大风拔木，诏州县长官言事，指言时政得失。太子左庶子吴兢上疏，请求"斥屏群小，不为慢游，出不御之女，减不急之马，明选举，慎刑罚，杜侥幸，存至公"，则旱不足以累圣德。

因政治环境转变，唐后期因灾求直言较前期为少。代宗因淮南数州夏秋无雨下制求直言，命"百辟卿士，咸弼予违"。德宗至少四年因灾求直言。贞元元年（785 年）正月寒甚，春夏秋三季连旱，十二月，诏延英视事，令常参官七人引对，陈时政得失。群臣互进，还有不达理道者，德宗亦优容遣之。甚至该年秋末的贤良方正直言极谏科策问，亦以灾旱为策试题目。贞元四年（788 年）正月，京师地震，命九品以上官言事。贞元六年（790 年）春旱，闰四月，诏常参官、畿县令言事。贞元十九年（803 年）夏大旱，给事中许孟容、权德舆、御史韩愈纷纷上疏言事，其中很多意见被德宗采纳。贞元末，坐裴延龄、李齐连等谗谤而遭流贬者，"动十数年不量移"，许孟容因夏旱歉之机，上疏讽议，虽然终贞元世"罕有迁移者"。元和四年（809 年）三月，以久旱，欲降德音。翰林学士李绛、白居易上言，建议减免租税，以惠百姓。白居易上《奏请加德音中节目二件》，谏言减放江淮旱损州县百姓今年租税以救流瘠，并多放后官内人。又请禁诸道进奉，严禁岭南、黔中、福建掠良人卖为奴婢。闰三月，宪宗接受二人建议，下制降天下系囚，蠲租税，出宫人，绝进奉，禁掠卖。文宗亦多次因旱灾诏求直言。大和六年（832 年）夏旱，诏求直言。司门员外郎李中敏上疏言谏时事，只其疏留中不下。次年正月，以旱诏常参官及外州府长吏，"如有规谏者，各上封事，极言得失"。开成二年（837年）三月，以去年以来河东、关辅亢旱为患，秋稼不收，文宗命府州长吏各上封事，极言得失。

五代时期，后唐亦有两次因灾诏求之言。唐庄宗、唐明宗因水灾诏百僚上封事，言时政得失。同光三年（925年）秋，大水，四方地连震，流民殍死者数万人，京师（河南开封）乏食尤甚。唐庄宗接受枢密小吏段徊的建议，以朱书御札诏百僚上封事，陈经国之要。同中书门下平章事豆卢革、宰相韦说不能对，唯"依阿狗旨，竟无所陈"，中官李绍宏奏请待魏王回师之后，请幸汴州（河南开封），以便漕挽，可知当时没有经济实力异地就食。当时群臣献议者亦不少，但大多词理迂阔，不能切中时病。只有吏部尚书李琪上书数千言，论及以酬赏解决粮食："今陛下纵不欲入粟授官，愿明降制旨下诸道，合差百姓转仓之处，有能出力运官物到京师，五百石以上，白身授一初任州县官，有官者依资迁授，欠选者便与放选。千石以上至万石，不拘文武，明示赏酬。免令方春农人流散，斯亦救民转仓赡军之一术也。"并引古田租之法，从权救弊之道，虽然"其说漫然无足取"，而唐庄宗独称重之，以其为国计使，优诏奖之意在鼓励群臣进言献策。灾害严重，连延不断，主管财政者、宰相一筹莫展，唯一提意见的吏部尚书所提方案却无针对性，无以解决问题，这次水灾后果可知。长兴三年（932年）三月癸卯，面对同样问题，冯道亦以"久雨无妨于圣政"相对。第二次因灾直言在天成三年（928年）三月朔，唐明宗以久雨，诏文武百辟极言时政得失。这两次因灾诏求直言的效果似乎都很一般，第一次尤其差。

六、出宫人

水旱灾害时出宫人，亦为厉行节俭的一种体现，同时兼具平衡阴阳之效。宫人为嫔御、宫女的通称，其得爵秩，乃为妃、世妇之属，下则为一般宫女，在宫中供役使之职。旱灾时，出于阴阳平衡的观念，隋朝廷有时会"命有司会男女，恤怨旷"。调和阴阳的另一种做法就是因水旱灾害而出宫人。唐代宫女总数常年保持在10万左右，最多时可能有十五六万，数量惊人。她们的花销是一笔巨大的开支，仅衣服费、饮食费、脂粉费就非常可观。出于节约与减少阴气的考虑，古人认为出宫人有助于抑制自然灾害的发生。

因灾出宫人主要见于唐代。唐太宗、唐玄宗时期遇旱灾经常出宫人。白居易曾在奏疏中提到："自太宗、玄宗以来，每遇灾旱，多有拣放，书在国史，天下称之。"贞观二年（628 年）九月，天少雨，中书舍人李百药上言：往年虽出宫人，而太上皇宫及掖庭宫人无用者尚多，不惟虚费衣食，且阴气郁积，亦足致旱。唐太宗令"皆出之，任求伉俪"。遣尚书左丞戴胄、给事中杜正伦于掖庭西门简出之，前后所出 3000 余人。这次大规模出宫人，唐太宗应该主要是从树立自己的执政形象、节省用费和弭灾的角度出发。唐高宗曾因霖雨伤稼，诏"量放出宫人。可令官司料简，具录名账。所司依状散下，归其戚属。若无近亲，任求配偶"。唐宪宗因水旱灾害出宫人至少两次。元和四年（809 年），因江淮大旱，唐宪宗下诏蠲贷，振除灾沴。白居易奏请于德音中增加免江淮两赋、多出后宫内人两条，指出：大历以来 40 余年，宫中人数积久渐多。除供驱使之外，其数犹广，上有衣食廪费之烦，下则离隔亲族，有幽闭怨旷之苦，事宜省费，物贵遂情。虽然之前曾量有拣放，但所出不多，建议宪宗"再加处分"。宰相李绛亦言："江淮流亡，所贷未广，而宫人猥积，有怨旷之思，当大出之，以省经费。"宪宗予以采纳。元和八年（813 年）六月，大水，渭水暴涨，南北绝济一月。宪宗以水害"为阴盈之象"，出宫人 200 车，任从所适，许人得娶以为妻。大和七年（833 年）闰七月旱，唐文宗以"阴阳郁堙，縶系伤害，有紊和气，是乖燮调"，放出宫女 1000 人。开成三年（838 年）六月，以旱出宫人刘好奴等 500 余人，送两街寺观，任归亲戚。大中元年（847 年）二月，唐宣宗以旱，出宫女 500 人。

上述因水旱灾害出宫人 7 次，提到出宫人数量者 4 次，合计 5000余人，还有一次提到 200 车。唐高宗和唐宪宗元和四年两次出宫人数量不详，因灾害 7 次出宫人的数量共计约不超过 1 万，最多占后宫宫人总数的十分之一，可以在一定程度上起到减少浪费的作用。

七、祭祀禳灾

（一）官方禳灾

遭遇水旱灾害，古人首先想到的是通过祷祀向神灵邀福，祈福对象包括祖宗、山川海渎及诸神。隋唐时期防灾救灾具有一套常规制度与措施。面对自然灾害，隋朝中央和郡县官府首先将其与天命和人事相联系。隋代"京师（陕西西安）孟夏后旱，理冤狱失职，存鳏寡孤独，振困乏，掩骼埋胔，省徭役，进贤良，举直言，退佞谄，黜贪残"，皇帝则"御素服，避正殿，减膳撤乐，或露坐听政"。这些做法继承自前代天灾示警的观念，其思想来源至少可追溯至《周易》。唐代官方根据灾害轻重，详细规定不同时间、地点进行各种求雨、止雨礼仪的内容与先后顺序等："京师孟夏以后旱，则祈雨，审理冤狱，赈恤穷乏，掩骼埋胔。先祈岳镇、海渎及诸山川能出云雨，皆于北郊望而告之。又祈社稷，又祈宗庙，每七日皆一祈。不雨，还从岳渎。旱甚，则大雩，秋分后不雩。初祈后一旬不雨，即徙市，禁屠杀，断伞扇，造土龙。雨足，则报祀。祈用酒醢，报准常祀，皆有司行事。已齐未祈而雨，及所经祈者，皆报祀。若霖雨不已，禜京城诸门，门别三日，每日一禜。不止，乃祈山川、岳镇、海渎；三日不止，祈社稷、宗庙。其州县，禜城门；不止，祈界内山川及社稷。"其规定在隋代基础上进一步完善，主要是增加了祈雨止雨的一些具体礼仪规定。

唐代非常重视禳灾，皇帝经常诏令官员祈雨，有的还亲自祈祷禳灾。杜佑《通典》对唐代官方祈祷祭祀的仪式、种类、内容等有更详细的记载，求雨地点有太庙、太社、北郊、岳镇海渎，止雨禜祭地点有国门、社稷、诸神、城门等。不同种类因旱祈雨的礼仪，大同小异，仅祝文内容有差异，"水旱、疠疾、蝗虫及征伐四夷，各临时制之"，祭品与报祭因礼仪轻重而有所差别。据祭祀地点的不同，太祝对载有祝文的玉帛有不同的处理方式："凡祭天及日月、星辰之玉帛，则焚之；祭地及社稷、山岳，则瘗之；海渎，则沉之。"若得所祈，须报祠，祭文临时制撰。唐代禳灾活动以求雨止雨为主，还有禳除大风、蝗灾、疠疫、大雪、火灾等其他灾害的。以下主要对唐代国家礼典有明文规定，且通祀于全国的禳灾活动加以说明，五代十国时期有类似活动者，亦一并说明。

唐代官方禳灾的对象，主要是自然神，包括名山大川、岳镇海渎、风伯雨师、天地五星、九宫贵神及某些有灵迹之处等。不同地点与场所的祈祷规格不同，如"五岳视三公之位，四渎当诸侯之秩，载于祀典，亦为国章"。其中，于名山大川、岳镇海渎祭祀禳灾最为常见。上元二年（675年）四月，久旱，唐高宗令礼部尚书杨思敬往中岳以申祈祷。神龙二年（706年）正月，唐中宗以旱遣使祭五岳四渎并诸州名山大川能兴云雨者。开元四年（716年），以关中旱，遣使祈雨于骊山，应时澍雨。开元七年（719年）七月，旱，唐玄宗令礼部侍郎王丘、太常少卿李晶分往华岳河渎祈求。玄宗还曾因"春夏之交，稍愆时雨，收获之际，复属秋霖，虑害农功"，遣使分祀岳渎，令太子詹事嗣许王瓘祭东岳，光禄卿嗣郑王希言祭中岳，宗正卿濮阳郡王彻祭西岳，少府监李知柔祭南岳，卫尉卿嗣天王祇祭淮渎，光禄少卿彭果祭河渎。并云名山大川，有路近处亦合便祭，僻远处委所隶长官备礼致祭。永泰二年（766年）春夏，累月亢旱，诏大臣裴冕等10余人，分祭川渎以祈雨。贞元元年（785年）五月，德宗命右庶子裴谞、殿中少监马锡、鸿胪少卿韦俛分祷终南、秦岭诸山祈雨。贞元十五年（799年）三月，以久旱，令李巘、郑云逵于炭谷、秦岭祈雨。玄宗朝大臣张说还曾因秋霖祭江祈晴，据说它能"协灵通气，降福御灾"。长庆四年（824年）五月，杭州刺史白居易以江水"浸淫郊廛，坏败庐舍，人坠垫溺"，祈祷于浙江神。

祭祀风师雨师以求雨的礼仪，唐玄宗敕属中祠，立春后丑日祀风师，立夏后申日祀雨师，为有司每岁常祀，京师和东都均建有专门的风师坛和雨师坛。开元十四年（726年）六月，久旱，分命六卿祭山川，令光禄卿孟温祭风伯，左庶子吴兢祭雨师。天宝十四载（755年）三月，以京城（陕西西安）"时雨未降"，诏遣官祈雨，令光禄卿李憕祭风伯，国子祭酒李麟祭雨师。乾元二年（759年）三月至乾元三年（760年），以大旱，祭祀风伯雨师。永泰二年（766年）春夏累月亢旱，六月，祀风伯雨师于国门旧台，并复为中祠。元和十五年（820年），太常礼院上《祀风师奏》，请于"来年正月三日，皇帝有事于南郊，同日立春后丑祀风师"，此后祭祀风师的时间固定下来。韩愈曾作《讼风伯》一文，抱怨风伯将云吹散以致天不下雨，将风伯看作致旱的罪魁祸首。敦煌文书 P.2005《沙州都督府图经》亦载有沙州（甘肃敦煌）有风伯神、雨师神祭所。风伯神在州西北 50 步，立舍画神主，境内风不调，雨师祈焉。雨师神在州东二里，立舍画神主，境内亢旱日，即祈焉。另外，唐代偶有祭天地五星以祈雨。天宝十四载（755 年）三月，唐玄宗以京城旱，遣官祭天地五星，令吏部侍郎蒋烈今月二十五日祭天皇地祇，给事中王维等分祭于五星坛。

唐代官方禳灾祈祷的重要对象是先王名臣及祖先神，包括尧、夏禹、五帝、周王、孔子、吴太伯、季札、伍员、武则天等。开成五年（840 年）四月三日，尚书、监军于诸神庙乞雨。相传尧王庙云："每乞雨时，多感降雨。"尚书、监军祈雨的地点之一即为尧王庙。唐代《祠令》载五帝，指青、赤、黄、白、黑五帝，分别祀于立春、立夏、季夏、立秋、立冬。灾害时依时令祈雨于五帝之例如：开元十年（722 年）四月，自去冬至夏首，时雨未洽，侍中源乾曜、中书令张嘉贞、兵部尚书张说奉敕祈雨于赤帝坛。唐德宗在位期间（780—805 年），唐次因大旱祈祷于白帝公孙帝之灵，颇为灵验。开成二年（837 年）七月，诏以旱分命宰臣祈雨于太庙、太社、白帝坛。唐末，独孤霖曾精诚祈雨于白帝祠。祈雨于周王孔子之例如：开元初年，行睦州建德县（浙江建德梅城镇）令王君（651—718 年），"知西土亢阳，苗稼有损，献策天子，祈雨周王，从昼至夜，迁流洒液"。文宣庙，即孔庙。开元二十七年（739 年），诏孔子谥曰文宣王，其嗣褒城侯，改封文宣王。至大历九年（774 年）七月，久旱，京兆尹黎干历祷诸祠，又请祷文宣庙。

武则天时期，吴、楚俗多淫祠，冬官侍郎狄仁杰持节江南巡抚使，加以禁止，曾毁房 1700 所。前代名王名臣祠庙唯留夏禹、吴太伯、季札、伍子胥四庙，所留四庙中的伍员庙尤其香火旺盛。唐后期，岁大饥，楚之南江（江西九江）黄（湖北新洲）间尤甚，"仍岁荐饥，人为鳏婺，田无耕夫，桑无蚕姬，疠疫痍疮"，东山老农鸠其族祷于伍君祠。又，江陵（湖北荆州）有村民事伍子胥神，误呼"五髭须"，甚至画了长满络腮胡子的五个男子形象，对之拜祭，说明伍员在民间颇有影响。

祖先神如武则天等。神龙三年（707年）正月，唐中宗以旱亲录囚徒，又遣武攸暨、武三思往乾陵祈雨于则天皇后，既而雨降。

道教还有九宫贵神。该神祠初建于天宝三载（744年），术士苏嘉庆上言唐玄宗："遁甲术有九宫贵神，典司水旱，请立坛于东郊，祀以四孟月。"因敕九宫贵神"冀嘉谷岁登，灾害不作，每至四时初节，令中书门下往摄祭"。其礼次于昊天上帝，而高于太清宫、太庙，建坛后，玄宗亲祀，为大祠。大和三年（829年）七月，太常博士崔龟从建议：九宫贵神虽司水旱兵荒，"品秩不过列宿"，今"五星悉是从祀，日月犹在中祠"，不容九宫超越常礼，遂降其为中祠。会昌年间（841—846年），宰相李德裕上疏，请稍重其事："伏以累年以来，水旱愆候，恐是有司祷请，诚敬稍亏。今属孟春，合修祀典，望至明年正月癸丑，差宰臣一人祈请。向后四时祭，并差仆射、少卿、尚书等官。"武宗准奏，其后祭祀九宫神遂用大祠之礼。

唐代也会在有灵迹之处祈雨，如曲江、文仙山、阆州石壁老君像等。京师长安的水旱风霜等灾害备受重视，曲江是当时祷雨的一个重要场所。乾元元年（758年）五月，以亢旱，阴阳人李奉先自大明宫出金龙及纸钱，太常音乐迎之，送于曲江池投龙祈雨，且宰相及礼官并于池所行祭礼。唐文宗时，累月亢旱，京兆尹孔戡祈祷于曲池，是夕大雨。再如邵州邵阳县（湖南邵阳市）文仙山，得名于东晋高平令文斤，其隐居此山得道羽化。山上有石床，亢阳祈祷必应。贞元十年（794年），旱热，州伯王公、高县宰韩谨辉虔祈于此山，当时响应，云行雨施，年谷既登，仓廪充实。元和三年（808年），州患旱灾，州牧丁立、邑君庄齐命官启告，许诺酬愿立碑，得雨润泽九谷。又如阆州（四川阆中）石壁自然石丈老君像。大和九年（835年），阆州大旱，新任阆州刺史高元裕祷祈于诸山川祠庙，在山中丛林之上发现嵌窦悬泉，在峭岩之曲，乔木之下，"有石壁奇文，自然老君之状。前有玉童，褒袖捧炉，双髻高辣；后有神王之形，恭若听命"。遂焚香叩祈，以崇葺为请雨。未及还州，甘雨大降。后创立斋宫，立碑以纪其事。光启年间（885—888年），杜光庭奏置玄元观，宠诏褒允。直至北宋，郡中水旱，祈祝灵验益彰。

就祈祷方式来讲，身祷最为虔诚，是中国古代最早出现的禳灾祈雨方式。商汤就曾以身祷雨，以身为牺牲，祈福于上帝。唐代也不乏以身祷雨者。永徽后期（653—655年），郢州（湖北钟祥）旱，刺史田仁会自曝祈祷，竟获甘泽，其年大熟。开元十二年（724年）七月，河东、河北旱，唐玄宗亲祷雨宫中，设坛席，曝立三日。咸通年间（860—874年）大旱，扬州江阳县（江苏扬州）县令康某以身祷雨赴水死，天即大雨，当地人民为其立康令祠。

唐代各类祈祷活动已列入朝廷祀典，皇帝和大臣的因灾祈祷活动很多。这一方面表明了朝廷及官员对灾情的重视、对百姓的关心，同时也有助于增强百姓抗灾的信心。

五代十国时期，因灾祈祷名山大川，主要以中岳嵩山、西岳华山、东岳泰山等名山为主。乾化元年（911年）三月，以久旱悯雨，梁太祖命宰臣分往嵩山、华山祈祷。次年五月，以亢阳伤农，诏宰臣于兢赴中岳，杜晓赴西岳祈祷。因梁太祖忧民重农，尤以足食足兵为念，所以改变以两省无功职事祈祷的惯例，每愆阳积阴，多命丞相躬亲其事。清泰二年（935年）四月，以京畿（河南洛阳）旱，唐末帝命宰臣姚顗告嵩岳。七月，以京师苦雨，遣左武卫将军穆延辉嵩山祈晴。乾祐二年（949年）五月，以蝗螟害稼，汉隐帝命尚书吏部侍郎段希尧祭东岳，太府卿刘皡祭中岳。与此相关，此时期，还有因灾祈祷岳渎、川泽山林之神。天成元年（926年）五月，时雨稍愆，唐庄宗分命朝臣祷祠岳渎。乾祐二年（949年）六月，滑（河南滑县）、濮（山东鄄城）、澶（河南濮阳东）、曹（山东曹县）、兖（山东兖州）、淄（山东淄博）、青（山东青州）、齐（山东济南）、宿（安徽宿州）、怀（河南沁阳）、相（河南安阳）、卫（河南卫辉）、博（山东聊城）、陈（河南淮阳）等州奏蝗，汉隐帝分命中使致祭于所在川泽山林之神。

此时期也因灾祈祷九宫贵神及五帝坛、风师雨师及先帝先王。乾化二年（912年）五月，梁太祖诏以亢旱，委中书差官祈于九宫贵神及五帝坛、风师雨师。938—959年（后蜀广政年间，广政二十二年前），后蜀利州（四川广元）都督府皇泽寺供奉有武则天，"其间以水旱灾沴之事，为军民祈祷于天后之庙者，无不响应"。当地百姓因祈雨灵验，将武则天奉若神明。五代时期，仍多有祈祷于灵迹者，但仅以灵迹称之。开平三年（909年）六月，梁太祖以久雨命官祈祷于神祠、灵迹。开平四年（910年）八月，时悯雨，命宰臣从官分祷灵迹，日中而雨，梁太祖大悦。乾化元年（911年）三月，以久旱，令宰臣分祷灵迹，翌日大澍雨。同光三年（925年）九月朔，唐庄宗敕霖雨未止，恐伤苗稼及妨收获，令河南府官应有灵迹处精虔祈止。后唐奉行唐初太史令李淳风祈晴法。清泰元年（934年）九月癸卯，后唐司天监灵台郎李德舟以霖雨为灾，献唐初李淳风祈晴法，请修祈醮以示消禳。天皇大帝、北极、北斗、寿星、九曜二十八宿、天地水三官、五岳神，又有陪位神、五岳判官、五道将军、风伯雨师、名山大川。醮法用纸钱驰马有差，唐末帝诏允其所请。

五代十国时期的官方禳灾，具有三大特点。首先，祷雨止雨极为频繁，寺观是此时期最主要的祈雨禳灾之所，经常同时在寺观祈祷，其中以在龙门广化寺祈雨次数最多，具体见下表。

表4-4　五代官方禳灾寺观简表

	时间		灾害	禳灾者	具体寺观
后唐	同光三年（925年）	五月	洛阳旱	宰臣	诸寺（烧香）
				唐庄宗	龙门广化寺、玄元庙
		七月	霖雨稍甚	宰臣	寺观
		九月	霖雨未止	差官	诸寺观神祠
				河南府官	有灵迹处
				宰臣、尚书丞郎	寺观祈晴
	928年（天成三年）	八月	汴州（河南开封）稍旱	丞相	寺观
	长兴二年（931年）	四月	洛阳旱	唐明宗	龙门佛寺
	长兴三年（932年）	六月	雨	文武百官	在京寺观神祠
	清泰元年（934年）	七月	京师（河南洛阳）大旱	中使	龙门广化寺
				唐末帝	龙门佛寺
	清泰二年（935年）	三月	旱	右丞陈韬光	亳州太清宫
		四月	京畿（河南洛阳）旱	宰臣卢文纪	太微宫太庙

续表

时间			灾害	禳灾者	地点
后晋	天福七年（942年）	三月	春旱	朝臣	诸寺观神祠
				宰臣冯道	开元诸寺及紫极宫
		九月	旱	朝臣	寺观
	天福八年（943年）	五月	旱	宰臣冯道等	诸寺观
				开封府差官	其余祠庙
				晋少帝	相国寺
		六月		内班秦宗超	亳州太清宫
	开运二年（945年）	六月	旱	刑部尚书窦贞固等	寺观
	开运三年（946年）	四月	久旱	宰臣	寺观
				宰臣赵莹与群官	——
				晋少帝	相国寺
后汉	乾祐元年（948年）	四月	旱	汉隐帝	道宫、佛寺
		七月	久旱		
	乾祐二年（949年）	四月	旱	汉隐帝	道宫
	乾祐三年（950年）	正月	旱	群官	诸寺观神祠
		七月	旱	汉隐帝	道宫佛寺
后蜀	广政十五年（952年）	六月	大雨雹	宰相范仁恕	青羊观

文献出处：《册府元龟·帝王部·弭灾》《旧五代史》《蜀梼杌》。

除了在寺观祈雨祷晴之外，后唐庄宗与末帝都曾开佛塔请雨。同光三年（925年）五月戊申，唐庄宗幸龙门之广化寺，开佛塔请雨。清泰元年（934年）六月，自去年秋不雨，冬无雪，至是旱，京师暍死十数人。唐末帝命韩昭裔开广化寺三藏塔，是夕雨。开佛塔祈雨并不常见，又，齐王张全义水旱每祈祭，若未雨，则开广化寺佛塔。据说，此塔即无畏师塔。当然，祈雨于佛塔绝非五代的发明，应是之前相仍的一种习惯的延续。隋代益州（四川成都）郭下城西有福感寺塔，州旱涝，官人祈雨，必于此塔，每每有应，因名福感寺。

其次，五代十国时期因灾祈祷于祠庙亦较多，经常在寺庙和道观同时进行，并不区分佛道的主次先后。开平三年（909年）六月，梁太祖以久雨命官祈祷于神祠、灵迹。开平四年（910年）五月，连雨不止，命宰臣分拜祠庙。乾化元年（911年）十一月，宣宰臣各赴望祠祷雨。辛丑，大雨雪。乾化二年（912年）三月，诏以雨泽愆期，祈祷未应，令诸宰臣祈祷于魏州灵祠。五月，诏以亢旱，其近京灵庙，委河南尹祈雨。后唐朱汉宾任曹州刺史时，临平阳（浙江平阳）遇旱，亲斋洁祷龙子祠，逾日雨足，境内丰稔。王处直（？—925年）遇境内旱情则"冒炎天，去高盖，虔肃敬，祷灵祠"。得雨，稼穑得以丰收。乾祐三年（950年）七月，汉隐帝以久旱，分命群官祈诸神祠。广顺二年（952年）四月，周太祖敕以旱，分命群臣于诸祠庙祷雨。

最后，五代后唐还有独特的圣水祷雨之法。清泰元年（934年），唐末帝"忧旱甚"，房暠言圣水可以致雨。七月，诏以京畿（河南洛阳）旱，遣供奉官贺守图于泽州（山西晋城）析城山汤王庙旁池水取圣水。土人遇旱，取水祷雨多验。清泰三年（936年）七月，同（陕西大荔）华（陕西华县）言自夏不雨，京畿旱，遣供奉官杜绍怀往析城山取圣水。这次与前次取圣水祷雨地点一致，知上次圣水祷雨的效果较好。祈祷社稷以祈晴较常见。开平三年（909年）八月，以秋稼将登，霖雨特甚，梁太祖命宰臣以下祷于社稷诸祠，还有置水于城门以祈晴之法。同光二年（924年）八月，大雨霖，河溢。九月壬子，置水于城门，以禳荧惑。

隋唐五代时期，大部分人倾向于用祈祷祭祀的方法禳除灾害，但反对祈祷禳灾者也时有出现，还有的人一方面从众进行祈祷禳灾，另一方面也对其心生怀疑。元和时期宰相李藩是反对禳灾祈福的代表。元和五年（810年）正月，唐宪宗询问宰臣禳灾祈福之说是否可信，李藩曰：

> 臣窃观自古圣达，皆不祷祠。故楚昭王有疾，卜者谓河为祟，昭王以河不在楚，非所获罪，孔子以为知天道。仲尼病，子路请祷，仲尼以为神道助顺，系于所行，己既全德，无愧屋漏。故答子路云："丘之祷久矣。"《书》云："惠迪吉，从逆凶。"言顺道则吉，从逆则凶。《诗》云："自求多福。"则祸福之来，咸应行事，若苟为非道，则何福可求？是以汉文帝每有祭祀，使有司敬而不祈，其见超然，

可谓盛德。若使神明无知，则安能降福；必其有知，则私已求媚之事，君子尚不可悦也，况于明神乎！由此言之，则履信思顺，自天佑之，苟异于此，实难致福。故尧、舜之德，唯在修己以安百姓。管仲云："义于人者和于神。"盖以人为神主，故但务安人而已。

唐宪宗深嘉之。五代司天监赵延义也反对祈祷禳灾。乾祐三年（950年）闰五月癸巳，大风发屋拔木，吹郑门扉起，十余步而落，震死者六七人，水深平地尺余。汉隐帝召司天监赵延义，问以禳祈之术，对曰："臣之业在天文时日，禳祈非所习也。然王者欲弭灾异，莫如脩德。"并云修德即读《贞观政要》而法之。

（二）雩雨

雩是祈雨之礼，古代天旱时，巫师或术士以舞蹈祈雨祭祀的行为称为雩，它是古代以人为牺牲而祷天禳灾的原始习惯的遗留。隋代时期，开皇三年（583年）四月甲申，隋文帝曾因旱"亲祀雨师于国城之西南"，癸巳，又亲"大雩"。此雩坛建在大兴城（陕西西安）13里启夏门外，高1丈，周120尺（见图4-1）。

图4-1　隋唐雩坛

（位于唐长安城郭城正南门明德门遗址以东约950米，高约8米，为四层夯土筑圆坛，表面涂白灰。）

　　唐代因袭前代雩雨礼仪与习俗，"京师孟夏以后旱，则祈岳镇海渎及诸山川能兴云者，于北郊望而告之。又祈社稷及宗庙，每七日皆以祈。不雨，还从岳镇如初。旱甚，则修雩，秋分以后不雩。初祈后一旬不雨，即徙市，禁屠杀，断伞扇，造土龙。雨足，则报祀"。唐代孟夏按时雩祭，雩祀昊天上帝于圜丘（见图4-2）。"按开元礼祀例云，大唐前，礼雩祀五方上帝五官于南郊；大唐后，礼雩祀昊天上帝五官于圜丘，且雩祀上帝。盖为百谷祈甘雨故。"显庆二年（657年），按照礼部尚书许敬宗与礼官等议，南郊祈谷、孟夏雩、明堂大享皆祭昊天上帝。开元中，起居舍人王仲丘曾上言："雩上帝，为百谷祈甘雨，故《月令》：'大雩帝，用盛乐。'"农业社会重视雨水，唐代孟夏后不雨举行常雩，旱甚则大雩。

图4-2　唐代圜丘遗址

　　唐代雩雨之例如：贞观二年（628年）冬至贞观四年（630年）六月无雨，太宗诏佛道两教雩祭岳渎诸庙爰及淫祀。乾元二年（759年）四月，以久旱徙市，雩祈雨。德宗时，白居易所作拟判《得景为宰，秋雩，刺史责其非时，辞云："旱甚，若不雩，恐为灾。"》反映了当时遇旱雩祭的事实。唐代雩礼地点，以曲江池或龙首池较多。先天二年（713年）三月，唐玄宗以旱亲往龙首池祈祷，应时澍雨。唐德宗则喜于兴庆宫举行雩礼。贞元十三年（797年），自春以来至四月，时雨未降，德宗幸兴庆宫龙潭雩祀祈雨，果大雨。大和九年（835 年）七月，诏曲江雩土龙。

五代十国时期，雩雨记载较少。吴睿帝顺义四年（924 年）大旱，烈祖方辅政，极于焦劳，七月既望，雩而得雨，其子景达以是日生，烈祖喜，故小名雨师。

（三）以龙祈雨

龙能招云致雨的观念来自应龙的传说，龙享受祭祀则始于西汉。董仲舒提出"同类相动"的说法："气同则会，声比则应，其验皦然也。……物故以类相召也，故以龙致雨，以扇逐暑，……无非己先起之，而物以类应之而动者也。"当是以龙致雨的理论依据。其求雨之方是为苍、赤、黄、白、黑五色龙于五方。这种同类相感以龙求雨的做法，在唐代也很常见，长安还有"豢龙户"。

唐代有关于玉龙子的故事。此物是唐太宗自晋阳宫所得，温润精巧，长数寸，以为国瑞，帝帝相传。武则天以之赐玄宗，尝藏于内府。京师（陕西长安）每旱，祷之，必有霖注。开元年间（713—741 年），三辅大旱。玄宗祈祷，涉旬无应，密投玉龙子于南内龙池兴庆池，风雨随作。唐后期，牛僧孺镇淮南襄州（湖北襄樊）期间，久旱，祈祷无应，有处士，众云豢龙者，被邀致雨。处士曰："江汉中无龙，独一湫泊中有之，果龙也，强驱之，必虑为灾难制。"故命至，果有大雨，江水泛滥，漂溺万户。玉龙子和豢龙者的故事表明许多唐人相信龙为水物、能兴云致雨。开元十八年（730 年）十二月二十九日，因兴庆池龙见，太常卿韦绦受敕草祭仪，奏云：周礼祭法曰能出云内风雨者，皆曰神。龙者四灵之畜，亦百物，能为云雨，亦曰神，以龙致雨也。白居易《黑潭龙》诗云："黑潭水深黑如墨，传有神龙人不识。潭上架屋官立祠，龙不能神人神之。丰凶水旱与疾疫，乡里皆言龙所为。"在许多唐人心目中，龙神通广大，尤能致雨。唐朝以龙祈雨的方式主要有三类：偶龙祈雨、祭龙祈雨、逼龙祈雨。

1. 偶龙祈雨

偶龙祈雨包括用土龙祈雨与画龙祈雨两类，均为以龙形祈雨。汉代已经流行土龙祈雨。旱灾时，隋朝令人家造土龙。唐代承袭前代观念习俗，土龙祈雨较为普遍。约武则天时，德州（山东陵县）大旱。郡太守下令，以师婆师僧祈之，无效。平昌令张鷟推土龙倒，其夜雨足。说明在张鷟推倒土龙之前，德州常以土龙祈雨。乾元二年（759年）三月，以久旱，"为泥人土龙"祈雨。大历时期（766—779年）初，马璘任检校工部尚书，北庭行营、邠宁节度使。天大旱，里巷为土龙聚巫以祷。大历九年（774年）六月，京师（陕西西安）旱，京兆尹黎干于朱雀门街做土龙祈雨，悉召城中巫觋，舞于龙所，甚至自与巫觋更舞，观者骇笑，弥月不应。元和九年（814年）秋，因"旱不周畿"，"命长吏、粪土之师，曝巫于日，徙地而市。偶泥而龙，歌钟弹吹，诞搜祠庙，牲罍繁祀，威巫虔祈，以期是拟"。其中所言"偶泥而龙"即土龙祈雨。会昌五年（845年）夏将旱，梁国乔公惧岁不登而民歉食，土龙徙市，启干百神。晚唐盛均《人旱解》言："旱塞诸阳，迁市不雨，祈山川庶神又不雨。觞土龙舞巫觋愈不雨。"独孤及还作有《禜土龙文》。尽管唐代有张鷟、盛均等人对土龙祈雨有所反对或怀疑，土龙祈雨仍是唐代官吏求雨的方法之一。后唐时期，同光三年（925年）四月辛巳，唐庄宗也曾以旱甚，诏河南府（河南洛阳）造五方龙，集巫祷祭，此五方龙很可能为土龙。

画龙祈雨见于唐五代时期。开元十九年（731年），关辅大旱，京师（陕西西安）阙雨尤甚，亟命大臣遍祷于山泽，而无感应。玄宗于兴庆池新创一殿，召少府监冯绍正于四壁各画一龙。他画素龙于四壁，不久风雨暴作，不终日甘霖遍于畿内，反映了唐代画龙祈雨的事实。冯绍正《贺雨表》云：自夏微旱，昨令臣画龙刻鱼，圣躬亲用祈祷，甘泽滂降，百谷丰就，万物滋成。后唐时期，同光三年（925年）五月壬子，以旱，唐庄宗敕河南府依法画龙置水祈请。

唐代还流行"蜥蜴求雨法"，因有蜥蜴是龙的近亲的说法，此法当为以龙祈雨的变种。唐代《蜥蜴求雨歌》用小童起舞的做法，明显带有古老巫术的色彩。

2. 祭龙祈雨

祭祀龙神求雨更为常见。长庆年间（821—824年），李绅被逐为端州司马，历封、康间，湍濑险涩，唯乘涨流乃济。他遂以书祷康州（广东德庆）媪龙祠，俄而水大涨。德宗在位期间（780—805年），唐次祭清江石门之龙潭祈雨，其祈雨文认为"龙之用"为"兴致云雨，鼓动雷霆，稔此蒸人，助我发生"，而"今岁旱暵""江不胜舟"，龙却"不克民望"，潜藏于此潭。并指出："若旱气涤涤，秋成莽卤，自利深渊，乖张懒旅。我当涸龙之潭，露龙之处，跨龙之脊，鞭龙之股，俾之扬云，而大其雨，是则人役龙也，非龙德于人。"充分表现了唐人对龙神通的信仰及对龙软硬兼施的功利态度。长庆三年（823年）八月，杭州刺史白居易率寮吏祈求黑龙降雨，认为黑龙色玄而处于北方坎位，与水通灵，能带来降雨。长庆年间（821—824年），同州刺史元稹以同州（陕西大荔）"冬不时雪，春不时雨"逾两月，"百里诣龙，为七邑民赴诉不雨"。同时期，京兆尹兼御史大夫韩愈也因天旱，斋戒祈祷，于曲江祭龙。咸通六年（865年）六月，大旱，季秋，李亢祈雨于五龙，获报，建五龙祠堂。天复四年（904年），蜀城大旱，邑宰躬往邛州临汉县（湖北襄樊）母猪龙湫求雨，翌日阖境雨足。

由于唐人有龙能招云致雨的观念，皇宫中还专门建龙堂以祈雨。玄宗时，亢旱，于禁中筑龙堂祈雨，前述冯绍正画龙祈雨的地点就在此。贞元十三年（797年）四月，德宗幸兴庆宫龙堂祈雨。柳宗元曾代某外州刺史，上表贺唐宪宗亲自于龙堂祈雨有应。地方上也当建有不少龙堂。如：唐代宗在位期间（762—779年），道士李国祯于昭应县（陕西临潼）东义扶谷故湫置龙堂。龙堂或名龙祠。开成二年（837年），久旱，河南尹裴潾宿斋太平寺诣九龙祠祈雨。

五代十国时期，也有祭龙祈雨。朱汉宾任后梁曹州刺史时，临平阳（浙江平阳）遇旱，也曾斋洁祷龙子祠，逾日雨足，四封大稔。天福七年（942年）六月，石重贵从幸邺都，遇旱，晋高祖遣祈雨于白龙潭，有白龙现于潭心，是夜澍雨尺余。建隆二年（961年），自五月不雨至七月，吴越王钱镠命取龙湫于天台山（位于浙江天台）以祈雨。

3. 逼龙祈雨

逼龙降雨包括咒龙祈雨、烧龙祈雨两种方式。天宝时期（742—756年），释志贤游方至婺州（浙江金华）金华山赤松洞，时大旱，志贤望空击石谩骂诸龙曰："若业龙，无能为也，其菩萨龙王，胡不遵佛敕救百姓乎？"敲石才毕，霈然而雨，民人咸悦，此法至宋亦然。咒龙祈雨主要采用的是威胁的方式，而不同于土龙、祭祀之法请求龙神祈雨。

烧龙祈雨见于江南地区。大江之南，芦荻之间，往往烧起龙。天复年间（901—904 年），澧州（湖南澧县）叶源村民邓氏子烧畲，柴草积于天井，火势既盛，龙突出腾在半空，狂焰弥炽，摆之不落，竟以仆地而毙，长亘数百步。村民徙居而避之。至五代朱梁末，辰州民向氏因烧起一龙，四面风雷急雨，不能扑灭。

隋唐五代时期，以龙祈雨的种类多样，但对于龙能兴云致雨的功能，唐人也有怀疑，顾况曾专门作《释祀篇》，对永嘉大雨而民请祭祀海龙的习俗，进行了有力的批评，指出仁爱百姓胜于祀神。其曰："夫天雨若，其冥数也。天苟不已，龙曷能已？先王经物，祀典有常。今海为川长，龙为介长，不应祀而祀之，非礼也。动不合礼，祀犹不典。颓典毁教，皋之大者也。"并举历史为证，"三代之祈甘雨也，则纳稷契；其除水害也，则流共工。其爱人胜祀"。结果，翌日雨止，盐人复本，泉货充府。牛僧孺《象化》批评象龙祷雨曰：象龙祷雨，三月不应，巫病民咨，王甚愁。他认为这是错误的。龙善化雨，但时在乎天，天使雨，龙得化，不使雨，龙不得化。圣人象龙而救民，是象其化。牛僧孺认为祈雨于龙，不如施王政。顾况与牛僧孺之辞是比较深刻的，由于他们对天象较前已有相对深入的认识，所以能不被以龙致雨的表象蒙蔽。

（四）开闭坊市门禳灾

唐五代有利用坊市门的开闭以祈雨或祈晴的习俗。这种风俗形成的具体时间不详，但据日僧圆仁所记：唐国之风，乞晴即闭路北头，乞雨即闭路南头。相传云："乞晴闭北头者，闭阴则阳通，宜天晴也；乞雨闭南头者，闭阳则阴通，宜零雨也。"唐人认为：南通阳，阳开则晴，北通阴，阴开则阳闭则雨。这源于唐人的阴阳观念，即水为太阴之气，水灾后需减少阴气、增加阳气。因此，"唐制，久雨则闭坊市北门以祈晴"。北为阴，唐人认为闭北门能减少阴气，而旱灾时则关闭南门减少阳气。

唐代因水灾而闭坊市门之例较多。神龙元年（705年）七月，河南、河北大水，霖雨不止，闭坊门以禳之，"至使里巷谓坊门为宰相，言朝廷使之燮理阴阳也"。景龙年间（707—710年），东都（河南洛阳）霖雨百余日，因水沴，闭坊门以禳。天宝十三载（754年）秋，京城（陕西西安）连月霖雨，损秋稼，六旬不止。九月，雩明德门，同时闭坊市北门，盖井，禁妇人入街市，祭玄冥太社。此例中明确记载关闭坊市北门止雨。盖井意味着闭塞阴气，禁妇人入街市亦当是出于女为阴的观念，认为阴气充塞，阻碍雨停，乃禁妇人入街市，闭阴通阳以止雨。这是唐人阴阳相通观念的反映，仍不出董仲舒止雨之方。大历四年（769年），京师（陕西西安）大雨水，米贵。命闭市北门，置一土台，台高五尺，上置五方坛，坛上立一黄幡以祈晴。这里不仅记载了闭坊市，还有一些辅助配套设施。置土台，台上置坛，坛上置黄色的长条形旗子，作为祈晴的工具，之所以用黄幡恐怕是黄色接近土色的缘故。元和十五年（820年）八月，久雨，闭坊市北门。九月十一日至十四日，大雨兼雪，令闭坊市北门禳之。开成三年（838年）十一月廿四日，宰相李德裕因"自去年十月来，霖雨数度"，依俗"贴七个寺，各令七僧念经祈晴，七日为期，乃竟天晴"。唐代因旱灾而闭坊市门之例较少。大历三年（768年）六月，以大旱，分遣左仆射裴冕等祷祝川渎及徙市闭诸坊门。开成二年（837年）七月，以京师（陕西西安）久旱，徙市，闭坊南门。

五代十国亦有利用坊市门的开闭禳旱祈雨之例。同光三年（925年）五月壬子，唐庄宗敕以时雨尚未沾足，令河南府（河南洛阳）徙市闭坊门。湖南马希声嗣父位，连年亢旱（930—932年），祈祷不应。乃于长兴三年（932年）七月，"封闭南岳司天王庙及境内神祠，竟不雨"。这次闭南岳及境内诸神祠门祷雨以失败而告终。

唐代坊市门因晴雨而定期开闭，始于宝历二年（826年）。京兆尹刘栖楚奏："术者，数之妙。苟利于时，必以救患。伏以前度甚雨，闭门得晴。臣请今后每阴雨五日，即令坊市闭北门，以禳诸阴，晴三日，便令尽开。使启闭有常，永为定式。"从之。但开闭坊市门禳灾虽载之典制，行诸实践，但唐人对其是否奏效已有怀疑。神龙元年（705年），河南、河北大水。八月，右卫骑曹参军宋务光以水灾应诏直言，严厉批评了开闭坊市门以禳灾之举："夫灾变应天，实系人事。……今暂备霖雨，即闭坊门，弃先圣之明训，遵后来之浅术，时偶中之，安足神邪？盖当屏翳收津，丰隆戢饷之日也。岂有一坊一市遂能感召星灵，暂闭暂开，便欲发挥神道，必不然矣，何其谬哉！"其上疏从侧面反映了坊门在唐人心目中的作用神奇而重要，民间因坊门有与宰相共同调理阴阳的作用，谓坊门为宰相，此观念还导致了前述中书令杨再思因东都霖雨而被苦于道路泥泞的驾车者怨骂的趣事。其实，闭坊市门禳灾只是一种心理安慰而已，不仅无助于调理阴阳，还增加了行人的困难与不便，有害而无利。

（五）禜城门

禜祭禳灾，早已有之。若久雨不止，唐五代则禜祭国门、诸城门，《通典》卷 120 对此礼有明确记载，仅因京城、州和县的级别不同，禜祭礼仪稍有差别。禜城门，一般是在城北门。唐德宗时，白居易祭濠州城北门祭文对此予以明确说明："某闻北墉四门之神，有水旱之灾，于是乎禜之。今年春，天作淫雨，将害于农，垫于民。惟城，积阴之气；惟北，太阴之位：是用昭告于城之北门，惟门有神裁之。"开元二年（714年）五月，以久雨，命有司禜京城门。开元五年（717年），霖雨过旬，荆州大都督府长史、上柱国燕国公张说遣议郎行录事参军皇甫峄，禜于大府城门。咸通九年（868年）六月，久雨，禜明德门。天祐三年（906年）九月，朱全忠军于沧州长芦（河北沧州），以"积阴霖雨不止，差官宗禜都门"。唐哀帝诏以久雨，恐妨农事，遣工部侍郎孔绩禜定鼎门。

五代时期，禜城门止雨之例不少。开平四年（910年）九月，以久雨，梁太祖命宰臣薛贻矩禜定鼎门，赵光逢祠嵩岳。天成元年（926年）八月，唐庄宗敕久雨不晴，虑伤农稼，命祷禜。长兴三年（932年）三月，后唐司天奏以时雨过多，请差官祷禜，唐明宗从之。七月，以久雨未晴，又分命祷禜。清泰元年（934年）九月，连雨害稼。唐末帝下诏："久雨不止，礼有祈禳，禜都城门，三日不止，乃祈山川，告宗庙社稷。宜令太子宾客李延范等禜诸城门，太常卿李怿等告宗庙社稷。"

（六）徙市·断屠

隋唐五代时期，徙市禳灾与禁断屠宰经常一起实施，目的在于禳除水旱灾害。两者与救灾并无关联，之所以将之联系在一起，是科学技术与教育不发达造成的，后来变成迷信与民俗杂糅的东西而不可分。

徙市禳灾至少在战国初期的鲁国就出现了，汉唐因袭了这种做法。旱灾时，隋代会"徙市禁屠"。徙市为古礼，天子诸侯丧，庶人徙市于巷中以供其急需，以示忧戚。其后徙市，则为忧戚于旱而若丧。乾元二年（759年）四月，唐肃宗以久旱徙东、西二市。乾元三年（760年）六月，以大旱，分遣左仆射裴冕等祷祝川渎，及徙市闭诸坊门。贞元时期（785—805年），长安（陕西西安）大旱，德宗诏移南市祈雨。元和二年（807年），江南沅南（湖南常德）不雨，自季春至六月，毛泽将尽。郡守诚信而雩，遍祈山川、方社。又不雨，迁市于城门之遥。元和九年（814年）秋，"旱不周畿，……命长吏分土之师，曝巫于日，徙地而市，偶泥而龙"。大和七年（833年）七月，以旱徙市。开成二年（837年），京师（陕西西安）旱甚，徙市。会昌四年（844年）夏将旱，土龙徙市。五代时期，同光三年（925年）四月，因时雨久愆，租庸使奏请诸道州府依法祈祷，唐庄宗从之。辛巳，以旱甚，诏河南府（河南洛阳）徙市，造五方龙，集巫祷祭。

禁断屠宰是统治者强制推行的，在某些特定的日子禁断屠杀、渔猎，禁断荤腥，其出现不晚于春秋。这一规定带有佛、道二教的影响，起初是在佛教斋月、道教三元日断屠，后在节日、忌日并水旱灾害之时也常实行。由于武则天奉佛，其在位时断屠最为频繁和严格。如意元年（692年），断屠极急，御史彭先觉知巡事，洛阳外郭城正南门定鼎门有草车翻，发现其中有两头羖羊。守门人上报御史，彭先觉进状，奏请合宫县（河南洛阳西郊）尉刘缅专当屠，失察于此，决一顿杖，羊肉干付南衙官人食。县尉刘缅惶恐，特意缝制了一件新裤待罪臀杖。此事表明武周时期断屠宰之令执行颇严。同年五月，武则天禁天下屠杀及捕鱼虾，江淮百姓不得采鱼虾，因旱饥而饿死者甚众。由于禁屠极严，有因此罪及乡人数十人者。有一里人惑于邻巫云其"有灾宜谢神"之语，遂杀了家中牛犊，并酿酒、声乐击鼓进行祭祀。当时官府禁止屠牛私酿，其法甚峻，又正值国忌之时，不合动乐。里人三罪并犯，为吏所擒。其罪行连累里人家之家长及邻保数十人皆抵重罪。所以赵璘说"禳灾适所以致灾也"，对巫觋禳灾提出了怀疑。咸通十年（869 年）六月，唐懿宗制："今盛夏骄阳，时雨久旷……其京城未降雨间，宜令坊市权断屠宰。"咸通十一年（870 年）六月，以京城久旱，权断屠宰。唐代民间百姓多有以渔猎为生者，如唐初期"遂州（四川遂宁）之地，人多好猎，采捕虫鱼"。禁断屠宰对这部分人的影响当最大。灾歉时禁断屠宰并非常策，无法长期实行。仪凤三年（678 年）四月，唐高宗就以同州（陕西大荔）饥，沙苑及长春宫并许百姓樵采渔猎。禁断屠宰虽有维护人与自然和谐发展的一面，但就救灾而言，并无实质效果。

（七）占卜灾害

占卜出于决疑之需，甲骨卜辞中就含有不少殷商时代对包括灾害在内的许多事进行占卜的记录。占卜在隋唐时代相当流行，对灾害的占卜包括地震、疫灾、旱饥、阴雨、大风、蝗灾等灾害种类。

占地震之例较多，或与其危害严重有关。仁寿二年（602 年）四月，岐（陕西凤翔）、雍（陕西西安）地震。京房《易飞候》曰："地动以夏四月，五谷不熟，人大饥。"武德二年（619 年）十月，长安（陕西西安）地震。唐人据阴阳五行说认为阴盛而反常则地震，占卜显示地震阴盛之因有六："为臣强，为后妃专恣，为夷犯华，为小人道长，为寇至，为叛臣。"开元十七年（729 年）四月乙亥，大风震电，蓝田（陕西蓝田）山摧裂百余步。国主山川，山摧川竭，亡之证，占曰："人君德消政易则然。"晚唐时，朝廷衰弱，君臣虽然也对地震、山崩是自然界本身的变化有所认识，但在当时动荡的生活环境中，唐人受天人感应观念的影响，更加迷信占星之术。中和五年（885 年）正月、光启二年（886年）春曾两次进行占卜，前一年以七曜占之，多兵饥馑。采取的措施竟是改元为光启元年；认为地震是兵荒、饥馑的征兆。后一年成都地震，月中十数。占曰："兵、饥。"唐代早期占卜多见于《天文志》，多是针对某种异常天象，很少作为议论关注的中心。春秋时期，虢国史嚚云："吾闻之：国将兴，听于民；将亡，听于神。"占卜地震在晚唐反复出现，是当时国力衰弱不振的反映。

占卜旱饥之例如：开元二年（714 年），终南山（陕西秦岭山脉）竹开花结子，绵亘山谷，大小如麦。该年大饥，终南山和岭南竹并枯死，人取而食之，醴泉县（陕西礼泉）"雨面如米颗，人可食之"。灾年奇象，占卜结论是："国中竹、柏枯，不出三年有丧。"人家竹结实枯死者，家长当之。

其余占卜灾害之例如：显庆四年（659 年）二月壬子，大雨雪。方春，少阳用事，而寒气胁之，古占以为人君刑法暴滥之象。永淳元年（682 年）冬，大疫，两京死者相枕于路。严重的灾情引发了占卜行为，占曰："国将有恤，则邪乱之气先被于民，故疫。"肃宗上元元年（760 年）闰四月，大雾，占曰："兵起。"元和十五年（820 年）正月，近 20 天昼常阴晦，微雨雪，夜则晴霁。占曰："昼雾夜晴，臣志得申。"同年九月己酉大雨，树无风而摧者十五六。占曰："木自拔，国将乱。"开成五年（840 年）夏，幽（北京）、魏（河北大名）、博（山东聊城）、郓（山东东平）等近 20 州螟蝗害稼。占曰："国多邪人，朝无忠臣，居位食禄，如虫与民争食，故比年虫蝗。"由于单纯的德政不足以解决问题，在连续五年蝗灾严重，弭禳无力之下，唐文宗朝出现了占卜行为。

唐末农书《四时纂要》对民间对自然灾害禳镇的记载中，有许多占卜行为是针对旱、饥、疫、虫蝗等灾害，还记有以原蚕矢杂禾种种防止禾虫不生等。其占卜禳灾行为范围广、类别多、内容杂，说明唐代民间占卜行为涉及面极为广泛。

也有唐人提出占卜是弊俗，乃侥幸邀福之举，对占卜应该存而不论。唐宪宗尝谓李绛曰："卜筮之事，习者罕精，或中或否。近日风俗，尤更崇尚，何也？"对曰："臣闻古先哲王畏天命，示不敢专，邦有大事可疑者，故先谋于卿士庶人，次决于卜筮，俱协则行之。末俗浮伪，幸以微福。正行虑危，邪谋觊安，迟疑昏惑，谓小数能决之。而愚夫愚妇，假时日鬼神者，欲利欺诈，参之见闻，用以刺射小近之事，神而异之。近者，风俗近巫，此诚弊俗。"李绛认为对占卜应存而不论，其弊自息。

今日观之，以龙祈雨、禜城门、开闭坊市门、徙市、占卜、断屠等禳祷办法，并无科学根据。唐人也不乏对此有清醒认识者，白居易就提出："至若禳祷之术，凶荒之政，历代之法，臣粗闻之：则有雩天地以牲牢，禜山川以圭璧，祈土龙于玄寺，舞群巫于灵坛，徙市修城，贬食撤乐，缓刑省礼，务啬劝分，杀哀多婚，弛力舍禁；此皆从人之望，随时之宜，勤恤下之心，表恭天之罚，但可以济小灾小弊，未足以救大危大荒。"认为这些禳灾方法都是小术，不足以救大灾。长庆元年（821年），礼部尚书韦绶在面对唐穆宗"禳灾祈福，其可必乎？"的询问时，亦云："如失德以祈灾消，媚神以祈福至，神苟有知，当因以致谴，非祈禳之道也。"指出禳灾并非消灾的根本办法。

第五编

民赈

　　隋唐五代时期，除了官方统一组织的救灾之外，还有社会和民间自发的防灾与救灾行为。民间百姓的自助与互助救荒活动，体现于个体家庭与家族乡里两个层面。乡里义举与家族互助对自然灾害的防救及时便利，是此时期民赈的重要组成部分。佛教寺院作为中古社会的文化中心，其慈善救灾行为较为普遍，宗教徒在救灾方面，发挥了积极作用。这主要指以佛教徒为主体，兼及道教徒等宗教人士的慈善救灾行为，僧人与道士通常也是禳灾的主要角色，这部分群体对救灾的关注，体现了宗教的利人救世功能。另外，民间禳灾祈雨与禳镇行为比较普遍。

第一章　百姓的自助与互助救荒

　　灾害来临是有预兆的。唐谚云："春雨甲子，赤地千里。夏雨甲子，乘船入市。秋雨甲子，禾头生耳。冬雨甲子，鹊巢下地，其年大水。"又有"春甲子雷，五谷丰稔"之说，这些农谚是唐人丰富的防灾抗灾经验的反映。隋唐五代时期民间百姓的防灾救灾行为分为个体家庭与乡里义举两个层面。个体家庭的防救灾行为包括种植五谷作物及芋类备荒，食用一切可以食用之物度日；利用多种途径在丰收和正常年景进行防灾准备，想方设法改善家庭收入状况，以尽力减轻自然灾害对个体家庭的冲击；在灾害来临之际进行谋划，想方设法使家庭度过饥年；灾民辗转流离异地逐食非常普遍。家族乡里互助救灾方面，一些颇具实力的地方大家族自身能轻松度过饥荒，还会响应官府号召或在力所能及的情况下自发赈济族人及乡人，在凶荒饥年散施财物，施援于亲族，助其渡过难关。这一时期社邑在灾害互助方面也发挥了救济社邑内弱势成员的积极作用。遇到旱灾时，百姓多通过禳灾祈求上天的怜悯与赐福，自耕农还会以一些禳镇之术来应对各种灾害。在遇到最常见的旱灾时，百姓通常会在祠庙禳灾祈雨，祈祷上天帮助其渡过难关。除此，自耕农还会以一些禳镇之术来对付瘟疫、牛疫、虫灾和鼠患等灾疫。

一、个体家庭自助度荒

隋唐五代时期，个体家庭的自助防灾救灾行为是民间救灾的主体，包括种植五谷和芋类等作物以备荒，食用一些平时偶食、少食或不食之物度日；通过节俭度日、经营财产等在平时进行多种防灾备荒准备；在灾害来临时，一些本无意仕途之人会决定参选，京官为了获得较好的薪俸会选择请求出京任职，自耕农会在灾后请求减免赋役，以减轻自然灾害对个体家庭的冲击。灾民还会选择辗转异地逐食，这种现象比较普遍。

（一）救荒作物与度荒食物

民间百姓注意种植适宜的救灾作物以防灾备荒。开元五年（717 年）五月，唐玄宗以河南河北去年不熟，今春亢旱，全无麦苗，诏令"本道按察使安抚赈恤，仍令劝课种黍稷及早谷等，使得接粮"。会昌五年（845 年），唐武宗令地方"劝课百姓种植五谷，以备灾患"。虽然此诏是因彗星而起，但其时灾异与灾害常常不分，灾害时期当会采取类似举措。官府劝课百姓种植五谷，即给予优惠条件，引导灾民恢复生产。此举虽为官方举动，但并非单方面的，其成功实施离不开百姓的配合。虢州卢氏县（河南卢氏），"山宜五谷，可以避水灾"。当地百姓利用这一便利条件，在山上种植五谷，这样水灾来临时，就仍有作物可以活命。

芋也是唐代主要的救荒作物之一。唐末农书《四时纂要》记载当时种芋备荒，"芋可以备凶年，宜留意焉"。在北魏，种芋备荒已是百姓在灾荒时期的生存经验之一，贾思勰《齐民要术》卷 2《种芋》云："芋可以救饥馑，度凶年。"该书详细说明了各种芋的特点、储存方法及时间，以满足一般农家备荒所需，这些种芋备荒经验是唐人的宝贵借鉴。唐代不少地区都有种芋的记录，这体现于唐人诗句中。反映闽地（福建）种芋的："溪寺黄橙熟，沙田紫芋肥。"反映岷地（甘肃岷县）种芋的："我恋岷下芋，君思千里莼。""紫收岷岭芋，白种陆池莲。"杜甫又有"偶然存蔗芋，幸各对松筠"及"锦里先生乌角巾，园收芋粟不全贫"之句。反映蜀地（四川）种芋的："汉女输橦布，巴（重庆）人讼芋田。"
郑谷《蜀中三首》曰："江楼客恨黄梅后，村落人歌紫芋间。"卢纶曰：
"榷商蛮客富，税地芋田肥。"反映沔地（湖北）种芋的："今日秋风至，
萧疏独沔南。……渐安无旷土，姜芋当农收。"另外，皮日休有诗云："债
田含紫芋，低蔓隐青匏。"白居易云："喘牛犁紫芋，羸马放青菰。"薛逢
云："林峦当户苕萝暗，桑柘绕村姜芋肥。"

《氾胜之书》在民间救灾食物中特别提到谷类作物稗："稗，既堪水
旱，种无不熟之时，又特滋茂盛，易生芜秽，良田亩得二三十斛。宜
种之，备凶年。"认为食稗的营养价值仅次于梁米，贾思勰在此条下注：
"大俭可磨食之。若值丰年，可以饭牛、马、猪、羊。"可知稗尽管营养
不高，平时用来喂养牛马等牲畜，若逢灾年则用以活命。五代后周时，
郓州（山东东平）界河决，东北坏古堤，数州之地，洪流为患，自杨刘
（山东东阿杨柳乡）北至博州（山东聊城）界 120 里，"流民但收野稗捕
鱼而食"。借助野稗，流民得以暂时糊口。

除了救灾作物，文献中所见最多的则是在灾荒年头不得不食用一些
平时偶食、少食或不食之物，利用一切可以利用的条件来果腹充饥，以
度荒、备荒。隋唐五代时期的备荒食物包括芋、榆皮、蓬实、榆屑、槐
叶、橡、栗、野生豆谷、稻谷、竹实、糟糠、漕渠遗米、野菜、青草、
蝗虫、地黄等。

野菜青草。贞观年间（627—649 年），乐善文为商州上洛（陕西
商州）县令前，因上洛（陕西商州）县界东邻武阙，西界峣关，山路萧
条、土壤贫瘠，氓庶每遭饥馑，只有藜藿可食，只能吃野菜度日。元
和十三年（818 年）六月，淮水溢，坏人庐舍。八月，盐铁使奏：郾城
（河南郾城）上蔡（河南上蔡）等三县，生菝葜草，引蔓结实，味甘，
人赖为食。大和九年（835 年）三月，文宗诏书提到："魏博六州（魏博
镇治魏州，即河北大名，辖魏、贝、博、相、澶、卫六州）阻饥尤甚，
野无青草，道殣相望"，可知青草已成为饥民的腹中之物。天复四年
（904 年），"自陇而西，殆于褒梁之境数千里内亢阳，民多流散，自冬经
春，饥民啖食草木，至有骨肉相食者甚多"。

五代时期还有食用其他不明野菜者。天祐三年（906 年），陈州（河

南淮阳）大水民饥，"有物生于野，形类葡萄，其实可食，贫民赖焉"。开运四年（947年）正月，耶律德光入京师（河南开封），时雨雪寒冻，晋出帝与太后肩舆至郊外封禅寺，皆苦饥。自幽州（北京）行十余日，过平州（河北卢龙），出榆关（河北山海关），行沙碛中。饥不得食，遣宫女、从官，采木实、野蔬而食。

橡、栗类坚果。这是饥荒时期灾民的较好食品。安史之乱后，杜甫出为华州司功参军，值关辅饥，谷食踊贵，弃官去，客于秦州（甘肃天水），负薪采橡栗以自给。贞元时期（785—805年），灾害兵荒，崔从、崔能兄弟隐居于太原（山西太原）山中，岁饥吃橡实为饭。开成时期（836—840年），"从牟平县（山东蓬莱）至登州（治所在山东蓬莱），傍海北行。比年虫灾，百姓饥穷，吃橡为饭"。

野生豆谷、稻谷。这是灾荒时期饥民较为理想的粮食，可遇而不可求。至德初（756年），当安史之乱，河东大饥，忽然荒地15里生豆谷，扫却而又复生，约得五六千石，米圆细而美，百姓赖此而活。乾符元年（874年），鲁城（河北沧州）生野稻水谷2000余顷，燕赵饥民得以借此为食以度饥。

五代时期，有过多次灾民以野生粮食活命之事。冯行袭（卒于后梁开平年间），所至"境内有大蝗，寻有群鸟啄食，不为害；民或艰食，必有穞谷出于垅亩"，史言其乃"天幸"之人。同光三年（925年），后唐大水，地连震，流民饿死者数万人，军士妻子皆采稆以食。稆是一种自生的谷物，吴越大水时也发生过水中生米的异事。同光四年（926年）大水，苏州（江苏苏州）尤甚，水中生米大如豆，后唐民取食之。显德元年（954年），郓州（山东东平）界河决，山东数州之地，洪流为患，博（山东聊城）、齐（山东济南）、棣（山东惠民）、淄（山东淄博）、青（山东东平）等州坏民庐舍、占民良田无数，自杨刘（山东东阿杨柳乡）北至博州（山东聊城）界120里，"流民但收野稗捕鱼而食"。野稗即野生谷物，捕鱼很可能是因为发大水的缘故，流民暂时借之得以糊口。

竹实、蓬实与山药、桑葚。大旱之年，竹子会开花结果，百姓或可以此度过饥年。开元二年（714年）六月，长安（陕西西安）大风，街中树连根出者十七八，并伴随大旱。该年终南山和岭南竹开花结子，并枯死，大饥，两地饥民取竹实而食之。醴泉县（陕西礼泉）则"雨面如米颗，人可食之"。开元十七年（729年），睦州（浙江建德）竹子亦开花结出果实，当可为百姓充饥。天复四年（904年），自陇（陕西陇县）而西，殆于褒梁（陕西汉中）之境数千里大旱，饥民无以为生，"忽山中竹无巨细，皆放花结子，饥民采之，舂米而食，珍于粳糯"。其子粗，颜色红纤，与红粳似，味更馨香。数州民"挈累入山，就食之"。甚至"溪山之内，居人如市，人力及者，竞置囷廪而贮之"，以至不少人家有多余之粮，竹实是大旱之年灾民的天赐食物。

蓬实，即莲子。《齐民要术》引《本草》云："莲、菱、芡中米，上品药。食之，安中补藏，养神强志，除百病，益精气，耳目聪明，轻身耐老。多蒸曝，蜜和饵之，长生神仙。"北魏高阳太守贾思勰建议多种植这些水生植物，言"俭岁资此，足度荒年"。唐人灾年也吃蓬实作为粮食的替代品。咸亨二年（671年），大旱，关中（陕西关中盆地）饥乏，留京师（陕西西安）监国的太子李弘即见廊下兵有食榆皮蓬实为粮者。

也有采食山药充饥的，这对饥民而言，属于美味食品。乾元二年（759年），杜甫从秦州（甘肃天水）赴同谷县（甘肃成县），作诗云："充肠多薯蓣，崖蜜亦易求。"说明秦州至同谷一带，民间以薯蓣，即山药充饥。五代后梁时，岁荒粮绝，牛存节（916—？年）还曾"以金帛易干葚"以饷军，解大尉宗爽孟津之围，即用钱换取干桑葚充饥。

榆皮、榆屑、槐叶。这些均为灾民赖以充饥的植食。大业时期（605—618年）末，百姓饥荒，初皆剥树皮以食之，渐及于叶，以致皮叶皆尽。咸亨二年（671年），关中大旱饥乏，唐高宗驾幸东都，留京师（陕西西安）监国的太子李弘见廊下兵士有食榆皮蓬实者，令家令等给米使足。贞元年间（785—805年），阳城与弟隐居于陕州夏县（山西夏县）中条山，后岁饥，屏迹不与同里往来，采桑榆之皮，屑以为粥，或食糟糠，讲论不辍。咸通十三年（872年），关东（潼关以东地区）旱灾，"自虢至海，麦才半收，秋稼几无，冬菜至少，贫者碾蓬实为面，蓄槐叶为齑"。

糟糠、地黄。开皇十四年（594年），关中大旱，民饥，民食豆屑杂糠。显庆元年（656年）二月，上封人奏称百姓有食糟糠者。唐高宗因此命所司"常进之食三分减二"。元和七年（812年），长安（陕西西安）遭遇春旱、秋霜，百姓饥年没有粮食吃，年末到田野采摘药用植物地黄，换取有钱人家的马料做干粮充饥。白居易诗云："麦死春不雨，禾损秋早霜。岁晏无口食，田中采地黄。采之将何用，持以易糇粮。凌晨荷插去，薄暮不盈筐。携来朱门家，卖与白面郎。与君啖肥马，可使照地光。愿易马残粟，救此苦饥肠。"

捡拾漕渠遗米与抢米。大中六年（852年）七月，淮南旱饥，民多流亡，道路藉藉，海陵、高邮民至漉漕渠遗米自给，呼为"圣米"，取陂泽茭蒲实竭尽。但幸运毕竟只是偶然事件，饥荒在唐代曾引发饥饿百姓的抢米事件。长庆二年（822年），淮南旱俭，人相啖食，节度使王播掊敛依旧。十二月，和州（安徽和县）饥，愤怒的乌江（安徽和县乌江镇）百姓杀县令以取官米。当然，这是一种极端现象。

食蝗。唐代首先食蝗者为唐太宗李世民。贞观二年（628年），长安（陕西西安）旱，蝗食稼，至少持续了四个月，太宗一方面诏出御府金帛为饥民赎子，归其父母；另一方面在苑中掇数枚蝗虫而食之，以示对蝗灾的重视。最后顺利度过蝗灾，贞观四年（630年），出现"天下大稔，流散者咸归乡里"的治世局面。唐太宗的食蝗行为带有政治色彩，但对百姓战胜蝗灾起到了鼓励作用。

本对蝗虫充满畏惧之心的唐朝百姓出于对生存的渴望，对饥饿的恐惧，唐德宗时出现了饥民大批、集体性食蝗行为，当为中国人食蝗之源。兴元元年（784年），春大旱至四月，麦苗枯死。关中有蝗，百姓捕之，蒸暴后，扬去足翅而食之。贞元元年（785年）夏，蝗，东自海，西尽河西、陇右，群飞蔽天，旬日不息，所至草木叶及畜毛靡有孑遗，关东大饥，赋调不入，饿殍枕道，关中饥民蒸蝗虫而食之。

五代时期也有食蝗记录，而且还是忌荤的僧人食蝗。吴太和四年（932年），吴国钟山（位于江苏南京）之阳积飞蝗尺余厚，有数千僧白昼聚首啖之尽。僧人在饥年大量聚集食蝗，场面可谓壮观，说明了饥民对生存的渴望。

（二）设法谋划度荒

隋唐五代时期，为应付时不时到来的灾荒，百姓也会有自己的一些防灾备荒计划与措施，在战乱加饥荒的年代尤其如此。这些办法包括节俭度日、持家有方，经营财产有方，决定参选，京官求为外任，引水溉田，请求减免赋役，等等。

隋代大业时期（605—618 年），"百姓思乱，从盗如市"，奉命讨伐贼寇的将军鱼俱罗，因饥荒严重，预先暗中筹划欲与身处洛阳灾区的家人团聚。因当时"贼势浸盛，败而复聚"，他虑及动乱非短期可平，唯恐因道路隔绝而与家人离散，在东都饥馑、谷食踊贵的情形下，派遣家仆将船米至东都洛阳粜卖，然后市买财货，潜迎诸子。但其行动为朝廷所怀疑，恐其有异志，不仅自己被斩杀，还全家连坐，其饥荒自救行动失败。义宁年间（617—618 年），盖赞君妻孙光，"言归华室，作配猗人，主斯中馈，以弘内则。严正以御下，勤约以先人，勔勉妇功，经纶家务。故能皇泰阻饥之日而粱稻有余，开明丧乱之年而安乐无替。"有赖于孙光的勤俭度日、持家有方，全家顺利度过饥荒之年。还有人在饥馑年代，打起了分居的主意。瀛州饶阳（河北饶阳）刘君良家四世同居，族兄弟犹同产。大业末荒馑，妻为劝其异居，将庭树鸟雏易置，鸟雏斗鸣，因劝家人："天下乱，禽鸟不相容，况人邪！"君良即与兄弟别处。月余，知为其妻之计，斥去其妻，复与兄弟同居。

唐代国祚长久，民间百姓应对饥荒的办法更为多样。有因善于经营财产、节俭度日而顺利度过灾荒的。724 年之前的开元前期，寡居的常州无锡县令柳君夫人韦氏（680—724 年），在荒俭之岁家无储积的情况下，鬻衣致食，习经亲授，心苦身劳，养育幼老。因多年勤俭辛劳，45 岁便离世。开元后期，皇甫宾妻杨娥英因平时善于"经营财产，会陶公之法。故得水旱无惧，吉凶有资"。天宝年间（742—756 年），家于邺城（河北大名）的王叟，富于财，唯有一妻，无子女，且夫妇极俭啬，常食陈物充肠度日，不求丰厚，以致积粟近万斛，庄宅尤广，客 200 余户，在饥馑、战乱之年亦衣食无忧。王氏夫妇死后数年，唐官军围安庆绪于相州，王叟家的仓廪余粮被供军。大历十四年至建中二年（779—

781年），陈饶奴12岁时，双亲并亡，羸弱居丧，又遇岁饥，有人教其分弟妹可全性命。饶奴流涕，身丐诉相全养。饶州刺史李复异之，给资储，并署其门曰"孝友童子"。陈饶奴的弟妹因幸运而得以保全。此例与前述的隋代刘君良妻之例都是欲通过分家渡过难关，最终均未实行。贞元时期（785—805年），有的百姓因为平时节俭度日，如范颜家"遇灾荒而不乏，履艰阻而无虞"。柳公绰认为"四方病饥"不能独饱，任渭南尉时，值"岁歉馑，其家虽给，而每饭不过一器，岁丰乃复"。大和六年（832年），时属蝗旱，粟价暴踊，河中尹、河中晋绛节度使王起严诫储蓄之家，令出粟于市，隐者致之于法。这不仅反映了豪门闭籴的普遍，也说明在蝗旱灾年，利用储蓄以节俭度日的普通百姓当也不在少数。当然，如果过于贫困，营养严重不良，身体就会严重受损。咸通九年（868年）秋，河南县尉李琯赴调京师，其年黜于天官，困不克返，其外室张留客（841—870年）与幼稚等寓居洛北（河南洛阳），当时值岁饥疫死，家无免者。而张留客"独栖心释氏，用道以安，故骨肉获相保焉"。但张留客虽然"以佛教信仰应付这次人生危机"，带着孩子们逃过了这场饥疫之灾，却在两年后夫君李琯任尉河南不久就遇疾，百药不灵，祷祝无效，咸通十二年（871年）十二月，生病不足一年后，30岁即殁。这既与张留客之前多年独自一人省吃俭用照顾幼子、操劳家务有关，更与饥疫对这个家庭的伤害与打击有关。

面对饥荒，唐人还有带病参选、求为外任者。饥荒时期，迫于家庭生计问题，京兆咸阳（陕西咸阳）人韦豫（690—754年）不得不带病参选。韦豫本来是因"减省去官，优游闾里"，已经去官数年，但因值"年谷失稔"，决定"牵疾赴选"，再次走上仕途，最终得授普安郡司马。宰相韦安石之孙韦渢本为洛阳令，为谗言所陷害，移归州，又移郢州。其间，他携带妻儿回乡扫墓，"俄承恩荡，展敬坟墓。属当歉岁，食度且屈。以其孥行，侨居弘农"。因赶上饥荒，迫于饥馑，不得已侨居于弘农，不得及时归官。

"重京官而轻外任"是唐朝前期的一种常态，开元盛世以来，"天下久平，朝廷尊荣，人皆重内任，虽自冗官擢方面，皆自谓下迁"。但安史之乱后，京官俸薄，外官俸厚，尤其是京城遇到灾荒、军需增加等财政困难时，微薄的薪水会让京官难以自赡。广德年间（763—764 年），连岁不稔，谷价翔贵，太子仆萧复家贫，甚至将鬻昭应（陕西临潼）别业，以"拯济媮幼"。宰相王缙闻其林泉之美，特遣其弟以高官右职相诱惑，欲以此占据萧复家别业。萧复婉言谢绝其要求，因此沉废数年。由萧复之例，可知京官当时的困顿处境。值灾荒年月，出于改善经济的考虑，唐后期一些京官会因灾请求外任。右补阙、侍御史、刑部吏部员外郎卢迈"以叔父兄弟姊妹悉在江介，属蝗虫岁饥，恳求江南上佐，由是授滁州（安徽滁州）刺史"。侍御史、刑部吏部员外郎品秩为从六品，清贵却无以养家，而滁州为上州，滁州刺史品秩为从三品，薪俸优厚，在当时被视为"好阙"。所以，卢迈在蝗虫岁饥之时，为方便照顾全家，恳求江南上佐。又如定州人张建章，大和四年（830 年），博陵（河北安平）"歉尤，迫旨甘"而无以养亲，遂"违亲便近，游方至燕"，得太保、节度使李载义厚遇和赏识，得安次（河北廊坊）尉。因博陵饥荒，为养家糊口，孝养双亲，张建章放弃原来的贡举之路，选择就近于幽州做官。五代时期，也有官员因灾请求外迁。同光初年（923 年），给事中胡装从幸洛阳。当时连年大水，"百官多窘"，他借机求为襄州（湖北襄樊）副使。

值饥歉之时，南方民间有自发修湖以引水溉田者。元和初（806 年），江左（治江西南昌）允疠，民人歉纪，叶侯倡议以"铜山之北，谷岭之阳，左峦右陇之内"的一眼泉水修成一湖，乡人响应。次年二月功毕。铜山湖户四十，溉田三顷，平深一丈以上，周回 400 余步。

还有自耕农会在灾后请求减免赋役，以减轻自然灾害对个体家庭的冲击。敦煌文书《唐光化三年（900 年）前后神沙乡令狐贤威状》记载了神沙乡（属甘肃敦煌）百姓令狐贤威在其北临大河的土地年年被河水冲毁的情况下，向归义军政府请求免除该土地所产生的赋役的文状：

1 神沙乡百姓令狐贤威

2 右贤威父祖地壹拾叁亩，请在南沙上灌进渠，

3 北临大河，年年被大河水漂，并入大河，寸

4 畔不残。昨蒙

5仆射阿郎令充地税，伏乞与后给充所

6着地子、布、草、役夫等。伏请　公凭，

7裁下　　处分。

8光化三年庚申岁十二月六日〔缺〕

该文书的时间约为天复四年（905年）。由于令狐贤威家所请射的13亩土地北临大河，经常发生水患，农作物几乎颗粒无收。归义军政府据此，下令减免了令狐贤威一家的户税。但这并不足以解决问题，令狐贤威一家因而上报官府，请求免除余下的土地税和要交纳的布、柴草和徭役，并给予免除凭证。可知，除了官府主动地减免赋税之外，如有特殊情况，普通百姓也可以根据实际情况提出自己的特殊要求，这也是有可能被接受的。

（三）异地逐食度荒

隋唐五代时期，灾民辗转流离，前往异地逐食的现象极为常见。甚至出现因灾害之机前往他地的灾民，李冲之女曾诈称冻馁，请带年幼的元亨，就食于荥阳（河南郑州），获得允许。于是暗度陈仓，离开被禁锢的洛阳，前往关西。唐玄奘也是借贞观三年（629年）灾害之机，混在灾民的队伍中，得以西出取经，这足以说明灾民数量之庞大。

隋代历时较短，灾民自发因灾逐食的史料较为匮乏。大业十三年（617年），摄江都郡丞事冯慈明曾谓"群贼"："汝等本无恶心，因饥馑逐食至此。官军且至，早为身计。"这反映出隋末群盗，有不少开始是因饥馑流移逐食，后来才沦落为"贼"的。

唐代实行灾荒移民政策，而实际上，除了官府组织的因灾移民，灾民不得已自发流移就食者更多。唐前期就已出现灾民自发逐粮现象。唐初建国，灾害频仍，唐初"凶荒则有社仓赈给，不足则徙民就食诸州"。贞观二年（628年），天下诸州并遭霜涝，邓州（河南邓州）独免，储仓充羡，蒲、虞等州民，尽入其境逐食。其中当既有官府组织的移民就粟，也有灾民自发逐粮者。神龙年间（705—707年），河北饥，肥乡（河北肥乡）令韦景骏"躬抚合境村闾，必通赡恤，贫弱独免流离"。说明当时河北其他地方贫弱流离众多。景龙四年（710年），西州高昌县（新疆吐鲁番高昌故城）大女阿弥"向北庭逐粮在外，死活不知"，其"户内口钱，恒是本里代出"，被前里正左仁德追逐其分地入"收授出给"。其中的大女阿弥，很可能因饥荒在外逐粮，属于自发逐食。从不知其死活来看，当时阿弥外出的时间已然不短，在此期间，阿弥土地的税钱一直由所在里代为交纳。政府遂将其地收回，分给他人。开元十四年（726年），河南诸州水，宋（河南商丘）、沛（当作汴，河南开封）等州多有沿流逐食的百姓，十一月，玄宗下诏安存流民，令本道劝农事与州县检责其所去及所到户数闻奏。

唐后期，战乱交织，加上财政紧张，灾害严重时，百姓交走乃至走失的现象很多，其中有很多是因灾逐食的灾民。天宝时期（742—756年），南华县（山东菏泽李庄集）大水，他县饥，县令李嶷为民"具饎，及去，糇粮送之"，为异地就食的百姓提供粮食，助其离去。肃宗时期（756—761年），"关中比饥，士人流入蜀者道路相系"。当时华州司功参军杜甫，因关畿乱离，谷食踊贵，弃官去，寓居于成州同谷县（甘肃成县），自负薪采稆，儿女饿殍者数人。大历时期（766—779年），扬州岁旱人饥，有亡去他境自发逐食的饥民，为吏所拘捕。大历五年至八年间（770—773年），岁旱饥，舒州（安徽潜山）邻郡庸亡人口十四以上，而因为刺史独孤及悉心抚恤，舒州百姓"生聚悦安，不知凶年"。唐代宗优诏褒异，升独孤及为常州刺史。白居易贞元时期（785—805年）作诗《自河南经乱，关内阻饥，兄弟离散各在一处，因望月有感，聊书所怀，寄上浮梁（江西浮梁）大兄与潜七兄乌江（安徽和县乌江镇）十五兄，兼示符离（安徽宿州灰古集）及下邽（陕西渭南下吉镇）弟妹》云："时难年荒世业空，弟兄羁旅各西东。田园寥落干戈后，骨肉流离道路中。吊影分为千里雁，辞根散作九根蓬。共看明月应垂泪，一夜乡心五处同。"也对灾民的异地自发逐食有所反映。元和四年（809年），淮楚大歉，庐江（安徽庐江）里中啬夫之妇冯媪，因"穷寡无子，为乡民贱弃"，遂"逐食于舒（治安徽潜山）"。宝历年间（825—827年），庐州（安徽合肥）旱疫，"逋捐系路，亡籍口四万"，因灾转徙流亡人数颇多，其中当多有流亡不返者。

因为唐后期著籍户口因灾流亡更趋常见，当时地方官员能够采取有效措施而避免灾民因灾流徙转而受到提倡与奖励。大和三年（829年），郓州（山东东平）旱俭，人至相食，刺史令狐楚"均富赡贫，而无流亡者"。大和六年（832年），改太原尹、北都留守、河东节度等职。因令狐楚熟悉并州（山西太原）风俗，"因人所利而利之，虽属岁旱，人无转徙"，这已经与唐前期官府鼓励百姓因灾逐粮有所不同。个别官员接纳、体恤自发逃荒灾民的做法亦可间接证明此点。大中时期（847—860），"河曲（山东夏津）大歉，民流徙，他州不纳"，独晋州刺史王式"劳恤之，活数千人"。显然，更多的地方官员并不愿接纳从外地前来的逐粮灾民。

五代时期，灾民异地就食数量很大。同光三年（925年），后唐大饥，民多流亡，租赋不充，以致东都（河南洛阳）仓廪空竭，无以给军士。天福三年（938年）八月，定州（河北定州）旱，民多流散。天福七年（942年），安彦威迁西京（河南洛阳）留守，岁大饥，"开仓赈饥民，滑人赖之，民有犯法，皆宽贷之，饥民爱之不忍去"。西京饥民因安彦威而不忍离开，则很多地方遭遇饥荒，灾民多会选择异地就食。乾祐元年（948年），沧州（河北沧县）自七月后，从幽州（北京）界投来饥民5147人。广顺二年（952年）十月，北境饥馑，人民转徙，襁负而归中土者，散居河北州县者，达数十万口。百姓因灾流亡逐熟，多投亲靠友，或就近流亡到生存条件相对较好的地区，这对于安土重迁的他们而言，是迫不得已的一种选择。

二、乡里义举与邑社互助

乡里义举属于社会互助的范畴。社会成员互助的思想源远流长，隋唐五代时期，灾害之际，具有一定实力的地方大家族会自发赈济乡人，国祚较长的唐朝更是如此。唐代为大一统王朝，大族义举并不如之前的魏晋南北朝时期盛行，也远不如汉代。但唐代家族同居者仍为数不少，朝廷鼓励家族同居和睦相处，为义举行为提供了土壤，同时义举也可提高社会声望而更便于控制乡里。宗族互助和个人义举虽仍有其局限性，但在唐代民间救助中起了很大作用，它弥补了政府救助不及时的缺陷，这种没有中间环节的救助往往效果比较显著，能够及时缓解灾民困境。

隋代时期，强宗富室在灾荒饥年自发赈恤族人和乡人。开皇四年（584年），关内七州亢阳不熟，强宗富室及家道有余者，争相出私财，"递相赒赡"。隋唐之际，赵郡平棘（河北赵县）李氏家族"宗党豪盛"，李士谦（523—588年）"家富于财，躬处节俭，每以振施为务"。其赈救行为包括赈粟、施粥、埋瘗暴骸、给粮种，是饥年赈贷乡人的典型代表。他曾出粟数千石贷乡人。值年谷不登，债家无以偿，士谦云其家余粟，本图振赡，不为求利，并当众焚契。他年又大饥，多有死者，士谦罄竭家资，为之糜粥，赖之以全活者尽万人。收埋骸骨，所见无遗。至春，又出粮种，分给贫乏。李士谦即强宗富室的典型代表之一。隋朝统治者强调孝治和家族和睦，乡里大家族在灾害之年对族人和乡人的赈贷，尽管范围有限，但由于地缘关系能够及时施赈，所起作用不容忽视。

唐代提倡和鼓励分灾恤患，唐玄宗曾下制："分灾恤患，州党之常情；损余济阙，亲邻之善贷。"由于视亲里相恤为美德和责任，唐代不乏灾年赈济族人和乡里的大家族。唐高宗咸亨年间，关中旱饥。咸亨二年（671年）二月，雍州（陕西西安）人梁金柱请出钱3000贯赈济贫人。陈子昂之父陈元敬居梓州射洪县（四川射洪金华镇），家富于财，年轻时便以豪侠知名。岁饥，出粟万石赈乡里，而不求报。武则天时，李邕"拯孤恤穷，救乏赈惠，积而便散，家无私聚"。开元二十九年（741年），岳州（湖南岳阳）荒旱，人多莩馁，刺史欧阳珣转以禄俸职田并率官吏食饿者千余人，经月余，灾民多所全活。岳州刺史欧阳珣与其同僚，以个人自身的禄俸职田救助灾民。甄济之子甄逢，"岁饥，节用以给亲里；大穰，则振其余于乡党贫狭者"。柳公绰及其子柳仲郢历官"更九镇，五为京兆，再为河南"，均"急于摘贪吏，济单弱。每旱潦，必贷匮蠲负，里无逋家"。约兴元元年（784年），魏州（河北大名）饥，父子相卖，饿死者接道。泗州刺史张万福令兄子将米百车饷之，赎魏人自卖者，给资遣之。这些广施恩惠于乡里的富室强家对乡人等的救助完全属于个人义举。但唐代的个人义举也并非完全局限于乡人的地域范围。如元和时期（806—820年），吏部尚书赵郡赞皇人李令叔，"四履之内，遇凶旱水溢，捐有余以均不足"，使得"农里无大乏，官司无宿忧"。其所救助的范围已突破乡里局限，远达四境。

另外，开元后期（727—741年），岐州郿县（陕西眉县）逢遇灾害缺少粮食时，用于临时戍守的防丁没有官府衣赐，若衣资不充，一直奉行亲邻资助的旧例和旧俗："倾年防者，必扰亲邻。或一室使办单衣，或数人共出袷服。""防丁一役，不请官赐，只是转相资助，众以相怜。"开元二十四年（736年），防丁竞诉衣资不充，亲邻亦因"频遭凶年，人不堪命，今幸小稔，俗犹困穷"，而无法予以资助。为防止逃跑者更多，要求"判停此助，申减资钱"，"遂其所言，取济官役"，即减少亲邻救助，要求官方予以资助。而郿县尉勋判署则考虑到"若或判停，交破旧法，已差者即须逃走，未差者不免祗承。以是至再至三，唯忧唯虑，事不获已，借救于人"。故仍维持旧例，云："既非新规，实是旧例。亦望百姓等体察至公之意，自开救恤之门。"认为提倡因灾亲邻之间互相救恤，一则仁义大行，二可固风俗淳古。如此，则水旱灾害不兴，"是事行之与人，益之以政，百姓何患乎辛苦，一境何忧乎不宁"。最后希望诸人按照以往旧例，资助防丁衣服，只要"不得破烂及乎垢恶"就可以，在当月二十日之前，交至郿县官衙，并宣告说"辄违此约，或有严科"，将判署张榜公布。

在凶荒饥年散施财物，施援于亲族，助其渡过难关之例更为常见。咸亨元年（670年），关中大旱年饥，率更寺丞博陵崔暟与夫人太原王媛，在艰难的处境中，照顾诸外甥，渡过难关。因兄长沛王府功曹崔璇早殁，姊婿主客郎中杜续亦终，崔暟担负起奉养嫂子和姐姐的任务。崔暟"素业清约，位缠非隐，禄未充家，孤遗聚居，稚孺盈抱"，沉重的家庭负担，使其"尽禄无匮"。嫂子和姐姐相继离世后，通过鬻卖家僮和马才将二人安葬。在这种生活境况下，崔暟一家尽量照顾侄子、外甥们的饮食。"群甥呱呱，开口待哺，公之数子，咸孺慕焉，彼餐而厌，以糊予子"。因处境艰难，"咸通（当为咸亨）岁，阖门不粒，几乎毕毙"。夫人王媛虽然小崔暟 10 余岁，但非常贤惠，幸赖其"劬劳自嗛，推美分甘，至乐融而且康，众心馁而无怨"。因全家团结一心，得以共渡难关。朝廷嘉奖，迁 38 岁的崔暟为尚书库部员外郎。永淳初（682 年），关中旱，大饥，裴耀卿之父乾封（山东泰安）尉裴守真"尽以禄俸供姊及诸甥，身及妻子粗粝不充"而无倦色。大历时期（766—779 年）初，关东（陕西潼关以东地区）人疫死者如麻。卢藏用外甥郑损率有力者，每乡大为一墓，以葬弃尸，谓之"乡葬"。贞元时期（785—805 年），蝗虫岁饥，刑部吏部员外郎范阳人卢迈"以叔父兄弟姊妹悉在江介"，恳求江南上佐，得授滁州刺史。如前所述，此官为从三品，且当地富庶，拥有照顾全家的良好的经济条件，因此能并婚嫁甥侄之孤遗者。唐末韩鄂撰《四时纂要》夏令卷四月载："是时也，是谓乏月，冬谷既尽，宿麦未登，宜赈乏绝，救饥穷。九族不能自活者，救。无固（故）蕴蓄而忍人之贫，贪货殖之宜，忘种福之利，君子不可取也。"说明直至唐末，北方地区仍认为家族赈济是有余粮者义不容辞的责任。

除了对家族和乡人的个人义举，隋唐时期的社邑在灾害互助方面，也应该发挥了积极作用。敦煌文书 S.6537 号《沙州立社条件（样式）》是社邑的成立条约样本，其言："某厶等壹拾伍人，从前结契，心意一般。……饥荒俭世，济危救死，益死荣生，割己从他，不生怅惜。……凡论邑义，济苦救贫。社众值难逢灾，赤（亦）要众坚。"文书样本是实用文书的范本，可证当时以沙州（甘肃敦煌）为代表的社邑确有救济社人之饥的功能。社邑的意义在于团结互助，依靠群体的力量抵抗个体难以抵抗的灾难和难以应付的局面。敦煌社邑在社会各阶层中的分布以中下层为主，需要而且有能力进行互助的一类人。

五代时期的乡里义举较少，可能与这段时期政权较多，更替频繁有关。唐庄宗同光年间（924—926 年），作为道德楷模的冯道，在解翰林学士之位于瀛州景城（河北沧州西）居父丧期间，逢家乡岁饥，"遇岁俭，所得俸余，悉赈于乡里，道之所居，唯蓬茨而已"，自己退耕于野，躬自负薪。

三、百姓禳灾

遭遇天灾，民间百姓首先会想到禳灾，这类活动非常普遍。隋唐五代时期的禳灾祈雨活动主要见于唐代。淫祠祈祷在唐代大行其道，究其原因，一是缘于历史渊源，作为一种文化习俗代代相传；二是官府出于自身利益提倡祈祷救灾，这给各种巫术祈祷活动打开了方便之门，因而屡禁不止；三是百姓借以进行心灵寄托，可以起到某种精神安慰的作用。上述第二点原因直接与民间的救灾祈祷相关。

（一）禳灾祈雨

1. 淫祠祈祷

因唐代水旱灾害最为频繁，百姓禳灾主要体现于祈雨禳旱。民间经常祈祷于一些不被列入正典之杂神，即祈祷于淫祠。唐人言及淫祠，赵璘曰："若妖神淫祠，无名而设，苟有识者，固当远之。虽岳海镇渎，名山大川，帝王先贤，不当所立之处，不在典籍，则淫祀也。昔之为人，生无功德可称，死无节行可奖，则淫祀也。"唐后期同平章事段文昌之子段成式曰："大凡非境之望，及吏无著绩，冒配于社，皆曰淫祠。"唐代地方祠祀有三个层次：国家礼典明文规定，且通祀全国者；礼无明文，但得到地方政府的承认和支持，甚至直接创建者；没有得到官方的批准和认可，完全是民间的祭祀行为，且往往被官方禁止者。第一种层次为官方性质，第二种为半官方性质，第三种为民间性质。依唐人的说法，淫祠指民间祭祀，不具有官方背景甚至为官方所反对者。

唐代淫祠的数量比较庞大，尤其在南方。武则天时期（690—704年），吴、楚俗多淫祠，冬官侍郎狄仁杰持节江南巡抚使，加以禁止，毁房1700所。包括周赧王、楚王项羽、吴王夫差、越王勾践、吴夫概王、春申君、赵佗、马援、吴桓王等神庙在内的700余所祠庙，均被认定为"有害于人"的淫祀，被予铲除。前代名王名臣祠庙唯留夏禹、吴太伯、季札、伍胥四庙。这次行动100余年之后，元和时期（806—820年），浙西观察使李德裕除江岭信巫祝之弊，仅四郡之内，便除淫祠 1010 所。其中并不包括前代名臣贤后之祠，因"按方志，前代名臣贤后则祠之"。而人乐其政，唐宪宗优诏嘉奖。仅仅是吴、楚之地，就除淫祠 1700 所，浙西观察使（辖润、苏、常、杭、湖五州）所辖四郡便除淫祠 1010 所，可知南方淫祠庙宇所在多有。唐德宗在位时期（780—805 年），僧道成云："夫人所以赖于神者，以其福可延，祸可弭，旱亢则雩之以泽，潦淫则祈之以霁。故天子诏天下诸郡国，虽一邑一里必建其祠，盖用祈民之福也。"其所说当代表了大多数唐人的看法，唐代淫祠民间所在多有，随地置之。这种现象在唐代持续不衰，直到唐中后期，陆龟蒙云瓯粤间的山椒水滨多淫祀，"其庙貌有雄而毅黝而硕者，则曰将军。有温而愿哲而少者，则曰某郎。有媪而尊严者，则曰姥。有妇而容艳者，则曰姑。"岭南淫祀仍然极为兴盛。五代杜光庭《录异记》载："祀典曰：捍大灾，御大患，功及于民者，世世祀之。"其时很多淫祠都被地方百姓用来作为禳灾祈雨之所。

　　唐人对淫祠祈祷的认同程度颇高，段成式所著《酉阳杂俎》言淫祠："然胏蠁感通，无方不测。神有所庐，鬼有所归。苟不乏主，亦不为厉。或降而观祸，格而飨德。能为云雷，诛殛奸凶。俾苗之硕，俾货之阜。蝶魃籍虎，磔蝮与蛊。可以尸祝者，何必著诸祀典乎？"段成式本人曾于大中十年（856 年）夏旱之际，诣缙云郡（治浙江丽水）东南的好道庙祈雨，其日夜半大雨如瀑。唐代淫祠中，最普遍者当为祭祀历史名人之祠，如上文提到的周赧王、楚王项羽、吴王夫差、越王勾践、吴夫概王、春申君、赵佗、马援、吴桓王等神庙。除此，地方名山亦为祈雨良所。邵州邵阳县（湖南邵阳）文斤山之文公祠是淫祠中较为典型者。此山得名于晋高平令文斤，他隐居于此，得道羽化，后建有文公祠。每遇亢阳，百姓祈祷辄有应。贞元十年（794 年），州伯太原王公、高县宰韩谨辉祈雨于文公祠，当即降雨，"年谷既登，仓廪充实"。元和三年（808 年），邵阳又大旱，州牧丁立、邑君庄齐命官启告，"酬愿立碑"，如愿降雨。又如苍山（位于山东临沭或烟台），会昌五年（845 年）夏将旱，梁国乔公躬祷苍山，请以民之灾置于诚，果然岁有所成。"厥后阴阳，其或乖度，俾吏致告，靡不响答。"旧俗邦人也常于洞庭山祷禜水旱。另外，城隍神信仰在唐代已比较普遍，被认为是城市乃至一方的土地神，尤以吴越地区最为盛行。唐人牛肃《纪闻》云："吴俗畏鬼，每州县必有城隍神。"李阳冰云："城隍神祀典无之，吴越有之，风俗水旱疾疫，必祷焉。"城隍神当为各地禳灾祈雨之所。

除淫祠祈祷禳灾之外，唐代百姓也常常于一些有灵迹处祈雨。如：河东郡东南百余里有积水名百丈泓，岁旱则指期而雨。大和五年（831年）夏，"旱且甚，巫师命巫属祷"，果震电大雨。兖州龚丘县（山东宁阳）青石山，整座山为一巨石，高40丈，周回三里。其上有石池二所，"冬夏澄清，初无耗溢，祈雨辄应，故古今祀之"。扶州钳川（四川南坪）有神祠，水、旱则人祈请。

另外，五代后梁时期，陈州（河南淮阳）俗好淫祠左道，朱友能任陈州（河南淮阳）刺史时，当地"其学佛者自立一法，号曰'上乘'，昼夜伏聚，男女杂乱"。还有妖人母乙、董乙聚众称天子，且建置官属。陈州有人可以利用淫祠为乱、反叛，可见当地百姓喜好淫祠之盛。

2. 其他祈雨

除淫祠祈祷，民间禳旱祈雨行为还有不少种类，包括铸镜、以动物祈雨、烧山求雨等。

用镔铁镜祷雨辟邪。武德五年（622年），曾铸辟邪镔铁镜，铭云："镔铁作镜辟大旱，清泉度祀甘露感。魃孽当前惊破胆，服之疫疠莫能犯。双龙嘍略垂长领，回禄睢盱威旱敛，造花辟邪镔铁镜。"南中（云贵川地区）久旱，有用虎头骨祈雨之法，"以长绳系虎头骨投有龙处。入水，即数人牵制不定。俄顷云起潭中，雨亦随降。龙虎敌也，虽枯骨犹激动如此"。这种民间祈雨术，应该来源于以龙虎相斗来表示阴阳交合的传统观念，是民间百姓将这一观念庸俗化、实用化的结果。

以动物祈雨，包括蛇、犬等。以蛇祈雨之例如：唐文宗时期（827—840年），忠武节度使王彦威在汴州（河南开封）二年，夏旱。袁王府季玘提及以蛇祈雨之法："欲雨甚易耳，可求蛇医四头，十石瓮二枚，每瓮实以水，浮二蛇医，以木盖密泥之，分置于闹处，瓮前后设席烧香，选小儿十岁以下十余，令执小青竹昼夜更击其瓮，不得少辍。"以其言试之，一日两夜，雨大注。旧说龙与蛇师为亲家，龙为蛇身，而龙有招云致雨之能，蛇自然也有点类似的功效。以犬求雨之例如：舒州

（安徽潜山）灊山下有九井，乃九眼泉。旱则杀一犬投其中，大雨必降，犬亦流出。

烧山求雨见于某些山区。太原郡东有崖山，天旱，土人常烧此山以求雨。俗传崖山神娶河伯女，故河伯见火，必降雨救之。

五代十国时期，官方祈雨禳灾资料非常之多，祈雨的主要场所是寺庙道观，而民间禳灾当更盛。同光时期（923—926 年），以方术著称的五台山（位于山西五台县）僧人诚惠，以妖妄惑人，"自言能降伏天龙，命风召雨"，号称降龙大师，其曾多次祈雨成功，名声远播。后唐庄宗曾以大旱，从邺（河北大名）亲迎其至洛阳祈雨。其卒后，赐号法雨大师，其塔亦名曰慈云之塔，南汉大宝初（958 年），相诞山，值天大旱，同里祷雨，不得，后嗜黄老术的谭氏二女以术作雨以助里翁。

（二）禳镇

有备则无患，为了应对未来可能出现的灾害与饥荒，平民百姓会预为防备，为应对灾疫自耕农也会实施禳镇之术。唐末农书《四时纂要》在记载每月农事安排前，与占候同时记载的还有诸多对灾害进行禳镇的内容。该书对渭河及其下游地区一般家庭对灾害的预防及救治也有所反映。

1. 辟瘟法

《四时纂要》载："冬至以水，瘟疫盛行。"这是很有道理的，冬天温暖自然容易发生瘟疫。而且，唐代存在暖冬现象，达 22 年。当时"辟瘟法"具体为："腊夜持椒三七粒，卧井旁，勿与人言，投椒井中，除瘟疫病。"又有投麻豆辟温（瘟）法，于腊月除夕夜四更，取麻子、小豆各二七粒，家人发少许，投井中，终岁不遭伤寒和温疫。

2. 辟虫法

因唐代总体上属于温暖期，相对温暖的气候使虫疫、牛疫等较易发生。《四时纂要》载："正月十五日，以残糕糜熬令焦，和谷种种之，辟虫。"蚼蛃，即黏虫。该书秋令卷九月载"辟蚼蛃虫法"："凡五谷种，牵马就谷堆食数口，以马残为种，无蚼蛃虫。"此条当采自《氾胜之书》所载辟虫之法："牵马令就谷堆食数口，以马践过为种，无蚼蛃，压蚼蚄虫也。"但比之更合理一些。《氾胜之书》记用马踏过的谷子为种，而《四时纂要》记用马嚼过的为种，很可能马的唾液会起一些抗拒害虫沾染的作用。

该书春令卷正月还记录有专门的"辟蝗虫法"："以原蚕矢杂禾种种，则禾虫不生。"又"取马骨一茎，碎，以水三石煮之三五沸，去滓，以汁浸附子五个。三四日，去附子，以汁和蚕矢各等分，搅合令匀，如稠粥。去下种二十日以前，将溲种，如麦饭状。常以晴日溲之，布上摊，搅令一日内干。明日复溲，三日即止。至下种日，以余汁再拌而种之。则苗稼不被蝗虫所害。"无马骨，则可以全用雪水代替。并解释其原因在于雪为五谷之精，能使禾稼耐旱。冬季多收雪贮用，则所收必倍。又记煮茧蛹汁和溲，亦可耐旱而增加肥力，一亩可倍常收。所云有一定科学依据，主旨即提高种子的抵抗力及对干旱等不利环境的适应力。其中关于雪代替马骨原因的论述，即今谚"瑞雪兆丰年"之意，强调雪水对来年庄稼生长的益处。

3. 治牛疫法

《四时纂要》记载了唐代治牛疫的三种方法：一、取人参细切，水煮取汁，冷，灌口中五升以来，即差。二、取真安息香于牛栏中烧，如焚香法，如初觉一头，至两头，是疫，即牵出。令疫牛鼻息其香气，立止。三、十二月，将兔头烧作灰，和水五升，灌口中差。这三种方法应该均是通过了实践检验的产物。其中第一、三两种在《齐民要术》中已有记载，当是继承前代经验而来，第二种焚香息气法则是当时经验的总结。香有安神定气之效，而据缪启愉在书中所注，安息香是采自安息树的树脂，干燥后呈黄黑色的块状，供药用，非普通之香。李时珍认为此香辟恶，安息诸邪，故而得名。从要取真安息香来看，当时应有许多伪品，而真的安息香价格比别的香贵且难得。《齐民要术》所载治牛马病疫气方为："取獭屎，煮以灌之。獭肉及肝弥良，不能得肉、肝，乃用屎耳。"又载有专门的治牛疫气方三种：一方为"取人参一两，细切，水煮，取汁五六升，灌口中，验"。二法为："腊月兔头烧作灰，和水五六升灌之，亦良。"三法是："朱砂三指撮，油脂二合，清酒六合，暖，灌，即差。"两书所载治牛疫之方有所不同，《四时纂要》舍弃了《齐民要术》

治牛马病疫气的混合方法和朱砂、油脂、清酒混合之方。而关于人参水煮和兔头烧灰之方,《四时纂要》的记载显然来源于《齐民要术》,对人参水煮之方又有所改进,认为应在水煮冷却后,再给牛灌下去,这当是在实践中加以创新的结果。

另外,《酉阳杂俎·续集》也载有民间禳镇的部分内容,其记唐代民间用在门上画虎头、书字的方法息疫:"俗好于门上画虎头,书聻字,谓阴刀鬼名,可息疫疠也。予读《汉旧仪》,说傩逐疫鬼,又立桃人、苇索、沧耳、虎等。聻为合沧耳也。"

4. 禳鼠

唐中晚期却鼠方法见载于史籍,说明当时鼠患有时还是比较多的,但其法荒诞不稽,仅给禳鼠人家提供一些心理安慰罢了。《四时纂要》所载禳鼠方法为:于禳鼠日,即正月辰日,塞穴,则鼠当自死。还可在上年腊月捕鼠,段其尾,留待正月一日未出时,斩之,家长于蚕室祷祝:"制断鼠虫,切不可行。"祷祝三次而后置鼠于壁,则永无鼠暴。

《酉阳杂俎》也载有"厌盗法":七日以鼠九枚置笼中,埋于地,称900斤土覆坎,深各二尺五寸,筑之令坚固,杂五行书曰:"亭部地上土。"涂灶,水火盗贼不经;涂屋四角,鼠不食蚕;涂仓,鼠不食稻;以塞坎,百鼠种绝。僖宗时期(874—888年)末,广陵(江苏扬州)有乐姓言有人将衣物换酒,收藏不谨,致鼠啮坏。40余岁的穷丐人杜可均,便问乐某此间屋院几何,自云其弱年曾记得一符,甚能却鼠。欲请书符加以试验,术或有验,则此室可永无鼠。将符依法命焚之,自此老鼠绝踪。

第二章 宗教救灾

隋唐五代时期,宗教徒以慈善救灾与法术禳灾的方式,比较普遍地参与到救灾中,这与宗教教义的要求有关。宗教徒的慈善救灾大多仅见于唐代，表现在施药医疾、施粮救饥、抢险与兴修水利等方面，道教徒也留下了一些零星的救灾之举。宗教徒因其不同于俗人的身份，通常是禳灾的主要角色，见于整个隋唐五代时期，他们通过讲经、作法、投龙等方式禳除灾害，特别是对付旱灾，五代甚至出现僧道联合建立消灾道场以禳灾的现象。

一、僧道的慈善救灾

唐代佛教兴盛，佛教徒的慈善救灾活动颇多，表现在施药医疾、施粮救饥、抢险与兴修水利等方面。僧人参与救灾的资料比较零散，参与较多的救治疾病也被抹上了一层神秘的色彩。尽管如此，仍然可以发现：佛教讲究慈悲为怀、济世救民，在唐代赢得了广大民众的支持，在治病、救饥及兴修水利及抢险救人等救灾济民行动中起到不可估量的作用，显示了自己存在的价值与意义。同时，道教在救治疫病、施粮救饥方面也发挥了一些作用，但道教虽为唐朝国教，但留下的救灾之举仅见于零星记载，道教徒务实性的救灾之举在实际中很可能远少于佛教徒，其表现相对逊色得多。

（一）施药医疾

大灾之后往往有大疫。大灾疫时，唐朝廷命令地方官吏配合医疗人员，免费发放医药，开仓赈济，实施政府的救灾职能。但政府对灾疫的救济毕竟僧多粥少，实施面不广，且手续烦琐，其时效性未免大打折扣。因此，许多唐人采用修福和祈祷的方式禳除疾病，但却收效甚微。而唐代僧徒将医疗作为吸引信徒、显示佛法威力的主要手段，在救治疾病、灾疫方面是一股不可忽视的力量。道教模仿佛教手段传教，一些道教徒也行医救疾。

医疗救世是域外高僧普遍运用的弘教方法，唐代医僧将天竺医方明同传统医学结合以治病救人，是释界重要的弘教与修行功德。民间百姓相信经书是治病的良药，可以驱鬼免灾，多信仰佛教咒语，认为持咒、念经、写经是医治疾病的有效方法。中古时期佛教医药学同巫术禁咒有不解之缘，但透过佛教神圣的外衣和史传作者的圣化，并不难发现唐朝佛教的医疗济世功能。许多佛教经典宣传诵念经咒能够治病，如《大悲咒》宣扬能"最早说速得成佛"，并声称有驱鬼辟邪、医治疾病、脱灾免难等好处。仅《大悲咒》和《千手千眼观世音菩萨治病合药经》就列出了 20 余种药方，能医治包括眼病、耳病、鼻病、咳嗽、食肉中毒、蛔虫、蛊毒、肛门痒、赤痢、大小便不通、心病、偏风、疟疾、丁疮、肿瘀、汤火伤、蛇蝎螫伤、妇产病、小儿病等诸多疾病。在敦煌地区流行的佛教咒语中，也有针对疟疾、消肿、治蛊方面的内容。可知一些僧人拥有较丰富的医学知识和高超的医治手段，努力实践医疗救世。

隋唐时期出现了一种专门收治传染病人的具有福利性质的"疠人坊"。至迟到隋代，已出现对传染病人进行隔离。其时，北天竺僧那连耶舍在长安，"收养疠疾男女别坊，四事供承，务令周给"。发展到唐代，寺院专门设置疠人坊。贞观十七年（643 年），高僧释智岩多在白马寺，后归建业（江苏南京），往石头城（江苏扬州）疠人坊住，为其说法，吮脓洗濯无所不为。10 余年后，终于疠所。疠人坊是治疗传染病人的专门机构，由寺院僧徒管理。它对灾后一些流行瘟疫的治疗必然起到重要作用。

开元八年（720 年）五月，京师（陕西西安）患疫病者较多。来自疏勒国的医王韦老师"施药以救，无不瘥"，玄宗称其为"药王菩萨"，这是一位异域高僧。唐人中医术高明的僧人也有不少，一些僧人以高超的医术治愈了很多百姓，在灾疫时期，他们当可发挥更大的作用。除了僧人外出救治病人，病人还可在寺院悲田养病坊养病和疗疾，这是唐代新设置的慈善机构，脱胎于佛寺的悲田养病院，可远溯至南北朝时的孤独院和养济院。佛教悲田是由僧尼职掌、朝廷管理，用于恤贫宽疾的慈善事业，提倡救助贫弱病苦之人。唐朝廷重视"矜孤恤穷，敬老养病"，长安年间（701—704 年）之前，至少在两京地区（陕西西安、河南洛阳）的佛寺已普遍设置养病坊。由于其影响扩大，长安年间朝廷特置悲田使以监督寺院病坊。因此，寺院具有社会救济功能，病患者为其基本服务对象之一。武周时期（690—704 年），洪昉禅师就曾在陕州城

（河南陕县）中，选空旷地建龙光病坊，常养病者达数百人。江淮州郡地多竹屋，稍有不慎，动辄千百间房立成灰烬，因此火令最严，犯者无赦。晚唐时期，一位善医大风之症的扬州术士家发生火灾，以致延烧数千户人家。在临刑赴法之前，他唯恐自己的医术失传，愿意将绝技传授他人，而时镇扬州的高骈喜延接方术之士，他因此获得验证医术以缓刑的机会。于是他从福田院也即悲田坊中挑选重症大风患者，置其于密室中，使其饮酒麻醉后，以利刀切开脑缝，挑出一虫。仅一月患者疮口尽愈。这从侧面说明了悲田坊收治病患者，唐代悲田养病坊的功能之一即施药治病。

佛教寺院还有圣水疗疾之法。唐人用圣水治愈疾病之例颇多，一些具有传奇色彩，但仍反映出当时存在以药水治病之法，且富有神效，圣水疗疾一度成为一些利欲熏心之徒骗取钱财的手段。宝历二年（826年），亳州（安徽亳州）浮屠诡言水可愈疾，号曰"圣水"，此谣言"转相流闻，南方之人，率十户僦一人使往汲。……水斗三十千，取者益它汲，转鬻于道，互相欺诳，往者日数十百人。"浙西观察使李德裕上《亳州圣水状》奏论其妖，汴宋观察使令狐楚亦言于上，宰相裴度判曰："妖由人兴，水不自作。"命观察使令狐楚所在禁塞。亳州僧人欺民惑众，很多人受骗上当，以致江淮以南，远来河南奔凑求水。这里，圣水疗疾被利用来从事诈骗，民众的崇佛心理被一些狡猾僧徒利用以生财取利。实际上，圣水疗疾源于中亚胡俗温汤沐浴，具有疗疾之效。唐人对山泉水含有杀菌成分、富有药效已有一定认识。唐末，江都（江苏扬州）开元寺僧惠镜于和州吴江县（江苏吴江），发现含有矿物质泉水的医疗功能，朝廷敕赐汤泉院70余间。惠镜亲力亲为，参与修建。此温泉沐浴颇有效果，"澡身而渐失疮痍，饮腹而都忘热恼"，病者呻吟而来，笑语而去。前后蠲除疾疹2万人，说明唐代已开始利用温泉水治病。

因佛教徒以治病活人为自身使命和修行方式之一，讲究利人利己。在社会遭遇疾疫时，僧徒的医疗特长会起到不可估量的作用。由于疾疫经常是伴随着大的自然灾害而发生的，在社会上瘟疫流行的时候，往往是大的自然灾害过后，佛教徒治病救人的功效更为明显。

道教徒利用自己的一技之长救治疫病之例不多，这里可举楚州王炼师和天台道士刘方瀛两例。元和时期（806—820 年）初，淮南疫灾，亡殁相踵。楚州（江苏淮安）王炼师"济拔江淮疾病，休粮服气，神骨甚清，得力者已众"。李吉甫遣人马迎于州宅。王生曰："相公但令于市内多聚龟壳、大镬、巨瓯，病者悉集，无虑不瘥。"既得，王生令浓煎，重疫者恣饮之，轻者稍减，既汗皆愈。天台道士刘方瀛（卒于咸通末），"师事老君，精修介洁，早佩毕道法箓，常以丹篆救人。与同志弋阳县令刘翱，按天师剑法，以五月五日就弋阳（江西弋阳）葛溪炼钢造剑，勅符禁水，疾者登时即愈。尝于黄岩县（浙江台州黄岩区）修斋勅坛，以救疫毒。有见鬼巫者，潜往视之，见鬼神数千，奔北溃散，如大阵崩败，一县之疫，数日而愈"。

（二）施粮救饥

自然灾害和粮荒一直威胁着隋唐帝国的生存与发展，隋文帝和唐前期几位皇帝多次带领百官到洛阳就食，唐后期甚至依赖江南财赋而生存。虽然唐朝廷常以义仓、常平仓等仓储赈贷饥民，但赈贷必须经过县、州、府逐级申报尚书省，其手续烦琐，加之部分官吏渎职，导致赈贷往往达不到预期效果。因此，施舍粮食作为佛教寺院的一项功德，起到了救急作用。

隋代时期，大业十年（614 年）以后，释灵润隐居于蓝田（陕西蓝田）化感寺已 15 年。贞观年间（627—649 年）初期，"时天步饥馁，道俗同沾化感一寺，延宾侣磨谷为饭菽麦等均，昼夜策弘道为任，归者云集"。唐代僧人布施救饥穷颇多，寺院功能之一就是提供饥人和过路人饭食。元和年间（806—820 年），遇岁饥馑，寺宇萧条，五台山（位于山西五台）华严寺"巡游者颇众，供施稀疏"。至释智顗主讲《华严经疏》，大众云集，日供千僧，食无告乏。开成五年（840 年）四月廿四日，两岭普通院缘近年虫灾，今无粮食，未曾有粥饭。说明寺院常岁一直备粥饭以供施舍，只是当时长期蝗害，无粮可施。同年七月二日，五台山中设斋，不论僧俗男女大小尊卑贫富，皆平等供养。凡俗男女乞丐寒穷者尽来受供。僧人常以布施所得救济饥民。释代病凡属荐饥必募粮设食，于赵州（河北赵县）救荒馑，作施食道场，前后八会。大中七年（853年），江表荐饥，殍踣相望，释清观逐并粮食施之。这种施舍能速见成效，体现了佛教的无量功德。安史之乱初期大饥，至德元载（756年），内侍高力士奏在成都城南市，僧英干于广衢施粥，以救贫馁。

僧徒施舍饥民和贫民，一个重要原因在于唐代佛教兴盛，其时寺院广布，信徒群体十分庞大，成为社会上一股相对独立的势力，其济贫布施除了朝廷资给之外，还有广大信徒的布施，因此拥有自己的土地和独立的经济来源。开元五年（717年），宋璟曾奏："悲田养病从长安以来，置使专知。国家矜孤恤穷，敬老养病，至于安庇，各有司存。"这说明悲田养病坊是佛教寺院主持的一个慈善机构，武周时期（690—704年）改由国家置使专知。会昌时期（841—846年），大力灭佛，敕悲田养病坊"缘僧尼还俗，无人主持，恐残疾无以取给，两京量给寺田拯济。诸州府七顷至十顷，各于本管选耆寿一人勾当，以充粥料"。即使在武宗灭佛的特殊时期，寺院仍由官府负责主管，所谓灭佛仅限制了僧众及寺院的数量，施粮舍粥以救济饥民始终是寺院的一项重要慈善事业。

道教徒亦有救饥之举。上元年间（760—761年），安史之乱后"五谷不登，天降凶灾，人受冻馁"，检校两县威仪兼永仙观主田尊师出食救济饥人，"凡所蒙活，数逾千计"。

（三）抢险与兴修水利

在水灾毁屋溺人的关键时刻，有的僧人带领村民勇敢地进行抗洪抢险的斗争。贞元二十一年（805年）夏大水，"熊、武五溪斗决于沅，突旧防，毁民家"。有一僧人愀然誓于路："浮图之慈悲，救生最大，能援彼于溺，我当为魁。"他带着"狎川勇游"的"里中儿愿从三四辈"，"乘坚舟，挟善器。……大凡室处之类，穴居之汇，在牧之群，在豢之驯，上罗黔首，下逮毛物，拔乎洪澜，置诸生地者，数十百焉"。此年，朗州武陵（湖南常德）、龙阳（湖南汉寿）二县"江水暴涨，漂万余家"。这次洪水来势非常凶猛，这个不知名的僧人带着人抢救出几十人和牲畜，这种精神是最大的慈悲。

　　唐代僧人还参与到兴修水利建设之中。僧坚公怀有开河之志，元和四年（809年）开凿怀州（河南沁阳）枋口，他奉敕命监临开河，"观天下地形，可开处便辟，飞轮至此，巨致殊功。招樊哙之徒，召五丁之类，驱硁峨之石，立拂云之梢，堰洪口巨流，鈌东南之岸，分流一派。"开凿成功后，溉田数百万顷，秔稻岁收，河内之人得以无饥年之虑。有僧人修清凉河堰，"因作清凉河堰，僧问：'忽遇洪水滔天，还堰得也无？'师曰：'上拄天，下拄地。'"东都龙门潭之南，有八节滩、九峭石，自古船筏每过此则破伤，需舟人楫师进行"推挽束缚"方能通过。会昌四年（844年），73岁的僧人道遇"适同发心，经营开凿"龙门（河南洛阳南）水利，"誓开险路作通津"。当时"贫者出力，仁者施财"，使"朝胫从今免苦辛"，"从古有碍之险"尽除。白居易作诗颂此事："铁凿金锤殷若雷，八滩九石剑棱摧。竹篙桂楫飞如箭，百筏千艘鱼贯来。振锡导师凭众力，挥金退傅施家财。他时相逐四方去，莫虑尘沙路不开。"

二、宗教徒的法术禳灾

　　农业社会严重受制于水旱灾害，人力在灾害面前的微不足道，使人们总是希望能利用超自然的力量阻止或控制自然灾害。在大自然面前，巫术法术是力量软弱的人战胜实际困难的一种努力，从禳灾仪式的烦琐和祠庙的广建，可知禳旱祈雨受到高度重视。僧人和道士等宗教徒通常是禳灾的主要角色，他们通过多种方式，参与到禳灾活动中。鉴于宗教徒法术禳灾的神秘性较强，且与官方多有关联，别具特色，这里对宗教徒的法术禳灾单独予以说明。

　　（一）僧人禳灾

　　隋唐五代时期，僧教徒讲经祈雨和作法祈雨比较流行。

　　1. 讲经禳灾

　　隋唐五代时期通过讲经禳旱止雨的方式源于前代。天监五年（506年）冬旱，雩祭无效，梁武帝就命沙门法云讲《胜鬘经》祈雨有效。古人畏惧灾异，而救灾之术最大的功效则在于安抚人心。由于中古社会以农业为基础，各种救灾的巫术仪式多围绕旱涝丰歉等方面进行，通过雩祭祈雨仪式可得知神明的意志从而慰藉人心。隋唐五代时期，僧人依然凭借法术神通弘法来吸引信徒，并在禳灾活动中成为显要角色。僧人的禳灾活动，已经化为一种仪式和习俗。

隋代佛教兴盛，隋文帝对佛教推崇备至，积极利用佛教参与救灾，这包括僧人祈雨、讲经说法等，在很大程度上起到了慰藉民心的效果。开皇六年（586 年）关中亢旱，朝野无措，敕请二百僧人于正殿祈雨，累日无应。长安延兴寺昙延法师认为此乃隋文帝与群臣"并违治术，俱愆玄化"之故，隋文帝遂"躬事祈雨"，请昙延法师于大兴殿升御座南面授法。文帝及朝宰五品以上，并席地受八关斋戒，果得大雨，远近咸足，文帝特赐昙延绢 300 段。这次成功祈雨，规模很大，级别颇高，初唐时被绘于敦煌莫高窟 323 窟南壁壁画上，以显示佛教的功德。开皇十年（590 年），长安（陕西西安）疾疫，隋文帝听闻陈朝出身半儒半僧的徐孝克之名行，令其于尚书都堂讲《金刚般若经》以禳疾，这也是佛教参与禳灾的表现之一。开皇十四年（594 年），"时极亢旱"，杭州刺史刘景安请释真观讲《海龙王经》，序王既讫而骤雨滂注。"自斯厥后，有请便降。"

唐代僧人，特别是密宗高僧神通广大，他们通过幻化之术弘法，能够作法祈雨、诵经祈晴，并使蝗虫离境、兴云止风等。僧人往往以方外异人的面目出现，仰赖神通法术或医疗效验、预言等传播教义。唐代对念经禳灾多有记载。贞观二年冬至四年（628—630 年）六月无雨，在雩祭无效后，唐太宗敕召密州僧释明净至京城（陕西西安）祈雨。明净于庄严寺静房禅默，静念三宝至七日，天降甘泽。武周时期（690—704 年）大旱，敕选洛阳德行僧徒数千百人，于天宫寺讲《人王经》，以祈雨泽。贞元五年（789 年），昙贞和尚奉敕，于青龙寺大佛殿令七僧祈雨，第七日夜雨足。至贞元十四年（798 年）大旱，五月上旬，昙贞又奉敕祈雨七日，在内道场专经持念，祈雨日足。因祈雨有效，昙贞两次被德宗恩赐绢茶。开成三年（838 年）十一月廿四日，因自去年十月来，霖雨数度，宰相李德裕帖七个寺，各令七僧念经祈晴，七日为期，于是天晴。开成四年（839年）闰正月四日，于延光寺请僧祈雨，以七人为一番读经。五日后降雨，自后七个日降雨，至望始晴。会昌时期（841—846年），寺院和道观祈雨仍为常事。会昌四年（844年）以来，每雨少时，功德使奉救帖诸寺观，令转经祈雨。但由于唐武宗强烈反佛，得雨后，道士偏蒙恩赏，僧尼寂寥无事。城中人笑曰："祈雨即恼乱师僧，赏物即偏与道士。"唐人的日常言语在不经意中流露出僧人在祈雨中的重要地位。从以上不同皇帝的禳灾行动，可以发现通过念经禳灾祈雨，应该是唐朝经常举行的一项活动。

诵经禳灾亦见于五代时期。后汉隐帝在位期间（949—950年），天下旱、蝗，黄河决溢，京师（河南开封）大风拔木，坏城门，"官中数见怪物投瓦石、撼门扉"。隐帝召司天监赵延义问禳除之法，延义以"山魈"作祟对之。因此，皇太后召尼诵佛书以禳之。但有意思却又蹊跷之事出现了，尼姑中有一位"如厕，既还，悲泣不知人者数日。及醒讯之，莫知其然"。负责禳灾者反而受了惊吓，这段记载被记入史书，说明了史书作者对此做法持不认同的态度，反映了禳灾之事的虚妄。

敦煌文书中也有转经禳灾的内容，如P.3405《国有灾厉合城转经》云："天垂灾沴，乃水旱相仍，疾疫流行，皆众生之共业。昨以城隍厉疾，百姓不安，不逢□水之医，是以济兹凋瘵？我皇轸虑，大阐法门，绕宝刹而香气氤氲，列胜幡而宝幢辉曜，想龙天而骤会，柳塞虚空，天主梵王震威光而必至，二部大众经声洞晓于阇城，五部真言去邪魔之疾疠，使灾风永卷，不害我（？）生民，瘴气消除，息千门氛浸，然后人安乐业，帝祚唯祯，以二曜而齐辉，并三光而洁（？）朗。"僧人转经禳灾的存在，说明了其时信仰佛教者众多，相信佛经具有某种魔力，认为持咒念经可以驱鬼免灾、得偿所愿。

2. 作法祈雨

由于人们相信高僧身怀异术，能够控制天象，隋唐五代时期不乏僧人作法祈雨之例。开皇六年（586年）亢旱，隋文帝敕请"三百僧人于正殿祈雨，累日无应"，于是诏昙延法师于大兴殿升御座南面授法。隋文帝及朝臣五品以上，席地受八关斋戒，果得大雨。这次成功祈雨，规模很大，级别颇高，初唐被绘于敦煌莫高窟 323 窟南壁壁画上。唐代僧人施展法术祈雨止雨的记载颇多，择要列为下表。

表 5-1　唐代僧人作法祈雨求雨简表

时间	地点		僧人	作法	效果
	古地	今地			
贞观初（627年）	蒲州	山西永济	释志宽	置坛场，曝形，以身自誓祈雨	三日后合境滂流
贞观三年（629年）三月	长安	陕西西安	密州释明净	于庄严寺静房禅默祈雨	大雨通济
贞观（627—649年）中后期	——	——	释空藏	亢旱，至心祈请	枯竭的山泉应时还复
神龙二年（706年）	长安	陕西西安	释清虚	入内祈雨，于佛殿精祷，并炼一指祈晴	绝27日雪降
					一宵而雨足
武则天统治时期（684—704年）	德州平昌县	山东临沂	师婆、师僧	——	祈雨20余日无效
708年（景龙二年）	京畿	陕西西安	西域僧伽大师	泛洒瓶水祈雨	甘雨大降
景龙四年（710年）五月	长安	陕西西安	菩提流志	结坛祈雨	三日大澍
景云年间（710—712年）	长安	陕西西安	胡僧宝严	设坛场、诵经咒，杀羊20口、马两匹以祭	祈请止雨50余日，雨更转盛，被斩首
开元七年（719年）正月至五月	洛阳	河南洛阳	金刚智	依菩萨法结坛祈雨，绘七俱胝菩萨像	雨降
开元十二至二十年（724—732年）间	洛阳	河南洛阳	圣善寺僧无畏	召龙请雨，以刀搅钵水，梵言咒之	大风雨
天宝五载（746年）夏	长安	陕西西安	不空	立孔雀王坛祈雨	不到三日雨已浃洽
玄宗时期（712—756年）	长安	陕西西安	金刚智	设坛请雨	暴雨不止
	洛阳	河南洛阳	不空	捏泥龙五六，溜水作胡言骂以止雨	雨霁

续表

时间	地点		僧人	作法	效果
	古地	今地			
大历七年（772年）春夏	长安	陕西西安	不空	建立道场，依法祈雨	大雨丰足
代宗时期（762—779年）	长安	陕西西安	静住寺不空	缳小龙于华木皮，咒语，投于曲江祈雨	暴雨骤降

文献来源：《续高僧传》《宋高僧传》《佛祖统纪》《朝野佥载》《太平广记》《酉阳杂俎》《宣室志》《次柳氏旧闻》《大唐故大德赠司空大辨正广智不空三藏行状》。

上表的高僧祈雨活动，除德州平昌县师婆师僧祈雨多日无效、睿宗时僧宝严向朝廷兜售法术却失灵两例外，大都是法术灵验的记载。今日推测，法术祈雨活动恐怕还是不灵验的居多，高僧祈雨应验或是由于因缘巧合，或是懂得一些天文知识（如僧一行）罢了。这样，被时人认为是法术灵验因而得以更多地记载下来。以上诸例超过半数为祈雨活动，很可能是由于绝大多数发生在北方的缘故，在长安的祈雨就有 9 次，这和北方多旱及唐前期长安处于国家政治经济中心有很大关系。

上述高僧祈雨止雨之例，密教高僧善无畏（637—735 年）、金刚智（671—741 年）和不空（705—774 年）占据了 14 例中的 6 例。三人先后来华传教译经，建立密宗。凭借密术咒语的法力，三位高僧得到了玄宗的信赖和赏识，备受朝廷礼重，号称开元三大士。金刚智弟子不空"得总持门，能役百神"，几代帝王都对不空礼渥优厚，并以官爵相笼络，形成了王公贵族普遍信仰密教的风气。直到唐后期，由于不空三藏塔前多老松，"岁旱则官伐其枝为龙骨以祈雨"。作者段成式推测，这是因为塔主不空善于役龙祈雨，"后人意其树必有灵也"之故。密宗的神秘咒法，在当时禳灾是不可或缺的重要手段。值得一提的是，《酉阳杂俎》载有一则本土僧人与西域僧人竞胜斗法的故事，讲述的是大旱之年，西域僧于昆明池结坛祈雨失败的故事，后因羞恚而死。并涉及孙思邈友人宣律和尚，后者祈雨成功却受助于道教医者孙思邈。总之，本土的宣律和尚比西域僧技高一筹，但二人不论是谁胜利，都反映了佛教徒在祈雨禳灾领域占有重要地位。

作法祈雨中最富特色的是僧人以龙祈雨，其事例较宫廷和官员的以龙祈雨活动更多，择要列为下表。

表 5-2　唐代高僧以龙致雨简表

时间	地点		主要事迹
	古地	今地	
开元年间（713—741 年）	长安或洛阳	西安或洛阳	旱甚，一行以内库镜鼻盘龙结坛祈雨。一日而雨
开元十年（722 年）七月	东都	河南洛阳	旱，帝诏无畏请雨。以小刀搅钵水，诵咒数番，有物如蚪龙从钵中矫首水面，霖雨，弥日而息
玄宗时期（712—756 年）	长安或洛阳	西安或洛阳	不空奉诏，焚白檀香龙祈雨
天宝元年（742 年）	婺州	浙江金华	天大旱，僧志贤望空击石，谩骂诸龙求雨
大历二年（767 年）五月	当阳	湖北荆门	春夏不雨，诏大悲寺释自觉建坛祈祷，二日雨足。应恒阳节度使张昭之请，祈告龙神，天辄大雨
代德时期（约 762—805 年）	东都河阳	河南孟县	旱，大梵寺代病按经绘八龙王，立道场，启祝毕，投诸河，雷雨大作

文献出处:《宋高僧传》《太平广记》《酉阳杂俎》。

上表中一些佛教高僧以龙致雨的传说能够流传下来，既是僧徒宣传的结果，也说明了民众对以龙致雨观念的笃信。《宣室志》载：汧阳郡（陕西陇西）东南百里渭水之西有一法喜寺，元和（806—820 年）末，寺僧频梦一白龙者自渭水来，止于佛殿，蟠绕久之东去，明日则雨。于是僧召工，合土为偶龙，置于殿西楹。"其后里中有旱涝，祈祷之，应若影响。"故事近乎荒谬，但梦是心头想，充分表明了唐人头脑中有龙能兴云致雨的观念，而制作土龙致雨是当时常见举措，所以才会有"龙频来入梦"。

除上述念经、作法禳旱止雨和以龙致雨等外，史籍还记载了一些僧人的止风雹、退水、使飞蝗离境等祈祷救灾活动。如大梵寺释代病于河阳，先是三城间多暴风雹，动伤苗稼雉蝶。代病为诵密语，经岁序而亡是患，盟津民为其立生祠堂。武周时，华严宗法藏大师常被请去祈雨，中宗时也曾成功祈雨。唐代有许多依靠经书得以避免水灾、火灾等意外灾害的故事，均是持念《金刚经》之故。如：饶州（江西潘阳）银山，采户以草为屋，延和元年（712 年）火发，万室皆尽，唯一家居中，火独不及。老人自言"家事佛持《金刚经》"。如果说此类例证多有虚妄不实之嫌，以下梓州大水之例则不尽然。据《报应记》：梓州人倪勤素持《金刚经》，大和五年（831 年）主管涪州（四川涪陵）兴教仓，于仓中厅堂设佛像，读经其中。六月九日，江水大涨，唯不至此厅。水退后，周围数里"室屋尽溺，唯此厅略不沾渍，仓亦无伤"。此例中涪州大水是真实的。《旧唐书·文宗本纪》载：大和五年（831 年）六月，东川奏：玄武江水涨二丈，梓州（四川三台）罗城漂人庐舍。《册府元龟》曰：大和五年（831 年）七月，东川玄武江水涨二丈，梓州罗城漂人庐舍，诏剑南两川水运使宣抚赈给。《宣室志》也可做佐证，其载：大和四年（830 年），刘遵古节度东蜀军，"明年夏，涪江大汛，突入壁垒，溃里中庐舍。历数日水势始平，而刘之图书器玩，尽为暴水濡污。"综合上述，事实为：大和五年（831 年）六月，玄武江水大涨，梓州罗城和涪州兴教仓周围数里房舍被淹。灾情上报后，七月，朝廷下诏剑南两川水运使宣抚赈给。虽然《报应记》所言以读经退水纯属虚妄，但此事所言并非全虚，水灾发生的时间、地点都是真实的。这些故事贯穿唐前期和后期，生动地反映了唐人对佛教的信仰，即希望遇到灾害危险时借以求生。

苏州（江苏苏州）灵岩山寺西北庑下有灵岩和尚画像，十分灵验。咸通七年（866 年），蝗虫弥空亘野，食人苗稼，飞入人家食缯帛，百姓彷徨无措。民人吴延让等率耆艾数十百人，诣灵岩和尚圣像前焚香泣告，即日虫飞越境。此例中僧人像也有禳灾之效。僧人使飞蝗离境之例如：广明元年（880 年）夏，浙江雪川（浙江省北部）蝗灾，食苗稼，杭州龙泉院僧文喜将袈裟悬挂于拄杖之上，置于田亩中，飞蝗将下，厉声斥之，悉翻飞而去，使十顷田稼免受蝗害，得以丰稔。敦煌僧人在驱除蝗虫离境后，还会"造送蝗虫解火局席"以为庆祝。

以上高僧止风雹、退水、使飞蝗离境，佛教信徒依靠佛经得避水害的传奇记载，生动地反映了唐人对佛教高僧法力的笃信。唐代民众多信仰佛教咒语，认为持咒、念经、写经是医治疾病的有效方法。唐人还相信经书是治病的良药，可以驱鬼免灾，当时有许多佛教经典宣传诵念经咒能够治病，依靠经书得以避免水灾、火灾等意外灾害。这些故事多荒诞不经，实质是佛教徒利用人们希望脱灾远难的心理，利用故事进行附会宣传。但佛教史传和某些笔记作品，甚至正史中，都留下了许多佛教徒法术救灾的记载。这一方面反映了唐人对佛教的高度信仰与依赖，另一方面史载中的"彷徨无措""焚香礼叹""焚香泣告"等语言形象生动地说明了佛教对民众的巨大精神支持与心理慰藉。这对人们战胜灾害带来的恐惧，增强对抗灾害的信心提供了力量源泉，这可能是当时佛教成为社会性信仰的重要原因。

五代时期，利用佛教祈雨较为常见。同光年间（923—926年），以方术著称的五台山僧人诚惠（或作诚慧），以妖妄惑人，自云能役龙致风雨，其徒号为降龙大师。镇州（今河北正定）大水，坏其南城，尝"使一小龙警之"，自言"能役使毒龙"。但其人最后被发现并无法术。同光三年（925年），京师（河南洛阳）旱，唐庄宗从邺地（河北大名）亲迎其至洛阳祈雨，并亲率后妃及皇弟、皇子拜之，群臣亦拜，而诚惠安坐不起。虽然士民对其朝夕瞻仰，却数旬不得雨。或谓其庄宗将以祈雨无验而焚之，诚惠惧而遁去。史云其因"惭惧而卒"，反映出以龙致雨之荒诞。这样一位狂僧卒后，却被赐号法雨大师，其塔亦名曰慈云之塔，以致时人孙光宪以"何其谬也！"评论其称号。又，前蜀王氏时期（918—925年），梁州（陕西汉中）天旱，祈祷无验。僧子郎诣州，自请致雨。准备10石瓮贮水，自己闭气坐于其中，水灭于顶。三日后雨足。州将王宗俦异礼之，檀越云集。后来自己向僧令蔼解释其术，并云："本法于湫潭中作观，与龙相系。龙为定力所制，必致惊动，因而致雨。然不如瓮中为之，保无他害。"

总之，佛教因其慈善救灾事业及一些高僧对禳灾活动的参与，得到隋唐五代十国统治者的支持与青睐。在唐代，佛教压倒儒学，颇受礼重。佛教参与禳灾，也对普通百姓起到相当的心理与精神安慰作用。

（二）道士禳灾

隋唐五代时期道教徒的禳灾祈雨活动，以唐代为主，包括参与治疗疫病、投龙祈雨、仙术致雨等方面，不仅道士主持祈雨，也有女冠参与祈雨。

1. 投龙祈雨

投龙祈雨源于道教。唐玄宗御极多年，尚长生轻举之术，令道士、中官赴天下名山，合炼醮祭，相继于路。投龙奠玉，造精舍，采药饵，以期成仙。开元年间（713—741年）内殿修斋，孙智谅奉诏投龙于吉州（江西吉安）玉笥山。西安何家村（位于长安兴化坊）唐代窖藏被认为是一处与道教有关的窖藏，出土有12条金龙，被推测为道教投龙仪式中所用的法器。而投龙除追求长生外，在唐代还有祈雨的功能，道教徒就是投龙祈雨活动的主角。龙朔三年（663年），受皇后武则天宠信的西华观道士郭行真略解章醮，被"敕令投龙，寻山采药"。开元十九年（731年）五月，京师（陕西西安）旱。二十五日，诏投龙祈雨。乾元元年（758年）二月，旱，于曲江池投龙祈雨。又令道士何智通于尚书省都堂醮土神，用特牲，设50余座，右仆射裴冕及尚书侍郎并就位如朝仪。此处未明言这次投龙祈雨的主角，但从其后道士何智通于尚书省都堂醮土神来看，很可能由道教徒主持。另外，太原属邑有水清池，是太原府祈祷雨泽即投龙之所。敦煌文书中也留下了对道教投龙祈雨仪式的记录。P.2354《投金龙玉璧仪》载："令散投或正月埋砂有龙璧各三，此即镇国辟瘟功德。……今功德院撰《立威投龙章醮威仪法则》。"

壁记中也留有唐代道士投龙壁记，记有道士马元贞奉先观投龙、道门威仪张湛大房山投龙、东明观主王仙卿青城山投龙等。天授三年（692年）正月廿四日，奉勑遣金台观主马元贞往五岳四渎投龙功德。开元十八年（730年）六月，检校内供奉精勤道士东明观主王仙卿，就青城丈人灵山，修斋□醮，并奉龙壁。七日，入净斋醮，十一日，敬投龙壁。开元廿三年（735年），内供奉□□吕慎盈奉敕于府城西南的大房山投龙壁；廿四载及其后某年，又奉敕于此投龙壁。从壁记内容看，投龙祈雨在唐代曾多次举行，一般是朝廷派有威望的道士主持、在道教名山设坛祈雨。后来投龙似乎超出了道教活动，也有其他人参与主持的。

五代时期亦有投龙祈雨的记录。天福八年（943年）六月，后晋出帝遣供奉官卫延韬诣嵩山投龙祈雨。卫延韬的身份是供奉官，可能并非道士。

2. 作法祈雨

道家讲究羽化成仙，据说能以仙术致雨。贞观三年（629年），从去冬至来夏六月迥然无雨，天子下诏释李两门岳渎诸庙，爰及淫祀，普令雩祭，只是这次最终是佛教徒祈雨成功。唐高宗将封泰山，遇久雨不止，道士刘道合隐居嵩山，唐高宗令其于仪鸾殿禳祝止雨，果雨霁天晴，据敦煌变文《叶净能诗》，开元十三年（725年），关外亢旱，关内无雨，玄宗诏百僚询问，宰相宋璟建议皇帝问叶净能求雨。叶净能作结坛场，书符五道，先追五岳直官要雨，又追天曹。天曹言：初缘百姓，抛其面米饼，合三年亢旱。因叶天师坚持"五岳四渎速须相得"，下雨前后三日，食谷丰熟，百姓歌谣。反映了玄宗开元时期，道士叶净能（又作叶静能）拥有令天曹降雨之法术。传统文献未载该年旱灾，但之前一年，河东、河北旱灾严重，之后一年15州旱灾，所以开元十三年（725年）干旱的可能性比较大。虽然变文中所言具切时间尚待确证，但正史未载该年旱灾，很可能因为当时灾情没有那么严重，或者后来下雨，旱灾得到缓解。这则变文反映了叶净能作为道士，能与上天沟通的"本领"。

道士祈雨需准备丰盛祭品，结坛虔诚祈祷于道教灵山圣迹。"神仙"罗公远号称罗真人，修道于青城（四川都江堰）之南的罗家山，在唐玄宗朝负有盛名。"每风雨愆期，田农旷废，则必见焉"。时人疑其仙品之中，主司风雨水旱之事。杨村居人曾因旱暵，欲祷于洛口后城李冰祠庙。因一老妪言："要雨须求罗真人，其余鬼神，不可致也。"众人对之焚香祷告，"是夕，数十里内，甘雨告足，乃于其所置天宫，塑像焉"。此后，诸乡未得雨处"以音乐香花，就新宫祈请，迎就本村，别设坛场，创宫室，雨亦立应"。以致什邡（四川什邡）、绵竹（四川绵竹）

七八县界，"真人之宫，处处皆有，请祷祈福，无不征效"。

唐代道教徒祈雨之例不少。乾元元年（758年）二月，京师（陕西西安）旱，唐肃宗令道士何智通于尚书省都堂醮土神。大历年间（766—779年），幽州（北京）境内苦旱，长史李怀仙令性好服食的胡人石巨之子祈雨，扬言"不雨杀汝"。经其子焚香上陈和长史使金参军酒脯致祭，其日大雨，远近皆足。李怀仙于石巨之宅立庙，岁时享祀。元和时期（806—820年）初，有道士结坛设具祈雨。南岳道士田良逸、蒋含弘道业绝高，远近钦敬。潭州（湖南长沙）大旱，祈祷不获，侍郎杨凭迎之，即日降雨。所居岳观内建黄箓坛场，陈法具。及行斋，左右扶先生升坛，天即开霁。崔玄亮典眉州（四川眉山），"尝于州衙开黄箓道场，为民祈水旱疾疫，而已散斋之晨，必降祥云鸾鹤，州民咸睹"。至宋，眉州"每岁设黄箓斋"。晚唐郑州刺史李某以天旱不雨，请茅山道士冯角于水府真官祷雨。开成年间（836—840年），魏郡（河南安阳）大旱，遍祷山岳不应。太守请道行精明的西况山陆先生祈雨，郡中雨得周足。大中五年至六年（851—852年），杭州安国县（浙江临安）有邑大旱，邑令命道士东方生起龙祈雨。明年复旱，又召东方生起龙。当时东方生有对钱镠出生的预言，若非好事者附会，或对吴越国利用道教禳灾有所影响。广明元年（880年）旱，三月不雨，至五月百姓愈望，人心憔悴。范希越事北帝修奉之术，雕天蓬印以行之，祭醮严洁，逾于常法，于万岁池试行神印，为生灵祈雨。至真观致斋后，投印池中，果降大雨。中和元年（881年）七月，蜀州青城县（四川都江堰）亢旱，唐僖宗诏内臣袁易简、刺史王兹、县令崔正规与自己诣青城山修醮，封宁先生为五岳丈人、希夷真君。封醮之夜，风雨大至，枯苗再茂，县境乃丰。以上多为祈雨成功之例，因灵验而被记载下来。

还有于道教灵迹之处祈雨者。阆州（四川阆中）玉台观前有嵌窦悬泉，"在峭岩之曲，乔木之下，有石壁奇文，自然老君之状"。大和九年（835年），阆州刺史高元裕"焚香叩祈，以崇葺为请雨。还未及州，甘雨大霈，连绵两夕，远近告足"。其后，在其址建斋宫，立碑以纪其事。据说，直北宋，郡中水旱，祈祝灵验益彰。

道教徒参与祈雨活动的多为道士，但也有女冠参与，如并州（山西文水）女巫郭天师。会昌年间（841—846年），晋阳县（山西太原古城营村）春夏亢阳，损数百里田稼。祷于晋祠，略无其应。并州女巫郭某，少攻符术，多行厌胜，曾出入宫掖，被赐号天师。县令狄惟谦迎请郭天师至祠所，郭天师自言可飞符上界请雨，已奉天地命，必在至诚，三日雨当足。四郊士庶云集，而期满无征。郭天师曰：县令无德致此灾沴，欲再告天，七日合有雨。惟谦引罪，谨奉之，竟无效。郭天师骤欲入州，惟谦留之，为女巫晋责："庸琐官人，不知天道。天时未肯下雨，留我将复奚为？"惟谦意识到为巫者所辱，伪言次日为其饯行，暗中戒左右观察其动向。迨晓，狄惟谦叱左右，于神前鞭女巫背二十，投于漂水。此时，云雷起，甘雨大澍。州表列其事，诏书褒异："惟谦剧邑良才，忠臣华胄。睹兹天厉，将瘴下民，当请祷于晋祠，类投巫于邺县。曝山椒之畏景，事等焚躯。起天际之油云，情同剪爪。遂使旱风潜息，甘泽旋流。昊天犹监克诚，予意岂忘褒善。特颁朱绂，俾耀铜章。勿替令名，更昭殊绩。"并赐狄惟谦钱50万。其中所言郭天师少攻符术，能飞符请雨，显然是道教法术。此外，咸通时期（860—874年），独孤霖曾作《玉晨观祈雨叹道文》多则，书因旱女道士奉皇敕而虔修法事。

唐末，青城山道士杜光庭将道教主要道派的斋醮仪式统一起来，整理成《道门科范大全集》87卷，其中包括灵宝太一祈雨醮仪、祈求雨雪道场仪、晳火禳灾说戒仪。反映了道教徒在禳灾祈雨方面进行努力并试图有所作为。杜光庭受唐僖宗赏识，多次因旱受命主持祈雨。任左右街宏教大师时，他受命与左都押衙、检校尚书右仆射曹岳一起祈祷于青城山（位于四川都江堰），留下的祈雨醮词有《蜀王青城山祈雨醮词》《蜀王葛仙化祈雨醮词》等。

（三）其他禳灾

阴阳人祈雨。乾元元年（758年）五月己亥，亢旱，阴阳人李奉先自大明宫出金龙及纸钱，太常音乐迎之，送于曲江池（位于陕西西安）投龙祈雨，宰相及礼官并于池所行祭礼毕，奉先投龙于池。这次祈雨，距上次曲江池投龙祈雨约三个月，但却并未见道士的身影，主持者为阴阳人李奉先。阴阳人从字面意思是沟通天地阴阳之人，具有类似于宗教徒的身份。

起消灾道场。同光四年（926年）正月，诸州上言，准宣为去年十月地震，集僧道起消灾道场。一般来讲，佛道二教是分开的，朝廷在一段时期内，或以佛为首，或以道为先，而此例中，似乎对二者同时并重。

第六编

防　灾

隋唐五代时期比较注重防灾建设，主要体现于设立仓储、建立水法、修建水利工程、农事备荒及注重城市防灾建设与环保绿化等方面。此时期极为重视仓储建设，隋唐两代在地方和两京设立了正仓、太仓、义仓等许多大型粮仓，特别是专门用于救灾的义仓建立后，国家荒年赈贷制度化，对地方灾害救济起到很大作用；五代时期诸政权也经常开仓赈灾。唐代建立了全国性与地方性的水法，修建了不少抗洪和抢险方面的水利工程。农事防灾方面，此时期进行占卜和预测以预先对灾害进行防备，兴修了不少水利工程以防旱抗涝；在农地保护、农业生产经验、耕作方式、排灌机器、屯田生产积粮备荒方面，也积累了一些宝贵经验。唐五代在城市防灾建设与环保绿化方面利用改变建筑材料及拓宽街道、种树掘井的办法以减少火灾及疫情的发生，重视以环保绿化之法抵御旱灾和沙尘，效果可观。

隋朝时期，文帝、炀帝在位时的防灾救灾制度一脉相承，但救灾效果差异较大。薛道衡作颂称颂隋文帝，云开皇时"仓廪有红腐之积，黎萌无阻饥之虑"，虽嫌夸张，却非无稽之谈。仓储成效显著与隋文帝重视民生与吏治问题、注重对自然灾害的防救工作有很大关系。而隋后期炀帝热衷于国家政绩工程和效率，将其大量的精力与帝国的财力投入国家重大工程建设与北征高丽，轻重处理失当导致民不聊生，民心不附，政令不行，虽然按常规进行救灾，已有制度的作用却不能有效发挥。

唐太宗认识到，开皇十四年（594年）八月关中大旱人饥之时"仓库盈溢，竟不许赈给，乃令百姓逐粮"，是隋文帝"不惜百姓而惜仓库"造成的，以致隋代"末年，计天下储积，得供五六十年"。因唐代借鉴隋代仓储防灾备灾经验教训，类似的错误在唐代没有再发生，仓粮的利用效率大大提高，救灾效果较好。阿拉伯商人苏烈曼（Suleiman）于唐宣宗时至广州经商，大中五年（851年）西归后写成《苏烈曼游记》，书中赞颂中国旧俗：当凶年时，开放公仓，施舍食物及药材于贫乏者。唐代灾荒凶年开仓赈贷的惯例，让阿拉伯商人惊羡不已，说明唐代仓储备荒在当时世界上是较为先进的制度。隋代少有地方官员面临灾害时自主开仓赈济灾民者，当时"官吏惧法，莫肯赈救"，百姓益困。唐代地方官员自主开仓赈济行为明显增多，很多情况下不会被惩罚，甚至会被奖励。这是唐代根据实际情况，在一定限度内给予官员灵活自主性的一种表现，也是吸收隋代开仓赈民教训的结果。

第一章　仓储

隋唐五代时期极为重视仓储建设，隋唐两代在地方和朝廷设立了许多大型粮仓，主要包括建立于地方的正仓、义仓，京师长安的太仓等。隋文帝在开皇早期创建义仓备荒，是一个创新性的举措。五代诸政权虽更替频繁，但也经常在遭遇水旱等自然灾害时开仓赈济，特别是吴越国国王钱弘俶还在火灾将要危及钱塘城（浙江杭州）镇国仓时，强拖久病之身救火，显示了对粮仓的高度重视。

一、仓储建设与赈灾

隋代设置了不少大型粮仓以储粮备荒，特别是开皇早期创建义仓以备饥年。因京师长安（陕西西安）"仓廪尚虚"，为应对水旱灾害引起的饥荒问题，隋初文帝在全国至少设置了五处国家级大型粮仓以储粮备荒，在卫州（河南浚县）设黎阳仓，在洛州偃师县（河南偃师）设河阳仓，在洛州陕县（河南三门峡）设常平仓，在华州（陕西华县）设广通仓，并募丁漕关东及汾、晋之粟，以给京师。大业时期（605—618年），隋炀帝新置巩县（河南巩义）兴洛仓、洛口仓及洛阳回洛仓。隋代在潼关、渭南亦皆有仓，以转运粟米，各有监官。隋代还设立有含嘉仓、子罗仓等仓廪，这些粮仓在灾年有效地发挥了作用。

唐代的仓储备荒，主要是义仓、常平仓，也涉及正仓、太仓等粮仓。按照粮食来源分为不同种类，"凡天下仓廪，和籴者为常平仓，正租为正仓，地子为义仓"。一般而言，在地方州县者为正仓，在关辅之地者，长安曰太仓，洛阳曰含嘉仓，华州华阴县（陕西华阴）曰永丰仓。唐高宗时期，咸亨元年（670年）闰九月置河阳仓，隶司农寺。咸亨三年（672年）六月，于洛州柏崖（河南济源柏崖山）置敖仓，容20万石。开元十年（722年）九月，河阳、柏崖两仓废，存了50余年。开元二年（714年），蒲州龙门县（山西河津）置龙门仓。至开元二十二年（734年）八月，唐玄宗接受京兆尹裴耀卿建议，置河阴县（河南荥阳）河阴仓、河清（河南孟州）柏崖仓、三门（陕西澄城）东集津仓、三门西盐仓。开三门山18里，漕运江淮米以实关中。最初三年漕运米700万石。裴耀卿罢相后，岁漕米至京师100余万石。太仓得以积粟有余。唐文宗时，太仓粟数仍有250万石。一般而言，正仓及太仓等收入以正租为主，常平仓收入以和籴为主，义仓收入以地子为主。

在唐代，先建立正仓、太仓，后建义仓，其后又建常平仓。唐太宗时置义仓及常平仓，以备凶荒，其后又不断扩充。永徽六年（655年）秋，唐高宗令于京师东、西二市置常平仓。但后来，"稍假以给他费"，至中宗神龙中略尽。唐玄宗复置常平仓，开元七年（719年），北方五道及剑南、山南、淮南诸道的部分州，均设置了常平仓。

唐朝继承了隋代的义仓制度，并在救荒中继续发挥了更好的作用，其他仓储也发挥了应有的作用。诸仓中，义仓是救灾专用粮仓，常平仓、正仓和太仓则为义仓赈贷的补充。正仓和义仓分别在唐代初期和中后期担负重要赈灾职能，太仓粟米是在国家内部进行第二次分配，赈贷是其功能之一，对义仓起着补充作用。常平仓的建立源于战国法家李悝，成于西汉宣帝，粮多时加价而籴，粮少时减价而粜，通过调剂物价来保证灾年粮食供应。正仓指地方粮仓，主要职能是受纳租税和出给禄廪与递粮。太仓由太仓署掌管，其粟米来自全国各地，是州仓和县仓征纳、经转运仓上供的正租或两税斛斗，出粜赈贷是其功能之一。在义仓废弃的时期，常平仓、正仓、太仓就担负起灾年赈贷、出粜粮食济民的主要职能。如：岐（陕西凤翔）、华州（陕西华县）、同（陕西大荔）、豳（陕西彬县）、陇（陕西陇县）等州"顷缘水旱，素不储蓄"，开元二年（714年）正月，唐玄宗敕令兵部员外郎李怀让、吏部主爵员外郎慕容珣分道前往诸州赈济，明确提出："速以当处义仓量事赈给，如不足，兼以正仓及永丰仓米充。"

国家仓储制度在很大程度上保证了灾年开仓赈贷及平粜贱粜，《通典·食货典》载有天宝八载（749年）国家正仓、义仓、常平仓粮及诸色仓粮数，有助于了解各仓实施赈贷的情况（见表6-1、表6-2）。

表6-1　天宝八载正仓、义仓、常平仓粮数（单位：石）

道名 ＼ 仓名粮数	正仓	义仓	常平仓
关内道	1821516	5946212	375570
河北道	1821516	17544600	1663778
河东道	30589080	7309610	535386
河西道	702065	388403	31090
陇右道	372780	300034	42850
剑南道	223940	1797228	70740
河南道	5825414	15429763	1212464
淮南道	688252	4840872	81152
江南道	978825	6739270	阙
山南道	143882	2871668	49190
各仓合计	42126184	63177660	4602220

表6-2　天宝八载诸色粮合计（单位：石）

仓名	诸色粮数	所在地	
		古地	今地
北仓	6616840	长安	陕西西安
太仓	71270	长安	陕西西安
含嘉仓	5833400	洛阳	河南洛阳
太原仓	28140	陕州陕县	河南三门峡
永丰仓	83720	华州华阴县	陕西华阴
龙门仓	23250	蒲州龙门县	山西河津
诸色仓粮合计	12656620		

（一）义仓

义仓始建于隋文帝开皇初期，起到了很好的救灾作用。唐承隋制，太宗即位初期即着手建立义仓。在唐代，义仓从建立之初即专用于国家和地方救灾，据地按粮交税，独立于唐前期租庸调赋税系统之外，保证了荒年救灾的需要。义仓制度的具体实施情况是随国家经济、政治状况而定的。由于统治阶级用度增大及挥霍浪费，义仓粟逐渐赋税化，唐后期实行两税法时便被纳入地税系统内，变成国家正式税收，并渐由原来的无偿赈济占很大比例，演变为完全的官办借贷机构。仓粮储存确保了灾年对灾民的粮食救济，虽然中宗神龙年间（705—707 年）前后，国家财政拮据，义仓粮被挪用填充亏空，不再用以救荒，但还是起到了相当大的作用。地税性质发生变化，被更广泛地用于财政支出，并大量变造为米运往长安，成为一项重要税收。但唐人已经充分认识到义仓的重要作用，唐德宗时，陆贽建议重置义仓时就言："每遇灾荒，即以赈给：小歉则随事借贷，大饥则录奏分颁，许从便宜，务使周济。"后来义仓在唐宪宗、唐文宗时得以重建，发挥了重要的救灾作用。《通典》卷 12《食货典·轻重》载天宝八载（749 年）全国诸色米共 96062220 石，其中义仓粮计 63177660 石，占全国诸色米总数近 66%。地税成了国家主要税粮，但所起的积极备荒作用仍占主导方面。

在救灾实践中，隋朝发展了仓储制度，设立义仓。初建义仓时，其设立与管理均在地方的社，社仓即设立于州县的义仓。义仓是赈灾专用粮仓，可追溯至北齐的义租。开皇五年（585 年），工部尚书长孙平建议诸州刺史、县令"劝农积谷"，文帝下令全国设立义仓，每年秋季，诸州百姓及军人家出粟麦一石以下，贫富差等，储之闾巷，以备水旱灾害，这是义仓制度的初次建立。隋文帝令当社造仓窖贮粟麦，并委社司执帐检校，勿使收积损败。若时或不熟，当社有饥馑者，即以此谷赈给，此后诸州粮储"委积"。此后，国家赈贷制度化，而不再更多地依赖于富裕之家的私相赈赡和周济。至开皇十五年（595 年）二月，隋文帝诏：北边边境云（内蒙古和林格尔）、夏（陕西靖边白城子）、长（内蒙古鄂托克旗城川古城）、灵（宁夏吴忠）、盐（陕西定边）、兰（甘肃兰州）、丰（内蒙古乌拉前旗西北）、鄯（青海乐都）、凉（甘肃武威）、甘（甘肃张掖）、瓜（甘肃安西锁阳城）等诸州，"所有义仓杂种，并纳本州。若人有旱俭少粮，先给杂种及远年粟"。次年正月，又诏秦（甘肃天水）、迭（甘肃迭部）、成（甘肃礼县）、康（甘肃成县）、武（甘肃武都）、文（甘肃文县）、芳（甘肃迭部东南）、宕（甘肃宕昌）、旭（甘肃碌曲）、洮（甘肃临潭）、岷（甘肃岷县）、渭（甘肃陇西）、纪（甘肃秦安安伏乡）、河（甘肃临夏）、廓（青海化隆）、豳（陕西彬县）、陇（陕西陇县）、泾（甘肃泾川）、宁（甘肃宁县）、原（宁夏固原）、敷（陕西黄陵）、丹（陕西宜川）、延（陕西延安）、绥（陕西绥德）、银（陕西横山）、扶（四川南坪）等州社仓，并于当县安置。二月，诏依上中下三种税等缴纳社仓粮，设立上限，上户一石，中户七斗，下户四斗。

隋朝的富庶亦得力于义仓的建设，开皇十四年（594年），诸州义仓已经"仓库盈溢"。由于隋朝仓粮充实，其赈灾之举十分得力。山东频年霖雨，开皇十八年（598年），杞（河南杞县）、宋（河南商丘）、陈（河南淮阳）等8州水灾，隋文帝命开仓赈给困乏，前后用谷500余石，此后山东地区频获丰收。义仓在文帝时期救灾中起了较大作用，"隋开皇立制，天下之人，节级输粟，多为社仓，终于文皇，得无饥馑"。隋代前期义仓对灾民的救济颇为有效，但至大业中期，因国用不足，开始"并贷社仓之物，以充官费"。及至隋朝走向末途，社仓已经"无以支给"。

唐代义仓救灾源自隋代，曾几度废置。武德元年（618年）九月四日，唐高祖置社仓，但因戎马倥偬，并未真正建立。其后，太宗置义仓、常平仓以备凶荒，高宗以后稍假义仓以给他费，至中宗神龙中略尽。玄宗即位复置之，安史之乱复废。至大和九年（835年），以天下回残钱置常平义仓本钱，岁增市之以备赈给。唐代规定常平义仓本钱，"非遇水旱不增者，判官罚俸，书下考；州县假借，以枉法论"。在文宗复常平义仓前，唐宪宗在改元赦文中提到：淮江荆襄等十州管内，水旱所损47州减放米60万石，税钱60万贯。"应天下州府每年所税地丁数内，宜十分取二，均充常平仓及义仓。"这时义仓与常平仓已合二为一了。

贞观二年（628年），唐朝政局已经稳定，唐太宗接受尚书左丞戴胄、户部尚书韩仲良的建议，于州县设立义仓，以备凶年。义仓设立的具体办法为：

> 凡王公已下，每年户别据已受田及借荒等，具所种苗顷亩，造青苗簿，诸州以七月已前申尚书省；至征收时，亩别纳粟二升，以为义仓。宽乡据见营田，狭乡据籍征。若遭损四已上，免半；七已上，全免。其商贾户无田及不足者，上上户税五石，上中已下递减一石，中中户一石五斗，中下户一石，下上七斗，下中五斗，下下户及全户逃并夷獠薄税并不在取限，半输者准下户之半。乡土无粟，听纳杂种充。凡义仓之粟唯荒年给粮，不得杂用。若有不熟之处随须给贷及种子，皆申尚书省奏闻。

自是天下州县，始置义仓，"岁不登，则以赈民；或贷为种子，则至秋而偿"。即义仓粮可直接赈给灾民为口粮，也可作为种子贷给灾民，但需要偿还，前者是无偿支给，后者为无息借贷。永徽二年（651年）闰九月六日敕令，将义仓据地收税更改为率户出粟，上下户五石余，各有差。敦煌伯希和文书2803号背天宝九载（750年）八、九月敦煌郡仓支纳谷牒，详录敦煌县（甘肃敦煌）洪池、玉关等13乡该年应纳种子粟12285硕9斗3，是天宝某载义仓给贷敦煌13乡口粮种子的情况。因借贷的是种子粟，郡仓下县要求偿还。总体而言，义仓支给，无偿付给不多，赈贷不是国家的一项主要支出。后来，义仓有时也并不用于赈灾。开元二十年（732年）二月，唐玄宗特意在制书中强调："义仓元置，与众共之，将以克济斯人，岂徒蓄我王府？自今以后，天下诸州每置农桑，令诸县审责贫户应粮及种子，据其口粮贷义仓，至秋熟后，照数征纳。"此后，诸州县据贫户口粮赈贷义仓。

唐代义仓赈灾之例如：贞观十一年（637年）七月，诏以水灾，洛州（河南洛阳）诸县百姓漂失资产、乏绝粮食者，量以义仓赈给。贞观十八年（644年）九月，谷（河南宜阳）、襄（湖北襄樊）、豫（河南汝南）、荆（湖北荆沙）、徐（江苏徐州）、梓（四川三台）、忠（重庆忠县）、绵（四川绵阳）、宋（河南商丘）、亳（安徽亳州）10 州言大水，并以义仓赈给。贞观二十二年（648 年）正月，诏建州（福建建瓯）去秋蝗，以义仓赈贷，二月诏泉州（福建福州）去秋蝗及海水泛溢，开义仓赈贷。永徽二年（651 年）正月戊戌，因去岁关辅之地（陕西关中）蝗螟，唐高宗诏以正、义仓赈贷遭虫水诸州贫乏百姓。开元二年（714年）正月，以关辅水旱灾害，敕令尚书省官员，驰驿前往诸州赈贷，以当处义仓量事赈给，如不足，兼以正仓及永丰仓米充。这两次开仓赈贷均是以义仓粮为主，辅以正仓粮。

唐后期，义仓赈贷以宪宗、文宗时期为多。元和四年（809 年）七月，渭南县（陕西渭南）暴水泛溢，漂损庐舍，溺死千人，并损秋田，命京兆府发义仓救之。元和十二年（817 年）九月，唐宪宗制：诸道应遭水州府，河南、泽潞、河东、幽州（北京）、江陵府（湖北荆州）等管内及郑（河南荥阳）、滑（河南滑县）、沧（河北沧县）、景（河北皋城）等诸多州人户，各以当处义仓斛斗，据所损多少赈给。文宗时，地方义仓体系陆续健全，常以义仓赈恤灾害。大和二年（828 年）七月，山东淫雨泛滥，诏诸州遭水损田苗坏庐舍不能自济者，委所在吏发义仓赈给。大和四年（830 年）九月，舒州太湖（安徽太湖）、宿松（安徽宿松）、望江（安徽望江）三县大水，溺民 680 户，诏本道以义仓赈贷。同年十月九日《赈救诸道水灾德音》提到：水损诸州据所损程度节级减免或全放秋税钱米，此外，淮南道滁（安徽滁州）和（安徽和县）两州水损严重县，以义仓斛斗，逐便据户赈接。而浙西浙东宣歙鄂岳江西鄜坊山南东道，据淹损田苗、漂坏庐舍及虫螟所损，对没溺甚处，以义仓赈救。开成四年（839 年）七月，沧景节度使刘约奏请义仓粟赈遭水百姓，诏速赈恤。同样在文宗时期，安州（湖北安陆）刺史李正卿，益义仓粟万斛，年饥辄以禄廪济穷乏；任绵州（四川绵阳）刺史时，"殍殣在野"，李正卿"发仓庾加救药"，百姓多赖此而活。

五代时期，地方仍有义仓。同光三年（925 年）八月，巩县（河南巩义）河堤破，坏仓廒，其中提到的仓廒当为巩县义仓。

（二）常平仓

"常平、义仓，本虞水旱，以时赈恤。"唐宪宗下制重建常平仓时云："岁时有丰歉，谷价有重轻，将备水旱之虞，在权聚敛之术。"与义仓建立的目的类似，常平仓的建立与水旱灾害密切相关。常平仓是通过均平谷价贵贱，保证灾年粮食供应，以稳定社会秩序、防止灾民流亡转徙。追踪溯源，常平仓的建立源于战国法家李悝，西汉宣帝时大司农中丞耿寿昌于边郡始置，谷贱时增价而籴，谷贵时减价以粜，"以平岁之凶穰"，后汉改为常满仓，晋代仍立常平仓，后魏名邸阁仓。北齐时诸州郡皆别置"富人仓"，当州谷价贱时，斟量割当年义租充入。谷贵以下价粜之，贱则还用所粜物依时价籴贮。隋唐常平仓即于北齐之制基础上所建。

隋朝时期，开皇三年（583年），文帝于河西（黄河以西地区）勒百姓立堡，营田积谷；京师（陕西西安）置常平监。又以仓库尚虚，在于卫州（河南卫辉）置黎阳仓、洛州偃师县（河南偃师）置河阳仓、华州（陕西华县）置广通仓同时，于洛州陕县（河南三门峡）置常平仓，转相委输，漕关东之粟以给京师（陕西西安）。又募人能于洛阳运米40石，经砥柱达于常平仓者，免其征戍，以此通转运。

唐朝时期，显庆二年（657年），京师（陕西西安）的常平仓设置常平署官员。垂拱元年（685年），两京置常平署，天下诸州亦置之。常平署隶属于太府寺，长官设常平令（从七品上）一人，常平丞（从八品下）二人，府四人，史八人，监事五人（均为从九品下）。掌平籴、仓储、出纳之事。凡岁丰穰，谷贱，人有余，则籴之；岁饥馑，谷贵，人不足，则粜之，与正、义仓账具其本利申。平粜是常平仓的两个基本功能之一，官仓粮多时也由太仓粜米，也是赐粮的形式之一。唐代于各地广置常平仓，因谷贵伤人，谷贱伤农，"常平者，常使谷价如一，大丰不为之减，大俭不为之加，虽遇灾荒，人无菜色"，从而起到了储粮备荒的作用。

唐朝时期常平仓设置广泛，而以贞观、开元时置仓规模最大。贞观十三年（639年）十二月，诏于洛（河南洛阳）、相（河南安阳）、幽（北京）、徐（江苏徐州）、齐（山东济南）、并（山西太原）、秦（甘肃天水）、蒲（山西永济）等州并置常平仓；开元二年（714年）秋，敕以岁稔伤农，令除江、岭、淮、浙、剑南等地下潮湿之地外，诸州均修常平仓法。开元七年（719年），与北方关内、陇右、河东、河南、河北五道同时，剑南、山南、淮南诸道的部分州均设置常平仓，包括剑南道绵（四川绵阳）、益（四川成都）、彭（四川彭州）、蜀（四川崇州）、汉（四川广汉）、茂（四川茂县）诸州，山南道荆（湖北荆沙）、襄（湖北襄樊）、夔（四川奉节）二州，淮南道扬州（江苏扬州）等。诸州依等级不同给本不同，上州3000贯，中州2000贯，下州1000贯。开元二十四年（736年），唐玄宗敕：常平仓存于州县，所利非广。京师（陕西西安）人员辐凑，浮食者多，令于京城内广置常平仓，"贱则加价收籴，使远近奔委，贵则终年出粜"，则永无匮乏。除了地方，京城也设置了常平仓。永徽六年（655年），以京师（陕西西安）大雨路阻米贵，于东、西二市置常平仓。

经过安史之乱，唐朝国势由盛渐衰，常平仓受到较大影响，不能正常发挥作用。建中三年（782年）九月，户部侍郎赵赞上言："伏以旧制，置仓储粟，名曰常平，军兴已来，此事寝废，因循未齐，垂三十年。其间或因凶荒流散，饿死相食者，不可胜纪。"建议于两都及若干大州府置常平轻重本钱，但因其时"国用稍广，常赋不足，所税亦随得而尽，终不能为常平本"。至元和元年（806年）正月，宪宗下制重建常平仓，令天下州府每年所税地子数内，十分取二分，均充常平仓及义仓，逐稳便收贮，以时粜籴，务在救乏。

由于常平仓、义仓功能有交叉，唐后期重建时，两仓功能合一，也称常平义仓。其收支状况，由尚书省户部具体掌管，赈贷水旱灾害即户部的职能之一。元和九年（814年），因去年水害，农功及春作告旱，二月丁未，宪宗制以常平义仓斛斗30万石委京兆府条疏赈给，如常平义仓不足，以元和七年（812年）诸县所贮折籴斛斗添给。长庆二年（822年）闰十月，穆宗诏：江淮诸州旱损颇多，米价踊贵，委淮南浙西浙东、宣歙、江西、福建等道观察使于本道有水旱处，取常平义仓斛斗，据时估减半价出粜，以惠贫民。宝历二年至大和元年（826—827年），郑州岁荒，百姓阻饥，刺史狄兼謩以常平义仓粟20200石逐便赈给，讫事上闻，民人得以不流徙。大和时期（827—835年），常平义仓常用于赈贷。大和六年（832年）正月，文宗诏：自去冬以来，逾月雨雪，寒风尤甚，颇伤于和。令以常平义仓斛斗赈恤京畿诸县。二月，以去岁苏（江苏苏州）湖（浙江湖州）大水，赈贷22万石，以本州常平义仓斛斗充给。大和七年（833年）正月，诏：关辅、河东，去年亢旱，秋稼不登，京兆府赈粟10万石，河南府、河中府、绛州各赐7万石，同、华、陕、虢、晋等州各赐10万石，并以常平义仓物充。大和八年（834年）九月，诏淮南、浙西等道仍岁水潦，遣殿中侍御史任畹驰往慰劳，委所在长吏以军州自贮官仓米减一半价出粜，各给贫弱，如无贮蓄处，即以常平义仓米出粜。大和九年（835年）三月乙丑，文宗以淮南、浙西等道困于饥疫，屡乏种饷，下诏赐粟，特意说明淮南浙西两道委长吏以常平义仓粟赈赐。

　　唐晚期，自唐文宗在位晚期开始，遇灾歉、谷贵人流，朝廷及地方开始以常平仓平粜粮食于百姓。开成三年（838年）正月，唐文宗诏去秋蝗虫害稼处放通赋，以本处常平仓赈贷。约大中十年（856年），永州（湖南永州）灾歉，刺史韦宙斥官下什用供刺史之费90余万钱，为饥民购买粮饷。因永州依山岭，转饷艰险，每饥则人荸死，韦宙在当地始筑常平仓收谷，以羡余以待贫乏。这种以常平仓平衡谷价的做法，有助于普通百姓渡过饥歉难关。贱粜尤其对打击一些地主富商的囤积居奇行为颇有效果，使得商贾流通，资物益饶。灾年平粜贱粜作为一种救灾恤民政策，在一定程度上，也有助于缓解饥民的困境。贞元初（785年），信州（江西上饶）岁大旱，刺史孙成"发仓以贱直售民，故饥而不亡"。两年增5000户，受到唐德宗诏书褒美。在唐人眼中，常平仓"岁丰则贵籴以利农，岁歉则贱粜以恤下。若水旱作沴，则资为九年之蓄；若兵革或动，则馈为三军之粮，可以均天时之丰俭，权生物之盈缩；修而行之，实百代不易之道也。虞灾救弊，利物宁邦，莫斯甚焉"。

　　（三）正仓、太仓等

　　正仓指地方州县的粮仓，主要职能是受纳租税和出给禄廪与递粮。在关辅之地者，长安曰太仓，洛阳曰含嘉仓、洛口仓，华州曰永丰仓，陕州曰太原仓。太仓由太仓署掌管，东都则曰含嘉仓。太仓、含嘉仓粟米来自全国各地，是州仓和县仓征纳、经转运仓上供的正租或两税斛斗，出粜赈贷是其功能之一。

1. 隋朝正、太仓

因"长安仓廪尚虚"，为应对水旱灾害引起的饥荒问题，隋初，文帝在全国至少设置了五处国家级大粮仓以储粮备荒。在卫州设黎阳仓，在洛州设河阳仓，在陕州设常平仓，在华州设广通仓，并募丁"漕关东及汾、晋之粟，以给京师"。隋代西京太仓，东京（河南洛阳）含嘉仓、洛口仓，华州（陕西华县）永丰仓，陕州（河南陕县）太原仓，储米粟多者达千万石，少者亦有数百万石。隋代潼关、渭南亦皆有仓，以转运粟米，各有监官。隋朝设太仓署令二人，太仓丞六人，米廪督二人，谷仓督四人，盐仓督二人。

隋朝仓粮充实，在灾年有效地发挥了赈济作用。开皇五年（585年），瀛州（河北河间）秋霖大水，属县多遭漂没，灾民皆上高树、据大冢。瀛州刺史郭衍亲备船筏，赍粮拯救灾民。尽管郭衍是先开仓赈恤，之后才上奏，但其举受到文帝赞赏，选授其为朔州总管。因山东频年霖雨，杞（河南杞县）、宋（河南商丘）、陈（河南淮阳）等八州水灾，开皇十八年（598年），隋文帝命开仓赈给困乏，前后用谷500余石，此后山东地区频获丰收。

大业时期（605—618年），在洛阳及其附近就有含嘉仓、回洛仓、洛口仓、兴洛仓、子罗仓等粮仓。大业元年（605年），隋炀帝建洛阳城为东都，东太阳门东街北行三里，有含嘉门，门北即含嘉城，含嘉仓即建于含嘉城内，用于储藏京都以东州县所交租米。含嘉仓仓城南北长710米，东西612米，总面积约43万平方米。窖区内仓窖排列有序，各窖都是口大底小的圆罐形，大窖可储粮1万石以上，小窖也可储粮数千石。一些窖内出土了若干块铭文砖，记载着粮窖的位置、粮食种类、来源、数量、入仓时间及负责运输、入仓的职官姓名。至唐朝安史之乱前，含嘉仓一直为国家大型粮仓，北宋时废弃。大业二年（606年），置洛口仓于河南郡巩县（河南巩义）东南原上，仓城周回20余里，有3000窖，窖容量最高达8000石，置监官并镇兵千人。十二月，置回洛仓于洛阳北七里，仓城周回 10 里，穿 300 窖。大业十三年（617 年），李密固守的兴洛仓，也是大业中所建。洛阳城右掖门大街西还建有子罗仓，储盐 20 万石，仓西有粳米 60 余窖，窖别受 8000 石。这些大型粮仓在炀帝时期都在发挥一定救灾作用。

后来因政治紊乱，隋末救灾效果并不理想。大业十三年（617 年），河南、山东大水，死者将半，炀帝令饥人就食黎阳仓，开仓赈给。当时政教已紊，仓司不时赈给，死者日数万人。大业时期（605—618 年）末，关中疫疫，炎旱伤稼，代王杨侑开永丰仓粟，以振饥人，去仓数百里，老幼云集。但因官吏贪残无序，"咸资镪货，动移旬月，顿卧墟野，欲返不能"，导致死人如积，不可胜计。另外，华州永丰仓亦置于隋代，位于华阴县东北渭河口，义宁元年（617 年）因仓又置监。隋代末年粮仓充实，"计天下储积，得供五六十年"。

2.唐朝正、太仓

唐初期义仓建立前，正仓负有灾年赈贷饥民的职能。"先是，每岁水旱，皆以正仓出给，无仓之处，就食他州，百姓多致饥乏。"贞观二年（628 年），专职灾年赈贷的义仓建立，此后，正仓赈贷成为义仓的补充。唐代太原仓、永丰仓，均是隋代所置，开元二年（714 年）又于蒲州（山西永济）置龙门仓。华州华阴县（陕西华阴）还有临渭仓。长安东渭桥还有北仓，大和九年（835 年）七月，户部尚书判度支王璠所奏：北仓每年收贮漕运糙米 10 万石，以备水旱。"今累年计贮三十万石"。依制，两京外诸仓各设监一人，正七品下；丞二人，从八品上。诸仓监、丞各掌其仓窖储积之事，出纳账岁终上于司农寺。按照规定，凡粟出给者，每一屋、一窖尽，剩者附计，欠者随事科征；非理欠损者，坐其所由，令征陪之，出纳账岁终上于司农寺。

唐代太仓，京师名太仓，东都曰含嘉仓。置太仓令三人，从七品下；丞六人，从八品下。监事十人，从九品下。贞元十九年（803 年）后，太仓令置两员，丞六员。元和三年（808 年），依司农少卿崔酆所奏，停太仓丞二员，监事二员。唐朝规定：太仓粟支九年，米及杂种三年。贮经三年，斛听耗一升；五年以上，二升。其粟主要用于京官俸禄的发放，盈余部分可辅助赈灾。唐代太仓粟米比较充裕。贞元十九年（803

年），大旱，礼部侍郎权德舆上陈阙政："漕运本济关中，若转东都以西缘道仓廪，悉入京师，督江、淮所输以备常数，然后约太仓一岁计，斥其余者以粜于民，则时价不踊而蓄藏者出矣。"德宗颇采用之。当时的太仓粟除了满足长安一年的粮食所需，还有部分剩余。大和九年（835年）正月，太仓见在粟有2600854石，留之充贮备，不在给用之限。有时也会因灾荒等因素而粮食枯竭，兴元元年（784年），长安太仓粮竭，泾源兵变中被拥立为帝的朱泚"督吏索观寺余米万斛"，以致"鞭扑流离，士寝饥"。这也是唐德宗得知韩滉运米3万斛至陕后，对太子李诵言"米已至陕，吾父子得生矣！"的原因所在，这极大缓解了关中仓廪枯竭的状况。

唐代利用正仓、太仓赈贷京师和地方灾害，多见于唐前期。永徽二年（651年）正月戊戌，唐高宗诏：去岁关辅蝗螟，天下诸州或遭水旱。令以正、义仓赈贷遭虫水处贫乏者。开元二年（714年）正月，唐玄宗敕：以三辅及豳陇水旱，遣郎官前往赈灾，以当处义仓赈给，兼以正仓及华州永丰仓米充赈济粮。开元二十一年（733年），关中久雨害稼，京师（陕西西安）饥，诏出太仓米200万石给之。

唐后期则常以太仓粮开场贱粜以济贫民，用以抑制粮价暴涨。每遇灾荒，在京师（陕西西安），太仓常补义仓、常平仓之不足。天宝十二载（753年）八月至次年秋，玄宗因京师霖雨米贵，两次以太仓米减价粜与贫人。前一年出太仓米10万石，后一年因霖雨积60余日，京城垣屋颓坏，物价暴贵，令出太仓米100万石，于城中开10场贱粜以济贫民。天宝十四载（755年）正月，以岁饥乏故，诏于太仓出粟100万石，分付京兆府（陕西西安）与诸县粜，每斗减时价10文，粜与当处百姓。大历四年（769年）、大历五年（770年），代宗亦连续两年因京城雨灾而以太仓米减价粜与贫人。前一年从四月霖澍至九月，米斗800文，后一年因夏大雨，京城饥，均官出太仓米贱粜以救饥人。798年、799年，唐德宗连续两年因旱饥而出太仓粟贱粜。贞元十四年（798年）六月，诏以久旱谷贵人流，出太仓粟分给京畿诸县。九月，又以岁饥，出太仓粟30万出粜。十二月，河南府谷贵人流，令以含嘉仓7万石出粜。贞元十五年（799年）二月，以久旱岁饥，出太仓粟18万石，于京畿（陕西西安）诸县，以场粜的形式贱粜。元和九年（814年）五月，旱，谷贵，出太仓粟70万石，开六场粜以惠饥民并赈贷外县百姓。元和十二年（817年）四月，出太仓粟20万石粜于西京（陕西西安），以惠饥民。

在地方，则是用正仓粮贱价粜民。开元十二年（724年）八月，诏以蒲（山西永济）、同（陕西大荔）两州自春偏旱，分别令太原仓、永丰仓出15万石米付二州，减时价10钱，粜与百姓。天宝十四载（755年）正月，以岁饥乏故，诏河南府畿县出30万石，太原府出30万石，荥阳、临汝等郡各出粟20万石，河内郡出米10万石，陕郡出米2万石，并每斗减时价10文，粜与当处百姓。大和八年（834年）十一月，诏淮江浙西等道仍岁水潦，遣殿中侍御史任畹驰往慰劳，以军州自贮官仓米减一半价出粜，如无贮蓄处，即以常平义仓米出粜。这些说明国家灾年平粜常以低于时价10文的价钱粜与贫民，有时则据时估半价出粜。另外，广明初（880年），谏议大夫知制诰萧廪曾请出太仓粟贱估以济贫民。

唐玄宗时期还重点改革漕运，利用粮仓转运粮食。开元二十二年（734年），以京兆尹裴耀卿为相，兼江淮、河南转运都使，分置河阴县及河阴仓，又河清县置柏崖仓，三门东置集津仓，三门西置盐仓。三门北凿山18里，陆行以避湍险，自江、淮来者悉纳河阴仓，自河阴候水调浮漕送含嘉仓，又取晓习河水者递送太原仓，北运即自太原仓浮渭以实关中。此后三年漕运700万石，省脚30万贯。裴耀卿设仓、改革漕运之后，唐玄宗不必东幸长安即可度过荒年。惜裴耀卿罢相后，北运停废，漕米数大为减少。天宝三载（744年），左常侍兼陕州刺史韦坚开漕河，自苑西引渭水，因古渠至华阴入渭，运永丰仓及三门仓米，以给京师，名曰广运潭，以韦坚为天下转运使。天宝时期（742—756年），每岁水陆运米250石入关；大历后，每岁水陆运米40万石入关。

仓储在唐代备灾救荒中发挥了很大作用，但仓粮储备也会出现弊政。如：唐文宗召盐仓御史崔虞问太仓粟数，答以有粟250万石。唐文宗以为当年"费广而所畜寡"，诏出使郎官、御史督察州县壅遏钱谷者。结果发现当时豪民侵噬产业不移户，州县不敢徭役，而征税皆出下贫。至于依富室为奴客，役罚峻于州县。长吏岁辄遣吏巡覆田税，民苦其扰。

3. 五代十国粮仓

五代十国时期，诸政权亦继承以往的成例，储粮备荒，在灾年开仓赈贷。同光三年（925年）六月至九月，大雨，江河崩决，坏民田。七月，巩县（河南巩义）河堤破，坏仓廒。此仓廒当为大业时期（605—618年）隋炀帝于巩县所置兴洛仓、洛口仓。升元二年（938年）五月丁卯，广济仓灾，焚米30万石，则南唐广济仓储米在30万石以上。广顺三年（953年）六月，河南、河北诸州大水，霖雨不止，川陂涨溢。襄州（湖北襄樊）汉江涨溢入城，城内水深一丈五尺，仓库漂尽，居人溺者甚众。被漂尽的仓库当有粮仓，对灾后的地方自救当产生很大影响。显德五年（958年）四月辛酉夜，吴越国钱塘城（浙江杭州）南火延于内城，官府庐舍几尽。钱镠王出居都城驿。诘旦，烟焰未息，将焚镇国仓，钱弘俶久疾，自强出救火，亲率左右至瑞石山，命酒以祝之曰："不谷不德，天降之灾，宫室已矣，而仓廪储积，盖师旅之备，实所痛惜，若尽焚之，民命安仰，天其鉴之。"命从官伐林木以绝其势，火遂灭。钱弘俶谓左右曰："吾疾因灾而愈。"众心稍安。因钱塘城火灾将要焚烧到镇国仓，吴越王钱弘俶强拖久病之身救火，体现出对粮仓的高度重视。

五代十国的一些政权在水旱灾害之后，均有开仓赈贷之举。开平四年（910年）十月，梁（陕西汉中）、宋（河南商丘）、辉（山东单县）、亳（安徽亳州）、青（山东青州）、冀（河北深州）水，梁太祖诏令本州以省仓粟、麦等开仓赈贷。十二月己巳，又诏本州分等级赈贷，所在长吏监临周给。天成四年（929年）七月，台州（浙江临海）大水，请军储30万斛。天成年间（926—930年），沧州（河北沧县）亢旱民饥，沧州节度使张虔钊发廪赈之，受到唐明宗嘉奖。因其本性贪婪，不能自抑，竟于秋收后"倍斗征敛"所赈粮。赈济灾民成了敛财之举。天福八年（943年）正月，州郡蝗旱，百姓流亡，饿死者千万计，晋出帝诏诸道以廪粟赈饥民。广政十五年（952年）六月，大水入后蜀京城成都，城内溺死者众，蜀主孟昶赈水灾之家。广顺三年（953年），吴越境内大旱，边民有鬻男女者，王钱镠命出粟帛赎之，归其父母，并命所在开仓赈恤。

除开仓赈贷外，唐明宗还曾依时出粜粮食以救济贫民。长兴三年（932年）七月，诸州大水，宋（河南商丘）、亳（安徽亳州）、颖（安徽阜阳）三州尤甚。唐明宗依宰臣奏请，于宋州州仓出斛斗，依时出粜，以救贫民。

二、义仓的管理与运行

义仓专门用作赈灾，其建立非常重要，正因如此，对粮仓的管理亦不容忽视。由于义仓的使用权不在地方，在开仓赈灾过程中，存在中间环节，救灾及时与否对救灾效果影响颇大，这就牵涉到救灾阶段朝廷与地方之间的权限矛盾、仓粮的存储及其盗用和挪用问题。唐朝规定：开仓赈灾须经朝廷批准后进行，而唐代尤其是唐中前期，违反规定开仓救灾的官员不乏其人。虽然因这种行为冒险，而只能是一小部分官员的选择，但朝廷对违反规定赈灾的一些官员未加惩处，说明朝廷有时也会考虑实际情况，灵活执行法定程序。地方义仓仓廪丰实，不仅州吏，甚至朝贵也对之垂涎不已，互相勾结，上下其手的盗用、挪用现象并不鲜见。

（一）义仓的管理与运行

隋代义仓开始建立之初，贮藏民间，由社司管理，如遇饥馑，则开仓赈给。开皇五年（585年），义仓设立初年，即发生侍官慕容天远纠都督田元冒请义仓之事。当时在事情属实的情况下，始平县（陕西兴平）律生辅恩舞文陷害举报人慕容天远，使其遭反坐。案发后，隋文帝下令停废大理律博士、尚书刑部曹明法、州县律生。10年后，开皇十五年（595年）二月，义仓因管理不善，已多有费损。仁寿三年（603年）九月，文帝专门设置常平官管理义仓。义仓由民间管理转变为官方管理后，对仓粮发放的规定趋于严格。以致大业七年至十二年（611—616年）间，百姓废业，屯集城堡，无以自给。虽然仓库充轫，但"官吏惧法，莫肯赈救"，百姓益困。代王杨侑与卫玄守京师（陕西西安），百姓饥馑，亦不能救。因国用不足，隋末并取社仓之物以充官费，以致后来无以支给。

　　唐代对主要负责赈灾职能的义仓的管理极为重视。在义仓建立之初，太宗曰："既为百姓预作储贮，官为举掌，以备凶年。"义仓在地方的管理权，唐前期掌握在都督府、州上佐之手，即别驾（品阶正四品下至从五品上）、长史（品阶三品至正六品上）、司马（品阶从四品下至正六品下），后期掌握在录事参军事（品阶正七品上至从八品上）之手，但最终要通过尚书省户部仓部郎中（从五品上），灾年开仓赈贷，地方须要先奏报朝廷。唐代规定义仓粟仅用于荒年给粮，不得杂用。若有不熟之处随须给贷及种子，皆申尚书省奏闻。职司上报者为府州仓曹、司仓参军，他们"每岁据青苗征税，亩别二升，以为义仓，以备凶年；将为赈贷，先申尚书，待报，然后分给"。

　　开仓赈灾须经朝廷批准而后实行，减少了地方官吏贪污挪用等问题，可以避免地方长官自行其是，以此为借口不服朝廷约束，但管理严格也会造成地方因救灾不及时而削弱救灾效果。唐代决策救灾与灾害发生的时间差少则三四个月，半年也很常见，甚至长达七八个月，而救灾粮到达灾民手中的时间则会更长。宝历元年至二年（825—826年），桂州（广西桂林）刺史兼御史中丞、桂管防御观察使李渤曾上奏朝廷，请求给予自己先赈贷后奏报之权："本救荒歉，忽有危切，贵及其时，当州去京往来万里，奏回方给，岂及饥人？臣请所管忽遇灾荒，量事赈贷讫，续分析闻奏。庶使远人速活，圣泽遄流。"李渤这一建议即针对朝廷对远州救济的不及时而言。

　　考虑到古代的交通情况，开仓赈灾须经朝廷批准而后实行，在一定程度上会延迟赈济灾民。有的地方官深知救灾的紧迫性，所以尽量及时如实上报灾情。元和七年（812年）五月，江淮旱，浙东、西尤甚，有司不为请，淮南节度使李吉甫言以时救恤，唐宪宗驰遣使分道赈贷。约长庆三年（823年），沔州（湖北汉阳）旱歉，百姓艰食，不堪征敛而流亡。沔州刺史何抚（783—823年）减租发廪，飞章上闻。灾民得以免征徭、削烦冗。遄遄来复，乡闾以安。吏不忍欺，人无败业。时称其恺悌之理，待以台阁之资，对其行动十分认可。救灾如救火，限于时效，有些官员不惜以身试法，先开仓赈民而后奏报朝廷。唐高宗时期，蜀地大饥，韩思彦开仓赈民，然后闻奏，高宗玺书褒美。约武后时期

（685—689年间），汴州（河南开封）大旱，梁府仓曹参军韩思复自己做主开仓赈民，州不能诘；开元时期（713—741年），岁旱，许州（河南许州）长史王珣假刺史事，开廪赈民而后自劾，玄宗赦之。沧州（河北沧县）濒海水灾，"连□粟贵，人负子，舟乘城。"刺史张之辅恐"奏报历时"，以己身当罪，开仓救灾。事后奏闻，玄宗"优诏允纳"，并得赐衣一副。天宝时期（742—756年），巨野（山东巨野）岁凶，县令李璀"哀其鳏寡，发廪擅贷"，朝廷并未追究其罪。上元初（760年），温州（浙江温州）岁俭，"饥民交走，死无吊"，长史李皋甘愿以自己换民人之命，以官粟数十万斛与民，借之存活者众。大和年间（827—835年）初，郑州（河南荥阳）岁荒，百姓阻饥，刺史狄兼谟以常平义仓粟二万二百石赈给，讫事上闻。光化年间（898—901年），宁晋县令史圭"擅给驿廪，以贷饥民，民甚感之"。唐朝廷对上述官员均未加惩处，也是斟酌实际情况，权宜执行法定程序。

除了一些官员自己做主先开仓救灾之外，鉴于及时开仓救灾的重要性，朝廷也曾多次下制地方遭灾，可以先开仓赈给而后闻奏。开元二十八年（740年）正月，唐玄宗敕："诸州水旱，皆待奏报然后赈给，道路悠远，往复淹迟，宜令给讫闻奏。"但先给后奏仍仅是若干阶段的特殊政策，大部分时期都要求先奏报而后开仓赈给，否则有被弹劾甚至被诬构的危险。武后时期（684—689年），武陟县（河南焦作）频岁旱饥，县令殷子良不肯开仓，县尉员半千趁殷子良谒州不在，发仓粟以给饥人。怀州刺史郑齐宗大怒，将员半千囚禁于狱。幸因黄门侍郎薛元超为河北道存抚使，持节度河，听闻此事，责让郑齐宗："公百姓不能救之，而使惠归一尉，岂不愧也！"员半千才得以无罪释放。建中初（780年），萧复为同州（陕西大荔）刺史，岁歉，"州人阻饥，有京畿观察使储廪在境内，复辄以赈贷"，为有司所劾，削阶，停刺史。文宗时义仓重建，为避免先奏报而后开仓赈贷而延缓救灾，曾重申灾后，地方官员可先开仓赈给而后闻奏。大和九年（835年）二月，中书门下上《水旱开仓赈贷表》："常平义仓，本于水旱，以时赈恤，州府不详文理，或申省取裁，或候奏进止；自今以后，应遭水旱处，先据贫下户及鳏寡孕独不济者，便开仓准元敕作等赈贷讫，据数申报有司。"但仅四年半后，开成四年（839年）七月，沧景节度使刘约奏请义仓粟赈遭水百姓，唐文宗诏："本置义仓，只防水旱，先给后奏，敕有明文，刘约所奏，已为迟晚，宜速赈恤。"这种反复重申说明了先开仓赈济而后奏报朝廷并非定例。

（二）仓粮的挪借与盗用

灾荒之际，粮食关天，因此仓粮存储对预防饥荒多有裨益。隋代义仓开始设置于乡里，属民间自救性质，由于管理人员擅自取用而出现严重废损。仓储制度在运行中流弊甚多，最常见的现象是掌举官吏勾结，冒用、盗用、挪借仓粮。

隋代义仓建立后，开始设置在乡里，后来转至州县，由民间自救性质，改为国家设官管理。其中，不可避免地存在一些问题，导致废损严重。除前述侍官慕容天远纠都督田元冒请义仓之事外，开皇十六年（596年），再次发生义仓主管人员的渎职事件，有司奏合川仓粟少了7000石，命斛律孝卿纠察此事，以为主典所窃。复令孝卿驰驿斩之，没其家为奴婢，鬻粟以填之。此后，敕盗边粮一升以上皆斩，籍没其家。

唐代盗用仓粮事件也不时发生。贞观二年（628年），庆州乐蟠（甘肃合水）县令叱奴骘盗用官仓。据律叱奴骘本不当死，因"仓粮事重"，唐太宗盛怒之下特令处斩，后因魏徵进谏才免其死。张鷟为河阳县尉时，河阳（河南孟州）有称架人吕元伪作仓督冯忱书，盗枭仓粮粟，后叩头服罪。元和时期（806—820）初，江南西道有吏主仓十年，经本道观察使韦丹核查，其掌管粮食亡3000斛。主仓吏家中搜出的文记，证实仓粮"乃权吏所夺"。

义仓粮的挪用与盗用更为普遍。义仓专用作备荒，唐朝规定："凡义仓之粟唯荒年给粮，不得杂用。"唐代义仓名与隋同，但因其官办性质所限，实则大异，"官之移用尤易。虽云不许杂用，其后终成具文也"。官为掌举仓粮，不可避免地造成"当时官吏豪强，互相勾结，以侵削贫下"的现象。天授年间（690—692年），左台御史中丞来俊臣受理蓝田（陕西蓝田）富商倪氏私债案件，因受倪氏货财，断以义仓米数千石偿还百姓利息。后因来俊臣获罪，此事才未成。专门用于救灾的义仓粮亦为朝贵所垂涎，唐高宗后期，长安（陕西西安）附近县义仓仓廪丰实，引致朝贵勾结州吏打其主意。崔暟（632—705年）任京兆府醴泉（陕西礼泉）令期间，该县义仓原来多有积谷，有朝贵与州吏协谋"倾我敖廪"。崔暟列言于朝廷，得罪权贵，被左迁为钱塘县令。虽然因有故老千余人为之上诉朝廷喊冤，事情真相大白，但"复为旧党所构，卒以是免"。此事导致崔暟闭门十年不仕，久之事情真相大白，授相州内黄令。朝贵勾结州吏挪用或盗用义仓粮，于此可见一斑。开元年间（713—741年），韦坚在江淮转运租米时，亦曾取州县义仓粟，转市轻货，以取献媚，杨国忠也"悉天下义仓及丁租、地课易布帛，以充天子禁藏"。

义仓粮盗用现象早已有之，长庆四年（824年），因"义仓之制，其来日久。近岁所在盗用没入，致使小有水旱，生人坐委沟壑"。穆宗特敕出太仓陈粟30万石，于两街出粜。朝廷还下令严查，令"诸州录事参军专主勾当。苟为长吏迫制，即许驿表上闻。考满之日，户部差官交割。如无欠负，与减一选。如欠少者，量加一选。欠数过多，户部奏闻，节级科处"。

除以上义仓的挪用与盗用问题之外，在开仓赈济过程中，朝廷下文经常强调主持官员的"清强"和开仓赈贷的细节，先赈贷贫下户，并强调不得妄给富户，并规定了相关的惩罚措施。如大中六年（852年）四月，户部奏："请道州府收管常平义仓斛斗，今后如有灾荒水旱外，请委所在长吏，差清强官勘审。如实，便任开仓，先从贫下不济户给贷讫。具数分析申奏，并报户部，不得妄有给与富豪人户。其斛斗仍仰本州录事参军至当年秋熟专勾当，据数追收。如州府妄有给使，其录事参军本判官，请重加殿罚，长吏具名申奏。"唐文宗下敕准奏。这说明由于长官失察或失职，在赈济灾民时不乏妄给富户的现象，即豪强富户依靠势力强占赈灾粮，灾民得不到赈灾粮已成为突出问题。唐中叶以后，国家逐渐形成以贫民下户为赈济重点的救灾倾向，与"富民"崛起有关。唐代从前期到后期逐渐贫富分化，也反映了唐朝在经历安史之乱转入后期后，国家经济实力大不如前，只能先从贫下户救济以维护社会稳定。

（三）仓粮的存储与管理

粮食储存是一个重要问题，存储不当，会造成大量耗费。首先，唐代对仓粮的存储时限进行了规定。贞观时期（627—649年），洛（河南洛阳）、相（河南安阳）、幽（北京）、徐（江苏徐州）、齐（山东济南）、并（山西太原）、秦（甘肃天水）、蒲州（山西永济）置常平仓，粟藏九年，米藏五年；下湿之地，粟藏五年，米藏三年，皆著于令。出于不同地区粮食保质的要求，唐代规定仓库粟米的储存年限，最少三年，最高九年。唐代规定，司农寺太仓署，"凡粟支九年，米及杂种三年。贮经三年，斛听耗一升；五年以上，二升"，注意到了不同条件、不同地域粟米的不同存储时效，米粟及杂粮的不同存储时间及耗损问题。唐代《仓库令》涉及粮仓和仓库的营造、管理、物资收纳等相关规定和制度。《仓库令》第3条规定：

> 诸窖底皆铺稿，厚五尺。次铺大稃，两重，又周回着稃。凡用大稃，皆以小稃搢缝。着稃讫，并加苫覆，然后贮粟。凿砖铭，记斛数、年月及同受官吏姓名，置之粟上，以苫覆之。加稿五尺，大稃两重。筑土高七尺，并竖木牌，长三尺，方四寸，书记如砖铭。仓屋户上，以牌题榜如牌式。其麦窖用稿及簟篨。

《仓库令》第4条还规定了粮食的储存时间和相应的耗损折算比例，其云："诸仓窖贮积者，粟支九年；米及杂种支五年。下湿处，粟支五年；米及杂种支三年。贮经三年以上，一斛听耗一升；五年以上，二升。其下湿处，稻谷及粳米各听加耗一倍，此外不得计年除耗。若下湿处，稻谷不可久贮者，折纳大米及糙米。其折耗米者，计稻谷三斛，折纳糙米一斛四斗。"

由于隋唐时期粮仓防潮技术较为科学，考古发现的含嘉仓第160号窖，其仓粟经过千年发生碳化，而非腐化，这说明其保存环境是非常好的。从洛阳含嘉仓、回洛仓、子罗仓、常平仓及黎阳仓来看，普遍会在仓窖内涂抹防潮层，含嘉城仓窖内有的将红烧土块、烧灰、碎炉渣和黏

合剂拌成泥状后，涂抹于经火烤过的窖底和接近窖底部的壁，一般厚 2
厘米。

其次，唐晚期仓粮定期以新换旧成为惯例。大和九年（835 年）七
月，户部尚书判度支王璠上奏：东渭桥每年北仓收贮漕运糙米 10 万石
以备水旱，累年贮储至今计有 30 万石，请求以今年所运新米相换。自
是三岁一换，以为惯例，使所贮不陈而耗蠹不作，唐文宗许之。即从该
年开始，每三年会用新米兑换北仓陈米，使陈米进入流通，减少损耗。

唐代对仓粮存储时限的规定，客观上也为仓粮挪用提供了条件。同
时，虽然唐朝对仓储管理比较用心，唐晚期仍有问题发生。大和五年
（831 年），屯田郎中唐扶充山南道宣抚使，至邓州（河南邓州），发现
仓督邓琬等四人因糙米囤贮损失而被收押入狱且被禁系三代。内乡县
（河南西峡）行市、黄涧两场仓督邓琬等，先主掌湖南、江西运到糙米，
至淅川县（湖北房县）于荒野中囤贮，除支用外，其中 6945 石均“褒
烂成灰尘”，邓琬父子兄弟至玄孙因此相承禁系狱中达 28 年（804—
831 年，贞元二十年至大和五年），前后禁死 9 人，后来他们因唐扶上
奏才得以被释放。

第二章　水利

隋唐五代时期，面对突如其来的水灾，既建立了全国性与地方性的
水法，也修建了不少抗洪和抢险工程，包括建立斗门、开道改道、引水
分流、防水抗洪等种类。

一、水利管理机构

唐代水部隶属于尚书省工部，下设尚书（正三品）、侍郎（正四品
下）各 1 人，职掌天下百工、屯田、山泽之政令。工部下辖四部，其中

水部之下，设水部郎中（从五品上）、员外郎（从六品上）各1人，主事（从九品上）3人，令史4人、书令史9人、掌固4人，属员计17人，掌管天下川渎陂池之政令，以导达沟洫，堰决河渠。总举舟楫溉灌之利。水部郎中、员外郎掌渠梁、堤堰、沟洫、渔捕、运漕等事。京畿有渠长、斗门长。诸州堤堰，刺史、县令以时检行，而谪其决筑。水部郎中，曹魏时已有，隋文帝时曰水部侍郎，炀帝时曰水部郎；水部员外郎，隋文帝开皇六年（586年）置，炀帝更名承务郎，唐朝名水部员外郎。唐代水部郎中负责主管水法，专门用以对全国300023559条水泉的用水等加以规范的条例说明。规定"凡水有溉灌者，碾硙不得与争其利；自季夏及于仲春，皆闭斗门，有余乃得听用之。溉灌者又不得浸人庐舍，坏人坟隧。仲春乃命通沟渎，立堤防，孟冬而毕。若秋、夏霖潦，泛溢冲坏者，则不待其时而修葺。凡用水自下始"。

河渠署隶属于都水监。唐代都水监设都水使者（正五品上）、丞（从七品上）各2人，主簿（从八品下）1人。都水监及其属员在隋唐时期屡有变更。隋代设都水台使者（从五品）、丞（正八品上）各2人，并有参军、河堤谒者、录事，掌船局都水尉、诸津尉·丞·典作·津长等。开皇三年（583年），省都水入司农，开皇十三年（593年）复置。仁寿元年（601年），改为都水监，炀帝复为使者（正五品）、丞（从七品），统舟楫、河渠二署，又置主簿（从八品下）一人。大业五年（609年），又改使者为监（四品），又置少监（五品）。复改监为令（从三品）、少监为少令（从四品）。唐朝改为都水署，隶将作，置令（从七品下）、丞（从八品下）。贞观中，复改为使者，以署为监，使者从五品上，丞从七品上。龙朔二年（662年）改为司津监，咸亨元年（670年）复为都水使者。光宅元年（684年）改为水衡都尉，神龙元年（705年）复旧。

唐代都水监隶属于河渠署。都水监使者（正五品上）二人，掌川泽、津梁、渠堰、陂池之政，掌舟楫、河渠二署。负责虞衡之采捕，渠堰陂池之坏决，水田斗门灌溉。举凡京畿（陕西西安）之内渠堰陂池之坏决，则下于所由修之。每渠及斗门置长各一人，以庶人年五十以上并勋官及停家职资有干用者为之。凡渔捕有禁，溉田自远始，先稻后陆，溉田时，乃令节其水之多少，均其灌溉焉。每岁，府县差官一人以督察之，岁终，录其功以为考课。水使监丞掌判监事。凡京畿诸水，禁人因灌溉而有费者，及引水不利而穿凿者等。主簿掌印，勾检稽失。凡运漕及渔捕之有程者，会其日月，而为之纠举。

唐代都水监下设河渠署和舟楫署。河渠署，隋炀帝取《史记·河渠书》之义以名署，设令 1 人（正八品下），唐朝因之。领河堤谒者、鱼师。隋炀帝置河渠署丞 1 人，唐朝因之，正九品下。河渠令掌供川泽、鱼醢之事；丞为之贰。凡沟渠之开塞，渔捕之时禁，皆量其利害而节其多少。舟楫署，有令（正八品下）一人，孟普（598—659 年）在显庆年间（656—661 年）就担任过此职。

二、水利法规与具体实践

隋唐五代时期通过国家与地方水令、水法规范用水，以《营缮令》规定应及时修筑堤堰并依时检校，这些在实践中均得到贯彻。

（一）水令、水法及其实践

除中央有水法外，一些地方也有水令、水法。唐代水法保存于水部式中，具有法律效力，惜已佚，敦煌文书 P.2507《唐开元二十五年水部式残卷》保留了其中相当一部分内容，内容非常珍贵（详见附录 1）。该文书不仅使久佚的唐格得见，更使唐代系统的全国性水利法规的面貌得以面世。水部式的规定十分详尽，具有可行性，使诸渠用水有法可依。该水部式残卷包括堤堰、桥梁的看护与修理，旱时打开斗门浇地，水涨时及时疏决，浇田要依此取水，务使均普，不得偏并等方面。

安史之乱平叛后，朝廷法令不得遵守，泾阳（陕西泾阳）权幸之家占据白渠上游泉水溉田，长达 60 年，其详情赖刘仁师遗爱碑得以保存。唐敬宗宝历元年（825 年），高陵令刘仁师请变更水道，修建新渠，使处于下游的高陵县（陕西高陵）田地得以灌溉。唐人刘禹锡所撰《高陵令刘君遗爱碑》颇能反映此事的曲折艰难。因泾阳权幸之家公开占据白渠上游泉水，私自开窦溉田，使下游田地得不到泉水灌溉，庄稼收成大受影响。受损的百姓上诉京兆尹马某，却因"上泾之腴皆权幸家，荣势足以破理，诉者覆得罪"只能含冤忍怒。长庆三年（823年），高陵令刘仁师请修新渠以杜私窦、遵田令。但一直到825年唐敬宗即位后，京兆尹易为郑覃，刘仁师的建议终于得以上闻朝廷。中间虽然经历了处于白渠上游的权幸之家买通术士百般阻挠，但新渠和新堰终于得以修成，白渠下游田地得以灌溉。因刘仁师之功，此渠被命名为刘公渠，堤堰被命名为彭城（刘仁师为彭城人，今江苏徐州）堰。唐代水部式明确规定："诸溉灌大渠、有水下地高者，不得当渠造堰，听于上流势高之处为斗门引取。其斗门，皆须州县官司检行安置，不得私造。其傍支渠，有地高水下，须临时暂堰溉灌者，听之。凡浇田，皆仰预知顷亩，依次取用，水遍即令闭塞，务使均普，不得偏并。"显然，泾阳权幸之家的用水行为违法，并严重影响白渠下游百姓的用水和赋税的缴纳，但因得前京兆尹马某庇佑，并未受到任何惩罚。这就暴露了水部式的执行更多的是对普通百姓和守法官吏，但对于有权有势的人家是难以约束的。宝历二年（826年），刘公渠修成次年，泾阳（陕西泾阳）、三原（陕西三原）二邑中再次发生一些人家"拥其冲，为七堰以折水势，使下流不厚"之事。刘仁师诣京兆府上言，京尹郑覃命从事苏特至水滨，"尽撤不当拥者"。此后，高陵县邑人的用水得到保障。

唐代地方州县也制定有用水规定，地方上直接管理地方水利事务的是州县长官。在江南道，兴元元年至贞元二年（784—786年），在李皋讨李希烈期间，嗣曹王李皋幕府的戴叔伦任试守抚州刺史。因抚州（江西临川）百姓每岁争灌溉事，戴叔伦为之做均田法，极便民人，耕饷岁广，而狱无系囚，很快便正授抚州刺史。在山南道，大和八年（834年），王起以检校尚书右仆射、襄州刺史，充山南东道节度使，"江、汉水田，前政挠法，塘堰缺坏"。王起至任，命从事李业行属郡，检视补缮塘堰，与民约为水令，使民无凶年。再如敦煌文书 P.3560 号背《沙州敦煌县行用水细则》（具体内容详见本部分附录2），它是目前为止中国发现最早的地方性水渠行用水规章，是唐代沙州敦煌县制定的所辖地区水渠分配使用的规章制度和实施细则。敦煌属西北内陆干旱地区，常年干旱少雨，水资源匮乏，因此对用水相当重视。这一用水细则虽然前后均残，但从残留文字亦可见西北干旱地区非常重视地方水资源，对诸渠的用水先后及行水的具体办法都有非常详细的规定。该文书虽然从细则中出现的"每年立夏前十五日浇伤苗，亦是古老相传，将为定准。""每年秋分前三日，即正秋水同堪会，亦无古典可凭。环（还）依当乡古老相传之语，递代相承，将为节度。"可知，行用水细则大多是承袭自代代相传的行用水惯例，与中央的水利管理部门都水官司共同监管地方的水渠堤堰等水利设施，其制订时间当在永徽六年（655年）至开元十六年（728年）之间。由敦煌县行用水细则，可以了解到唐代地方政府从法律角度对当地水资源所作的调整和分配。

唐代地方州县一些地方水法规定，百姓和地方官均不能擅自决水溉田。例如：2004年吐鲁番木纳尔一〇二号墓出土的《唐龙朔三年（六六三）四月十日西州高昌县麴武贞等牒为请给水事》（编号为2004TMM102:3）载：

〔前缺〕

1 □□□薄田六亩　刀海举五亩　索符利三亩

2 □□祐六亩　林欢济六亩　永隆寺三亩　麴武贞十亩

3 　□件地，前为旧地薄恶，并请移

4 　□处，回水营种，当为不及加功，遂不得

5 　□，兼复堰破，不敢取水。今地舍部田

6 　□至，望请给水，其田正常水渠左侧，

7 　牒陈，谨牒。

8 　　　　龙朔三年四月十日麴武贞等牒

9 　　　　付知水、渠长，检

10 　　　　水次至，依给。　　素

11 　　　　示。　　　　十六日

唐代后期，淮西节度使吴少诚盗决堤防而毁坏水法。贞元后期（795—805年），吴少诚擅决司、洧等水漕挽溉田，唐德宗派遣中使前往制止，吴少诚不奉诏。又命擅长口辩的兵部郎中卢群出使蔡州（河南

汝南）加以诘责，少诚答云：开大渠，大利于人。卢群对之动之以理，晓之以情，凡数百千言，谕以君臣之分，忠顺之义，曰："为臣之道，不合自专，虽便于人，须俟君命。且人臣须以恭恪为事，若事君不尽恭恪，即责下吏恭恪，固亦难矣。"通过陈古今成败事，说明逆顺祸福皆有效，吴少诚感悦听命，停止工役。

这件事发生于唐后期藩镇割据时期，蔡州吴少诚擅自决水溉田，朝廷最初派遣使者对其加以制止，后又命令兵部郎中卢群亲自前往诘责，成功阻止其行为。从卢群"以奉使称旨，迁检校秘书监、郑滑节度行军司马"来看，朝廷是十分看重水法的执行，而制止具有桀骜之心的藩镇的此类行动，无疑是具有一定难度的。朝廷先后派遣使者和使臣前往淮西劝止吴少诚擅决河水溉田，这一做法并不符合唐律。

唐代水部式没有针对违法用水行为的惩罚办法，但《全唐文》载有一则阙名唐人拟判《对引漏水判》："得甲引漏水于衡渠之下，乙告违法。甲云是金龙口吐转注入渠，法司以为虚妄，科不应为。"虽然甲不伏科判，但法司对甲"引漏水于衡渠之下"的做法，适用了不应得为罪名。《唐律疏议》第450载：

> 诸不应得为而为之者，笞四十（谓律令无条，理不可为者）；事理重者，杖八十。疏议曰：杂犯轻罪，触类弘多，金科玉条，包罗难尽。其有在律在令，无有正条，若不轻重相明，无文可以比附。临时处断，量情为罪，庶补遗阙，故立此条。情轻者，笞四十；事理重者，杖八十。

依此，吴少诚似乎最重可以被科杖八十的罚责。朝廷先后派遣使者和使臣前往制止，而未径加惩戒，是对吴少诚相对高抬贵手的，从这一案例也可反映出安史之乱后朝廷对藩镇的姑息。

隋代河渠署发挥作用，见于窦俨之例。大业十一年（615年），24岁的员外郎窦俨"迁河堤使者，挽渭浮河，虽仍旧贯，宣房瓠子，时其改作，职修民赖，君实有焉"。通过疏理河道、治理河决等，以防治水患。窦俨次年三月便病逝于东都，上述修治河堤之举很有可能发生于河南地区，而水灾发生频率最高的河南，此年未有水灾记录，窦俨的工作是富有成效的。

（二）堤堰修筑及检校

《唐律·杂律》规定刺史、县令必须据《营缮令》及时修筑堤堰并依时检校：

> 诸不修堤防及修而失时者，主司杖七十；毁害人家、漂失财物者，坐赃论减五等；以故杀伤人者，减斗杀伤罪三等。（谓水流漂害于人。即人自涉而死者，非。）即水雨过常，非人力所防者，勿论。
>
> 《疏议》曰：依《营缮令》：近河及大水有堤防之处，刺史、县令以时检校。若须修理，每秋收讫，量功多少，差人夫修理。若暴水泛溢，损坏堤防，交为人患者，先即修营，不拘时限。若有损坏，当时不即修补，或修而失时者，主司杖七十。毁害人家，谓因不修补及修而失时，为水毁害人家，漂失财物者，坐赃论减五等，谓失十疋杖六十，罪止杖一百。若失众人之物，亦合倍论。以故杀伤人者，减斗杀伤罪三等，谓杀人者徒二年半，折一支者徒一年半之类。注云，谓水流漂害于人，谓由不修理堤防而损害人家，及行旅被水漂流而致死伤者。

唐律关于及时修筑堤堰并依时检校的规定在现实中得到贯彻执行。贞元四年（788 年）六月二十六日，京兆府泾阳县（陕西泾阳）三白渠限口，京兆尹郑叔则奏："六县分水之处，实为要害，请准诸堰例，置监及丁夫守当。"准敕。又，大历二年（767 年）二月，以昭应令刘仁师充修渠堰副使。贞元十六年（800 年）十一月，以东渭桥纳给使徐班兼白渠、漕渠及昇原城国等渠堰使。出土文献也可证实，上述唐律规定在全国得到了普遍的执行。1973 年吐鲁番文书阿斯塔那 509 号墓 23 号文书开元二十二年（734 年）西州高昌县（新疆吐鲁番东高昌故城）申西州都督府牒为差人夫修新兴谷、草泽及箭干渠等堤堰事，其云：

1　高昌县　　　　　　为申修堤堰人〔后缺〕

2　新兴谷内堤堰一十六所，修塞。料单功六百人。

3　城南草泽堤堰及箭干渠，料用单功八百五十人。

4　右得知水官杨嘉恽、翚虔纯等状称：前件堤堰

5　每年差人夫修塞。今既时至，请准往例处分

6　者。准状，各责得状，料用人功如前者。依检案

7　〔前缺〕例取当县群牧、庄坞、邸店及夷、胡户

8　〔前缺〕日功修塞，件检如前者。修堤夫

9　〔中缺〕

10　准去年〔后缺〕

11　司未敢辄裁〔后缺〕

12　宣德郎行令上柱国处讷　朝议〔后缺〕

13　都督府户曹件状如前，仅依录申，请裁。谨上。

14　　开元廿二年九月十三日登仕郎行尉白庆菊上

15　　　录〔后缺〕

〔前缺〕宾〔后缺〕

　〔中缺〕

16　　　录事〔后缺〕

17　下高昌县为修兴谷内及〔后缺〕

　　　73TAM509:23/1-1(a)，23/1-2（a），23/1-3（a）

　　该文书正面及骑墙缝背面均钤有"高昌县之印"的官印，是一件正式的官牒。敦煌文书 P.2496P1 作："二月一日〔河西归义军节度〕内亲从都头知二州八镇管内都渠伯使兼御史大夫翟□宰相 阁下 仅呈"，虽然翟某上宰相状的具体内容不载，但从其所署都渠伯使的头衔，可以推测所呈状文当与水渠修建防护有关。西州和敦煌的文书均可证实水渠堤堰的修护是一件日常化的工作。

　　《唐律·杂律》及时修筑堤堰并依时检校的规定，在五代时期依然受到重视。天福二年（937年）九月，判详定院梁文矩奏，以前汴州阳

武县（河南原阳）主簿左墀进策 17 条，可行者有四。其一，请于黄河夹岸防秋水暴涨差上户充堤长，一年一替，委本县令十日一巡，如怯弱处不早处治，旋令修补，不致临时渝决，有害秋苗。晋高祖敕："修葺河岸，深护田农，每岁差堤长检巡，深为济要，逐旬遣县令看行，稍恐烦劳，堤长可差，县令宜止。"天福七年（942 年）四月，晋高祖诏：近年已来大河频决，漂荡户口，妨废农桑。今后令沿河广晋府、开封府尹，逐处观察防御使、刺史等并兼河堤使名额，任便差选职员，分别勾当。预先修整堤堰怯薄、水势冲注处，不得临时失于防护。

而且，此律在五代时期的执行似趋严格。同光三年（925 年）八月，后唐河南（河南洛阳）县令罗贯坐部内桥道不修长流崖州。当时，因邺都（河北大名）大水，御河泛溢。河南县令罗贯因此之故被"长流崖州，寻委河南府决痛杖一顿，处死，坐部内桥道不修故也"。人皆以为冤，此件冤案发生的背景之一是当时水灾严重。该年七月，河南水灾已经持续不断：丁酉日，以久雨，诏河南府依法祈晴。滑州（河南滑县）上言，黄河决。洛水泛涨，坏天津桥，以舟济渡，日有覆溺者。壬子，河阳（河南孟县）、陕州（河南陕县）上言，河溢岸。后陕州又上言，河涨二丈二尺，坏浮桥，入城门，居人有溺死者。乙卯，汴州（河南开封）上言，汴水泛涨，恐漂没城池，于州城东西权开壕口，引水入古河。许州、滑州奏，大水。这场大水灾，后果严重，"霖雨不止，大水害民田，民多流死"。另一更重要的原因在于进士出身的罗贯"为人强直，正身奉法，不避权豪"。得罪了受宠的宦官伶人和久专京畿（河南洛阳）的张全义。他们在唐庄宗面前颇言其短，已令皇帝深怒罗贯。《五代史阙文》谓罗贯"方正文章之士，事全义稍慢，全义怒告王皇后，毙贯于枯木之下，朝野冤之"。郭崇韬曾上奏："贯别无赃状，桥道不修，法未当死。"即使有死罪，亦应等款状上奏，所司议谳之后，再加处决。因怒杀县令，有失公平。但唐庄宗还是借"幸寿安山陵，道路泥泞"之机，下诏杀之，并将其尸体曝于府门，这才有"冤痛之声，闻于远迩"。由这次水灾之重与持续时间之长，可知不论谁处在河南尹的位置上，都将面临"部内桥道不修"的失职行为，其罪据律不至死，罗贯因此被处死，更大程度上是张全义公报私仇所致。同样是失职行为，宋州（河南商丘）节度使衡王朱友谅在大水之际匿灾不报，仅作降职处理。

附录1

敦煌文书 P.2507 号《唐开元二十五年水部式残卷》

〔前缺〕

泾、渭白渠及诸大渠用水溉灌之处，皆安斗门并须累石及安木傍壁，仰使牢固。不得当渠〔造〕堰。

○诸溉灌大渠、有水下地高者，不得当渠〔造〕堰，听于上流势高之处为斗门引取。其斗门，皆须州县官司检行安置，不得私造。其傍支渠，有地高水下，须临时暂堰溉灌者，听之。

○凡浇田，皆仰预知顷亩，依次取用，水遍即令闭塞，务使均普，不得偏并。

○诸渠长及斗门长，至浇田之时，专知节水多少。其州县每年各差一官检校，长官及都水官司时加巡察。若用水得所，田畴丰殖，及用水不平，并虚弃水利者，年终录为功过，附考。

○京兆府 高陵县界清、白二渠交口，着斗门堰。清水恒准水为五分，三分入中白渠，二分入清渠。若水两（量）过多，即与上下用水处，相知开放，还入清水。二月一日以前，八月卅日以后，亦任开放。

○泾、渭二水大白渠，每年京兆少尹一人检校。其二水口大斗门，至浇田之时，须有开下。放水多少，委当界县官共专当官司相知，量事开闭。

○泾水南白渠、中白渠、〔偶〕南渠。水口初分，欲入中白渠、偶南渠处，各着斗门堰。南白渠水一尺以上，二尺以下，入中白渠及偶南渠。若水两（量）过多，放还本渠。其南、北白渠，两水泛涨，旧有泄水处，令水次州县相知检校疏决，勿使损田。

○龙首、泾堰、五门、六门、升原等堰，令随近县官专知检校，仍堰别各于州县差中男廿人、匠十二人，分番看守，开闭节水。所有损坏，随即修理，如破多人少，任县申州，差夫相助。

○蓝田 新开渠，每斗门置长一人，有水槽处置二人，恒令巡行。若渠堰破坏，即用随近人修理。公私材木，并听运下。百姓须溉田处，令造斗门节用，勿令废运。其蓝田以东，先有水碾者，仰碾主作节水斗门，使通水过。

合壁（璧）宫旧渠深处，量置斗门节水，使得平满，听百姓以次取用。仍量置渠长、斗门长检校。若溉灌周遍，令依旧流，不得因兹弃水。

○河西诸州用水溉田，其州县镇府官人公廨田及职田，计营顷亩，共百姓均出人功，同修渠堰。若田多水少，亦准百姓量减少营。

扬州扬子津斗门二所，宜于所管三府兵及轻疾内量差，分番守当，随须开闭。若有毁坏，便令两处并功修理。从中桥以下洛水内及城外，在侧不得造浮砲及捺堰。

○洛水　中桥、天津桥等，每令桥南北捉街卫士洒扫，所有穿穴，随即陪填。仍令巡街郎将等检校，勿使非理破损。若水涨，令县家检校。

○诸水碾砲，若拥水质泥塞渠，不自疏导，致令水溢渠坏，于公私有妨者，碾砲即令毁破。同州河西县溎水，正月一日以后，七月卅日以前，听百姓用水，仍令分水入通灵陂。

○诸州运船向北太仓，从子苑内过者，若经宿，船别留一两人看守，余并辟出。

○沙州用水浇田，令县官检校。仍置前官四人，三月以后，九月以前，行水时，前官各借官马一疋。

○会宁关有船伍拾只，宜令所管差强干官检校，着兵防守，勿令北岸停泊。自余缘河堪渡处，亦委所在州军、严加捉搦。沧、瀛、贝、莫、登、莱、海、泗、魏、德等十州，共差水手五千四百人：三千四百人海运，二千人平河。宜二年与替，不烦更给勋赐，仍折免将役年及正役年课役，兼准屯丁例，每夫一年各帖一丁。其丁取免杂徭人家道稍殷有者，人出二千五百文资助。

○胜州转运水手一百廿人，均出晋、绛两州，取勋官充，不足兼取白丁，并二年与替。其勋官每年赐勋一转，赐绢三疋、布三端，以当州应入京钱物充。其白丁充者，应免课役及资助，并准海运水手例。不愿代者，听之。

○河阳桥置水手二百五十人，陕州大阳桥置水手二百人。仍各置竹木匠十人，在水手数内。其河阳桥水手于河阳县取一百人，余出河清、济源、偃师、氾水、巩、温等县。其大阳桥水手出当州，并于八等以下户，取白丁灼然解水者，分为四番，并免课役，不在征防、杂抽使役及简点之限。一补以后，非身死遭忧，不得辄替。如不存检校，致有损坏，所由官与下考，水手决卅。

○安东都里镇防人粮，令莱州召取当州经渡海得勋人谙知风水者，置海师贰人，柂师肆人，隶蓬莱镇。令候风调海晏，并运镇粮。同京上勋官例，年满听选。

桂、广二府铸钱及岭南诸州庸调，并和市、折租等物，递至扬州讫，令扬州差纲部领送都。应须运脚，于所送物内取充。

○诸溉灌小渠上，先有碾硙，其水以下即弃者，每年八月卅日以后，正月一日以前，听动用。自余之月，仰所管官司于用硙斗门下，著锁封印，仍去却磑石，先尽百姓溉灌。若天雨水足，不须浇田，任听动用。其傍渠，疑有偷水之硙，亦准此断塞。

○都水监三津，各配守桥丁卅人，于白丁、中男内取灼然便水者充。分为四番上下，仍不在简点及杂徭之限。五月一日以后，九月半以前，不得去家十里。每水大涨，即追赴桥。如能接得公私材木栿等，依令分赏。三津仍各配木匠八人，四番上下。若破坏多，当桥丁匠不足，三桥通役。如又不足，仰本县长官量差役，事了日停。

○都水监渔师二百五十人。其中，长上十人，随驾京、都；短番一百廿人出虢州，明资一百廿人出房州，各为分四番上下，每番送卅人，并取白丁及杂色人五等已下户充。并简善采捕者为之，免其课役及杂徭。本司杂户、官户，并令教习，年满廿补替渔师。其应上人，限每月卅日文牒并身到所由。其尚食、典膳、祠祭、中书、门下所须鱼，并都水采供。诸陵，各所管县供。余应给鱼处及冬藏，度支每年支钱二百贯，送都水监，量依时价给直。仍随季具破除、见在，申比部勾覆。年终具录，申所司计会。如有回残，入来年支数。

〔中缺〕

虽非采木限内，亦听兼运。即虽在运木限内，木运已了，及水大有余，溉灌须水，亦听兼用。

○京兆府灞桥、河南府永济桥，差应上勋官并兵部散官，季别一人，折番检校。仍取当县残疾及中男分番守当。灞桥番别人五人，永济桥番别二人。

○诸州贮官船之处，须鱼膏供用者，量须多□（少），役当处防人采取。无防人之处，通役杂职。

○皇城内沟渠拥塞，停水之处，及道损坏，皆令当处诸司修理。其桥，将作修造。十字街侧，令当铺卫士修理。其京城内及罗郭墙，各依地分，当坊修理。

○河阳桥每年所须竹索，令宣、常、洪三州□（役）丁匠预造。宣、洪州各大索廿条，常州小索一千二百条。脚，以官物充，仍差纲部送，量程发遣，使及期限。大阳、蒲津桥竹索，每三年一度，令司竹监给竹，役津家水手造充。其旧索，每委所由检覆，如斟量牢好，即且用，不得浪有毁换。其供桥杂匠，料须多少，预申所司量配，先取近桥人充。若无巧手，听以次差配，依番追上。若须并使，亦任津司与管匠州相知，量事折番，随须追役。如当年无役，准式征课。

○诸浮桥脚船，皆预备半副，自余调度，预备一副，随阙代换。河阳桥船，于潭、洪二州役丁匠造送。大阳、蒲津桥船，于岚、石、隰、胜、慈等州，折丁采木，浮送桥所，役匠造供。若桥所见匠不充，亦申所司量配。自余供桥调度并杂物一事以〔上〕，仰以当桥所换不任用物，回易便充。若用不足，即预申省，与桥侧州县相知，量以官物充。每年出入破用，录申所司勾当。其有侧近可采造者，役水手、镇兵、杂匠等造贮。随须给用，必使预为支拟，不得临时阙事。

○诸置浮桥处，每年十月以后，凌牡开解合□□□□□□抽正解合，所须人夫，采运榆条，造石笼及绹索等杂使者，皆先役当津水手及所配兵。若不足；兼以镇兵及桥侧州县人夫充，即桥在两州两县〔界〕者，亦于两州两县准户均差，仍与津司相知，□须多少，使得济事。役各不得过十日。

○蒲津桥水匠一十五人，虞州大江、水赣，石险难□□给水匠十五人，并于本州岛取白丁便水及解木作〔者〕充。分为四番上下，免其课役。孝义桥所须竹篾，配宣、饶等州造送。应□□塞系篾；船别给水手一人，分为四番。其洛水中桥竹篾，取河阳桥故退者充。

〔后缺〕

附录 2

敦煌文书 P.3560 号背《沙州敦煌县行用水细则》

□□□□□□□□渠、佛图渠两支口著，则水有加减，先进两支欠少。□（龙）勒乡东灌渠进官渠。右件渠，两支口水满，即放向上，利子节减多少。

利子口沙渠、利子、氾渠、三支、下瓜渠、掘渠。右件渠若两支以下水多不受，已（依）次放利子等渠。已放两支，如其两支渠水减少其利子等渠水还塞向上，先进下用，不得向下（上？）。剩少过则千渠口：千渠。右件渠，利子口下过则满即放前件渠，减塞向下，先进下用，河母不胜，渠口校多，三节用水，名为三大河母，从两支口至利子口为一丈，从利子口至千渠口为二丈，从千渠口至平河口为三丈，从下收用，蓄堰向上。

辛渠、赵渠、上八渠、张桃渠、张填渠、曹家渠、张冗渠、刘家渠、六尺渠、上瓜渠、索念同渠、吴家渠、马其渠、王家渠、廉家渠、小弟（第）一渠、神威渠、中瓜渠。右件子渠，并三支渠大河两畔水。若千渠已下水多不受，即放河南北辛、赵渠以减急。如其滔少还塞向下。

下灌亲渠，大壤渠、延康渠、涧渠、多农渠。右件子渠，若千渠口以下水破了，即放灌亲等子渠，亦用两冈等渠水承漏，依次收用。两冈渠、大邑寺渠、忧渠、两冈北支渠、神农渠、员家渠、阳开渠、阳开北支渠、尾曲渠、南支渠、南白渠、李口横渠。右件渠水，从河南北千渠等了，即放前件等渠，依次收用。

都乡大河母，依次承阳开、神农了，即放都乡东支渠、西支渠、宋渠、仰渠、解渠、胃渠、县云解渠、塚念渠、李念渠、索家渠。右件已前渠水，都乡河下尾依次收用。若水不受，即向〔下〕减入阶和、宜谷渠。

阶和、宜谷渠、双树渠、曹念同渠、麴家渠、翟念同渠。右件渠、次承宜谷等渠后，依次收用。若水多不受，即放殷安等渠收用。

殷安渠、平渠、坞角渠。右件次渠（渠，次）承宋渠八渠后，依次收用。如水多〔不〕受，即放宜秋几口西支渠。

东圆浮图渠、西圆浮图渠，右件渠次承宜秋大河母下尾收用。如水多即放后件渠：平都渠、忧交渠。右件渠，承宜秋东西支了后收用，水多不受，便放北府。

北府大河母五渠口：北府渠、神农渠、大渠、辛渠、宜谷渠。右件五渠，承北府河下尾收用。若水多不受，依次放后件渠：临泽渠、抱壁渠。右件渠次承北府等了后，若水多不受，即放前（后）件渠。

无穷口：八尺渠、王使渠、马子渠、阶和渠。右件渠次承抱壁渠了后收用。如水受，即减放东河，循环浇溉。其行水时，具件如后：

一、每年行水，春分前十五日行用。若都乡、宜秋不遍，其水即从都乡不遍处浇溉收用，以次轮转向上。承其已来，故老相传，用为法则。依问前代平水交（校）尉宋豬，前旅帅张诃、邓彦等，行用水法，承前以来，递代相承用。春分前十五日行水，从永徽五年太岁在壬（甲）寅奉遣行水用历日勘会。春分前十五日行水为历日，雨水合会。每年依雨水日行用、须依次日为定，不得违迟。如天时温暖，河水消泽，水若流行，即须预前收用，要不待到期日，唯早最甚。必天温水次早到北府，浇用周遍，未至场苗之期，东河已南百姓即得早浇粟地，后浇商（墒）伤苗，田水大疾，亦省水利。其次，春水浇溉，至平河口已北了，即名春水一遍轮转，次当浇伤苗。其行水日数日（衍）、承水日数，承水多少。若逢天暖水多，疾得周遍。如其天寒水少，日数即迟，全无定准。

一、每年浇伤苗，立夏前十五日行用，先从东河、两支、乡东为始，依次轮转向上。其东河百姓恒即诉云，麦苗始出，小，未堪浇溉。如有此诉，必不得依信。如违日不浇，容一两日向后即迟校（浇）十五日已上，即趁前期不及。神农、两冈、阳开、宜秋等，即不得早种床粟，亦诸处苗稼，交即早干。每年立夏前十五日浇伤苗，亦是古老相传，将为定准。同前，向旧人勘会，同怜为历日。谷雨日浇伤苗日。从两支渠已南，至都乡河，百姓但种床粟等地，随苗浇了。宜秋一河，百姓麦粟等麻（麻等）地，前水浇溉，其床粟麻等地，还与伤苗同浇，循还至平河口以下，即名浇伤苗遍。其水疾迟，由水多少，亦无定准。

一、每年重浇水还，从东河、两支、乡东为始。行水之日，唯须加手力捉搦急摧，其粟等苗才遍即过，不得迟缓，失于时，周遍，至平河北下口以北了，即名两遍。其水疾迟，由水多少，无有准定。

一、每年更报重浇水，麦苗已得两遍，悉并成就，堪可收刈。浇床粟麻等苗，还从东河为始。当〔行水〕之时，持须捉搦，令遣床粟周匝，不得任情。其东河百姓欲浇溉，麦人费水，必不得与，周如复始。以名三〔遍〕。

一、每年更重报浇麻菜水，从阳开、两冈已上循还至北府河了，即放东河，随渠取便，以浇麻菜，不弃水利，当行水，将为四遍。

一、每年秋分前三日，即正秋水同堪会，亦无古典可凭。环（还）依当乡古老相传之语，递代相承，将为节度。其水从东河、两支、乡东为始，轮转浇用，到都乡河当城西北角三薮口以下浇了，即名周遍。往日，水得遍到城角即水官得赏，专知官人即得上考，约勘，从永徽五年已来，至于今年，亦曾经水得过都乡一河了，亦有水过三薮口以上，随天寒暖，由水多少，亦无定准。但秋水唯浇豆麦等地，百姓多贫，欲浇床查等。诸恶□□，妄称种豆，咸欲浪浇，淹滞时日，多费水利，□□□□智之人，水迟不遍，但前后官处分，不同时□□□□地即与，秋水时，准丁均给，今（令）百姓丁别各给□□□□□□各遂时节早晚不同，只如豆麦二色□□□□□□□粟麻等，春浇溉者，春种请白□□□□□□□亩，余十五亩留来年春溉，宜□□□□□□□前后省水，春秋二时俱□□□□□□□裨益。□□□□□□□□每年入小暑以后，日渐加多，□□□□□□□□热风有水下如有云，在南□□□□□□□防待水，预开河口，拟用□□□□□□□□已前，亦须于四大口加入，□□□□□□□□□□□□□所来之处，□□□□□□□□□□烽如。□□□□□□□□□□□□□

〔后缺〕

三、抗洪与抢险工程

面对突如其来的水灾，修建抗洪和抢险工程成为不可避免的举措。隋唐五代时期，这类工程包括建立斗门、开道改道、引水分流、防水抗洪等若干种类。

（一）建立斗门

唐代时期，建立斗门防灾抗灾主要见于河南道和江南道。玄宗开元时期，河南道两次置斗门，调节瀍水和洛水的水势。开元十四年（726年）七月十四日，瀍水暴涨，流入洛漕，漂没诸州租船，溺死人众，漂失诸多租米并钱绢杂物等。"因开斗门决堰，引水南入洛，漕水燥竭，以搜漉官物。"开元十八年（730年）六月，东都瀍、洛泛涨，坏天津、永济二桥及提象门外仗舍，损居人庐舍千余家。闰六月己丑，玄宗令右骁卫大将军范安及（673—740年）、韩朝宗就瀍、洛水源疏决，置门以节水势。

江南道建立斗门见于歙州祁门县和江州浔阳县。祁门县（安徽祁门）西南有阊门滩，善覆舟。元和年间（806—820年），祁门县令路旻开斗门以平其隘，号路公溪，后斗门废。至咸通三年（862年），陈甘节任祁门县令，以俸募民穴石积木为横梁，因山派渠，余波入于乾溪，舟行乃安。在浔阳县（江西九江），长庆二年（822年），江州刺史李渤于县南筑甘棠湖，立斗门以蓄泄水势。

五代十国时期，南唐烈祖在位时期（937—943年），金陵（江苏镇江）数次大水，秦淮溢，关东尤被害，天威军都虞候、左街使刁彦能请筑堤为斗门以疏导，水患稍息。其中的数次水灾，应该包括升元六年（942年）闰正月"都下（江苏南京）大水，秦淮溢"。

（二）开道改道

隋唐五代时期，因大水而开道改道，主要见于河南、河北、关内和江南地区。

滑州（河南滑县）西临黄河，频年水患，唐代黄河水道在此有一次开道、一次改道。开元二十年（732年），宫闱令刘思贤奉使，与平卢（治营州）等军截黄河而东注。咸通四年（863年），鉴于滑州频年水潦，河流泛溢坏西北堤，滑州刺史萧仿奏移河四里，两月毕功，徙其流远去，树堤自固，人得以安。

除此，唐代还有两次改道（一次在河北，一次在关中）、一次开道（在江南道）。贞元年间（785—805 年），邢州刺史元谊徙漳水，自州东 20 里出，至巨鹿（河北巨鹿）北十里入故河。京兆府高陵县（陕西高陵）有古白渠，宝历元年（825 年），王仲舒女婿高陵县令彭城（江苏徐州）人刘仁师因白渠上游泉水被权幸之家公开独占，上书请更水道。经两年努力，修成渠堰，渠名刘公，堰名彭城，关中赖之。在江南道，衢州龙丘县（浙江龙游）境内有长约百里的簿里溪，每岁山水暴涨，凑于县郛，漂泛居人，人多愁苦。元和时期（806—820 年），守衢州（浙江衢州）刺史徐放建石堤、开水道以遏奔注之水，使远离邑居，度工而计财，所费者寡。功省事成，水患得以治理。中书舍人卫中行将此事刻石纪功。

五代十国时期，后唐于河北有一次开黄河水道。同光三年（925 年）六至九月，大雨，江河崩决，坏民田。七月，洛水泛涨，坏天津桥，漂近河庐舍，舣舟为渡，覆没者日有之。邺都（河北大名）副留守张宪奏，御河涨溢，虑漂溺城池，已于石灰窑口（河北大名北）开故河道，以分水势。

（三）引水分流

隋唐五代时期引水分流以除水患之事，主要见于唐后期及五代时期。

唐代引水分流以御水患，见于岭南道郁水、河南道黄河水、山南道汉江。郁水在邕州宣化县（广西南宁）境，水自蛮境七源州流出，百姓颇受其害。景云年间（710—711 年），司马吕仁"引渠分流以杀水势"，自后百姓无没溺之害，得以夹水而居。

河南道水患以滑州居多，因黄河水泛滥，滑州每岁水患。元和八年（813 年）秋，河南瓠子堤溢，将及滑州城（河南滑县），居民震骇，河溢浸滑州羊马城之半。滑州刺史、郑滑节度观察使薛平遣其宾裴宏泰，与古黄河道相邻的卫州所管魏博节度使田弘正联系，上奏朝廷开卫州黎阳县（河南浚县）古黄河道，以分水力。于是将受影响的部分民田易以他地，于郑、滑两郡，征徒万人凿古河。南北长 14 里，东西阔 60 步，深一丈七尺，决旧河以注新河，遂无水患。计疏道 20 里，以疏导水溢，还壖田 700 顷于河南。此事,《新唐书·地理志》记作卫州黎阳县下有新河,决河注故道,滑州遂无水患。

山南道的汉江也曾有一次分流。大中十年(856 年)春,徐商移镇襄州(湖北襄樊)。汉南数郡,先常患江水为灾,每至暑雨漂流,则邑居危垫。筑土环郡,大为之防,绕城堤四十三里,工役无时,岁多艰忧,人倦追集。徐商到任,经考察后,加高沙堤,拥扼散流之地。豁其穴口,不使增修,合入蜀江,积聚为云梦之泽,此后汉江不再为患襄人。同在大中时期,河北道的沧州曾因饱受水涝之苦而引御水入之毛河。大中十二年(858 年),大水泛徐(江苏徐州)、兖(山东兖州)、青(山东青州)、郓(山东东平),而沧州(河北沧县)地势积卑,义武节度使杜中立自按行,引御水入之毛河,东注海,州无水灾。

五代黄河多次泛滥,在后唐庄宗同光年间曾先后进行过两次引水分流。同光三年(925 年)七月丁未,邺都(河北大名)副留守张宪奏御河涨溢,虑漂溺城池,已于石灰窑口(河北大名北)开故河道,以分水势。同光四年(926 年)七月,河南水灾,汴州(河南开封)孔循奏汴河泛涨,恐漂没城河,已于城西城东,权开壕口,引水入古河。

(四)防水抗洪

因洪灾发生时万分危急,防洪、抗洪抢险救灾十分必要。在唐代,关内道会州黄河水、河南道泗州淮水泛滥时,当地刺史均带领军民进行了抗洪抢险。会州会宁县(甘肃靖远)有黄河堰,开元七年(719 年),黄河泛滥,大水渐逼会州城,会州刺史安忠敬率团练兵起作,拔河水向西北流,州城得免淹没。贞元八年(792 年)六月,泗州(江苏盱眙)大水周亘千里,"山涠桐柏,发馘奔涌",御史大夫泗州刺史张坯聚邑老以访故,搴薪椔石以御水患。水势渐盛之时,张坯用数日安排撤离邑人及转移库藏府器,以舟船紧急安置孕寡老弱之人离开,将泗州库藏图籍、官府之器,先安置于远墅,将军资甲盾、士女马牛急迁于水次,派使强健丁壮抵御大水。他自己也坚持与左右十数人缆舟于郡城西南隅女墙湿堵之上,坚决不违王命,忠于职守,云:自己为守土之臣,不当有难而违之。而且南山隔开淮水，距其五六里，自己尚且能够前往，坚持宁死亦不离开。因刺史张坏不畏危险，指挥若定，将所部十处驿站迁移于虹城西鄙之南、傍泗州城南山向东400里之地，使信使到维扬（江苏扬州）之路不受阻碍。州东北直渡，经下邳500里至徐州，可通廉察之问。移书淮南南城将，令其截断扁舟往来，以防有寇贼之变。水灾过后，张坏又吊亡恤存，绥复军郡。

南方地区防水抗洪，比较注重修筑堤坝。开元二十二年（734年），江南道润州刺史齐浣以州北隔江，舟行绕瓜步，回远60里，多风涛，于京口埭下直趋渡江20里，于丹徒县（江苏镇江）开伊娄河25里，渡扬子（江苏仪征），立埭，岁利百亿，且"舟不漂溺"。长庆年间（821—824年），冯宿任剑南东川（治梓州，即四川三台，管梓、绵、剑、普、荣、遂、合、渝、陆等州）节度使期间，涪水数坏民庐舍，冯宿修利防庸，一方便赖。

五代十国时期，天宝三年（910年）八月，吴越武肃王钱镠为抵御海涛的冲击，采用强弩射涛头的办法修筑捍海塘。初定其基之时，江涛昼夜冲激沙岸，版筑不能就，钱镠命强弩五百以射涛头；又亲筑胥山祠，为诗一章函钥置于海门，其略曰："为报龙神并水府，钱塘借取筑钱城。"既而潮头遂趋西陵，于是命运巨石，盛以竹笼，植巨材捍之，城基始定。又以同样方法建候潮、通江等城门，又置龙山、浙江两闸以遏江潮入河。天福十一年（946年）黄河自观城县（河南清丰）界楚里材堤决，东北经临黄、观城两县，隔绝村乡人户为河南、河北两境，官吏征租赋，多违程限。约七年后，广顺三年（953年）三月，经澶州（河南濮阳）上请，回换两县所隔村乡管系，修堙补堤岸河流，复故两县。同年八月，淄州（山东淄博）临河镇淄水决，邹平（山东邹平东北）、长山（山东邹平长山镇）人4000堙塞，河阴新堤坏300步，后周太祖遣中使于赞前往相度修治。

隋唐五代时期的抗洪抢险、修筑堤塘防庸，当事人发挥聪明才智，凭借勇敢无畏的精神，多次战胜水灾。这在一定程度上减轻或消除了水患的影响并增加了农田灌溉量，保护了不少百姓的生命财产安全，提高了应对灾害的能力。

四、防旱抗涝工程

兴修水利工程是防治水旱灾害最重要的基本措施，也是变害为利、兴利除弊的关键。水旱灾害的发生，大多与地方治理及水利工程的兴修有关。开元十年（722年）二月，唐玄宗《处分朝集使敕八道之八》曾指出："诸州遭旱涝之处，多是政理无方，或堤堰不修，或沟渠未泄。"因命诸朝集使至州后，修塞开导，预为施功。隋唐五代时期的防旱抗涝工程主要包括引水灌溉、建立斗门、修堤筑防、浚渠疏导、决河泄潦、蓄水及提水等七类工程。

（一）引水灌溉

隋代时期，文帝修建了一些引水灌溉工程。开皇六年（586年），太原郡晋阳县（山西太原古城营村）引县西南六里晋泽水溉稻田，周回41里。蒲州（山西永济）刺史杨尚希引瀵水，立堤防，开稻田数千顷，民赖其利。仁寿三年（603年），于孟州济源县（河南济源）置百尺沟，引济水灌溉。

唐代开凿疏浚水渠引水溉田比较广泛，尤其是在河东、关内、剑南、河北、河南等道，具体见表6-3：唐代诸道修凿引水灌溉工程简表。在河东道，以晋州、并州、绛州引水灌溉较多。晋州：临汾县（山西临汾）有高梁堰，武德年间（618—626年）引高梁水溉田，入百金泊，但贞观十三年（639年）为水所坏；永徽二年（651年），晋州刺史李宽自夏柴堰引濫水溉田，临汾县令陶善鼎复引濫水溉田，治百金泊。乾封二年（667年）堰坏，乃西引晋水。并州：贞观初水旱蝗灾不断，贞观三年（629年），并州文水县（山西文水）民相率引文谷水，修栅城渠，溉田数百顷；开元二年（714年），并州文水（山西文水）县令戴谦开凿甘泉渠、荡沙渠、灵长渠、千亩渠，俱引文谷水，溉田数千顷。绛州：曲沃县（山西曲沃）有新绛渠，永徽元年（650年），曲沃县令崔翳引古堆水，溉田百余顷；闻喜县（山西闻喜）有沙渠，仪凤二年（677年），诏引中条山水于南坡下，西流经16里，溉涑阴田。此外，潞州、汾州也有引水灌溉工程。贞元七年（791年），潞州屯留（山西屯留）令明济假泽州高平（山西高平）令，引县西北之丹水入城，潴流而为潭，疏渠以绕郭，筑防以补其陷隙，贯邑周间，号为甘泉。大和年间（827—835年），汾州（山西汾阳）刺史薛从"堤文谷、滤河二水，引溉公私田，汾人利之"。

在关内道，灵州、同州、京畿长安、陕州引水溉田工程较多，华州、夏州、丰州及凤翔府等地也有此类工程。灵州：元和年间（806—820年），李听任灵武节度使，部有光禄渠，久废废，李听始复屯田以省转饷，即引渠溉塞下地千顷，后赖其饶；长庆四年（824年）七月，诏开回乐县（宁夏灵武）特进渠，溉田600顷；回乐县南有薄骨律渠，溉田1000余顷；保静县（宁夏永宁）贺兰山之东，黄河之西，有平田数千顷，引水灌溉，足以赡给军储。同州：武德七年（624年）四月，同州治中云得臣于韩城县（陕西韩城市二里城古村）开渠，自龙门引黄河，溉田6000余顷；开元七年至八年（719—720年），同州刺史姜师度于朝邑（陕西大荔县东）、河西（陕西合阳县东南）二县界，就古通灵陂，择地引雒水及堰黄河灌之，以种稻田2000余顷，内置屯10余所，收获万计。京畿：大历十二年（777年），京兆（陕西西安）尹黎干开决郑、白二水支渠及稻田硙碾，复秦汉水道，以溉陆田；开成二年（837年）七月，唐文宗听从京兆尹崔珙之请，诏以时旱，浐水入禁中者，十分量减九分，赐贫民河水溉田。另外，开元四年（716年），诏陕州刺史姜师度疏浚华州（陕西华县）故利俗渠、故罗文渠，分别引乔谷水、小敷谷水支分溉田。贞元七年（791年）八月，夏州（陕西靖边北白城子）奏开延化渠，引乌水入库狄泽，溉田200顷。贞元六年（790年），李景略为丰州刺史、西受降城使，凿感应、永清二渠，溉田数百顷，公私受益。另外，岐州凤翔府郿县（陕西眉县）有成国渠，受渭水以溉田。同时，秦、汉所修郑渠和白渠在唐代仍发挥效力，唐人杜佑言郑渠溉田4万顷，白渠溉田4500顷，但至永徽年间（650—655年），两渠灌寖不过万顷，到大历（766—779年）初，则减至6000亩。

在剑南道，绵州开凿和修复的引水灌溉工程较多，涉及神泉县、龙安县、罗江县和巴西县。贞观元年（627年），神泉县（四川安县）

北开折脚堰，引水溉田。同年，龙安县（四川安县）东南筑云门堰，决茶川水溉田。永徽五年（654年），罗江（四川德阳罗江镇）县令白大信于县北置茫江堰，引射水溉田入城。贞元二十一年（805年），罗江县令韦德于县北筑杨村堰，引折脚堰水溉田。垂拱四年（688年），绵州长史樊思孝、令夏侯奭因故渠，于巴西县（四川绵阳）南开广济陂，引渠溉田百余顷。另外，陵州、蜀郡、眉州也进行了引水灌溉。陵州籍县（四川双流籍田镇）东有汉阳堰，武德（618—626年）初，引汉水溉田200顷，后废，文明元年（684年），籍县令陈充复置，后又废。天宝年间（742—756年），蜀郡长史章仇兼琼于成都县（四川成都）北万岁池筑堤，积水溉田。大和年间（827—835年），在眉州青神县（四川青神），荣夷人张武等百余家请田于青神，凿山疏渠，溉田200余顷。

在河北道，幽州、镇州、赵州、瀛洲、怀州都进行了引水灌溉。永徽年间（650—655年），检校幽州都督裴行方引泸沟水，开稻田数千顷，百姓赖以丰给。镇州获鹿县（河北鹿泉）东北有大唐渠，自平山至石邑，引太白渠溉田。总章二年（669年），获鹿县又开礼教渠，自石邑西北引太白渠，东流入真定界以溉田。仪凤三年（678年），赵州昭庆（河北隆尧）县令李玄开凿沣水渠，以溉田通漕。河间县（河北河间）西南有长丰渠，开元二十五年（737年），瀛州（河北河间）刺史卢晖自束城、平舒引滹沱东入淇通漕，溉田500余顷。大历时期（766—779年）初，怀州（河南沁阳）刺史杨承仙浚决古沟，引丹水溉田，污莱之田变为沃野，衣食河内数千万口。流人褓负，不召自至。

在河南道，以相州开凿引水灌溉工程较多。咸亨三年（672年），邺县（河北临漳）开凿金凤渠，引天平渠下流溉田；尧城县（河南安阳）开凿万金渠，引漳水入故齐都领渠以溉田。咸亨四年（673年），临漳（河北临漳）县令李仁绰，于县南开凿菊花渠，自邺引天平渠水溉田，屈曲经30里；于县北开凿利物渠，自滏阳下入成安，并取天平渠水以溉田。此外，陕州（河南陕县）、青州（山东潍坊）、洛州（河南洛阳）、许州（河南许昌）也进行了引水灌溉。武德年间（618—626年），陕州刺史长孙操自陕州东引水入城，以代井汲，至唐末百姓仍赖之。长安年间（701—704 年），青州北海县令窦琰于故营丘城东北穿渠，引白浪水曲折 30 里以溉田，号窦公渠。8 世纪前期，巨鹿广平人程玄封（663—747 年）任齐州章丘（山东章丘）县令期间，因"时多隙地沉斥"而不生稻粱。遂"枝渠股引"，浇灌田稼。宝历元年（825 年）十二月，河阳（河南孟县）节度使崔弘礼治河内（河南沁阳）秦渠，溉田千顷，岁收粟 2 万斛。光化年间（898—901 年），忠武军（治许州，领陈、许二州）节度使赵珝询邓艾故址（安徽阜阳），决翟王河以溉稻粱，大实仓廪，民获其利。

在淮南道，江、吴大都会扬州，俗喜商贾不事农，贞观年间（627—649 年），扬州大都督府长史、江南巡察大使李袭誉引雷陂水，筑句城塘，溉田 800 顷，以尽地利，民多归本。开元年间（713—741 年），和州乌江（安徽和县乌江镇）县丞韦尹于县东南开韦游沟，引江至郭 15 里，溉田 500 顷。贞元十六年（800 年），乌江县令游重彦又治之，民享其利，以姓名沟。广德二年（764 年），宰相元载于寿州安丰县（安徽寿县安丰铺）东北置永乐渠，溉高原田，大历十三年（778 年）废。

在江南道，湖州、常州、杭州进行了引水溉田。圣历初（698 年），湖州安吉（浙江安吉）县令钳耳知命于县北置邸阁池、石鼓堰，引天目山水溉田百顷。长城县（浙江长兴雉城镇）方山之西湖乃南朝疏凿，岁久堰废。贞元十三年（797 年），湖州刺史于頔命加以疏凿，修复堤阕，溉田 3000 顷，岁获粳稻蒲鱼之利，人赖以济。元和八年（813 年），常州刺史孟简于武进县（江苏武进）西开漕古孟渎，引江水南注通漕，长40 里，得沃壤 4000 余顷。宝历年间（825—827 年），杭州余杭（浙江余杭市余杭镇）县令归珧于县北开北湖，溉田千余顷。

在山南道，朗州武陵县修建引水灌溉工程较多。武陵县（湖南常德）西北 27 里有北塔堰，开元二十七年（739 年），朗州刺史李璡增修，接古专陂，由黄土堰注白马湖，分入城隍及故永泰渠，溉田千余顷。长庆元年（821 年），朗州刺史李翱因故汉樊陂，于武陵县东北 89 里开考功堰，溉田 1100 顷；次年，朗州刺史温造又于该县奏开后乡渠 97 里，溉田 2000 顷。郡人获利，名其渠为右史渠。其次是襄州。江、汉水田，前政挠法，塘堰缺壤。大和八年（834年），襄州（湖北襄樊）刺史、山南东道节度王起上任后，命从事李业行属郡，检视补缮，特为水法，使民无凶年。他还修凿淇堰灌田，一境利之。

在陇右道、西域西北地区，沙州敦煌郡在引水灌溉方面也下了功夫。天授二年（691年），沙州刺史李无亏于沙州（甘肃敦煌）东北170里，修建长城堰，高一丈五尺，长三丈，阔二丈，以堰截苦水溉田，百姓欣庆。因武则天赐李无亏长城县开国子，故时人名堰为长城堰。敦煌（甘肃敦煌）鸣沙山有井泉水，东北流80里，百姓造大堰，号为马圈口其堰，南北150步，阔20步，高二丈，总开五门，分水以灌田园，并云该堰"荷插成云，决渠降雨"。由于气候干燥，西北地区民间百姓多自下而上申请检校用水。如：1973年新疆阿斯塔那墓509号出土的吐鲁番文书73TAM509:8/27《唐城南营小水田家牒稿为举老人董思举检校取水事》云：

> 城南营小水田家　　状上
> 　　○○老人董思举
> 　　右件人等所营小水田，皆用当城四面壕坑内水，中间亦有口分，亦有私种者。非是三家五家，每欲浇溉之晨，漏并无准。只如家有三人、两人者。重浇三回，悍独之流，不蒙升合，富者因兹转赡，贫者转复更穷。总缘无检校人，致使有强欺弱。前件老人性直清平，谙识水利，望差检校，庶得无漏。立一牌榜，水次到，转牌看名用水，庶得无漏。如有不依次第取水用者。请罚车牛一道远
> 使。如无车牛家，罚单功一月驱使即无漏并长安稳，请处分。
> 　　牒　件　如　前，仅　牒。

在岭南道，景龙（707—710年）末，桂州（广西桂林）都督王晙堰江水，开屯田数千顷，百姓赖之。成功在桂州拦河筑堰，引水灌溉屯田。

表 6–3　唐代诸道修凿引水灌溉工程简表

所属道	渠名	古地	今地	修凿时间	修凿者
河南道	金凤渠	相州邺县	河北临漳	咸亨三年（672 年）	——
	万金渠	相州尧城县	河南安阳	咸亨三年（672 年）	——
	菊花渠	相州临漳县	河北临漳	咸亨四年（673 年）	县令李仁绰
	利物渠	相州临漳县	河北临漳	咸亨四年（673 年）	县令李仁绰
	窦公渠	青州北海县	山东潍坊	长安年间（701—704 年）	县令窦琰
	——	邓艾故址	河南淮阳	光化年间（898—901 年）	忠武军节度使赵珝
河东道	高梁堰	晋州临汾县	山西临汾	武德年间（618—626 年）	
	新绛渠	绛州曲沃县	山西曲沃	永徽元年（650 年）	县令崔翳
	百金泊	晋州临汾县	山西临汾	永徽二年（651 年）	晋州刺史李宽
	百金泊	晋州临汾县	山西临汾	——	县令陶善鼎
	沙渠	绛州闻喜县	山西闻喜	仪凤二年（677 年）	——
	甘泉渠荡沙渠灵长渠千亩渠	并州文水县	山西文水	开元二年（714 年）	县令戴谦
	甘泉	泽州高平县	山西高平	贞元七年（791 年）	县令明济
	——	汾州	山西汾阳	约大和年间（827—835 年）	汾州刺史薛从
河北道	——	幽州	北京	永徽年间（650—655 年）	幽州都督裴行方
	大唐渠	镇州获鹿县	河北鹿泉	——	
	礼教渠	镇州获鹿县	河北鹿泉	总章二年（669 年）	
	沣水渠	赵州昭庆县	河北隆尧	仪凤三年（678 年）	赵州昭庆县令李玄
	长丰渠	瀛州	河北河间	开元二十五年（737 年）	瀛州刺史卢晖
	——	怀州	河南沁阳	大历（766—779 年）	怀州刺史杨承仙
	秦渠	孟州河内	河南沁阳	宝历元年（825 年）	河阳节度使崔弘礼

续表

所属道	渠名	古地	今地	修凿时间	修凿者
关内道	——	同州韩城县	陕西韩城市二里城古村	武德七年（624年）	同州治中云得臣
	利俗渠	华州	陕西华县	开元四年（716年）	陕州刺史姜师度
	故罗文渠	华州	陕西华县	开元四年（716年）	陕州刺史姜师度
	——	京师长安	陕西西安	大历十二年（777年）	京兆尹黎干
	延化渠	夏州	陕西靖边北白城子	贞元七年（791年）	——
	光禄渠	灵盐		元和十五年（820年）	灵盐节度使李听
	特进渠	灵州回乐县	宁夏灵武	长庆四年（824年）	——
	薄骨律渠	灵州回乐县	宁夏灵武	——	——
	——	灵州保静县	宁夏永宁	——	——
	成国渠	凤翔府郿县	陕西眉县	——	——
剑南道	汉阳堰	陵州籍县	四川双流籍田镇	武德（618—626年）	——
	折脚堰	绵州神泉县	四川安县	贞观元年（627年）	
	云门堰	绵州龙安县	四川安县	贞观元年（627年）	
	茫江堰	绵州罗江县	四川德阳罗江镇	永徽五年（654年）	县令白大信
	广济陂	绵州巴西县	四川绵阳	垂拱四年（688年）	绵州长史樊思孝、巴西县令夏侯奭
	杨村堰	绵州巴西县	四川绵阳	贞元二十一年（805年）	县令韦德
	汉阳堰（废后复置年）	陵州籍县	四川双流籍田镇	文明元年（684年）	县令陈充
	万岁池堤	成都县	四川成都	天宝年间（742—756年）	蜀郡长史章仇兼琼

续表

所属道	渠名	古地	今地	修凿时间	修凿者
淮南道	句城塘	扬州	江苏扬州	贞观年间（627—649 年）	扬州大都督府长史、江南巡察大使李袭誉
	韦游沟	和州乌江县	安徽和县乌江镇	开元年间（713—741 年）	县丞韦尹
	永乐渠	寿州安丰县	安徽寿县安丰铺	广德二年（764 年）	宰相元载
	韦游沟（复治）	和州乌江县	安徽和县乌江镇	贞元十六年（800 年）	县令游重彦
江南道	邸阁池、石鼓堰	湖州安吉县	浙江安吉	圣历初（698 年）	县令钳耳知命
	西湖	湖州长城县	浙江长兴雉城镇	贞元十三年（797 年）	湖州刺史于頔
	古孟渎	常州武进县	江苏武进	元和七年至八年（812—813年）	常州刺史孟简
	北湖	杭州余杭县	浙江余杭市余杭镇	宝历年间（825—827 年）	县令归珧
山南道	后乡渠	朗州	湖南常德	长庆二年（822 年）	朗州刺史温造
	淇堰	襄阳	湖北襄樊	大和八年（834 年）	襄州刺史、山南东道节王起
岭南道	——	桂州	广西桂林	景龙年间（707—710 年）末	桂州都督王晙
陇右道	长城堰	沙州	甘肃敦煌	天授二年（691 年）	沙州刺史李无亏
	马圈口其堰	敦煌	大堰	——	当地百姓

文献出处：《新唐书·地理志》《元和郡县图志》《唐会要·疏凿利人》《册府元龟》《隋书》《新唐书》《旧唐书》《旧五代史》。

五代十国时期，各政权也修凿了一些引水溉田工程。后唐时，长兴四年（933 年）四月，灵武（宁夏青铜峡）奏开渠白河，引黄河水入大城溉田。后汉时，慕容彦超为磁州（治河北磁县）刺史，地饶水田。时以郡邑荐饥，沟渠堙塞，慕容彦超未就任时，营渠不息。左右劝而止之，慕容彦超坚持营渠，每日引亲仆及郡衙散卒，出俸钱以给其食，自旦及夕，亲令开凿。一年之间，民获其惠。显德五年（958年）十二月，以工部郎中何幼冲为司勋郎中，充关西渠堰使，命于雍（陕西西安）耀（陕西耀县）之间，疏泾水以溉稻田。南唐刘彦贞镇寿州（安徽寿县），州有安丰塘，溉田万顷，得无凶岁。

（二）修堤筑防

隋唐五代时期，对堤防修筑较为重视，其主要功能是抗旱防涝。隋代时期，开皇九年（589年），东海郡海州东海（江苏连云港）县令张孝征筑西捍海堰，南北长63里，高5尺。开皇十五年（595年），东海县令元暖又筑东捍海堰，长39里，外可捍海潮，内可贮山水，大获浇溉之利，东、西捍海堰有效地起到了捍海挡潮的作用。为治理河水泛滥问题，开皇年间（581—600年），济阴郡兖州刺史薛胄开凿了丰兖渠。兖州城（山东兖州）东沂、泗二水合而南流，泛滥大泽中。薛胄积石堰之，使决令西注，陂泽尽为良田，号为薛公丰兖渠。

唐代修筑堤堰较多，尤其是河南道，常年干旱少雨的陇右道亦留意于此。河北道在唐前期堤防修筑较多，江南道在唐后期水患影响渐大，堤防修建受到重视。在河南道，因河水泛滥，修筑堤防较多。贞观十年（636年），莱州即墨（山东即墨）县令仇源于县东南筑堰，"以防淮涉水"。约高宗、武则天统治时期，淄州淄川（山东淄博）县主簿周善持（627—698年）躬监徒役，筑护金堤，因官有严程，人多胥怨。周善持与众人辞行，"君诚恕既孚，卸罚斯寝。若宽之则贻伊咎，急之则人不堪忧"，辞官回归故里。金堤当未修成，此事反映了百姓在修筑堤防过程中所付出的艰苦劳动。开元十三年（725年）秋，济州（山东茌平）大水，河堤坏决，为害滋甚。前此大水，河防毁坏，诸州不敢擅兴役。济州刺史裴耀卿俯临决河，躬自护作。消灾革弊，百姓赖之。开元十四年（726年），海州刺史杜令昭于胸山县（江苏连云港海州镇）东20里筑永安堤，北接山，环城长10里，以捍海潮。贞元年间（785—805年），亳州（安徽亳州）刺史缺，判官杨凝行州事，增垦田，决污堰，筑堤防，水患得息。元和年间（806—820年），澂州（河南郾城）刺史高承简"开屯田，列防庸，濒澂绵地二百里无复水败，皆为腴田"。

其德政碑云"治屯营以劝农功，补坏堤以平水害"。大和三年（829 年），忠武军（治许州，管许、陈、蔡三州）连年水旱饥荒，许州刺史、忠武节度使高瑀相地势所宜，召集州民，绕郭立堤塘 180 里，蓄泄既均，人无饥年。

在河北道，唐前期修筑堤防较多。瀛州（河北河间）界滹沱河及滱水，每岁泛溢，漂流居人，寖洳数百里。贞观二十三年（649 年），瀛州刺史贾敦颐奏立堤堰，自是无复水患，百姓获利。贞元三年至十年（787—794 年），瀛州（河北河间）刺史刘澭为改变当地"地饶俗杂，久号难理"的情况，"简其约束，峻其堤防，均其有无，一其劳逸"，使得"盗奔他境，人复先畴"。洺州肥乡县（河北肥乡）北濒临漳水，连年泛滥。因其旧防迫漕渠，虽修筑不息，而漂流相继。神龙年间（705—707 年），肥乡县令韦景骏审其地势，益南千步，就地势增高堤障，暴水至，堤南无患，水去而堤北为腴田。又漳水旧有架柱长桥，每年修葺，韦景骏又改造为浮桥。此后至唐末无复水患。开元时期（713—741 年），冀州（河北深州）暴雨，河流泛溢。冀州刺史柳儒躬自视察，为修堤防，并具舟楫，拯救灾民。

在江南道，杭州修筑塘堤较多，以捍海挡潮为主，兼及蓄水溉田；江州、明州、洪州在晚唐修筑堤堰较为突出。杭州：万岁登封元年（696 年），富阳（浙江富阳）县令李浚时于县南筑堤，东自海，西至于苋浦，以捍水患。贞元七年（791 年），富阳县令郑旱又增修之。开元元年（713 年），盐官县（浙江海宁盐官镇）重筑捍海塘堤，长 124 里。长庆四年（824 年），白居易任杭州刺史三年，仍岁逢旱，作《钱塘湖石记》，制定了防止湖水泛滥、利用湖水溉田的方法。为解决旱甚即湖水不充，无法利用湖水灌溉夹官河田的问题，白居易修筑湖堤，加高数尺，以增多湖水储蓄。指出：湖水若仍不足，更决临平湖，添注官河，可有余。霖雨三日已上，湖堤往往决。若水暴涨，可于笕南缺岸处泄之；又不减，兼于石函南笕泄之。如此，可使濒湖千余顷田，无凶年。大中年间（847—860 年），李播自尚书比部郎中出为钱塘（浙江杭州），以三笺干宰相，指出钱塘"涛坏人居，不一焊锢，败侵不休"。朝廷下诏与钱 2000 万，筑长堤，以为千年计。江州：大和三年（829 年），江州刺史韦珩于浔阳县（江西九江）东筑秋水堤；会昌二年（842年），江州刺史张又新于浔阳县西筑断洪堤，以窒水害。明州：大和六年（832年），明州刺史于季友于鄮县（浙江宁波）西南筑仲夏堰，溉田数千顷。大和年间（827—835年），明州鄞（浙江奉化）县令王元暐筑堰以捍江湖，僧宗亮作《它山歌》以颂王元晖筑它山堰之事，云："大和中有王侯令，清优为官立民政。昨因祈祷入山行，识得水源知利病。棹舟直到溪岩畔，极目江山波澜漫。略呼父老问来由，便设机谋造其堰。叠石横铺两山嘴，截断咸潮积溪水。灌溉民田万顷余，此谓齐天功不毁。民间日用自不知，年年丰稔因阿谁。"洪州：洪州（江西南昌）据章江，霖必江溢。元和二年（807年），洪州观察使韦丹"派湖入江，节以斗门，以走暴涨"，筑5尺宽、12里长的大堤。次年，江汉堤平。凿600陂塘，灌田10000顷。会昌六年（846年），摄洪州建昌（江西永修）县令何易于在县南筑捍水堤。越州、温州都曾修筑堤堰，以防水灾。贞元元年（785年），观察使皇甫政于越州山阴县（浙江绍兴）北，凿越王山修越王山堰，以畜泄水利，又东北20里做朱储斗门。贞元年间（785—805年），检校屯田郎中路应于温州（浙江温州），"筑堤岳城、横阳界中，二邑得上田，除水害"。

在山南道，汉水常泛涨，对襄、均等州破坏较大，张柬之、卢钧等地方高官曾在此筑堤堰。神龙初年（705年），"会汉水涨啮城郭"，襄州（湖北襄樊）刺史张柬之"因垒为堤，以遏湍怒"，阖境受益。会昌元年（841年）七月，江南大水，汉水坏襄、均（湖北丹江口）等州民居甚众。襄州刺史、山南东道节度使卢钧受唐武宗派遣，前往巡视，"省汉之溺，由旧防之不固及五十载"，遂"募民新汉之堤，食敌其功，资三其食，因故堤之址，广倍之，高再倍之"。在襄阳（湖北襄樊市襄阳城）筑堤6000步，以障汉暴。

在关内道，开元四年（716年），诏陕州刺史姜师度疏浚华州郑县（陕西华县）故利俗渠、罗文渠二渠，立堤以捍水害。元和年间（806—820年）初，徐项任雍州三原（陕西三原）县令，因白渠溃泄为害，历来"毁祷则园寝是虞，漂漫则阡陌绝稔"，徐项奉诏堤筑，七日而毕，"膏腴浸润，覆喻劳苦，沉□蠲泰，政方且久"。

在陇右道，张守珪克服当地受吐蕃侵扰与干旱少林的自然条件的限制，想方设法修成堤堰。开元十五年至十七年（727—729年），张守珪先后为瓜州刺史、瓜州都督，以防御吐蕃侵扰，任都督期间，利用偶然的机遇在瓜州（甘肃安西）修堰成功。瓜州地多沙碛，不宜稼穑，每年少雨，以雪水溉田。而且，"渠堰尽为贼所毁"，因"地少林木"而修葺困难。张守珪"设祭祈祷，经宿而山水暴至，大漂材木，塞涧而流，直至城下"。张守珪使取充堰，水道得以复旧，州人修堰碑，刻石以纪其事。

在山南、剑南、淮南、岭南等道，修筑堤堰不多。在山南道，贞元八年（792年）三月，嗣曹王李皋为荆南节度使观察。先是，江陵（湖北荆州）东北70里、废田旁汉古堤，坏决二处，每夏浸溢。李皋使命塞之，广良田5000顷，亩收一钟。在剑南道，冯宿为剑南东川节度使时，涪水数坏百姓庐舍，冯宿"修利防庸，一方便赖"。在淮南道，扬州因漕渠庳下而缺水，元和三至五年间（808—810年），淮南节度使李吉甫修筑平津堰，"筑堤阏以防不足、泄有余"。在岭南道，贞元十四年（798年），桂州临桂县（广西桂林）东南筑回涛堤，以捍桂水。

五代时期，因水灾河患频繁，多次修筑堤堰，只是动乱时期，政权频繁更迭，防治水灾的效果一般。其中，以后晋与后周对修筑堤防较为重视，效果相对较好。后唐时期，主要在山东、河南地区修筑堤堰。为限唐军，后梁决酸枣县（河南延津）尧堤，引河水东注，至于郓濮。同光二年（924年）七月，以曹（山东曹县）濮（山东鄄城）连年河患，唐庄宗遣右监门卫上将军娄继英督汴滑兵士修酸枣县堤。寻而复坏，次年正月，青州（山东青州）符习承命左役徒修尧堤，三月，尧堤水口修毕。同光五年（927年）正月，租庸使奏邺都15000差夫；于卫州（河南卫辉）界修河堤。长兴初（930年），滑州节度使张敬询以河水连年溢堤，自酸枣县界至濮州，广堤防一丈五尺，东西200里。长兴四年（933年）二月辛酉，濮州（山东鄄城）进重修堤图，备载沿河地理名。清泰元年（934年）七月，河中（山西永济）言取去秋草七千，围埋塞堤堰。

后晋时期，注意沿河地区依时巡检堤防，重点在滑州修筑河堤。天福二年（937年）九月，晋高祖依前汴州阳武县（河南原阳）主簿左墀进策所奏，下敕停止遣县令逐旬看行河岸，改为每岁差堤长检巡修葺。天福七年（942年）四月，晋高祖下诏：以近年大河频决，漂荡户口，妨废农桑，严格牧守职责，"今后宜令沿河广晋府、开封府尹，逐处观察防御使、刺史等，并兼河堤使名额，任便差选职员，分劈句当。有堤堰怯薄、水势冲注处，预先计整，不得临时失于防护。"后晋前后两次在滑州修筑河堤。天福六年（941年）九月，滑州（河南滑县）河决，河水东流，兖州（山东兖州）、濮州（山东鄄城）界皆为水所漂溺，河水东流，阔70里，水势南流入沓河及扬州河。天福七年（942年）三月，以瓠子河涨溢，诏宋州节度使安彦威到滑州修河堤，督诸道军民自豕韦（河南滑县东南）之北，筑堰数十里。由于经费不足，安彦威"出私钱募民治堤"，民无散者，竟止其害，郓（山东东平）曹（山东曹县）濮（山东鄄城）赖之。以功加安彦威邻国公，诏于河决之地建碑立庙。开运元年（944年）六月，滑州再次河决，大水弥漫，浸汴（河南开封）、曹（山东曹县）、单（山东单县南）、濮（山东鄄城）、郓（山东东平）五州之境，环郓州寿张县的梁山而合于汶水，晋出帝"诏大发数道丁夫塞之"。

后周时期，周世宗、周太祖对修筑河堤均非常重视，多次遣使前往灾区巡视督筑河堤。广顺二年（952年）十二月，河决郑（河南荥阳）、滑（河南滑县），周太祖遣使行视修塞。广顺三年（953年）五月，遣客省副使齐藏珍等三人简视鱼池（河南滑县东北）常乐驿原武（河南原阳）河堤。六月，郑州夫1500人修原武河堤，宿州（安徽宿州）言遣虎犍厢主何徽率兵往灵河（河南滑县西南）修堤。八月，淄州（山东淄博）临河镇淄水决，邹平（山东邹平东北）、长山（山东邹平长山镇）人4000埋塞；河阴新堤坏300步，遣中使于替往，相度修治。九月，滑州（河南滑县）白重赞部署埋塞六名镇河堤。先是，河水自杨刘（山东东阿杨柳乡）北，至博州（山东聊城）界120里，连岁东岸派分为12流。复汇为大泽，漫漫数百里，又东北坏古堤，而出注齐（山东济南）棣（山东惠民）淄（山东淄博）青（山东东平），至于海滢，坏民庐舍、占民良田不可胜计。朝廷连年命使视之，无敢议其工者。显德元年（954年），郓州（山东东平）界河决，数州之地，洪流为患。十一月，周世宗诏宰臣李谷往郓齐管内监筑河堤，役徒六万，30日而罢。次年三月壬午，治河堤回。显德六年（959年）正月，命侍卫都虞侯韩通，往河阴县（河南郑州任庄）按行河堤。二月，命枢密使王朴，往河阴县按行河堤，及修汴口水门。显德六年（959年）六月，郑州（河南荥阳）奏，河决原武（河南原阳），诏宣徽南院使吴延祚发近县丁夫20000人塞之。

十国政权也修建了一些堤堰。永平元年（911年）九月，前蜀筑柳堤。天汉元年（917年）六月，导江（四川都江堰导江铺）令黄璟奏天大雷雨，江神忽成巨堰。光天三年（920年）三月，前蜀筑子城西北夹寨堤，引水入大内御沟，水出东流仁政楼。显德元年（954年）正月，荆南王修江陵（湖北荆州）大堰，改名曰北海。

（三）修建斗门

隋唐五代时期，建立斗门以溉田，主要见于唐代江南地区。隋代修建斗门之例如：开皇年间（581—600年），鉴于安丰县（安徽寿县南）芍陂旧有五门堰芜秽不修，淮南郡寿州总管府长史赵轨劝课人吏，开36门，灌田5000余顷，人赖其利。

唐代江南道建立斗门之例较多，一些地方立斗门对水资源加以疏导和利用。究其原因，一是雨水较多，二是在唐后期作为主要的粮产区，政府重视。润州（江苏镇江）丹杨县练湖幅员40里，大族强家泄流为田，专利上腴，亩收倍钟，富剧不绝。自丹阳（江苏丹阳云阳镇）、延陵（江苏镇江）、金坛（江苏金坛金城镇）环地300里，数合5万室，旱则无法耕作，水则能够行舟，人遭其害90余祀，经上司介入调解与夺者81段。永泰元年（765年），常州刺史韦损废丹杨县（安徽当涂）练塘复置，以溉丹杨、金坛、延陵之田。由于素知截湖开壤之弊，令县吏卒徒浚山成溪，增埤故塘，疏为斗门，"既杀其溢，又支其泽，沃埆均品"。此举遐迩受利，民刻石颂之。贞元四年（788年），淮南节度使杜亚疏扬州江都县（江苏扬州）爱敬陂，自江都西循蜀冈之右，引陂趋城隅以通漕，溉夹陂田。梁肃《通爱敬陂水门记》云：修利旧坊，节以斗门。夹堤之田，旱暵得其溉，霖潦得其归。

另外，大历十二年（777年），升州句容（江苏句容）县令王昕复整修先县令杨延嘉因梁故堤所置绛岩湖，梁故堤已废弃百年，周百里为塘，蓄为湖塘，立二斗门以节旱暵。湖修成后，"旱暵则决而全注，霖潦则潴而不流"。工程修复后，"开田万顷，赡户九乡"，本地"颇无凶岁"。大和七年（833年），福州长乐（福建长乐）县令李茸筑海堤，立10斗门以御潮，旱则潴水，雨则泄水，遂成良田。

五代十国时期，对斗门的修筑也有留意。乾祐二年（949年），后汉补阙卢振对斗门的防水抗旱作用认识明确，认为汴河两岸堤堰不牢，每年溃决正当农时，劳民功役。上言汉隐帝沿汴水有故河道陂泽处置立斗门，水涨溢时，以分其势，可"涝岁无漂沫之患，旱年获浇溉之饶"，百姓可差免劳役。但并未见修建水门的实例。显德六年（959年）二月，周世宗命枢密使王朴往河阴县（河南郑州）按行河堤，及修汴口水门。南唐烈祖时，金陵（江苏镇江）数次大水，秦淮溢，关东尤被害，天威军都虞候、左街使刁彦能"请筑堤为斗门疏导之，水患稍息"。其中的数次水灾，应该包括升元六年（942年）闰正月的"都下大水，秦淮溢"。后唐同光五年（927年）正月，租庸使奏邺都15000差夫，于卫州（河南卫辉）界修河堤，又于宋州（河南商丘）创斗门。

（四）浚渠疏导

浚渠疏导包括开挖和修浚河渠水道。隋代时期，由于山东频年霖雨，杞（河南杞县）、宋（河南商丘）、陈（河南淮阳）、亳（安徽亳州）、曹（山东曹县）、戴（山东成武）、谯（安徽濉溪）、颍（安徽阜阳）等诸州，达于沧海，皆困水灾，所在沉溺。开皇十八年（598年），隋文帝遣使，将水工，巡行川源，相视高下，发随近丁加以疏导。

唐代以河南、河北、江南三道疏浚河渠较多。在河北道，沧州、赵州、怀州等多地疏通积潦、河渠之事。贞观年间（627—649年），沧州（治河北沧县）刺史薛大鼎以州界卑下，易发水害，疏长芦、漳、衡三渠，泄污潦，使水不为害。开元年间（713—741年），赵州柏乡（河北柏乡）县令王佐浚筑千金渠、万金堰，以疏积潦。宝历元年（825年），河阳节度使崔弘礼治河内（河南沁阳）秦渠，溉田千顷，岁收 8 万斛。大和五年（831 年），河阳节度使温造奏浚怀州（河南沁阳）古渠枋口堰，役四万工，溉灌济源（河南济源）、河内、温县（河南温县）、武德（河南温县武德镇）、武陟（河南武陟）五县，百姓田 5000 余顷。

在河南道，洛阳、蔡州等地有浚渠疏导之例。开元年间（713—741 年），蔡州新息（河南息县）县令薛务增浚县西北 50 里隋故玉梁渠，溉田 3000 余顷。大历二年（767 年），河南尹张延赏充诸道营田副使。时河洛（河南洛阳）久当兵冲，闾里丘墟，张延赏政尚简约，疏导河渠，修筑宫庙，数年间流庸归附，邦畿复完，诏书褒美。洛阳旧有水坊，缮葺之害，岁费百万，百姓苦于役赋。晚唐洛阳令韦泗"起废制，峻圻岸，水常停居，土无善崩"。先是木橦河，外接里落，中注都庄。韦泗"束其流滥，决其拥害"，使得"野夫宽力，居者盈利"。

在江南道，唐后期作为国家的经济命脉之地，浚渠疏导较为常见，尤其是在常州。永泰元年至大历三年（765—768 年）间，常州（江苏常州）"岁仍旱，编人死徙踵路"。常州刺史李栖筠"为浚渠，厮江流灌田，遂大稔"。元和七年至八年（812—813 年），孟简任常州刺史期间，开凿久已淤阏的古孟渎 41 里，溉田 4000 余顷。因此被唐宪宗赐以金紫，升为给事中。苏州也进行了沟渎疏导。贞元年间（785—805 年），苏州（江苏苏州）刺史于頔"浚沟渎，整街衢"，这些做法至后晋时仍在发挥作用。

在关内道，唐后期京兆府修复了郑渠、白渠的秦汉故道，疏导了六门堰。大历十二年（777 年），京兆（陕西西安）尹韩皋开决郑、白二渠支渠，及稻田硙碾，复秦汉水道，以溉陆田。咸通时期（860—874 年），京兆府武功县（陕西武功）六门堰"厥废百五十年"，值岁饥，武功令李频"发官廥庸民浚渠，按故道厮水溉田，谷以大稔"。

在山南道，贞观年间（627—649 年）末，扬州都督府长史张士贵"引朝夕之洪派"，疏导泌州桐柏县（河南桐柏）之淮渎，使当地市场和监狱这些经常有奸人牟利的地方也能不受干扰，即使发生水火之灾也能保证粮食不乏，其善政受到百姓颂扬。

在剑南道，贞观时期（627—649 年），因蜀地都江堰旁之地价高昂，为富强之家所侵夺。益州（四川成都）大都督府长史高士廉遂于故渠外别更疏决，蜀中大获其利。即增修水渠，扩大都江堰的灌溉区域。

在河东道，贞元七年（791年），假泽州高平令明济"躬循郊原，目究川谷，度高下之势，相引决之宜"。发现高平县（山西高平）丹水（一名泫水）"始自县之西北，山源高而派平，可议壅以导"。因而"始潴流而为潭，因疏渠以绕郭；筑防以补其陷隙，刳木以道其险阻"。引水入城，号甘泉。

五代十国时期的疏通渠道工程主要见于后周。显德二年（955年）冬，后周将议南征，世宗诏徐州节度使武行德发其部内丁夫，因其古堤加以疏导，东至于泗水之滨，导其流而达于淮。显德六年（959年）二月，周世宗命侍卫都指挥使韩通宣往徽南院使吴延祚发徐宿宋单等州丁夫数万，以浚汴河；命马军都指挥使韩令坤，自京东道汴水入于蔡河，又命步军都指挥使袁彦浚五丈河，分遣使臣发畿内及滑（河南滑县）亳（安徽亳州）等州丁夫数千，以供其役。

（五）决河泄潦

隋唐五代时期，决河泄潦以防水涝灾害的工程主要见于唐朝。唐代决河泄潦主要见于唐前期，后期较少。

在河北道，沧州（河北沧县）地势卑下，水患较多，唐前后期均有决河泄潦工程。贞观年间（627—649年），刺史薛大鼎"决长芦及漳、衡等三河，分泄夏潦"，水流入海，商贾流行，境内无复水害。大中十二年（858年），大水泛徐（江苏徐州）、兖（山东兖州）、青（山东青州）、郓（山东东平），而沧地积卑，义武节度使杜中立自按行后，"引御水入之毛河，东注海，州无水灾"。另外，开元四年（716年），莫州任丘（河北任丘）县令鱼思贤开凿通利渠，以泄陂淀，自县南五里至城西北入寇，得地200余顷。

在河东道，永徽二年至显庆元年（651—656年），沂州（山东临沂）界内，"先□废陂，蓄积污潦，妨害农稼"。沂州刺史徐德下令疏决，并"恭先畚锸，意极规摹。修复数十陂，开田千百顷"。

在关内道，于华州华阴县开凿和复凿了敷水渠。开元二年（714

年），姜师度于华阴县（陕西华阴）开凿敷水渠，以泄水害。因该县有临渭仓，开元五年（717年），华州刺史樊忱复凿之，使通渭漕。

（六）蓄水工程

蓄水溉田工程主要见于唐五代时期，尤其以唐后期的江南道为多，其次是河南道、淮南道、关内道，还有河北道和山南道。

在江南道，因唐后期经济地位渐高，又具有良好的水利条件，蓄水工程较多，唐前期则数量较少。此道中，以越州、泉州、杭州、明州蓄湖陂塘水溉田工程较多，尤其是越州。唐初，越州都督府长史杨德裔在会稽（浙江绍兴）引陂水溉田数千顷，人获其利。天宝年间（742—756年），越州诸暨（浙江诸暨）县令郭密之于县东筑湖塘，溉田20余顷。宝历二年（826年），上虞（浙江上虞丰惠镇）县令金尧恭于县西北置任屿湖，溉田200顷，又于县北置黎湖。越州还有镜湖，在会稽（浙江绍兴）、山阴（浙江绍兴）两县界筑塘蓄水，水高丈余，田又高海丈余，若水少则泄湖灌田，水多则闭湖泄田中水入海，所以无凶年。堤塘周回310里，溉田9000顷。

泉州置塘较多。贞观年间（627—649年），莆田县（福建莆田）西置诸泉塘、南置沥浔塘，西南置永丰塘，南置横塘，东北置颉洋塘，东南置国清塘，溉田1200顷。建中年间（780—783年），莆田县北置延寿陂，溉田400余顷。贞元五年（789年），泉州刺史赵昌于晋江县（福建泉州）东置常稔塘，溉田300余顷，后更名尚书塘。大和三年（829年），泉州刺史赵棨于该县西南开天水淮，灌田180顷。

杭州以开塘蓄湖为主。永淳元年（682年），新城县（浙江富阳新登镇）北开官塘堰水溉田，有九澳。长庆年间（821—824年），杭州刺史白居易"始筑堤捍钱塘湖，钟泄其水，溉田千顷；复浚李泌六井，民赖其汲"。为解决旱甚即湖水不充，无法利用湖水灌溉夹官河田的问题，白居易修筑湖堤，加高数尺，以增多湖水储蓄。

明州蓄水工程以鄞县较为集中。开元年间（713—741年），鄞（浙江宁波）县令王元纬于县南置小江湖，溉田800顷，民立祠祀之。天宝二年（743年），鄞县东25里之西湖，溉田500顷，县令陆南金开广之。

鄮县西 12 里广德湖，溉田 400 顷，贞元九年（793 年），明州刺史任侗因故迹增修之。

　　润、升、湖、宣、苏、江等州亦建有蓄水溉田的湖塘。武德二年（619 年），润州刺史谢元超因金坛县（江苏金坛）东南故塘，复置南、北谢塘，疏浚修复以溉田。麟德年间（664 年），升州句容（江苏句容）县令杨延嘉因梁故堤于县西南置绛岩湖，后废，大历十二年（777 年），县令王昕复置，周百里为塘，立二斗门以节旱暵，开田万顷。贞元十三年（797 年），湖州刺史于頔将南朝于长城县（浙江长兴雉城镇）疏凿已堙废的西湖，"设堤塘以复之，岁获粳稻蒲鱼之利"，溉田三千顷，人赖其利，其后堙废。元和四年（809 年），宁国令范某于宣州南陵县（安徽繁昌），因废陂置大农陂，为石堰 300 步，水所及者 60 里，溉田千顷。长庆年间（821—824 年），苏州海盐县（浙江海盐）令李谔开古泾 301 条，以御水旱。咸通元年（860 年），江州都昌（江西都昌）县令陈可夫于县南筑陈令塘，以阻潦水。另外，唐末，陆龟蒙于松江（吴淞江）之耕稼常遭海潮侵袭，遂于田边开沟以通浦溆，涨潮时蓄水，天旱时用以溉田。其《迎潮送潮辞》诗序对此有所记述："余耕稼所在松江，南旁田庐，门外有沟通浦溆，而朝夕之潮至焉。天弗雨则轧而留之，用以涤濯灌溉，及物之功甚巨，其赢壮迟速系望晦盈虚也，用之则顺而进，舍之则黜而退。"这也属于蓄水溉田。

　　在河南道，汴州、颍州、密州、沂州、洛州有开塘陂蓄水之举。汴州陈留县（河南开封陈留镇）有观省陂，贞观十年（636 年），陈留县令刘雅决水溉田百顷。永徽年间（650—655 年），颍州刺史柳宝积于汝阴县（安徽阜阳）修椒陂塘，引润水溉田 200 顷。颍州下蔡县（安徽凤台）西北 120 里有大崇陂，80 里有鸡陂，60 里有黄陂，东北 80 里有湄陂，皆隋末废，唐复之，溉田数百顷。密州诸城县（山东诸城）东北 46 里有潍水故堰，"蓄以为塘，方二十余里，溉水田万顷"。贞观以来，沂州承县（山东枣庄）筑陂 13 条，蓄水溉田。洛水和谷水会于禁苑之间，经常泛溢。为防止河患，唐玄宗还下诏修建陂塘以御之。开元二十四年（736 年），玄宗患谷、洛二水泛溢，疲废人功，诏河南尹李适之以禁钱和雇，修积翠、月陂、上阳三陂以御之，而后二水无劳役之患，即官府出钱雇人开挖河塘以调节水流量。

在淮南道，扬州、光州、楚州修建了陂塘。扬州筑有四塘。贞观十八年（644年），扬州大都督府长史李袭誉引渠，于扬州江都县（江苏扬州）东修雷塘，又筑勾城塘，溉田800顷。元和三至五年（808—810年），淮南节度使李吉甫于扬州高邮县（江苏高邮）筑富人、固本二塘，溉田尽万顷。楚州开有二塘。证圣元年（695年），宝应县（四川宝应）西南开白水塘、羡塘，置屯田。长庆年间（821—824年），又发青、徐、扬州之民，于宝应县兴白水塘屯田。光州修建一陂。永徽四年（653年），光州刺史裴大觉于光山县（河南光山）西南修雨施陂，积水以溉田百余顷。

在关内道，修有通灵陂、积翠陂、月陂、上阳陂，汉陂也在发挥作用。开元七年（719年），同州刺史姜师度引洛堰河，于朝邑县（陕西大荔）修通灵陂，溉田百余顷。谷、洛二水汇于禁苑之间。至开元二十四年（736年），以谷洛二水或泛溢，疲废人功，遂出内库和雇，修三陂以御之，一曰积翠，二曰月陂，三曰上阳，而后二水无劳役之患。宝历二年（826年）七月，敕雍州鄠县（陕西户县）汉陂，其水任百姓溉灌平原等三乡稻田。

在河北道，冀州、卫州、蓟州均有陂塘。贞观十一年（637年），冀州刺史李兴公于信都县（河北冀州）东2里开葛荣陂，引赵照渠水以注之。卫州共城县（河南辉县）西北五里有百门陂，南通漳水，方五百许步，百姓引以溉稻田，所产米明白香洁，与他稻异，魏、齐以来，常用于进献皇帝，百门陂在唐代仍在发挥作用。蓟州三河县（河北三河）北12里有渠河塘。西北60里有孤山陂，溉田3000顷。

在山南道，朗州武陵县开凿了津石陂、崔陂、槎陂。圣历初（698年），武陵（湖南常德）县令崔嗣业于武陵县（湖南常德）北开凿津石陂。后朗州刺史李翱、温造又加以增修，溉田900顷。李嗣业还于县东北80里、35里处，开凿崔陂、槎陂以溉田，后废。大历五年（770年），朗州刺史韦夏卿于该县复治槎陂，溉田1000余顷，一直到大历十三年（778年）以堰坏废。

五代十国时期的蓄水溉田，见于吴越、前蜀、南楚、南唐等十国政权。开平四年（910年）八月，吴越国钱镠于杭州（浙江杭州）筑捍海塘，因江涛昼夜冲激，版筑不能就。王钱镠命强弩500以射涛头，潮头遂趋西陵（属萧山市）。王乃命运巨石，盛以竹笼，植巨材捍之，城基始定。到天宝八年（915年）十一月，置都水营田使以主水事，募卒为都，号曰"撩浅军"，命于太湖旁置"撩清卒"四部，计七八千人，常为田事，治河筑堢，一路径下吴淞江，另一路自急水港下淀山湖入海，居民旱则运水种田，涝则引水出田。又开东府南湖，立法甚为完备。既可排涝，又可灌溉。前蜀时，眉州（四川眉山）刺史张琳修章仇通济堰，溉彭山、通义、清神田15000顷，民被其惠，歌曰："前有章仇后张公，疏决水利粳稻丰，南阳杜诗不可同，何不用之代天工？"马殷据湖南潭州（湖南长沙）东20里，因诸山之泉，筑堤潴水，号曰龟塘。灌溉公私10000余顷，惠民一方。保大十一年（953年）十月，南唐于楚州（江苏淮安）筑白水塘以溉屯田。此后，元宗李璟诏修复州县陂塘埕废者，但之后力役暴兴，楚州、常州（江苏常熟）为甚，李璟使近侍车延规董其役，发洪、饶、吉、筠州民以往。吏缘为奸，强夺民田为屯田，江、淮骚然，百姓仰天诉冤，道路以目。

（七）提水工程

隋唐五代的提水工程较少。隋代有一次不成功的掘井溉田。开皇时期（581—600年），怀州（河南沁阳）刺史李德林逢州亢旱，课民掘井溉田，却空致劳扰，无所补益，为考司所贬。

唐代提水工程以南方为多，见于广州、荆南、杭州等地，北方较少。开元十年（722年），沧州清池（河北沧县）县令毛某母老，苦水咸无以养，于县舍穿地，凿井二，泉涌而甘，民谓之毛公井。开元时期（713—741年），岭南道广州南海县（广东广州）山峻水深，民不井汲，都督刘巨麟始凿井四。楚俗佻薄，旧不凿井，悉饮陂泽，贞元八年（792年）三月，荆南节度使观察嗣曹王李皋"令合钱凿井"，人以为便。长庆四年（824年），杭州刺史白居易作《钱塘湖石记》，提到："其郭中六井，李泌相公典郡日所作，甚利于人，与湖相通，中有阴窦，往往埕塞；亦宜数察而通理之：则虽大旱，而井水常足。"

第三章　农事

农事防灾方面，为预先对灾害进行防备，隋唐五代时期采取占卜和预测的方式；为防旱和抗涝，兴修了不少水利工程；在农地保护、农业生产经验、耕作方式、排管机器、屯田生产积粮备荒方面，也积累了一些宝贵经验。

一、灾害预测与占卜

灾害来临是有预兆的。《朝野佥载》载："俗例，春雷始鸣记其日，计其数满一百八十日，霜必降。又曰雁从北来记其日，后十八日，霜必降。"比之前《齐民要术·栽树》所云"天雨新晴，北风寒彻，是夜必霜"更具体和可操作化。唐农谚有云："春雨甲子，赤地千里。夏雨甲子，乘船入市。秋雨甲子，禾头生耳。冬雨甲子，鹊巢下地，其年大水。"唐末韩鄂所撰月令式农书《四时纂要》春令卷正月载："占雨：春雨甲子，赤地千里。"二月载："占雨：春雨甲子，旱。皆以入地五寸为候。"又有"春甲子雷，五谷丰稔"之说，这些都是唐人丰富的防灾抗灾经验的反映。在京师长安（陕西西安）夏季，名叫天牛虫的黑甲虫"或出于篱壁间，必雨"为唐人所验证。贵州郁林县（广西贵港）北二里有石井，亦名司命井，"竭则人疾疫，岁不登"，即从石井水竭预言年饥。

唐代民间异人也有能预言水灾者。玄宗朝的罗公远曾预言大水将至，他以乞士之形，"于埘口江畔，谓人曰：此将大水，漂损居人，信我者迁居以避之，不旬日矣。有疑其异者，即移卜高处，以避水灾，其不信者，安然而处。五六日，暴水大至，漂坏庐舍，损溺户民，十有三四焉。居人以为信，立殿塑像以祠之。"这虽然具有一定神话色彩，但对民间的灾害预言挽救了不少人生命的事实有所反映。

由于不能正确认识灾害发生规律，又强烈期待风调雨顺，唐人还利用占卜行为对农业灾害进行预测。唐末《四时纂要》对百姓占卜预测农业收成、疫病旱涝等内容有较多记载，占卜、禳镇内容占全书将近一半的篇幅。该书对作者所居住的渭河及其下游地区一般家庭对灾害的预防有所反映，其云："天雨五朔（即五月朔），不出一年，人民饥，人食草木，而蝗虫。"该书记载民间预测之法，于立春、立夏、夏至、立冬、冬至等节气进行占卜，根据影子长短作判断，影子越短，越易发生旱、疫、饥荒，越长则易发生水涝灾害，不长不短则庄稼丰收，与最佳影长邻近，则会发生小的水旱灾害。例如立春杂占的具体做法是："常以入节日日中时，立一杖表竿度影：得一尺，大疫、大旱、大暑、大饥；二尺，赤地千里；三尺，大旱；四尺，小旱；五尺，下田熟；六尺，高下熟；七尺，善；八尺，涝；九尺及一丈，大水。若其日不见日，为上。"冬至杂占内容与此同。与此类似，还在正月十五日夜月中时，占月影来占卜是否会发生旱、涝、虫、疫、饥等灾害。其具体做法是："立七尺表，影得一杖、九尺、八尺，并涝而多雨；七尺，善；六尺，普善；五尺，下田吉，并有熟处；四尺，饥而虫；三尺，旱；二尺，大旱；一尺，大病，大饥。"从这两种占卜行为记载之详，可见普通地主家庭对灾害对农事影响的关注。

唐代北方自耕农家庭出于对农业生产的关心和对良好农业收成的企盼，对气象及灾害很重视，《四时纂要》中关于占卜的内容遍及日常农业生产和生活的许多方面。该书中还有占云气、占风、占雷、占雨等预测行为。一年之计在于春，正月禳镇占卜行为比别月尤多。例如：正月占雷，元日雷鸣，预示禾、黍、麦大吉。正月有雷，则人民不炊。甲子日雷，预示五谷丰稔。还有凭借云气占卜，"朔旦，四面有黄云气，其岁大丰，四方普熟；有青云气杂黄云气，有蝗虫；赤气，大旱；黑气，大水。又朔旦东方有青气，春多雨，人民疫；白云，八月凶；赤云，春旱；黑云，春多雨；黄云，春多土工兴。南方有赤云，夏旱，谷贵；黑云，青云，夏多雨；白云，夏凶；黄云，夏土工兴"。又云"朔旦日初出时，有赤云如霞蔽日，蚕凶，绵帛贵。又四面并有赤云，岁犹善，但小旱"。其说法反映了当时阴阳五行观念的流行。占雨亦多，如："冬月壬寅、癸卯，春粟大贵。甲申至己丑已来雨，籴贵。庚寅至癸巳雨，籴折。皆以入地五寸为候。"并云"冬雨甲子，飞雪千里"。

五代时期也有利用占卜预为灾荒之备的记载。乾化二年（912年）二月癸丑，梁太祖敕："今载春寒颇甚，雨泽仍愆，司天监占以夏秋必多霖潦，宜令所在郡县告喻百姓，备淫雨之患。"天成二年（927年）正月，司天奏："今年岁日五鼓后，东方有青黑云，主岁多阴雨，宜行禳禜祷祠。"唐明宗准奏。

二、农地改造

隋唐五代时期的农地改造主要是改造盐碱地为水浇地。开皇元年至开皇二年（581—582年）三月，都官尚书兼领太仆元晖开河渠，引杜阳水于三畤原（陕西武功），陇西郡公李询督其役，溉舄卤之地数千顷，民赖其利。开皇时期（581—600年），怀州（河南沁阳）刺史卢贲决沁水东注，修利民渠，又派入温县（河南温县）为温润渠，以溉舄卤，民赖其利。

隋唐时期由太行山东直到渤海之滨，盐碱地均很严重，致使当地县城为之迁徙。永昌元年（689年），以贝州清阳县（山东临清）旧城久积咸卤，西移于永济渠之东孔桥（河北清河）。开元二十二年（734年），又移清阳县于永济渠之西。改造的方法主要是开渠引水，灌溉农田。河东、关内、河北、江南各道，唐代均有改造盐碱地为农耕地之例。并州太原县（山西太原晋源镇）西一里有晋渠。"汾东地多咸卤，井不堪食"，贞观十三年（639年），并州（山西太原）长史李勣于汾河之上"引决晋渠历县经鄗，又西流入汾水"。开元时期（713—741年）大水，姜师度奉诏凿无咸河以溉盐田，铲室庐、溃丘墓甚多，解梁（山西临猗）人深以为苦。贞元六年（790年），丰州（内蒙古乌拉前旗）刺史、天德军西受降城都防御使李景略，因穷塞苦寒，土地瘠卤，凿咸应、永清二渠，溉田数百顷。元和年间（806—820年），振武节度使高霞寓浚金河，溉卤地数千顷。赵州宁晋县（河北宁晋）地旱卤。上元年间（760—761年），宁晋县令程处默开凿新渠，引洨水入城溉田，流经10余里，沿途的盐碱地，经过渠水冲刷改造成为丰壤，"地用丰润，民食乃甘"。开元二十六年（738年）正月，玄宗下制：栎阳（陕西西安临潼区）等县地多咸卤，人力不及便至荒废。近者开决，皆生稻苗，不宜专其利。令京兆府界内应杂开稻田，散给贫者及逃还百姓，以为永业。张说曾在上表中提到："臣再任河北，备知川泽，窃见漳水可以灌巨野，淇水可以溉汤阴，若开屯田，不减万顷，化萑苇为秔稻，变斥卤为膏腴，用力非多，为利甚溥。"其提议得到了实施。大历年间（766—779年），淮南西道黜陟使李承，奏于楚州山阳县（江苏淮安）置常丰堰，以御海潮，溉屯田瘠卤，收常十倍他岁，五代时仍受其利。大和二年（828年），福州闽（福建福州）县令李茸于县东筑海堤。此前每年六月潮水咸卤，禾苗多死，堤成，潴溪水殖稻，其地300户皆良田。

三、技术改进

关于农业防灾抗灾经验与做法、耕作方式、排灌机器、屯田生产积粮备荒方面，唐代史籍也留下了一些宝贵的防灾记录。

唐末五代农书《四时纂要》保存了一些农业生产方面的防灾抗灾的经验与做法。该书春令卷正月记载了当时的辟蝗虫法："以原蚕矢杂禾种种，则禾虫不生。又取马骨一茎，碎，以水三石煮之三五沸，去滓，以汁浸附子五箇。三四日，去附子，以汁和蚕矢各等分，搅合令匀，如稠粥。去下种二十日以前，将溲种，如麦饭状。常以晴日溲之，布上摊，搅令一日内干。明日复溲，三度即止。至下种日，以余汁再拌而种之。则苗稼不被蝗虫所害。无马骨，则全用雪水代之。"并解释雪水的作用云：雪为五谷之精，可使禾稼耐旱。冬季多收雪贮用，所收必倍。并云：煮茧蛹汁和溲，亦耐旱而肥，一亩可倍于常收。当时治牛疫法为：当取人参细切，水煮取汁，冷，灌口中五升已来，即差。又取真安息香于牛栏中烧，如焚香法，——如初觉一头，至两头，是疫，即牵出。——令鼻吸其香气，立止。又方：十二月兔头烧作灰，和水五升，灌口中差。该书夏令卷载四月北方需要准备的杂事包括防备暴雨，主要通过修筑堤防，打开水窖，修补屋漏。秋令卷载有通过渍麦种而令麦耐旱之法："若天旱无雨泽，以醋酱水并蚕矢薄渍麦种；夜半渍，露却，向晨速收之。"令麦耐旱。冬令卷十一月载冬至日以赤小豆粥厌疫鬼之法。

耕作方式方面，开耀年间（约681—682年），王方翼迁夏州（陕西靖边北白城子）都督，属牛疫，无以营农，王方翼造人耕之法，施关键，使人推之，百姓赖焉。仪凤元年至调露年间（676—680年），肃州城（甘肃酒泉）荒毁，肃州刺史王方翼发卒浚筑，引多乐水环城为壕。还"出私财造水碾硙，税其利以养饥馁，宅侧起舍10余行以居之"。属蝗俭，诸州贫人流离，多有死于道路者，而肃州全活者甚众，州人称颂，为其立碑。

排灌机器方面，大历二年（767年）三月，内出水车样，唐代宗令京兆府（陕西西安）造水车，散给沿郑白渠百姓，以溉水田。唐代尤其重视屯田备荒，例如：元和十三年（818年），襄（湖北襄樊）、唐（河南泌阳）两州营田兵马使卜璀（757—822年），管屯院四所，军健3000人，"□岁出斛斗三十万石"。若"骄阳旱时，岁谓不稔，必洁诚具牲，躬祷灵祠，无不霈然有应，瘁留复苏，使汉南诸郡无凶年忧"。及蔡州平，襄州刺史、山南东道节度使孟简以殊绩闻奏，唐宪宗授其朝散大夫，检校太子詹事充节度押衙兼管内营田都知兵马使及车坊使。

四、除蝗之法

隋唐五代时期的除蝗之法，主要包括致祭驱蝗、焚瘗灭蝗、捕蝗易粟、生物灭蝗、张幡鸣鼓驱蝗和食蝗六种。隋代仅载开皇十六年（596年）六月并州（山西太原）大蝗一次，但并未提到这次蝗灾是如何剪除的。唐代则在以往除蝗基础上有所创新，出现了焚瘗之法，并出现无意识地利用生物灭蝗、百姓大规模食蝗的举动。相较前代，唐五代通过祭拜驱除蝗虫并无新意。但致祭驱蝗，在唐代似乎更多是民间行为，五代时期则增加了官方色彩，史料显示官方加入到致祭驱蝗的行列。相比于唐代，五代虽然存在致祭蝗虫的举动，但寻即以鸟灭蝗。而且，唐代是无意识地用生物灭蝗，对吃蝗虫的所谓白鸟，亦不知其名，五代时期的灭蝗在唐代灭蝗基础上进一步发展了，以有意识灭蝗为主。同时，五代还出现了张幡鸣鼓驱蝗。五代十国时期总体上延续了唐代的灭蝗、驱蝗方法，又有所发展，在灭蝗方面，五代时期总体上比唐代进步，说明五代时期在混乱中调整着社会秩序。

（一）致祭驱蝗

开元三年（715年），山东大蝗，百姓将其视为神，于田旁焚香膜拜，设祭以祈恩，五代时期，致祭驱蝗的行动更多。天福八年（943年）六月庚戌，晋出帝以螟蝗为害，诏侍卫马步军都指挥使李守贞往皋门祭告。乾祐元年（948年）七月，开封府（河南开封）奏，阳武（河南原阳）、雍丘（河南杞县）、襄邑（河南睢县）等县蝗，开封尹侯益遣人以酒肴致祭。乾祐二年（949年）六月己卯，滑（河南滑县）、濮（山东鄄城）、澶（河南濮阳东）、曹（山东曹县）、兖（山东兖州）、淄（山东淄博）、青（山东青州）、齐（山东济南）、宿（安徽宿州）、怀（河南沁阳）、相（河南安阳）、卫（河南卫辉）、博（山东聊城）、陈（河南淮阳）等州奏蝗，汉隐帝分命中使致祭于所在川泽山林之神。同年，宋州（河南商丘）奏，蝗一夕抱草而死，差官祭之，复以蝗螟，命尚书吏部侍郎段希尧祭东岳，太府卿刘皞祭中岳。宝正三年（928年）夏六月，大旱，蝗飞蔽日，昼为之黑，庭户衣帐悉充塞，吴越武肃王钱镠亲祀于都会堂。是夕大风，蝗堕浙江而死。虽然蝗虫是因风吹堕江而死，而非源于祈祷祭祀，但当时往往理解成后者。

（二）焚瘗灭蝗

姚崇灭蝗是最典型的焚瘗灭蝗之例。开元三年至四年（715—716年），山东、河南、河北大蝗，飞则蔽景，下则食苗稼，声如风雨，朝廷"遣使分捕而瘗之"。当时朝廷喧议，皆以驱蝗为不便，黄门监卢怀慎、汴州刺史倪若水、谏议大夫韩思复等均认为蝗是天灾，当修德以禳灾。唐玄宗亦担心杀虫太多，有伤和气。宰相姚崇以蝗灾"事系安危，不可胶柱，纵使除之不尽，犹胜养以成灾"。请求遣使捕蝗，给予自己出牒处分之权，并以自身官爵为担保，提出若不能除蝗，请削除自己的官爵。在玄宗支持下，根据蝗虫会飞，具有趋光性和群集性的特点，姚崇采取"夜中设火，火边掘坑，且焚且瘗"的方法灭蝗，即夜间于田间设火，然后集中捕集、埋掉或烧掉。并敕委使者详细按察州县捕蝗的具体情况，将捕蝗之勤劳疑惑懒惰均公之于众。八月，敕令河南河北检校捕蝗使狄光嗣、康瓘、敬昭道、高昌、贾彦睿等在蝗虫尽灭之后，入京奏事。仅汴州（河南开封）一地，行焚瘗之法，获蝗14万石，投汴渠流下者不可胜计。当时，河南、河北诸道分遣御史捕而埋之，还采取捕蝗给粟之法鼓励百姓捕蝗。蝗灾得到有效控制，"连岁蝗灾，不至大饥"。除姚崇灭蝗外，开成二年（837年），河南蝗灾，河南尹孙简"用诗之界火之义，遂令坑焚，去其大患，竟致丰稔"。

五代时期，后梁开平二年（908年）五月己丑，梁太祖令下诸州，去年有蝗虫下子处，多在荒陂榛芜之内，是前冬无雪、今春亢阳所致，实伤垄亩。为防今秋重困稼穑，所在长吏各须分配地界，精加蓠扑，以绝根本。升元六年（942年）六月，大蝗自淮北蔽空而至。辛未，南唐烈祖李昇命州县捕蝗，瘗之。

（三）捕蝗易粟

早在西汉元始二年（公元2年），就曾因青州（山东青州）等郡旱蝗严重，百姓流亡，遣使者捕蝗，当时百姓捕蝗以诣吏，以石、斗受钱。在与蝗灾做斗争的过程中，一部分唐人在祈祷求神驱蝗无效后，也开始灭蝗。开元初灭蝗时，除了焚瘗之法，就采取了捕蝗给粟的奖励办法，"敕差使与州县相知驱逐，采得一石者与一石粟；一斗，粟亦如之，掘坑埋却"。即按照捕蝗多少给予相应奖励。白居易《捕蝗》一诗也反映出唐德宗贞元初期官府出钱令百姓捕蝗的情况，其曰："河南长吏言忧农，课人昼夜捕蝗虫。是时粟斗钱三百，蝗虫之价与粟同。捕蝗捕蝗竟何利，徒使饥人重劳费。一虫虽死百虫来，岂将人力竞天灾。"

五代时期，天福七年（942年）四月，山东、河南、关西郡蝗害稼，至八年四月，天下诸州飞蝗害田，食草木叶皆尽。晋高祖诏州县长吏捕蝗，华州节度使杨彦询、雍州节度使赵莹命百姓捕蝗一斗，以禄粟一斗偿之。赵莹境内饥者获济，"部内蝗旱，道殣相望"的华州

（陕西华县），由于"以官粟假货"，"州民赖之存济者甚众"。同样面对这次蝗灾，其他很多地区则发生括借民粟为军食，甚至杀藏粟者的情况。天福八年（943年）四月，供奉官张福率威顺军捕蝗于陈州（河南淮阳）。五月，泰宁军节度使安审信捕蝗于中都（山东汶上）。六月癸亥，供奉官7人率奉国军捕蝗于京畿（河南开封），庚戌，遣诸司使梁进超等7人分往开封府（河南开封）界捕螟蝗。七月甲辰，供奉官李汉超率奉国军捕蝗于京畿（河南开封）。八月丁未朔，募民捕蝗，易以粟。由于诸州郡春夏的蝗灾，六月辛未，晋出帝遣内外臣僚28人分往诸道州府率借粟麦。时使臣希旨，立法甚峻，民间碓硙泥封之，隐其数者皆毙之，由是人不聊生，物情胥怨。结果蝗害州草木皆尽，当时，县令往往以督趣不办，纳印自劾去。27州郡民馁死者数十万口，流亡者不可胜数。

除了后晋，后汉亦有大规模捕蝗之举。乾祐二年（949年）六月己卯，滑（河南滑县）、濮（山东鄄城）、澶（河南濮阳东）、曹（山东曹县）、兖（山东兖州）、淄（山东淄博）、青（山东青州）、齐（山东济南）、宿（安徽宿州）、怀（河南沁阳）、相（河南安阳）、卫（河南卫辉）、博（山东聊城）、陈（河南淮阳）等州奏蝗。开封府、滑、曹等州蝗甚，遣使捕之。七月，兖州奏，捕蝗3万斛。后又奏捕蝗4万斛。乾祐年间（948—950年），淄、青大蝗，刘铢下令捕蝗，略无遗漏，田苗无害。

（四）生物灭蝗

唐代出现了不自觉地利用蝗虫天敌灭蝗的记载。开元四年（716年），山东诸州蝗虫暴起，田苗扫地俱尽，陂泽卤田蝗虫生子尤甚。县官或随处掘坑埋瘗，放火焚灭，杀百万余石，余皆高飞凑海，蔽天掩野，会潮水至，尽漂死焉。蝗虫积成堆岸及为鸦鸢、白鸥、练鹊所食，种类遂绝。开元二十五年（737年），贝州（河北清河）蝗虫食苗稼，"有白鸟数万，群飞食之，一夕而尽"，禾稼得以免受损失。《酉阳杂俎》亦记："开元中，贝州蝗虫食禾，有大白鸟数千，小白鸟数万，尽食其虫。"这是一种巧合，不是唐人的自觉行为。唐代亦有利用天敌消灭其他害虫的记载。如：开元二十六年（738年），榆林关（内蒙古准格尔旗连城东）有蚜蚄食苗，群雀来食，数日而尽。又天宝三载（744年），贵州（广西贵港）紫虫食苗，有赤鸟自东北来，群飞食之。虽不知赤鸟为何种飞禽，但无疑是紫虫的克星。

五代利用生物灭蝗，除无意识地利用野禽食蝗，还出现了利用鸜鹆食蝗的特性有意识灭蝗之举。野禽食蝗见于后梁时。开平元年（907年）六月，许（河南许州）、陈（河南淮阳）、汝（河南汝州）、蔡（河南汝南）、颍（安徽阜阳）五州蝝生，有野禽群飞蔽空，食之皆尽。开平四年（910年）七月，上述五州境内再次发生蝝灾，俄而许州上言，有野禽群飞蔽空，旬日之间，食蝝皆尽，当岁丰收。后汉曾有意识地禁捕鸜鹆，以之灭蝗。乾祐元年（948年）五月，旱、蝗。七月，开封府言，阳武（河南原阳）、雍丘（河南杞县）、襄邑（河南睢县）三县，蝗为鸜鹆聚食，以其有吞蝗之异，丙辰，汉高祖诏禁捕鸜鹆。

（五）张幡鸣鼓驱蝗

清泰三年（936年），天下飞蝗为害，后唐宋州（河南商丘）节度使赵在礼"使比户张幡帜鸣鼙鼓"，蝗皆越境而去。这是在认可捕蝗、生物灭蝗的同时，又出现的新发展。作为一种驱蝗的新方法，张幡鸣鼓驱蝗的效果远胜祭拜驱蝗，时人均佩服其智识，只是有可能这种驱蝗方式只是令蝗虫由此处飞至彼处而已。

第四章　建筑与绿化

除了仓储、水利与农事方面的措施和办法，唐五代在城市防灾建设与环保绿化方面也有一些举措。唐五代采取了一些对策，利用改变建筑材料及拓宽街道、种树掘井的办法以减少火灾及疫情的发生，重视以环保绿化之法抵御旱灾和沙尘，均取得了可观的效果。

一、城市防灾

唐代的城市防灾建设，主要表现在注意城市排水设施的建设以防水涝，修建壁垒以防霖潦；因水灾或地震的影响，别置新城、迁徙治所、改变州县隶属关系等方面。

（一）排水与防水建置

隋唐时期在城市建设方面，比较注意排水设施的设置。隋唐长安城遗址平康坊、南坊曾发现多处排水沟渠。当时发掘土挡北侧有一排水沟。排水沟底部深于道路最低点至少一米，上口宽度约2.5米以上。在友谊路南侧排水沟遗迹，考古工作者发现一条东西向的排水沟断面暴露，沟中心北距友谊路中心约110米，沟宽为100米上下。沟底距今地表深约3.2米，距沟南沿原生土顶约3米。防洪渠北侧道路与沟渠遗迹曾开挖出东西向管道沟渠一处，宽约24米。沟东岸有一宽15米左右的道路断面，道路底部约高于沟底1米，道路底部东高西低，约有三十分之一的倾斜度。道路底部有两对深宽的车辙窝，车轨距1.35~1.40米。说明当时长安城大路路面中间高，两边低，排水沟渠位于道路两侧，并均明显低于路面1米，便于及时排除雨水，已充分考虑路面排水问题。隋唐长安大明宫太液池岸发现十多条排水沟遗迹，并在发现的八座早晚期房址散水周围有小排水沟出现。太液池西岸发现由北向南流的主排水沟和九条汇入此沟的小排水沟。主排水沟深0.76~1.18米，宽1.2~1.5米。这说明当时太液池池岸周围应有统一规划的排水系统。2005年，考古队在太液池东岸发现3条用陶管套接而成的排水管道，排水渠道内设置有横向砖壁。西内苑发现的排水暗渠为砖石结构，为防止渠道淤塞，分段安装了多道铁质闸门，第一道闸门先由铁条构成直棂窗，拦阻较大的垃圾杂物，第二道闸门布满细小的菱形镂孔，可以滤出较小的杂物。闸门拆卸自如，方便疏通。排水渠道不畅通时，只要打开闸门附近渠道口部覆盖物，即可进行清理。坊市之内，一般在曲、巷之中的小路之下有砖砌地下排水道，污水由此流入坊市街道两边的水沟，再汇入城内大街两旁的明渠，最后排到城外。唐代西安（陕西西安）"西市"遗址、江苏镇江市区四牌楼段、扬州老城区，均经考察发现地下水道，尤其是扬州的排水沟体积很大。城市排水系统的建立，当属唐代对城市水害的预防措施之一。长安西市发现土筑和砖砌的两类排水沟（见大唐西市砖砌排水沟遗址局部图）。土筑水沟时代较早，沟宽0.3米，沟壁贴有木板，板外竖有立柱，以防沟壁坍塌。砖砌水沟时代较晚，系早期水沟改造或移位而建，沟底约1.1米，沟口残存1.2米，沟深0.65米。

图 6-1　唐代西市砖砌排水沟遗址局部图

隋唐时期，洛阳城内街道纵横，主要街道两旁大多设有排水沟，有明暗两种。隋至盛唐时期定鼎门街东西两侧各有一条南北走向的水渠，东侧水渠西距定鼎门街中线约64.5米。上口东西宽14.2米，深1.85米。西侧水渠东距定鼎门街中线约63.5米，西距宁人坊坊墙1米，上口东西宽9米，深1.6米。这两条水渠规模较大，当具有排泄定鼎门街面雨水和承接郭城外侧来水的双重功能。洛阳仁和坊与兴教坊之间的南北向街道西侧，考古工作者曾发现1处沿街的排水沟，宽2.5米，深0.8~1.1米。这两处水沟铺设于街道两侧，为排水明沟。在唐寺门附近，考古发现盖下水道用的青石板，将青石板相接处以石灰薪结，为地下暗沟。

五代的城市建设防灾方面，地势低洼之处有修建壁垒以防土壤霖潦的。陈州（河南淮阳）土壤低洼疏松，每年壁垒毁坏，修护工役不暇。后梁忠武军节度使赵珝，营度力用，以甓将四周城墙周砌一遍，使陈州无霖潦之虞。

（二）新城与罗城建置

唐代水灾较多，有时会采取别置新城、迁徙治所、改变州县隶属关系的办法，以应对水害。

开元初，位于丰州西北 80 里的西受降城（内蒙古乌拉特中旗），为河水所坏。至开元十年（722 年），总管张说于故城东别置新城。成都先未筑罗城，内、外江皆从城西入，因城西地势高，所以易有水患。后高骈修筑罗城，从西北做縻枣堰，外江绕城北而东注于合江，内江循城南而与外水俱注江，以防水患。郾城（河南郾城）本治溵水南。开元十一年（723 年），因大水，移治溵水北。

乾元时期（758—760 年）后有天德军，旧理在西受降城（内蒙古乌拉特中旗），缘居人稀少，遂西南移三里，权置军马于永清栅。自后频为河水所侵，至元和八年（813 年）春，黄河泛滥，城南面毁坏转多，防御使周怀义上表请修筑，约当钱 21 万贯。元和九年（814 年），中书侍郎平章事李吉甫密陈便宜，以西城费用至广，又难施功，请修天德旧城以安军镇，诏从之，于是复移天德军理所于旧城，这是一个因水患动议迁徙旧城的事例。唐代也曾因地震而迁移治所。秦州都督府，本治上邽（甘肃天水），开元二十二年（734 年）以地震徙治成纪敬亲川（甘肃秦安西北），天宝元年（742 年）还治上邽，但到大中三年（849 年），复徙治成纪。

五代时期，河南河北水灾比较频繁，后梁棣州刺史华温琪曾迁移棣州（山东惠民）城以避水患。当时棣州苦河水为患，州城每年为河水所坏，居人不堪其苦，华温琪表请移于便地为新州，朝廷许之。板筑既毕，赐立纪功碑，仍加华温琪检校尚书左仆射。天福五年（940 年）十一月癸未，晋高祖以大水，移德州长河县（山东德州）。

另外，唐代还有至少两次因州城被水毁而改变其州县隶属关系的情况。天宝十三年（754年），济州（山东茌平）为河所陷没，废济州，原济州阳谷县（山东阳谷）、东阿县（山东东阿）、平阴县（山东平阴），割属郓州，废卢县（山东茌平西南）。昌州（四川大足）还因火灾而被罢废。史载，昌州，本汉资中县之东境，垫江县（四川垫江）之西境，江阳县（江苏扬州）之北境。乾元元年（758年），左拾遗李鼎祚奏以山川阔远，请割泸（四川泸州）、普（四川安岳）、渝（四川重庆）、合（四川合川）、资（四川资中）、荣（四川荣县）等六州，界置昌州，寻为狂贼张朝等所焚，州遂罢废。

（三）街衢防火控疫举措

唐五代时期，比较注意防火。约贞元三年至贞元八年（787—792年），李复任广州刺史、岭南节度观察使期间，劝导百姓，令岭南地区变茅屋为瓦舍。直至晚唐，因多江淮州郡竹屋，若不慎"动则千百间立成煨烬"，因此火令最严，犯者无赦。唐僖宗乾符年间，高骈镇维扬（江苏扬州），一术士家火灾，延烧数千户，主事者立即判定将术士付之于法。

在防止房屋街衢火灾方面，唐朝实施了一些创新性举措，包括改变房屋的建筑材料、开凿水渠、拓宽街衢等。约唐睿宗时，宋璟为五府经略使、广州都督期间，广州（广东广州）旧俗以竹茅为屋，屡有火灾。宋璟教人烧瓦，改造店肆。自是无复延烧之患，人皆怀惠，立颂以纪其政。同样的措施还见于元和时期（806—820年），王仲舒徙任苏州（江苏苏州），堤松江为路，以瓦为屋，绝火灾，赋调尝与民为期，不扰自办。光宅元年（684年），朗州刺史胡处立于武陵县（湖南常德）北开凿永泰渠，既能通漕，又为火备。贞元元年（785年），岭南节度使杜佑开大衢，疏析民房，以息火灾。开成元年（836年）七月丙申，湖南观察使卢周仁以"南方多有火灾，故外须防戎寇，恐成煨烬，请纳京师"，进羡余钱10万贯。这笔羡余钱属于违制进奉，被御史中丞归融加以弹劾，请求将之返还湖南道收贮，以备水旱，留贷贫下户纳两税。但唐文宗并未返还这笔钱，而是诏以卢周仁进钱，委度支于河阴院（河南荥阳东北）收贮，以备他处水旱。

周世宗非常重视防止城市火灾和疫情，汴京（河南开封）道路狭窄，风旱之时易发火灾，炎热之时易生疾疫，每逢雨雪时节则道路泥泞不堪，周世宗为了解决这些问题，拓宽道路，许两边人家种树掘井、修盖凉棚。显德三年（956年）正月，发畿内及滑（河南滑县）、曹（山东曹县）、郑（河南荥阳）之丁夫10余万，新筑罗城。六月癸亥，周世宗诏：京城繁华，人物众多，而闾巷狭窄，雨雪则患于道路泥泞，风旱则忧于火烛之灾，炎蒸则易生疾沴。曾开广都邑，拓宽街坊，虽暂劳而久成大利。现在淮上回及京师，周览康衢，更思通济，以使盛暑隆冬倍减燠寒之苦。令京城内阔50步之街道，许两边人户各于5步内取便种树掘井，修盖凉棚。30步以下至25步之街道，各与3步，其次有差。

二、植树护林

唐代政府重视植树造林、保护森林，并兼及城市的行道树，在应对旱灾与抵御风沙灾害方面起到了不小的作用。僧人着意于造林绿化以保护山林和环境，同时起到了抗旱防沙的效果。

首先，唐代注重森林保护。尚书省工部下设长官虞部郎中（从五品上）、员外郎（从六品上）各一人，掌京城街巷种植、山泽苑囿、草木薪炭、供顿田猎之事。采捕渔猎必以其时。京兆府、河南府为东西二都所在，其四郊300里皆不得弋猎采捕。唐代规定每年五月、正月、九月禁屠杀、采捕。五岳及名山能蕴灵产异、兴云致雨、有利于人者，皆禁其樵采，以时祷祭。还制定了消防条例，以保护森林。《唐律疏义》"山陵兆域内失火"条规定：诸于山陵兆域内失火者，徒二年；延烧山林者，流二千里；杀伤人者，减斗杀伤一等。在外失火而延烧山陵兆域者，各减一等。其"失火及非时烧田野"条规定：失火及非时（非时，谓二月一日以后，十月三十日之前。若乡土异宜者，依乡法）烧田野者，笞五十；延烧人舍宅及财物者，杖八十；计赃得罪重于杖八十者，坐赃论减三等；烧杀伤人者，减斗杀伤罪二等，若烧杀人合徒三年，不合偿死者从本杀伤罪减二等。其行道燃火不灭而致延烧者，各减一等。

源于佛教对生命的重视与关怀，且便于释徒深山修行参佛的需要，唐代僧人很注意造林绿化、保护山林，目光长远、目标明确，堪称后世环境保护的先声，这也可收防灾之效。高僧们植树绿化在保护水土、防御自然灾害方面，以泗州开元寺僧为典型。淮泗间地卑多雨潦，岁有水害。元和（806—820 年）初，泗州（江苏盱眙）开元寺僧明远与郡守苏遇等谋划，于沙湖西隙地，创置"避水僧坊"，种植松、杉、楠、桎 10000 本，僧与民因此无垫溺之患。松、杉均为常绿植物，桎非常抗旱，又能抵御风沙。唐中后期，随着南北各地禅宗的发展，兴起一股绿化造林之风。南岳衡山七宝台寺玄泰禅师尤其提倡保护山林，他目睹衡山多"被山民斩伐烧畲，为害兹甚"，作《畲山谣》一首："畲山儿，畲山儿，无所知。年年斫断青山嵋。就中最好衡岳色，杉松利斧摧贞枝。灵禽野鹤无因依，白云回避青烟飞。猿猱路绝岩崖出，芝术失根茆草肥。年年斫罢仍再锄，千秋终是难复初。又道今年种不来，来年更斫当阳坡。国家寿岳尚如此，不知此理如之何。"由于歌谣"远迩传播，达于九重"，朝廷因此下诏禁止在南岳畲山开荒，衡山苍松翠柏得以保护。

另外，唐代重视城市行道树的绿化作用，官道两旁的槐树南北成行。其时官道两旁"以槐表道"，长安城"宫城南门外有东西大街，谓之横街。横街之南有南北大街，曰承天门街"。天街两畔槐树，俗号为槐衙。永泰二年（766 年）正月十四日，京兆尹黎干奏于京城诸街种植。贞元年间（785—805 年），度支欲斫取两京道中槐树造车，更栽小树。先符牒渭南县尉张造，造批其牒曰：近奉文牒，令伐官槐。此树其来久远，东西列植，南北成行，辉映秦中，光临关外。不惟用资行者，抑亦曾荫学徒。伐此树仅有一时之利，却是拔本塞源之举。官槐深根固蒂，须存百代之规。运斧操斤，情所未忍。付司具状牒上度支使，遂罢砍树之议。渭南县尉张造非常重视城市街道的植树绿化工作，认为植树是本，伐树造车是只见小利之举，非常具有长远眼光。贞元十二年（796 年），官街树缺，所司植榆以补之，京兆尹兼兵部尚书吴凑曰："榆非九衢之玩。"命易之以槐，及槐树成荫吴凑已卒。说明京师官街两旁种植槐树，而且会随缺而补。大和九年（835 年）八月，文宗敕：诸街添补树，并委左右街使栽种，价折领于京兆府，仍限八月栽毕，其分析闻奏。另外，贞元六年至十四年（790—798 年），范希朝任振武（内蒙古和林格尔）节度使期间，改变原来单于城地不植树的习惯，于他处市柳子，命军人种之，俄遂成林，居人赖之。通过绿化，对当地的生态环境有所改善。

附　录

附录一　人物

（一）李士谦（523—588 年）

字子约，赵郡平棘（河北赵县）人，不仕。隋初，出粟数千石贷乡人。值年谷不登，债家无以偿，皆来致歉。悉召债家，设酒食，对之焚契。明年大熟，仍拒债家偿还借贷。他年又大饥，多有死者，罄竭家资，施粥饥人，赖以全活者将万计。见有骸骨，则加以收埋。至春，又出粮种，分给贫乏。开皇八年（588 年），卒于家，66 岁。乡人相与树碑于墓，妻卢氏，夫终后，不受朝廷赙赠，并散粟 500 石赈给穷乏。

（二）长孙平（卒于仁寿年间）

字处均，河南洛阳（河南洛阳）人，北周柱国长孙俭之子。大象年间（579—580 年），任寿州刺史。开皇二年（582 年）五月戊申，任度支尚书，后转工部尚书。开皇五年（585 年）五月，工部尚书、襄阳县公长孙平公见天下州县多罹水旱，百姓不给，奏令诸州刺史、县令，以劝农积谷为务，民间每秋家出粟麦一石已下，贫富差等，储之闾巷，以备凶年，名曰义仓。于是，隋文帝奏令诸州百姓及军人，劝课当社，共立义仓。社司执帐检校，饥馑之年，以义仓谷赈给当社百姓。此后，州里仓储丰衍，民赖之以度凶年。后历汴、许、贝、相四州刺史，进位大将军，拜太常卿，判吏部尚书事。仁寿中（601—604 年）卒，谥曰康。

（三）辛公义（卒于大业年间）

陇西狄道人，青州刺史辛季庆之子。开皇九年（589 年），以平陈之功，由驾部侍郎升任岷州刺史。岷州（甘肃岷县）俗畏疫，一人病疫，阖家避之，病者多死。辛公义到任后，分遣官人巡检部内，凡有疾病，皆命舆置厅事。暑月疫时，病人或至数百，厅廊悉满。辛公义亲设一榻，独坐其间，对之理事。所得秩俸，尽用市药，请医疗治，躬劝其饮食，病人悉愈。方召其子孙及亲戚，开谕劝导，均惭谢而去。自此，岷州风俗得以变革，百姓始相慈爱。因其爱民之举，合境称其为"慈母"。大业年间（605—618 年），以司吏大夫检校右御卫武贲郎将卒于柳城郡，62 岁。

（四）王方翼（卒于武后临朝时期）

并州祁（山西祁县）人，岐州刺史王仁表之子。唐高宗时迁肃州刺史。仪凤年间（676—679 年），河西（黄河以西地区，即河西走廊与湟水流域）蝗灾岁俭，其他州郡贫人或死于道路，皆走投肃州（甘肃酒泉）。王方翼出私财造水碾硙，以其税养饥馁，在其宅侧建 10 余行房舍，使贫人居之。因全活者甚众，州人为其立碑颂美。高宗末年，以功迁夏州（陕西靖边北白城子）都督，属牛疫，民废田作，为耦耕法，张机键，使人推之，力省而建功多，百姓赖之。武后临朝时期（684—689 年），以其为王皇后从祖兄，流于崖州而死，63 岁。神龙初年（705 年），复官爵。

（五）姚崇（650—721 年）

字元之，本名元崇，陕州硖石（湖北宜昌）人，嶲州都督姚善懿之子。睿宗、武周在位时，曾任宰相。玄宗即位后，任兵部尚书、同中书门下三品，复迁紫微令。因避开元尊号，改名崇。开元四年（716 年），山东蝗虫大起，百姓皆烧香礼拜，设祭祈恩，坐视食苗不敢捕。姚崇上奏灭蝗，提出利用蝗虫具有趋光性的特点，于夜中设火，火边掘坑，行焚瘗灭蝗之法。玄宗遣御史为捕蝗使，分道杀蝗。其间，以汴州刺史倪若水、黄门监卢怀慎为首的官员均认为驱蝗不便，有伤和气，反对灭蝗，主张以德禳灾。姚崇以自身官爵为担保，获得玄宗对灭蝗的支持。汴州以焚瘗之法灭蝗，获蝗 14 万石。蝗害得以渐息。开元九年（721年）72 岁亡，赠扬州大都督，谥曰文献。

（六）刘晏（716—780 年）

字士安，曹州南华（山东菏泽）人。七岁，举神童，授秘书省正字。唐代宗立，刘晏以御史大夫，领东都、河南、江淮转运、租庸、盐铁、常平使。时承兵戈之后，中外艰食，京师（陕西西安）米斗千钱，官厨无兼时之积，禁军乏食，畿县百姓掇穗以供。晏受命后，以转运为己任，自按行，浮淮、泗，达于汴，入于河。右循底柱、碨石，观三门遗迹；至河阴、巩、洛，见宇文恺梁公堰，厮河为通济渠，视李杰新堤，尽得其病利。至江淮，移书于宰相元载，陈说漕运之四利四害。元载尽以漕事委之，刘晏得尽其才。凡岁致 40 万斛，自此每岁运米数十万石以济关中，关中虽水旱，物不翔贵。旧吏陈谏著论纪刘晏救灾之法：通计天下经费，谨察州县灾害，蠲除振救，不使流离死亡。荒年赈救尤能时其缓急而先后之，奉行善救灾者，勿使至赈给的原则。每州县荒歉有端，则计官所赢，先令：蠲某物，贷某户。民未及困，而奏报已行。又以常平法，丰则贵取，饥则贱与，率诸州米尝储 300 万斛。改变富人督漕挽、主邮递及与之伴随的税外横取、人多为盗的旧有漕运之法，而以官船漕，而吏主驿事，罢无名之敛，正盐官法，以裨用度。效果明显，广德二年至建中元年（764—780 年）黜陟使实天下户，收 300 余万。后为杨炎诬陷谋叛，建中元年（780 年）七月，诏赐死，65 岁。贞元五年（789 年），被追赠为郑州刺史。

（七）陆贽（754—805 年）

字敬舆，苏州嘉兴人。建中四年（783 年），朱泚谋逆，从驾幸奉天。时天下叛乱，机务填委，陆贽以才草拟诏书，莫不曲尽事情，中于机会。唐德宗朝任翰林学士，常居中参裁可否，时号"内相"。提出"救患莫如于息费"，主张节俭以恤百姓。著有《陆宣公集》，其中收录了不少与灾害有关的奏议文状，如《蝗虫避正殿降免囚徒德音》，是一则典型的代皇帝所作的因灾悔过自责诏书，从冤狱、赋敛、劳师、费用等方面检讨自身过失；《均节赋税恤百姓六条》第五条即以税茶钱置义仓以备水旱，据灾荒情况，或随事借贷，或录奏分颁。《请减京东水运收脚价于缘边州镇储蓄军粮事宜状》论漕运与和籴的利弊得失，主张漕运与和籴互有长短，均不可偏废。漕运可散有余、备所乏，是富有远见之举，虽费无害。《请遣使臣宣抚诸道遭水州县状》对于高官为自身政绩与升迁而明哲以保身、匿灾不报的现象言之凿凿，并提出自己的处理意见。对于这些弊端，陆贽指出其根源在于：官吏有四能：户口增加、田野垦辟、税钱长数、率办先期，以税钱增长为贵，则会重困百姓，苟媚聚敛则有不恤人之弊。陆贽是一名优秀的政论家，其所拟诏书体现出体恤百姓、爱国忧民的情怀。因裴炎龄进谗言，晚年被贬忠州（重庆忠县）别驾，苦于瘴疠，著《今古集验方》五十篇，以示乡人。

（八）韦丹（753—810 年）

字文明，京兆万年（陕西西安）人，周大司空韦孝宽六世孙，颜真卿外孙。元和三年（808 年），拜洪州刺史、江南西道观察使。洪州（江西南昌）民居为草屋竹椽，易致人火，烈日久风之下，竹莩还会自焚，轻者百家遭火，重则焚烧荡尽。同时，因地临章江，霖雨必致江溢。因此，洪州民面对水火夹击，听天由命，人无固志，倾摇懈怠，不虑旬月生产。韦丹到任后，始教人为瓦屋，伐山取材，召陶工教人陶。聚材瓦于场，度其费以为估，不取赢利，并免其半赋，徐责其直。逃亡未复之家，官为之造屋；贫穷之家，官府资助其钱财造屋。公费不足，以自己俸钱补足，甚至借贷造屋。韦丹还亲自带食浆前往劝督。不满两年，造瓦屋 13700 间，建楼 4700 间。筑堤捍江，高 3 尺，长 12 里，疏为斗门，以走潦水。灌陂塘 598 所，得田 12000 顷，益劝桑苎，机织广狭，俗所未习，教劝成之，并命置南北市营诸军。岁旱，无法下种，"募人就功，厚与之直而给其食。业成，人不病饥"。有吏主仓 10 年，韦丹覆其粮，亡 3000 斛，籍其家，尽得文记，乃权吏所夺，给其一月期限偿还，及期无敢违。元和五年（810 年）八月六日，58 岁薨。宣宗诏观察使纥干臮上其功状，命刻功于碑，大中三年（849 年），授史臣尚书司勋员外郎杜牧作序并铭。韩愈为韦丹撰墓志，称颂其"凡为民去害兴利若嗜欲"，因此他殁后 40 年，老幼歌思，如其尚存。

（九）卢坦（749—817 年）

字保衡，河南洛阳（河南洛阳）人。元和三年（808 年）七月，卢坦以右庶子为宣歙观察使。到官，值旱饥，谷假日增，或请议其价。卢坦认为宣（安徽宣州）、歙（安徽歙县）土狭谷少，仰赖四方来者，不当抑谷价，可以使商船来。既而米斗200文，商旅辐凑。于是，多贷兵食出诸市，估价遂平。后人用此策以救荒，卢坦始发之。元和五年（810年）十二月，为刑部侍郎，充诸道盐铁转运使。改户部侍郎、判度支。表韩重华为代北水运使，开废田，列壁二十，益兵3000人，岁收粟20万石。元和十二年（817年）九月，西受降城（内蒙古乌拉特中旗西南）为河徙浸毁。宰相李吉甫请移兵于天德故地。卢坦以为西城张仁愿所筑，得制匈奴上策。城当碛口，居虏要冲，美水丰草，边防所利。若避河流，不过退徙数里，而省一时之费，弃万代永安之策。天德故城僻处确瘠，其北枕山，与河绝远，烽堠警备不相统接，无由知虏之奔突，为无故蹙国200里。城使周怀义奏列利病，与坦议同。然事竟不行，卢坦被出为剑南东川节度使。后数月，周怀义忧死，燕重旰代之，徙城天德（大同川西旧城），师人怨，杀之，覆其家。元和十二年（817年）卒，69岁，赠礼部尚书。

（一〇）于頔（卒于818年）

字允元，河南人。贞元十三年（797年），湖州刺史于頔行至长城县（浙江长兴雉城镇）方山，命疏凿已经埋废的湖陂，修复堤阀，做塘贮水，溉田3000顷，岁获粳稻蒲鱼之利，人赖以济。湖州（浙江湖州）境陆地褊狭，其送终者往往不掩其棺槨，頔为坑，葬朽骨凡10余所，瘗枯骨1000余，人赖以安。贞元时期（785—805年），任苏州刺史，浚沟渎，整街衢，至今赖之。元和十三年（818年）八月卒，赠太保，先谥曰厉，后改谥思。

（一一）王仲舒（762—823年）

字弘中，并州祁（山西祁县）人。元和九年至十三年（814—818年），任婺州刺史。初至州（浙江金华），疫旱，人饿死，户口亡十七八。多方救活百姓，天遂雨，疫定。居五年，里间完复如初，加金紫服。元和十三年至十五年（818—820年）任苏州（江苏苏州）刺史，于松江之上筑堤为路，修造瓦屋，以绝火灾，尝免民赋调。元和十五年

（820年），穆宗即位初，出为洪州刺史、御史中丞、江南西道观察使。初，江西榷酒利多佗州十八，民私酿，岁抵死不绝，谷数斛易斗酒。王仲舒罢榷酒钱90万，以其利与民。吏坐失官息钱30万，悉产不能偿，仲舒焚簿书、脱械不问。人遭水旱，赋税不入，减燕乐他用，为出库钱2000万，代贫户遭旱不能供税者。于江西任职四年，蓄积数倍于前，钱米有余。长庆三年（823年），62岁卒于官，赠左散骑常侍，谥曰成。

（一二）崔玄亮（768—833年）

字晦叔，扬州司马兼通事舍人崔抗之子。先后任密州（山东诸城）刺史、歙州（安徽歙县）刺史、湖州（浙江湖州）刺史，在三地赈恤冻馁百姓，救疗疾疫之民，安葬未殡骸骼，督促过时未嫁娶男女成婚，二年而政立化行，百姓感悦，发于谣咏。在湖州，以羡财代百姓逋租而使人不困，谨茶法以防黠吏而使人不苦，修堤塘以防旱岁而使人不饥。疲氓赖之，如依父母。入为秘书少监。大和七年（833年）七月，以虢州（河南灵宝）刺史卒。

（一三）温造（766—835年）

字简舆，河内（河南沁阳）人，太常丞温辅国之子。长庆二年（822年），任朗州（湖南常德）刺史期间，奏开后乡渠97里，溉田2000顷。郡人获利，名其渠为右史渠。居四年，召拜侍御史。大和二年（828年），宫中昭德寺火，延禁中宫人所居之"野狐落"，死者数百人，火势将及宣政殿。宰相、两省官、京兆尹、中尉、枢密环立于日华门外，督神策兵救火，唯御史府不到。御史中丞温造请入直30日，两巡使崔蠡、姚合20日，以自赎，诏皆罚一月俸料。大和五年（831年）七月，任河阳节度使期间，以河内膏腴，民户凋瘵，奏浚怀州（河南沁阳）古秦渠枋口堰，役4000工，溉灌济源（河南济源）、河内（河南沁阳）、温县（河南温县）、武德（河南温县武德镇）、武陟（河南武陟）五县，百姓田5000余顷。大和七年（833年）十一月，入为御史大夫。初赴镇汉中（陕西汉中）途中，遇大雨，平地水深尺余，祷鸡翁山祈晴，即时开霁。唐文宗后诏封鸡翁山为侯。大和九年（835年）以礼部尚书卒，年 70，赠尚书右仆射。

（一四）薛平（757—836 年）

字坦涂，检校尚书右仆射薛嵩之子。元和七年（812 年）八月，以左龙武大将军薛平为滑州刺史、义成军节度使。滑州（河南滑县）多水灾，其城西距黄河 2 里，每夏涨溢，则浸坏城郭，水及羊马城之半。元和八年（813 年）秋，河南瓠子堤溢，将至滑州城，居民震骇。滑州刺史、郑滑节度观察使薛平，得古河道于卫州黎阳县（河南浚县）界，遣从事裴宏泰以水患告于魏博节度使田弘正。薛、田二人共请开古河，以分水势，唐宪宗诏许之。于是将受影响的部分民田易以他地，于郑、滑两郡，征徒万人凿古河。南北长 14 里，东西阔 60 步，深一丈七尺，决旧河以注新河，遂无水患。计疏道 20 里，以疏导水溢，还壖田 700 顷于河南。居镇六年，入为左金吾卫大将军。以司徒致仕。卒，年 80，赠太傅。

（一五）李正卿（773—844 年）

字肱生。唐文宗后期，任安州（湖北安陆）刺史，益义仓粟万斛，年饥辄以禄廪济穷乏。优诏入拜司农少卿，历卫尉少卿，开成年间（836—840 年），复为淄州（山东淄博）刺史。遭螟蝗，设糜粥以食饿者，用清白俸代贫人入租。会昌前期（842—843 年），拜绵州刺史。左绵（四川绵阳）灾，殍殣在野，发仓庾加救药，人赖而济活。戎帅嘉之，兼署其倅贰。

（一六）陈讽（829—879 年）

字匡克，延州刺史、检校左散骑常侍、御史大夫、右龙武大将军陈君仪之子。乾符年间（874—879 年），任官鄂王府司马，宪兼中司。时宁州淮南戍不理，受命茸而抚之。到任之初，正值荒歉，食物车辇缺乏，士卒滞留，待进沟壑，戍管营田，尤其所病。陈讽拿出自己的俸禄以济饥凶、活羸悴，合方药以济危困，折券牍以蠲逋悬，并磨砺兵器以遏狂虏，严法网以绳奸恶。未一岁而课著殊行。恩加左骁卫将军，上广王公，始抚师旅，知其善绩，擢用字人，特奏其兼宁州刺史。

（一七）李琪（872—931 年，或 873—932 年）

字台秀，河西敦煌人。同光初（923 年），历太常卿、吏部尚书。同光三年（925 年）秋，天下大水，国计不充，京师乏食尤甚，后唐庄宗以朱书御札诏百僚上封事，陈经国之要。时群臣献议者亦多，大较词理迂阔，不中时病。唯吏部尚书李琪引古田租之法，从权救弊之道，上疏言之。唐庄宗优诏奖之，即敕有司如琪所言，不以折纳为事，一切以本色输官，又不以纽配为名，止以正耗加纳。然除折纳、纽配之法，竟不能行。寻命为国计使，垂为辅相，遇萧墙之难而止。

（一八）安彦威（卒于946 年）

字国俊，代州崞县（山西原平崞阳镇）人。少以军卒隶唐明宗麾下。天福六年（941 年）九月，瓠子河涨溢，河决于滑州（河南滑县），一概东流，居民登丘冢，为水所隔。至次年三月，诏宋州节度使安彦威督诸道军民自豕韦（河南滑县东南）之北，筑堰数十里，并出私钱，募民治堤，民无散者，竟止其害。河平，以功加其邠国公，建碑立庙于河决之所。迁西京（河南洛阳）留守，遭岁大饥，开仓赈饥民，滑人赖之。民有犯法，皆宽贷之，饥民爱之不忍去。开运三年（946 年）七月卒，赠太师。

（一九）慕容彦超（生卒年不详）

后汉高祖之同产弟。后汉时，慕容彦超为磁州（河北磁县）刺史，地饶水田，为西门豹起所理漳滏十二磴之遗迹。时以郡邑荐饥，沟渠堙塞，彦超日引己之亲仆及郡衙散卒，出俸钱以给其食，自旦及夕，亲令开凿，期岁之间，民获其惠。及以政闻于朝，迁领军州，百姓遮留于路。彦超始以代者，未至营渠不息，左右劝止之，慕容彦超认为应当有未成功处与成之，不能顿辍而不终其志，闻者嘉叹。

附录二　文献

（依文献性质及时间先后排序）

（一）《隋文帝祈雨图》

初唐绘制，为敦煌莫高窟 323 窟南壁壁画，载段文杰、樊锦诗主编《中国敦煌壁画全集》五《敦煌初唐》，一三四，天津人民美术出版社，2006 年，第 115 页。

壁画的主要内容为开皇六年（586 年）关中七州亢旱，隋文帝躬事长安（陕西西安）延兴寺昙延法师主持祈雨，隋文帝及朝宰五品以上，并席地受八关斋戒。后果得大雨，远近咸足。其文献记载见［唐］释道宣撰《续高僧传》卷 8《义解篇四·隋京师延兴寺释昙延传》。该壁画以图画的形式展现了隋代开皇年间祈雨救灾的场景，弥足珍贵。

敦煌莫高窟 323 窟南壁壁画图

（二）《沙州敦煌县行用水细则》

该文献为敦煌莫高窟 17 窟所出文书，编号为伯希和三五六〇号背，年代为唐代，具体制订时间当在永徽六年（655 年）至开元十六年（728

年）之间。载《法藏敦煌西域文献》25 册，上海古籍出版社，2002 年，第 315~317 页；录文参考《中国珍稀法律典籍集成》甲编第三册唐耕耦主编《敦煌法制文书》，科学出版社，1994 年，第 638~646 页。

该行用水细则并非完卷，但由现存部分，可见它规定了敦煌县诸渠的用水先后及行用水的具体规定与办法，内容十分详尽。文书中涉及水渠有：佛图渠、龙勒乡东灌渠进官渠；利子口沙渠、利子、氾渠、三支、下瓜渠、掘渠；辛渠、赵渠、上八渠、张桃渠、张填渠、曹家渠、张冗渠、刘家渠、六尺渠、上瓜渠、索念同渠、吴家渠、马其渠、王家渠、廉家渠、小第一渠、神威渠、中瓜渠；下灌亲渠，大壤渠、延康渠、涧渠、多农渠；都乡东支渠、西支渠、宋渠、仰渠、解渠、胃渠、县云解渠、塚念渠、李念渠、索家渠；阶和渠、宜谷渠、双树渠、曹念同渠、麴家渠、翟念同渠；殷安渠、平渠、坞角渠；东圆浮图渠、西圆浮图渠；平都渠、忧交渠；北府大河母五渠口：北府渠、神农渠、大渠、辛渠、宜谷渠；无穷口：八尺渠、王使渠、马子渠、阶和渠、临泽渠、抱壁渠。文书有助于我们了解敦煌水渠的一些基本情况，并保留有六条行用水规定：一、每年行水，春分前十五日行用。二、每年浇伤苗，立夏前十五日行用，先从东河、两支、乡东为始，依次轮转向上。三、每年重浇水还，从东河、两支、乡东为始。四、每年更报重浇水，麦苗已得两遍，悉并成就，堪可收刈。浇床粟麻等苗，还从东河为始。五、每年更重报浇麻菜水，从阳开、两冈已上循还至北府河了，即放东河，随渠取便，以浇麻菜，不弃水利，当行水，将为四遍。六、每年秋分前三日，即正秋水同堪会，依当乡古老相传之语，递代相承，将为节度。其水从东河、两支、乡东为始，轮转浇用，到都乡河当城西北角三蘘口已下浇了，即名周遍。由敦煌县行用水细则，可以了解到唐代地方政府从法律角度对当地水资源所作的调整和分配。它是目前为止中国发现最早的地方性水渠行用水规章，是唐代沙州敦煌县制定的所辖地区水渠分配使用的规章制度和实施细则。

（三）《唐开元二十五年水部式残卷》

该文献为敦煌莫高窟 17 窟所出文书，编号为伯希和二五〇七号，年代为唐代。载《法藏敦煌西域文献》15 册，上海古籍出版社，2001年，第 1~4 页。录文参考唐耕耦主编《敦煌法制文书》，《中国珍稀法律典籍集成》甲编第三册，科学出版社，1994 年，第 189~198 页。

该水部式残卷中提到若干条水渠、堤堰、斗门、桥梁：泾、渭白渠，京兆府高陵县（陕西高陵）界清、白二渠，泾水南白渠、中白渠、偶南渠，蓝田（陕西蓝田）新开渠，皇城内沟渠；龙首、泾堰、五门、六门、升原等堰；泾、渭白渠及诸大渠斗门，扬州扬子津斗门，合璧宫旧渠斗门；洛水上的中桥、天津桥等，陕州（河南陕县）大阳桥，京兆府（陕西西安）灞桥、河南府永济桥，还有蒲津桥、孝义桥等。文书残存部分内容广泛，涉及诸多方面的内容，诸如水渠管理与使用，堤堰、桥梁的看护与修理，旱时打开斗门浇地，水涨时及时疏决，诸浮桥脚船的预备与造送，蒲津桥水匠的人数、来源与轮值，河阳桥每年所需竹索的配备，胜州转运水手的人数、配置与轮值，河阳桥、陕州大阳桥设置水手的人数及其来源地和轮番与其不存检校的惩处等情况、河阳桥、陕州大阳桥设置竹木匠的人数，都水监三津守桥丁的人数、配置与来源、职责，都水监三津木匠的人数与轮番说明，都水监渔师的人数、长上与短番种类的划分及其职责，诸溉灌小渠上先有碾硙的使用。特别提到：河西诸州用水溉田渠堰的修理，沙州（甘肃敦煌）用水浇田，令县官检校，并置前官四人；会宁关 50 只船，令所管差强干官检校，着兵防守，勿令北岸停泊；沧、瀛、贝、莫、登、莱、海、泗、魏、德等十州，共差水手 5400 人：3400 人海运，2000 人平河，二年与替；安东都里镇防人粮，海师、柂师，隶蓬莱镇，令候风调海晏，并运镇粮。其重现，不仅使久佚的唐格得见，更使唐代系统的全国性水利法规的面貌得以面世。唐代水法保存于水部式中，并具有法律效力，惜已佚，而该文书保留了其中相当一部分的内容（详见六编二章一节），可以让我们对其有很大程度的了解和认识。水部式的规定十分详尽，具有可行性，使诸渠用水有法可依，内容非常珍贵。

（四）《刘晏论》

刘晏旧吏陈谏所著，唐后期，载《新唐书》卷 149《刘晏传》，第

4797~4798 页，又见［清］董诰等编《全唐文》卷 684，中华书局，1983 年，第 7001 页。

该文献主要记述刘晏独特的救灾之法，唐代宗初即位，正值安史之乱后，饥疫相仍，十耗其九，中外艰食，户不满 200 万。刘晏受命，以御史大夫领东都、河南、江淮转运、租庸、盐铁、常平使。以转运为己任，改变富人督漕挽、主邮递及与之伴随的税外横取、人多为盗的旧有漕运之法，而以官船漕，而吏主驿事，罢无名之敛，正盐官法，以裨用度。岁致 40 万斛，此后关中虽水旱，物不翔贵。善于救灾，勿使至赈给即救。通计天下经费，谨察州县灾害，蠲除振救，不使流离死亡。荒年赈救尤能时其缓急而先后之，每州县荒歉有端，则计官所赢，先令蠲某物，贷某户。民未及困，而奏报已行。又以常平法，丰则贵取，饥则贱与，率诸州米尝储 300 万斛。刘晏的救灾方法结合实际情况而实行，体现了刘晏的理财智慧与务实的作风，对今天救灾仍富有启发与意义。

（五）《捕蝗》

白居易（772—847 年）所作，诗歌，载《白居易集》卷 3《讽谕三》，顾学颉校点，中华书局，1979 年，第 65~66 页；并载谢思炜撰《白居易诗集校注》卷 3《讽谕三》，中华书局，2006 年，第 321~322 页。

该诗描述兴元元年至贞元元年（784—785 年）关中、河北、河南等地蝗灾的情形，当时田稼食尽，草木畜毛亦无遗，兼以旱灾，东都米每斗值千钱，河北诸州米斗值钱九百，饿死者积压道路，关辅饥民甚至捕蝗蒸食以充饥。河南官府出高价令百姓捕蝗，"河南长吏言忧农，课人昼夜捕蝗虫。是时粟斗钱三百，蝗虫之价与粟同"。少年白居易反对此举，持传统的以仁政驱蝗的看法，"捕蝗捕蝗竟何利，徒使饥人重劳费。一虫虽死百虫来，岂将人力竞天灾"。并以贞观二年（628 年）京师（陕西西安）蝗旱，唐太宗在苑内吞蝗，咒愿蝗不害百姓之事为证。其观点代表了唐代大多数人对蝗虫与蝗灾的看法。

（六）《自河南经乱，关内阻饥，兄弟离散各在一处，因望月有感，聊书所怀，寄上浮梁大兄于潜七兄乌江十五兄，兼示符离及下邽弟妹》

白居易（772—847年）所作，贞元十五年（799年），诗歌，载白居易著，顾学颉校点：《白居易集》卷13《律诗》，中华书局，1979年，第267页；谢思炜撰《白居易诗集校注》卷13《律诗》，中华书局，2006年，第1055页。

28岁的白居易作此诗于洛阳。贞元年间（785—805年），兵乱祸结，灾害饥馑不断，白居易与家人不得不各自分散。即所谓"时难年饥世业空，弟兄羁旅各西东。田园寥落干戈后，骨肉流离道路中"。自己在洛阳，长兄在浮梁（江西景德镇）为吏，七兄任于潜尉，十五兄任乌江（安徽和县乌江镇）主簿，弟、妹也或在符离（安徽宿州）或在下邽（陕西渭南），兄弟、兄妹深受战乱饥馑之苦，不得相聚，其家庭分散而居不能相守的状况是当时很多家庭的一个缩影。

（七）《请遣使臣宣抚诸道遭水州县状》

陆贽（754—805年）所作，状文，载［唐］陆贽撰《陆贽集》卷17《中书奏议一》，王素点校，中华书局2006年，第552~556页。

状文提到盐铁、转运及州县官员申报地方水灾，已经淹没田苗，损坏庐舍，出现漂溺不救，转徙乏粮，甚至不少丧亡流离者。但朝廷大臣虽内心明知灾情严重，表面上却云无害于物，不足致怀。这种矛盾反映了多数大臣并不顾虑灾民生死，或为自身政绩与升迁，或明哲以保身，他们在私下与公开场合所讲灾情截然不同。陆贽点明这种现象，指明其害处，并说明自己的看法："若哀其疾苦，固宜降旨优矜；傥疑其诈欺，亦当遣使巡视"，不可徇浮说而忘惠恤，失人得财，得不偿失。"况灾害已甚，申奏亦频，纵不蒙恩复除，自当准式蠲免。"请唐德宗速降德音，分道命使，明敕吊灾，宽息征徭，省察冤滥。指出应派遣使者至灾区，对造灾严重之家量赐粟帛，损坏庐舍田苗者，依等级蠲减租税。此状文对唐代匿灾现象的反映具有典型性，且陆贽所言切中要害，特全文具录如下：

　　右。频得盐铁、转运及州县申报：霖雨为灾，弥月不止。或川渎泛涨，或溪谷奔流，淹没田苗，损坏庐舍。又有漂溺不救，转徙乏粮，丧亡流离，数亦非少。臣等任处台辅，职调阴阳，一物失宜，尸旷斯在，五行愆度，谪责何逃？陛下德迈禹、汤，恕人咎己，臣等每奉词旨，倍益惭惶。所以僶俛在公，不敢频烦请罪。前者面陈事体，须遣使抚绥，陛下尚谓询问来人，所损殊少，即议优恤，恐长奸欺。臣等旬日以来，更审借访，类会行旅所说，悉与申报符同。但恐所闻圣聪，或未尽陈事实。夫流俗之弊，多徇诡谀，揣所悦意者，则侈其言；度所恶闻者，则小其事。制备失所，恒病于斯。初闻诸道水灾，臣等屡访朝列，多云无害于物，以为不足致怀，退省其私，言则顿异。霖潦非可讳之事，搢绅皆有识之人，与臣比肩，尚且相媚，况乎事或暧昧，人或琐微。以利巳之心，希至尊之旨，其于情实，固不易知，如斯之流，足误视听。所愿事皆覆验，则冀言无诈欺，大明照临，天下之幸也。

　　昔子夏问于孔子曰："何如斯可谓人之父母？"孔子对曰："四方有败，必先知之，斯可谓人之父母矣。"盖以君人之道，子育为心，虽深居九重，而虑周四表；虽恒处安乐，而忧及困穷。近取诸身，如一体之于四支，其疾病无不恤也。远取诸物，如两曜之于万类，其鉴照无不均也。故时有凶害，而人无流亡，恃天听之必闻，知上泽之必至。是以有母之爱，有父之尊，古之圣王，能以天下为一家，中国为一人，用此术也。

　　今水潦为败，绵数十州，奔告于朝，日月相继。若哀其疾苦，固宜降旨优矜；傥疑其诈欺，亦当遣使巡视，安可徇往来之浮说，忘惠恤之大猷？失人得财，是将焉用？况灾害已甚，申奏亦频，纵不蒙恩复除，自当准式蠲免。徒失事体，无资国储，恐须速降德音，深示忧悯，分道命使，明敕吊灾，宽息征徭，省察冤滥。应家有溺死及漂没居产都尽，父子不存济者，各量赐粟帛，便委使臣与州府以当处官物给付。其损坏庐舍田苗者，亦委使臣与州府据所损作分数等第闻奏，量与蠲减租税。如此则殁者蒙瘗酹之惠，存者沾煦妪之恩，霈泽下施，孰不欣戴！所费者财用，所收者人心，若不失人，何忧乏用！臣等已约支计，所费亦不甚多，傥蒙圣恩允从，即具条件续进。

臣又闻圣人作则，皆以天地为本，阴阳为端。庆赏者顺阳之功，故行于春、夏；刑罚者法阴之气，故用之秋、冬。事或愆时，人必雁咎。是以《月令》所载，夏行秋令，则苦雨数来，邱隰水潦；夏行冬令，则后乃大水，败其城郭。典籍垂诫，言固不诬，天人同符，理当必应，既有系于舒惨，是能致于灾祥。项自夏初，大臣得罪，亲党坐累，其徒实繁。邦宪已行，宸严未解，畏天之怒，中外竦然。若以《月令》推之，水潦或是其应，虽天所降沴，不在郊畿，然海内为家，无论遐迩，伏愿涤瑕以德，消沴以和，威惠之相济合宜，阴阳之运行自序。臣等不胜睹灾惭负之至，谨奉状陈请以闻。谨奏。

（八）《御史台上论天旱人饥状》

监察御史韩愈（768—824）所作，贞元十五年（805 年），状文，载［清］董诰等编《全唐文》卷 549，中华书局，1983 年，第 5559~5560 页。

贞元二十年（804 年），关中春夏连旱，田稼大歉，京兆尹李实匿灾不报，百姓租税皆不免。次年，诏蠲畿内逋租，仍违诏征之。百姓大困，人穷无告，至撤屋瓦木，卖麦苗以供赋敛。因此，监察御史韩愈上此状，指出："今年以来，京畿诸县，夏逢亢旱，秋又早霜，田种所收，十不存一。……有弃子逐妻，以求口食，坼屋伐树，以纳税钱。寒馁道涂，毙踣沟壑。有者皆已输纳，无者徒被追征。"乞特敕京兆府（陕西西安）应 804 年税钱等，为专政者所恶，被贬连州阳山（广东阳山）令。此状文反映了一部分唐代官员匿灾不报，灾民深受其苦的现象，而以韩愈为代表的政治官员敢于进言，却反遭陷害。

（九）《应所在典贴良人男女等状》

袁州刺史韩愈（768—824 年）所作，元和十四年至元和十五年（819—820 年），状文，载韩愈著《韩愈文集汇校笺注》卷 30，刘真伦、岳真校注，北京：中华书局，2010 年，第 3008 页；又见［清］董诰等编《全唐文》卷 549，中华书局，1983 年，第 5566 页。

元和十四年至元和十五年（819—820年），韩愈时任袁州刺史，当地百姓或因水旱不熟，或因公私债负，典贴成风，编户百姓子女700余人因而沦为奴婢，受人鞭笞役使。据《唐律疏议》卷26《杂律》："诸妄以良人为奴婢，用质债者，各减自相卖罪三等；知情而取者，又减一等，仍计庸以当债直。"无论因何种原因，役使良人子女为奴婢，都是法律明令禁止的。该状文对袁州（江西宜春）这种不符合唐律规定的现象进行了说明，并请求唐宪宗令有司放免被典贴百姓，并请有司检责是否有隐漏现象。原状文具录如下：

应所在典贴良人男女等。

右准律：不许典贴良人男女作奴婢驱使。臣往任袁州刺史日，检责州界内，得七百三十一人，并是良人男女。准律律，计佣折直，一时放免。原其本末，或因水旱不熟，或因公私债负，递相典贴，渐以成风。名目虽殊，奴婢不别，鞭笞役使，至死乃休。既乖律文，实亏政理。袁州至小，尚有七百余人。天下诸州，其数固当不少。今因大庆，伏乞令有司重举旧章，一皆放免，仍勒长吏严加检责。如有隐漏，必重科惩。则四海苍生，孰不感荷圣德！以前件如前，谨具奏闻，伏听敕旨。谨奏。

（一〇）《归彭城》

韩愈（768—824）所作，约贞元十六年（800年），诗歌，载［唐］韩愈著，钱仲联集释《韩昌黎诗系年辑释》，上海古籍出版社，1984年，第119~123页。

贞元十五年（799年）冬，韩愈为徐州从事，朝正京师（陕西西安）。归彭城（江苏徐州），即次年自京师回徐州，此诗当作于途中。由"前年关中旱，闾井多死饥。去岁东郡水，生民为流尸"的水旱灾害的背景，讲到欲进短策而无机会。作为徐州从事，韩愈随府主张建封赴长安，利用这一面圣机会，写下进言欲献策准备上奏，最终却"到口不敢吐"。该诗反映了在唐代很少有机会给皇帝上疏进言献策，而自然灾害常常是给皇帝进谏的一个良机。具录诗文如下：

天下兵又动，太平竟何时？讨谟者谁子，无乃失所宜。前年关中旱，闾井多死饥。

去岁东郡水，生民为流尸。上天不虚应，祸福各有随。我欲进短策，无由至彤墀。

刳肝以为纸，沥血以书辞。上言陈尧舜，下言引龙夔。言词多感激，文字少葳蕤。

一读已自怪，再寻良自疑。食芹虽云美，献御固已痴。缄封在骨髓，耿耿空自奇。

昨者到京城，屡陪高车驰。周行多俊异，议论无瑕疵。见待颇异礼，未能去毛皮。

到口不敢吐，徐徐俟其巇。归来戎马间，惊顾似羁雌。连日或不语，终朝见相欺。

乘闲辄骑马，茫茫诣空陂。遇酒即酩酊，君知我为谁。

（一一）《旱灾自咎，贻七县宰同州》

元稹（779—831年）任同州刺史时所作，长庆三年（823年），诗歌，载［唐］元稹撰《元稹集》卷4《古诗》，冀勤点校，中华书局，1982年，第37~38页。

长庆二年（822年）冬，同州（陕西大荔）无雨，823年春旱，同州刺史元稹祈雨于九龙神，夏六月至秋八月中旬亦不雨，写诗自责。元稹因旱自责祈雨是出于天灾示警观念，其自责祈雨诗涉及冤狱、食廪奸吏、官员怠政、苛敛、滥罚、济穷等多方面的内容，也是唐代官员面对自然灾害的一种具有代表性的做法。

（一二）《钱塘湖石记》

白居易任杭州刺史时所作，长庆四年（824年）三月十日，记文。载白居易著《白居易集》卷68《碑志序记表赞论衡书》，顾学颉校点，中华书局，1979年，第1431~1433页。

杭州春多雨，夏秋多旱，白居易任杭州刺史三年，作《钱塘湖石记》，记录及时蓄泄钱塘湖水之法。一是加高湖堤，利用湖水溉田：钱塘湖周回 30 里，北有石函，南有笕。凡放水溉田，每减一寸，可溉 15 余顷。每一复时，可溉 50 余顷。自钱塘至盐官界，应溉夹官河田，须放湖入河，从河入田。但往往旱甚，即湖水不充。长庆四年（824 年），白居易修筑湖堤，加高数尺，水亦随加。湖水若仍不足，更决临平湖，添注官河，可有余。这样可使濒湖千余顷田，无凶年。二是利用湖北石函和湖南笕泄水，以防溃堤。指出：霖雨三日以上，西湖之堤往往溃决。须所由巡守，预为之防。为防湖堤溃决，若水暴涨，即于笕南缺岸处泄之；又不减，兼于石函南笕泄之。三是专门解释官民疑惑："决放湖水，不利钱塘县官"的传言，于理不通。放湖即郭内六井无水也是不察所致：六井与湖相通，中有阴窦，往往堙塞；只要经常观察和通理，虽大旱，井水常足。白居易关于钱塘湖蓄泄之法是为后任刺史所写，使其明白如何利用湖水兴利除弊，其做法符合科学道理，显示了白居易的智慧，可以大大造福于民。

（一三）《高陵令刘君（仁师）遗爱碑》

刘禹锡（768—824 年）撰，大和五年至大和九年（约 831—835 年），碑志，载［唐］刘禹锡著《刘禹锡集笺证》卷 2《碑上》，瞿蜕园笺证，上海古籍出版社，1989 年，第 55~58 页；又见［清］董诰等编《全唐文》卷 609，中华书局，1983 年，第 6151~6152 页。两版本稍有文字差异，不影响文意，唯李士清，后者作李仕清。

唐代宗以来，水部式不得遵守，泾阳权幸之家"公取全流，浸原为畦，私开四窦"，占据白渠上游泉水溉田，一直到长庆年间（821—824 年）。因得京兆尹马某庇佑，下游人诉者反而得罪。长庆三年（823 年），高陵令刘仁师请修新渠以杜私窦、遵田令。中间历经挫折，泾阳权幸之家买通术士千方百计加以阻止，宝历元年（825 年），在新任京兆尹郑覃上任后，刘仁师的建议才得以上闻朝廷。新渠和新堰最终得以修成，处于白渠下游的高陵县田地百亩得以灌溉，水部式再次得到遵行。此事件中，泾阳权幸之家违反唐代水部式关于用水的规定，并贿赂术士，令其上言："白渠下，高祖故墅在焉，子孙当恭敬，不宜以畚锸近阡陌。"直接导致唐穆宗下令京兆府停止修渠变更水道的利民之举，但权幸之家却并未受到任何法律科罚。正因此事成功之难，大和四年（830年），高陵人李士清等63人才诣县请金石为已迁为他官的前高陵令刘仁师刻遗爱碑之举。遗爱碑叙述此事甚详，对影响唐律实施的某些具体因素的揭示非常形象生动，有助于理解唐代水部式实施过程中的一些具体问题，比如：权势之家知法犯法，正直爱民官员与之进行斗争的艰难历程等。相关部分内容具录如下：

　　大和四年，高陵人李士清等六十三人思前令刘君之德，诣县请金石刻。县令以状申府，府以状考于明法吏，吏上言：谨案宝应诏书，凡以政绩将立碑者，其具所纪之文上尚书考功。有司考其词宜有纪者乃奏。明年八月庚午，诏曰：可。令书其章明有以结人心者，揭于道周云。

　　泾水东行注白渠，酾而为三，以沃关中，故秦人常得善岁。案《水部式》：决泄有时，畎浍有度，居上游者不得拥泉而颛其腴。每岁少尹一人行视之，以诛不式。兵兴以迁，寝失根本。泾阳人果拥而颛之，公取全流，浸原为畦，私开四窦，泽不及下。泾田独肥，他邑为枯。地力既移，地征如初。人或赴诉，泣迎尹马。而占泾之腴皆权幸家，荣势足以破理，诉者覆得罪。繇是咋舌不敢言，吞冤衔忍，家视孙子。

　　长庆三年，高陵令刘君励精吏治，视人之瘝如瘵疽在身，不忘决去。乃循故事，考式文暨前后诏条，又以新意请更水道入于我里。请杜私窦，使无弃流。请遵田令，使无越制。别白纤悉，列上便宜。掾吏依违不决。居二岁，距宝历元年，端士郑覃为京兆，秋九月，始具以闻。事下丞相、御史。御史属元谷实司察视，持诏书诣白渠上，尽得利病，还奏青规中。上以谷奉使有状，乃俾太常撰日，京兆下其符。司录姚康，士曹掾李绍实成之，县主簿谈孺直实董之。冬十月，百众云奔，愤与喜并，口谣手运，不屑鼛鼓。揆功什七八，而泾阳人以奇计略术士上言："白渠下，高祖故墅在焉，子孙当恭敬，不宜以畚锸近阡陌。"上闻，命京兆立止绝。君驰诣府控告，具发其以略致前事。又谒丞相，请以颡血污车茵。丞相彭原公敛容谢曰："明府真爱人，陛下视元元无所恡，第未周知情伪耳。"即入言上前。翌日，果有诏许讫役。

仲冬，新渠成。涉季冬二日，新堰成。驶流浑浑，如脉宣气。菑荒沤冒，迎耒泽泽。开塞分寸，皆如诏条。有秋之期，投锸前定。孺直告已事，君率其寮躬劳徕之，烝徒欢呼，奋橛裖而舞，咸曰：吞恨六十年，明府雪之。擿奸犯豪，卒就施为。呜呼！成功之难也如是。请名渠曰刘公，而名堰曰彭城。案股引而东千七百步，其广四寻而深半之，两涯夹植杞柳万本，下垂根以作固，上生材以备用。仍岁旱涔，而渠下田独有秋。

渠成之明年，泾阳、三原二邑中又拥其冲，为七堰以折水势，使下流不厚。君诣京兆索言之，府命从事苏特至水滨，尽撤不当拥者。繇是邑人享其长利，生子以刘名之。

君讳仁师，字行舆，彭城人。武德名臣刑部尚书德威之五代孙，大历中诗人商之犹子。少好文学，亦以筹画干东诸侯，遂参幕府。历尹剧县，皆以能事见陟，率不时而迁。既有绩于高陵，转昭应令，俄兼检校水曹外郎充渠堰副使，且锡朱衣银章。计相爱其能，表为检校屯田郎中兼侍御史，斡池盐于蒲，锡紫衣金章。岁馀，以课就加司勋正郎中，执法理人为循吏，理财为能臣，一出于清白故也。先是，高陵人蒙被惠风而惜于舍去，发于胸怀，播为声诗。今采其旨而变其词，志于石。文曰：

噫！泾水之逶迤。溉我公兮及我私。水无心兮人多僻。铟上游兮乾我泽。时逢理兮官得材。墨绶蕊兮刘君来。能爱人兮恤其隐。心既公兮言既尽。县申府兮府闻天。积愤刷兮沉疴痊。划新渠兮百亩流。行龙蛇兮止膏油。遵水式兮复田制。无荒区兮有良岁。嗟刘君兮去翱翔，遗我福兮牵我肠。纪成功兮镌美石，求信词兮昭懿绩。

（一四）《杜陵叟》

白居易（772—847年）所作，诗歌，载白居易著《白居易集》卷4《讽谕四》，顾学颉校点，中华书局，1979年，第78~79页；白居易著，朱金城笺校《白居易集笺校》卷4《讽喻四》，上海古籍出版社，1988年，第223~224页。

此诗描写元和四年（809年）长安（陕西西安）春旱、秋早霜，而长官因担心个人考绩受影响，没有按照规定上报灾情请求减免赋税，反而急敛暴征，"长吏明知不申破，急敛暴征求考课"。百姓不得不典桑卖地缴纳官租。当年闰三月己酉，以旱降京师死罪非杀人者，虽然后来灾情被上奏唐宪宗，皇帝也以旱甚，下诏蠲长安当年田税免，振除灾沴。但已是"十家租税九家毕"，只能"虚受吾君蠲免恩"了。

（一五）《入唐求法巡礼行记》

日僧圆仁（794—864年）撰，顾承甫、何泉达点校，上海：上海古籍出版社，1986年。又有白化文、李鼎霞、许德楠《入唐求法巡礼行记校注》，石家庄：花山文艺出版社，1992年。

该书记载开成三年至大中元年（838—847年）圆仁在唐求法的经过和记录，足迹先后遍及江苏、安徽、山东、河北、山西、陕西、河南七省。因遭遇会昌毁佛，才离开长安归国。该书涉及唐代政治、经济、宗教、文化及时令风俗等多方面的内容，内容详赡。难能可贵的是，对于开成年间（836—840年）唐北方遭遇的水、旱、蝗及其所引起的饥荒等自然灾害进行了极其难得的详细的如实记录，包括河南河北的严重蝗灾、当时的粮价、饥民食物、村民的愁苦心态、官府和私人都陷于饥穷以致贼人颇多的社会状况。其记：开成元年至开成四年（836—839年）间的三四年，青州（山东青州）以来诸处，有蝗虫灾，吃劫谷稻。缘人饥贫，多有贼人，杀夺不少。行客乞饭，无人布施。当今四人同行，计应太难。从牟平县（山东蓬莱）至登州（治所位于山东蓬莱），傍北海行。比年虫灾，百姓饥贫，吃橡为饭。从登州文登县（山东文登市）至青州（山东青州），三四年来蝗虫灾起，吃却五谷，官私饥穷。登州界（山东蓬莱）专吃橡子为饭。客僧等经此险处，粮食难得。粟米一斗80文，粳米一斗100文。四月廿四日，两岭普通院中曾未有粥饭，缘近年虫灾，今无粮食。从赵州（河北赵县）以来直至果菀普通院，三四年来有蝗虫灾，开成五年四月廿五日，五谷不熟，粮食难得。该书还涉及唐代僧人念经祈晴，官府和地方于神庙和尧王庙祈雨，久雨闭坊市北门祈晴、久旱则闭坊市南门祈雨等禳灾方面的风俗习惯。该书所载唐后期关于灾害的记录，是关于开成年间灾情的实录，极大地补充了正史记录简要的不足，弥足珍贵，对于灾荒史的研究具有极高的史料价值。

（一六）《四时纂要》

唐人韩鄂原编，约唐末编成的农书，有今人缪启愉校释本《四时纂要校释》，农业出版社，1981年。该书据1960年日本发现的朝鲜1590年重刻本《四时纂要》（山本书店1961年影印版）加以整理而成。

该书是按月列举应做事项的月令式的农家杂著，主要反映的是作者所居住的渭河及黄河下游一带的农事活动。全书分春令卷、夏令卷、秋令卷、冬令卷四卷，共有698条，而占候、择吉、禳镇等有348条，约占一半。该书的农书性质，决定了其内容涉及灾害占卜、自然灾害、饥荒及防灾救灾方面的内容。春季占雨的记录中提到：春雨甲子，赤地千里。即大旱。记载有辟蝗虫法和辟蚄蛉虫法，反映了虫害对田稼影响之大。辟蝗虫法有两类：一是以原蚕矢杂禾种种，二是以碎马骨煮沸，以汁浸附子，也可用雪水代替碎马骨。并解释其原因在于雪为五谷之精，可使禾稼耐旱。冬季多收雪贮用，所收必倍。辟蚄蛉虫，则采用牵马就五谷种堆食数口，以马残为种的方法，也即利用马的唾液防虫。还记载有当时农家治牛疫的三种方法：人参切细后水煮，冷却后灌服；令疫牛吸真安息香的香气；兔头烧灰，和水灌服。该书也很重视提高种子的抗旱能力，提到煮茧蛹汁，可耐旱而肥，一亩可倍于常收。还有以醋酱水并蚕矢薄渍麦种。即设法提高种子的抵抗力及对干旱等不利环境的适应力。该书在占卜禳镇之外，亦有关于赈救饥穷、修建堤防、开荒田等方面的务实性防灾救灾之法。诸如于夏季冬谷既尽、宿麦未登之时，赈乏绝，救饥穷，施赈于九族不能自活者；四月的杂事条提到防备暴雨的三种做法：即修筑堤防，打开水窖，修补屋漏。还有七月放火烧山以备来年春开荒田的记录。虽然该书中有不少迷信的东西，但广泛集中了农家农副业生产和日常生活所需的各方面的知识，是第一部内容广泛叙述详备的农家实用百科全书，对晚唐五代北方普通地主之家的防灾救灾措施有所反映，具有一定的简明实用的价值，其中一些论述也蕴含着科学依据。

参考文献

一、史籍

（依作者时代及出版先后顺序排列）

[1]（汉）班固撰《汉书》，北京：中华书局，1964 年。

[2]（后魏）贾思勰原著《齐民要术校释》，缪启愉校释，北京：中国农业出版社，1998 年。

[3]（唐）魏徵、令狐德棻等撰《隋书》，北京：中华书局，1973 年。

[4]（唐）李绛著《李相国论事集》，（唐）蒋偕编，上海：商务印书馆，1940 年。

[5]（唐）李肇撰《唐国史补》，上海：上海古籍出版社，1957 年。

[6]（唐）杜牧著《樊川文集》，上海：上海古籍出版社，1978 年。

[7]（唐）白居易著《白居易集》，顾学颉校点，北京：中华书局，1979 年。

[8]（唐）柳宗元著《柳宗元集》，北京：中华书局，1979 年。

[9]（唐）段成式撰《酉阳杂俎》，方南生点校，北京：中华书局，1981 年。

[10]（唐）韩鄂原编《四时纂要校释》，缪启愉校释，北京：农业出版社，1981 年。

[11]（唐）元稹撰《元稹集》，冀勤点校，北京：中华书局，1982 年。

[12]（唐）姚汝能撰《安禄山事迹》，上海：上海古籍出版社，1983 年。

[13]（唐）李吉甫撰《元和郡县图志》，贺次君点校，北京：中华书局，1983 年。

[14]（唐）刘肃撰《大唐新语》，许德楠、李鼎霞点校，北京：中华书局，1984 年。

[15]（日）圆仁撰《入唐求法巡礼行记》，顾承甫、何泉达点校，上海：上海古籍出版社，1986 年。

[16]（唐）白居易著《白居易集笺校》，朱金城笺校，上海：上海古籍出版社，1988 年。

[17]（唐）陆贽著《陆宣公集》，刘泽民点校，杭州：浙江古籍出版社，1988 年。

［18］（唐）杜佑撰《通典》，王文锦、王永兴、刘俊文、徐庭云、谢方点校，北京：中华书局，1988 年。

［19］（唐）刘禹锡撰《刘禹锡集笺证》，瞿蜕园笺证，上海：上海古籍出版社，1989 年。

［20］（唐）韩愈著《韩昌黎全集》，北京：中国书店，1991 年。

［21］（唐）郎余令撰《冥报拾遗》，北京：中华书局，1992 年。

［22］（唐）戴孚、唐临撰：《广异记·冥报记》，方诗铭辑校，北京：中华书局，1992 年。

［23］（日）释圆仁原著《入唐求法巡礼行记校注》，白化文、李鼎霞、许德楠校注，石家庄：花山文艺出版社，1992 年。

［24］（唐）颜真卿著，（清）黄本骥编订：《颜真卿集》，哈尔滨：黑龙江人民出版社，1993 年。

［25］（唐）刘𫗧撰《隋唐嘉话》，程毅中点校，北京：中华书局，1997 年。

［26］（唐）王维撰《王维集校注》，陈铁民校注，北京：中华书局，1997 年。

［27］（唐）张鷟撰《朝野佥载》，赵守俨点校，北京：中华书局，1997 年。

［28］中敕《大唐开元礼附大唐郊祀录》，北京：民族出版社，2000 年。

［29］（唐）吴兢撰《贞观政要集校》，谢保成集校，北京：中华书局，2003 年。

［30］（唐）释道世撰《法苑珠林校注》，周叔迦、苏晋仁校注，北京：中华书局，2003 年。

［31］（唐）杜宝撰《大业杂记辑校》，辛德勇辑校，西安：三秦出版社，2006 年。

［32］（唐）陆贽撰《陆贽集》，王素点校，北京：中华书局，2006 年。

［33］（唐）李林甫等撰《唐六典》，陈仲夫点校，北京：中华书局，2008 年。

［34］（唐）韩愈著《韩愈文集汇校笺注》，刘真伦、岳珍校注，中华书局，2010 年。

［35］（唐）释道宣撰《续高僧传》，（南朝梁）释慧皎等《高僧传合集》，上海：上海古籍出版社，2011 年。

［36］（唐）李德裕等撰《次柳氏旧闻（外七种）》，丁如明等校点，上海：上海古籍出版社，2012 年。

［37］（唐）崔令钦等撰《教坊记（外七种）》，曹中孚等校点，上海：上海古籍出版社，2012 年。

［38］（唐）刘肃等撰《大唐新语（外五种）》，恒鹤等校点，上海：上海古籍出版社，2012 年。

［39］（唐）段安节撰《乐府杂录》，文渊阁四库全书本。

［40］（唐）张读、裴铏撰:《宣室志 裴铏传奇》，萧逸、田松青校点，上海：上海古籍出版社，2012 年。

［41］（唐）白居易著、（宋）孔传续撰《白孔六帖》，文渊阁四库全书本。

［42］（唐）独孤及撰、（唐）梁肃编《毘陵集》，文渊阁四库全书本。

［43］（唐）皇甫湜撰《皇甫持正集》，文渊阁四库全书本。

［44］（唐）独孤及撰《毗陵集》，《四部丛刊》本。

［45］（后晋）刘昫等撰《旧唐书》，北京：中华书局，1975 年。

［46］（五代）孙光宪撰《北梦琐言》，贾二强点校，北京：中华书局，2002 年。

［47］（五代）王仁裕等撰《开元天宝遗事（外七种）》，丁如明等校点，上海：上海古籍出版社，2012 年。

［48］（宋）王溥撰《唐会要》，北京：中华书局，1957 年。

［49］（宋）王钦若等编:《册府元龟》，北京：中华书局，1960 年。

［50］（宋）李昉等编《太平广记》，北京：中华书局，1961 年。

［51］（宋）李昉等编《文苑英华》，北京：中华书局，1966 年。

［52］（宋）欧阳修撰《新五代史》，北京：中华书局，1974 年。

［53］（宋）欧阳修、宋祁撰《新唐书》，北京：中华书局，1975 年。

［54］（宋）薛居正等撰《旧五代史》，北京，中华书局，1976 年。

［55］（宋）李昉等编《文苑英华》，北京：中华书局，1982 年。

［56］（宋）普济著《五灯会元》，苏渊雷点校，北京：中华书局，1984 年。

［57］（宋）赞宁撰《宋高僧传》，范祥雍点校，北京：中华书局，1987 年。

［58］（宋）志磐撰《佛祖统记》，《中华大藏经》编辑局编《中华大藏经（汉文部分）》82 册，北京：中华书局，1994 年。

［59］（宋）李昉等撰《太平御览》，北京：中华书局，1995 年。

［60］（宋）张君房纂辑，蒋力生等校注《云笈七签》，北京：华夏出版社，1996 年。

［61］（宋）钱易撰《南部新书》，黄寿成点校，北京：中华书局，2002 年。

［62］（宋）张齐贤撰，俞钢校点《洛阳缙绅旧闻记》，傅璇琮、徐海荣、徐吉军主编《五代史书汇编》第 4 册，杭州：杭州出版社，2004 年。

［63］（宋）王禹偁撰，顾薇薇校点《五代史阙文》，傅璇琮、徐海荣、徐吉军主编《五代史书汇编》4 册，杭州：杭州出版社，2004 年。

［64］（宋）陆游撰，李建国校点《南唐书》，傅璇琮、徐海荣、徐吉军主编《五

代史书汇编》第9册，杭州：杭州出版社，2004年。

［65］（宋）龙衮撰、张剑光校点《江南野史》，傅璇琮、徐海荣、徐吉军主编《五代史书汇编》第9册，杭州：杭州出版社，2004年。

［66］（宋）句延庆撰、楚铃铃校点《锦里耆旧传》，傅璇琮、徐海荣、徐吉军主编《五代史书汇编》10册，杭州：杭州出版社，2004年。

［67］（宋）钱俨撰《吴越备史》，李最欣校点，傅璇琮、徐海荣、徐吉军主编《五代史书汇编》10册，杭州：杭州出版社，2004年。

［68］（宋）王溥撰《五代会要》，上海：上海古籍出版社，2006年。

［69］（宋）乐史撰《太平寰宇记》，王文楚等点校，北京：中华书局，2007年。

［70］（宋）宋敏求编《唐大诏令集》，北京：中华书局，2008年。

［71］（宋）王谠撰《唐语林校证》，周勋初校证，北京：中华书局，2008年。

［72］（宋）郑樵撰《通志二十略·灾祥略》，王树民点校，北京：中华书局，2009年。

［73］（宋）司马光编著《资治通鉴》，北京：中华书局，2011年。

［74］（元）脱脱等撰《辽史》，北京：中华书局，1974年。

［75］（明）李时珍著《本草纲目》，北京：人民卫生出版社，2004年。

［76］（明）徐应秋撰《玉芝堂谈荟》，文渊阁四库全书影印本。

［77］（清）赵翼著《陔余丛考》，北京：商务印书馆，1957年。

［78］（清）梁廷楠著《南汉书》，林梓宗校点，广州：广东人民出版社，1981年。

［79］（清）陆增祥著《八琼室金石补正》，《石刻史料新编》第1辑第7册，台北：新文丰出版公司，1982年。

［80］（清）董诰等编《全唐文》，北京：中华书局，1983年。

［81］（清）徐松撰《唐两京城坊考》，（清）张穆校补，方严点校，北京：中华书局，1985年。

［82］（清）吴任臣撰《十国春秋》，北京：中华书局，1983年。

［83］（清）王夫之著《读通鉴论》，长沙：岳麓书社，1988年。

［84］（清）彭定求等编《全唐诗》，北京：中华书局，2008年。

二、论著

［1］全汉昇著《唐宋帝国与运河》，上海：商务印书馆，1946年。

［2］余扶危、贺官保编《隋唐东都含嘉仓》，北京：文物出版社，1982年。

［3］《笔记小说大观》，扬州：江苏广陵古籍刻印社，1983年。

［4］唐耕耦、陆宏基编《敦煌社会经济文献真迹释录》第1辑，北京：书目文

献出版社，1986 年。

［5］（日）圆仁撰《入唐求法巡礼行记》，顾承甫、何泉达点校，上海：上海古籍出版社，1986 年。

［6］张弓著《唐代仓廪制度初探》，北京：中华书局，1986 年。

［7］（法）谢和耐著、耿升译《中国五至十世纪的寺院经济》，兰州：甘肃人民出版社，1987 年。

［8］周绍良主编、赵超副主编《唐代墓志汇编》，上海：上海古籍出版社，1992 年。

［9］桃源居士编《唐人小说》，上海：上海文艺出版社，1992 年影印版。

［10］陈尚君辑校《全唐诗补编》，北京：中华书局，1992 年。

［11］（清）劳格、赵钺等点校《唐尚书省郎官石柱题名考》，北京：中华书局，1992 年。

［12］苏兴撰《春秋繁露义证》，钟哲点校，北京：中华书局，1992 年。

［13］（美）郑麒来著《中国古代的食人：人吃人行为透视》，北京：中国社会科学出版社，1993 年。

［14］高国藩著《中国民俗探微——敦煌巫术与巫术流变》，南京：河海大学出版社，1993 年。

［15］王永兴《敦煌经济文书导论》，台北：新文丰出版公司，1994 年。

［16］中国社会科学院历史研究所等合编《英藏敦煌文献（汉文佛经以外部分）》11 卷，成都：四川人民出版社，1994 年。

［17］唐耕耦主编《敦煌法制文书》，《中国珍稀法律典籍集成》甲编第三册，北京：科学出版社，1994 年。

［18］吴震主编《中国珍稀法律典籍集成》甲编第四册，北京：科学出版社，1994 年。

［19］上海古籍出版社、法国国家图书馆编《法藏敦煌西域文献》第 3 册，上海：上海古籍出版社，1994 年。

［20］上海古籍出版社、法国国家图书馆编《法藏敦煌西域文献》第 1 册，上海：上海古籍出版社，1995 年。

［21］李锦绣著《唐代财政史稿》上卷，北京：北京大学出版社，1995 年。

［22］郭强、陈兴民、张立汉主编《灾害大百科》，太原：山西人民出版社，1996 年。

［23］刘俊文撰《唐律疏议笺解》，北京：中华书局，1996 年。

［24］史念海著《唐代历史地理研究》，北京：中国社会科学出版社，1998年。

［25］杨廷福著《玄奘年谱》，北京：中华书局，1988年。

［26］严耀中著《汉传密教》，上海：学林出版社，1999年。

［27］郁贤皓著《唐刺史考全编》，合肥：安徽大学出版社，2000年。

［28］丁如明、李宗为、李学颖等校点，上海古籍出版社编《唐五代笔记小说大观》（上、下册），上海：上海古籍出版社，2000年。

［29］上海古籍出版社、法国国家图书馆编《法藏敦煌西域文献》12卷，上海：上海古籍出版社，2000年。

［30］荣新江著《敦煌学十八讲》，北京：北京大学出版社，2001年。

［31］李锦绣著《唐代财政史稿》下卷，北京：北京大学出版社，2001年。

［32］陈寅恪著《元白诗笺证稿》，北京：三联书店，2001年。

［33］上海古籍出版社、法国国家图书馆编《法藏敦煌西域文献》卷14，上海：上海古籍出版社，2001年。

［34］上海古籍出版社、法国国家图书馆编《法藏敦煌西域文献》卷15，上海：上海古籍出版社，2001年。

［35］上海古籍出版社、法国国家图书馆编《法藏敦煌西域文献》卷22，上海：上海古籍出版社，2002年。

［36］上海古籍出版社、法国国家图书馆编《法藏西域敦煌文献》卷24，上海：上海古籍出版社，2002年。

［37］王永平著《道教与唐代社会》，北京：首都师范大学出版社，2002年。

［38］张泽咸著《汉晋唐时期农业》，北京：中国社会科学出版社，2003年。

［39］李希泌主编《唐大诏令集补编》，上海：上海古籍出版社，2003年。

［40］谢和耐著《中国五至十世纪的寺院经济》，耿昇译，上海：上海古籍出版社，2004年。

［41］陈尚君辑校《全唐文补编》，北京：中华书局，2005年。

［42］史为乐主编，邓自欣、朱玲玲副主编《中国历史地名大辞典》，北京：中国社会科学出版社，2005年。

［43］周勋初主编《唐人轶事汇编》，上海：上海古籍出版社，2006年。

［44］吴钢主编《全唐文补遗·千唐志斋新藏专辑》，西安：三秦出版社，2006年。

［45］段文杰、樊锦诗主编《中国敦煌壁画全集》五《敦煌初唐》，天津：天津人民美术出版社，2006年。

［46］卢建荣著《北魏唐宋死亡文化史》，台北：麦田出版社，2006年。

[47] 赵君平、赵文成编《河洛墓刻拾零》，北京：北京图书馆出版社，2007年。

[48] 周绍良、赵超主编《唐代墓志汇编续集》，上海：上海古籍出版社，2007年。

[49] 王其祎、周晓薇编著《隋代墓志铭汇考》，北京：线装书局，2007年。

[50] 赵力光主编《西安碑林博物馆新藏墓志汇编》，北京：线装书局，2007年。

[51] 中国文物研究所与千唐志斋博物馆编《新中国出土墓志·河南叁·千唐志斋壹》，北京：文物出版社，2008年。

[52] 乔栋、李献奇、史家珍编著《洛阳新获墓志续编》，北京：科学出版社，2008年。

[53] 吕思勉著《隋唐五代史》，上海：上海古籍出版社，2009年。

[54]（美）斯坦利·维斯坦因著、张煜译《唐代佛教》，上海：上海古籍出版社，2010年。

[55] 西安市长安博物馆编《长安新出墓志》，北京：文物出版社，2011年。

[56] 赖瑞和著《唐代中层文官》，北京：中华书局，2011年。

[57] 胡戟、荣新江主编《大唐西市博物馆藏墓志》，北京：北京大学出版社，2012年。

[58] 周阿根著《五代墓志汇考》，合肥：黄山书社，2012年。

[59] 萧涤非主编《杜甫全集校注》，北京：人民文学出版社，2013年。

[60] 岳纯之点校《唐律疏议》，上海：上海古籍出版社，2013年。

[61] 毛阳光、余扶危主编《洛阳流散唐代墓志汇编》，北京：国家图书馆出版社，2014年。

[62] 沈睿文《安禄山服散考》，上海：上海古籍出版社，2015年。

三、论文

[1] 于树德《中国古代之农荒豫防策——常平仓义仓和社仓》，《东方杂志》第18卷第14号，1921年。

[2] 全汉昇《中古佛教寺院的慈善事业》，《食货》半月刊第1卷第4期，1935年。

[3] 一良《隋唐时代之义仓》，《食货》半月刊，第2卷第6期，1935年。

[4] 阎文儒《洛阳汉魏隋唐城址勘查记》，《考古学报》1955年第9期。

[5] 河南省博物馆、洛阳市博物馆：《洛阳隋唐含嘉仓的发掘》，《文物》1972年第3期。

[6] 竺可桢《论祈雨禁屠与旱灾》，竺可桢著《竺可桢文集》，北京：科学出版社，1979年。

[7] 余扶危、叶万松等《1981年河南洛阳隋唐东都夹城发掘简报》，《中原文

物》1983年第2期。

[8] 朱睿根《隋唐时期的义仓及其演变》,《中国社会经济史研究》1984年第2期。

[9] 潘孝伟《唐代义仓研究》,《中国农史》1984年第4期。

[10] 刘海峰《唐代俸料钱与内外官轻重的变化》,《厦门大学学报》1985年第2期。

[11] 曾一民《唐代之赈恤政策》,林天蔚、黄约瑟主编《唐宋史研究——中古史研讨会论文集之二》,香港:香港大学亚洲研究中心,1987年。

[12] 赵文润《唐代义仓粟的赋税化》,《陕西师大学报》1987年第4期。

[13] 路兆丰《中国古代的工赈》,《社会科学》1988年第6期。

[14] 葛承雍《唐代太仓试探》,《人文杂志》1989年第4期。

[15] 卢向前《唐代前期和籴政策与政局之关系》,李铮、蒋忠新《季羡林教授八十华诞纪念论文集》,江西人民出版社,1991年。

[16] 张先昌《义仓设置时间考辨》,《史学月刊》1992年第4期。

[17] 萧璠《古代中国人对凝霜及其与农业的关系的认识》,《中央研究院历史语言研究所集刊》第63本第三分,1993年。

[18] 郑华达《唐代宫人释放问题初探》,《中华文史论丛》第53辑,上海古籍出版社,1994年。

[19] 石云涛《唐前期关中灾荒、漕运与高宗玄宗东幸》,《魏晋南北朝隋唐史资料》13辑,武汉大学出版社,1994年。

[20] 马作武《"录囚""虑囚"考异》,《法学评论》1995年第4期。

[21] 赵强、李喜萍、秦建明《长安城发现坊里道路遗迹》,《考古与文物》1995年第6期。

[22] 吴琦《中国漕运产生的历史动因》,《华中师范大学学报》1995年第3期。

[23] 陈平《中国封建录囚制度述评》,《渝州大学学报》1996年第2期。

[24] 叶骁军《试论我国古都移民的原因与影响》,《兰州大学学报》1997年第1期。

[25] 潘孝伟《唐代义仓制度补议》,《中国农史》1998年第3期。

[26] 高建国《唐代的排水沟》,载高建国《中国减灾史话》,郑州:大象出版社,1999年。

[27] 杜鹏飞、钱易《中国古代的城市排水》,《自然科学史研究》1999年第2期。

[28] 王赛时《唐代的采集食物》,《古今农业》2000年第3期。

[29] 赵克生《屠钓之禁的历史考察》,《安徽史学》2000年第4期。

[30] 杜正乾《唐病坊表征》,《敦煌研究》2001年第1期。

[31] 张萍《唐代的"断屠钓"》,《中国典籍与文化》2002 年第 4 期。

[32] 阎守诚《唐代的蝗灾》,《首都师范大学学报》2003 年第 2 期。

[33] 中国社会科学院考古研究所、日本独立行政法人文化财研究所奈良文化财研究所联合考古队《唐长安城大明宫太液池遗迹发掘简报》,《考古》2003 年第 11 期。

[34] 雷闻《论中晚唐佛道教与民间祠祀的合流》,《宗教学研究》2003 年第 3 期。

[35] 毛阳光《遣使与唐代救灾》,《首都师范大学学报》2003 年第 4 期。

[36] 张文《中国古代报灾减灾制度述论》,《中国经济史研究》2004 年第 1 期。

[37] 罗彤华《唐代和籴问题试论》,《新史学》第 15 卷第 1 期,2004 年。

[38] 雷闻《唐代地方祠祀的分层与运作——以生祠与城隍神为中心》,《历史研究》2004 年第 2 期。

[39] 冯金忠《唐代病坊刍议》,《西域研究》2004 年第 3 期。

[40] 陈俊强《唐代录囚制试释》,台湾大学东亚文明研究中心、玄奘大学合办"东亚教育与法制研究的新视野"研讨会,台北:台湾大学,2004 年。

[41] 赵容俊《中国古代社会的巫术活动》,《中州学刊》2004 年第 4 期。

[42] 中国社会科学院考古研究所、日本独立行政法人文化财研究所奈良文化财研究所联合考古队《西安城大明宫太液池遗址的新发现》,《考古》2005 年第 12 期。

[43] 李锦绣《唐仓库令复原研究》,天一阁博物馆、中国社会科学院历史研究所天圣令整理课题组校证《天一阁藏明钞本天圣令校证(附唐令复原研究)》下册,北京:中华书局,2006 年。

[44] 蔡宗宪《淫祀、淫祠与祀典——汉唐间几个祠祀概念的历史考察》,侯旭东主编《唐研究》卷 13,北京:北京大学出版社,2007 年。

[45] 赵振华《洛阳出土唐代裴向、卢氏墓志研究》,《洛阳师范学院学报》2009 年第 1 期。

[46] 赫治清《我国古代的荒政(下)》,《中国减灾》2009 年第 3 期。

[47] 宁欣《唐代农田水利法规与实践——以敦煌地区〈灌溉用水章程〉为个案》,宁欣著《唐史识见录》,北京:商务印书馆,2009 年。

[48] 张玉兴《试论隋唐义仓在救荒中的弊端》,《株洲师范高等专科学校学报》2004 年第 4 期。

[49] 陈侃理《罪己与问责——灾异咎责与汉唐间的政治变革》,《中国中古史研究》编委会《中国中古史研究:中国中古史青年学者联谊会会刊》第 2

卷，北京：中华书局，2011 年。

［50］蔡利新、薛政超、胡苏珍《唐代"富民"崛起与国家实物赈灾对象的转变》，《经济研究导刊》2012 年第 1 期。

［51］李军《灾害对古代中原王朝与游牧民族关系的影响——以唐代为中心》，《山西大学学报》2014 年第 4 期。

［52］杨清越《唐〈仓库令〉与隋唐仓窖的粮食保存方法》，《中国国家博物馆馆刊》2013 年第 12 期。

［53］孙英刚《佛教与阴阳灾异：武则天明堂大火背后的信仰及政争》，《人文杂志》2013 年第 12 期。

［54］冯兵《隋唐时期城市排水系统建构及其当代价值》，《兰州学刊》2015 年第 2 期。

编后记

　　自然灾害与人类相伴相生，亦伴随人类的发展而发展，始终制约着人类文明和社会的发展进步。在悠久的历史长河中，人类也在与灾害的持续不断的斗争中逐渐发展壮大。人类史在某种意义上即人类认识和战胜自然灾害的历史。自然灾害严重破坏了人类生存的环境和资源，危害人类生命财产安全，是当今社会可持续发展的一大障碍。防灾、减灾、抗灾工作对人类具有十分重要的意义。通过总结以往灾害发生的规律，鉴往知来，能够在很大程度上减轻或避免自然灾害。中国历史悠久，地域广阔，各种自然灾害频发，公私著史的优秀传统，使得文献中留有大量自然灾害与荒政的记录。《中国灾害志》丛书是国家减灾委员会办公室、中国社会出版社等单位牵头组织实施，由国家出版基金管理办公室批准资助出版的国家"十二五"规划重点图书出版项目。这一丛书专门记述中国历代及各地各种自然灾害的灾情、防灾、救灾等方面内容，是中国灾害通志类书籍的集大成者。这样一部丛书非常必要，同时具有重要的现实意义。《隋唐五代卷》是《中国灾害志》丛书断代卷之一种。

　　《中国灾害志·断代卷》的诞生离不开中国灾害史防御协会前任及现任会长高建国、夏明方先生的牵头。21世纪初，在南开大学攻读隋唐五代史专业硕士学位期间，我有缘在一次学术会议上认识夏明方先生，并趁机向夏先生请教毕业论文大纲的设计问题。2013年，正值孕期中的我在家中接到夏明方先生的电话，希望我能负责《隋唐五代卷》。虽然因身怀有孕担心没有写书的时间保障，但还是被这本书吸引了。因为之前一直计划在自己的博士论文《唐代自然灾害及其社会应对》出版后，再将相关史料归纳整理加以出版，这是我的博士生导师施建中先生对我的嘱托。而编写这部书，已经具备了大半的资料，只需重点补充和搜辑整理隋代和五代十国时期自然灾害及救灾的资料。因此，夏先生初步描绘的书稿要求在很大程度上与自己的愿望相契合，又提及成书时间并不急迫，有感于夏先生的提携与诚意，于是就答应了下来。应该说明的是，本卷原拟请担任的两位副主编洛阳师范学院历史文化学院毛阳光教授、中国农业大学经济管理学院李军教授，因个人工作繁忙及身体等原因，均不能参编，只好本人承担了本卷的全部编稿工作。在写作本书的过程中，深切体会到志书与史著写作的体例差别，不同于史著的研究性体例。特别明显之处就是，撰写志书时，直接引用要尽可能减少，要将文言文转换为简练的现代白话文，同时要符合语境、不失原意；要求作者从第三人称角度就事实部分进行客观陈述，而无须学术性推论；行文过程中，作者需要直接给予说明、评价或判断，只需加注说明前人成果出处即可，而不必在正文中将个人思考过程加以展现，等等。这些收获和体会，首先要感谢夏先生的谆谆指教。应该说明的是，2014年我在对博士毕业论文反复修订的基础上在上海古籍出版社出版了《唐代自然灾害及其社会应对》一书，但本书的体例、写法、涉及历史时期均与该书不同，并补充了为数不少的墓志资料，因此读者可以将两书合并阅读。

本志的编纂与出版离不开众多部门单位和灾害史专家学者的大力支持和帮助。国家减灾委办公室、中国社会出版社等部门单位为本志的编纂和出版提供了坚实的保障，《中国灾害志》丛书总编纂委员会、《中国灾害志》丛书专家委员会制定和出台了《〈中国灾害志〉行文规范》《〈中国灾害志〉编写手册》等编志规范和要求，为本志的编纂提供了理论和技术指导。为确保中国灾害志各断代卷的顺利、高质量出版，国家减灾委办公室、中国社会出版社等部门单位还专门成立了由灾害史方面的著名学者组成的《中国灾害志·断代卷》编纂委员会。2013年6月29日，在新疆师范大学召开的第十届中国灾害史国际学术讨论会上正式启动，惜本人还未参加《中国灾害志·断代卷》的主编工作，故未能与会。2014年1月4日至5日，断代卷编纂委员会在北京召开《中国灾害志·断代卷》研讨会，就各卷三级标题以及编写"志"的要求、规范等问题展开研讨。在《中国灾害志·断代卷》编纂委员会的指导下，本人结合中国社会出版社提出的编纂要求，拟定了本卷的编纂大纲。11月14日，断代卷编纂委员会召开《中国灾害志·断代卷》主编会议，集中研讨了各卷编写过程中的问题，明确各卷编写的进度。2015年8月16—19日在山西大学召开的《中国灾害志·断代卷》初稿研讨会上，各位主编、编委对初稿及其编写要求、规范等问题进行了交流，提出了一些个人意见与疑难问题，并就各卷编写大纲以及编写体例达成了共识。会后，《中国灾害志·断代卷》编纂委员会很快整理下发了《〈中国灾害志·断代卷〉编纂中应注意的几个问题》，对各断代志的编纂体例、文字叙述风格、各部分的编纂要求以及表格、时间、地点、数据的处理等问题，做了详细的统一规定，使得本志的编纂有了更为具体的基本遵循。

本书的编纂完成，离不开诸位灾害史专家的指导和帮助。《中国灾害志·断代卷》编纂委员会召开的几次研讨会期间，中国地震局高建国研究员、中国人民大学夏明方教授、陕西师范大学卜风贤教授、郑州大学高凯教授、安徽大学张崇旺和周致元教授、山西大学郝平教授和石涛教授、中国海洋大学蔡勤禹教授、中国人民大学朱浒教授等诸位灾害史专家为本志的编纂提供了一些建设性的思路和建议。在此谨向所有关心、支持本志编纂的部门单位以及各位专家学者，表示崇高的敬意和真诚的感谢。中国社会出版社《中国灾害志》编辑部主任杨春岩女士亲自担任了本书的责任编辑，其高度负责的工作态度和耐心细致的工作作风给我留下了深刻的印象，使本书得以避免了不少错误。感谢其为本书的编辑出版付出的心血和汗水！我的研究生王腾飞、杜思飖通读书稿，并指出若干错误之处。对他们的辛勤付出和劳动，在此表示感谢！当然，由于本人水平有限，且修志经验不足，本书难免还存在一些错漏失当之处，这些都应该由本人负责。衷心恳请广大读者批评指正！

么振华

2018年6月7日于兰州

图书在版编目（CIP）数据

中国灾害志·断代卷·隋唐五代卷 / 高建国，夏明方主编；
么振华本卷主编 . -- 北京：中国社会出版社，2018.12

ISBN 978-7-5087-6088-9

Ⅰ.①中… Ⅱ.①高… ②夏… ③么… Ⅲ.①自然灾害—
历史—中国—隋唐时代 ②自然灾害—历史—中国—五代十国
时期　Ⅳ.① X432-09

中国版本图书馆 CIP 数据核字（2018）第 293065 号

书　　名：中国灾害志·断代卷·隋唐五代卷
编　　者：《中国灾害志》编纂委员会
断代卷主编：高建国　夏明方
本卷主编：么振华

出 版 人：浦善新
终 审 人：李　浩
责任编辑：杨春岩　王秀梅

出版发行：中国社会出版社　　邮政编码：100032
通联方式：北京市西城区二龙路甲 33 号
电　　话：编辑部：（010）58124829
　　　　　邮购部：（010）58124829
　　　　　销售部：（010）58124845
　　　　　传　真：（010）58124829
网　　址：www.shcbs.com.cn
　　　　　shcbs.mca.gov.cn
经　　销：各地新华书店

中国社会出版社天猫旗舰店

印刷装订：河北鸿祥信彩印刷有限公司
开　　本：170mm×240mm　1/16
印　　张：29.5
字　　数：408 千字
版　　次：2019 年 4 月第 1 版
印　　次：2019 年 4 月第 1 次印刷
定　　价：198.00 元

中国社会出版社微信公众号